Teubner Studienbücher

Mathematik

Geometrische und algebraische Methoden der Physik: Supermannigfaltigkeiten und Virasoro-Algebren

Von Prof. Dr. math. Florin Constantinescu
und Prof. Dr. rer. nat Hans F. de Groote
Johann Wolfgang Goethe-Universität Frankfurt/Main

Springer Fachmedien
Wiesbaden GmbH 1994

Prof. Dr. math. Florin Constantinescu

Geboren 1938 in Cluj (Klausenburg), Rumänien. Von 1954 bis 1961 Studium der Mathematik und Physik an der Universität „Babes-Bolyai" Cluj und der Ingenieurwissenschaften an der Technischen Hochschule Cluj, 1961 Diplom, 1964 Promotion an der Universität Cluj auf dem Gebiet der mathematischen Physik. Von 1968 bis 1969 A. v. Humboldt-Stipendium an der Universität München, von 1970 bis 1971 wiss. Assistent an den Universitäten München und Mainz und 1971 Habilitation an der Universität Mainz. Seit 1971 Professor für Mathematik an der Johann Wolfgang Goethe-Universität Frankfurt a. M.

Prof. Dr. rer. nat. Hans Friedrich de Groote

Geboren 1944 in Brünn. Von 1964 bis 1968 Studium der Mathematik und Astronomie an der Universität Heidelberg, 1968 Diplom in Mathematik, 1971 Promotion an der Universität Konstanz, 1977 Habilitation an der Universität Tübingen. Seit 1979 Professor für angewandte Mathematik an der Johann Wolfgang Goethe-Universität Frankfurt a. M.

Die Deutsche Bibliothek – CIP-Einheitsaufnahme

Constantinescu, Florin:
Geometrische und algebraische Methoden der Physik : Supermannigfaltigkeiten und Virasoro-Algebren / von Florin Constantinescu und Hans F. de Groote. – Stuttgart : Teubner, 1994
(Teubner-Studienbücher : Mathematik)

ISBN 978-3-519-02087-5 ISBN 978-3-663-10144-4 (eBook)
DOI 10.1007/978-3-663-10144-4

NE: Groote, Hans F. de:

Ursprünglich erschienen bei B. G. Teubner Stuttgart 1994.

Herstellung: Druckhaus Beltz, Hemsbach/Bergstraße

Vorwort

Klassisch sind die mathematischen Methoden in der Physik analytischer Natur. Dies entspricht der engen Verzahnung von Mathematik und Physik in ihrer Entwicklung bis zum Ende des 19. Jahrhunderts. Die erste und für einige Zeit auch einzige geometrische Theorie der Physik ist Einsteins allgemeine Relativitätstheorie. Es ist bemerkenswert, daß sich die Riemannsche Geometrie als mathematische Grundlage der Einsteinschen Theorie nicht mit der Relativitätstheorie entwickelte. Einstein fand diese Geometrie „fertig" vor und erkannte ihre Relevanz für seine physikalischen Überlegungen. Eine weitere Phase engen Zusammenwirkens zwischen Mathematik und Physik ergab sich in der Quantenmechanik. J. von Neumann schuf ein wesentliches Stück der Funktionalanalysis als den mathematischen Rahmen für die in den zwanziger Jahren entwickelte Quantenmechanik. Danach begannen in der Physik die Zeiten der Störungsrechnung. Eine neue geometrische Phase in der theoretischen Physik begann mit der Entwicklung von Eichtheorien durch Yang und Mills. (Der Name „Eichtheorie" geht auf einen fehlgeschlagenen Versuch Hermann Weyls zurück, allgemeine Relativitätstheorie und Maxwellsche Elektrodynamik in einer gemeinsamen Theorie zu vereinigen.) In den Eichtheorien formulierten Physiker so ziemlich dasselbe, was Mathematiker etwa zur gleichen Zeit in der Theorie der Hauptfaserbündel und ihren Anwendungen in der Differentialgeometrie leisteten. Seit den sechziger Jahren ist Eichtheorie, zumindest die der klassischen Feldtheorien, ein gemeinsames Arbeitsgebiet von Mathematikern und Physikern.

Algebra sickerte vor allem durch die Anwendung der Darstellungstheorie von Lie–Gruppen und Lie–Algebren in die Physik ein. Symmetrien in der Quantenfeldtheorie haben die Untersuchung gewisser Klassen von unendlichdimensionalen Lie–Algebren motiviert.

Wollte man die wichtigsten geometrischen und algebraischen Methoden, die heute in der theoretischen Physik Verwendung finden, auch nur annähernd vollständig darstellen, man müßte ein vielbändiges Werk ins Auge fassen. So haben wir uns in diesem Buch auf zwei aktuelle Themen beschränkt: Supermannigfaltigkeiten und Virasoro–Algebren.

Supermannigfaltigkeiten sind die geometrische Grundlage für die „supersymmetrische Physik". Wir verfolgen mit der Darstellung dieser Theorie des weiteren das Ziel, den Leser mit garbentheoretischen Methoden vertraut zu machen. Garbentheorie, genauer Garbencohomologie, ist heute ein fundamentales Werkzeug in der mathematischen Physik (z.B. in der Yang–Mills–Theorie, speziell der Instantonentheorie).

Supersymmetrie ist eine Symmetrie zwischen Bosonen (Teilchen mit ganzzahligem Spin, die der Bose–Statistik gehorchen) und Fermionen (Teilchen mit halbzahligem Spin, für die die Fermi–Statistik gilt). Die Virasoro–Algebra tritt im Zusammenhang mit einer Statistik in zwei Dimensionen auf (zweidimensionale konforme Quantenfeldtheorie), die weder Bose– noch Fermi–Statistik ist, sondern eine sogenannte Zopfgruppen–Statistik.

In der Theorie der Höchstgewichtsdarstellungen der Virasoro–Algebra haben wir uns auf einen Beweis der sogenannten Kac'schen Determinantenformel konzentriert. Dieses Thema bietet reichlich Gelegenheit, typische Methoden und Resultate der Darstellungstheorie unendlichdimensionaler Lie–Algebren zu präsentieren.

An mathematischen Kenntnissen setzen wir bei einem Leser (auch bei einer Leserin) Vertrautheit mit dem Stoff der Anfängervorlesungen der ersten beiden Semester sowie elementare Kenntnisse der Funktionentheorie und der allgemeinen Topologie voraus. Kenntnisse der Anfangsgründe der Theorie differenzierbarer Mannigfaltigkeiten sind nützlich, aber nicht unbedingt erforderlich.

Zum Schluß bleibt uns die angenehme Aufgabe, denen zu danken, deren Hilfe uns bei der Arbeit an diesem Buch wertvoll war. Frau Marianne Schmidt hat unser Manuskript auf professionelle Art in TEX umgesetzt. Frau Kirstin Köbler hat eine frühere Fassung sehr gründlich durchgesehen und viele Verbesserungen angeregt. Herrn Wolfram Boenkost und Herrn Prof. Reinhard Flume danken wir für viele Anregungen und Diskussionen über konforme Quantenfeldtheorie und die Theorie der Virasoro–Algebra. Schließlich danken wir Herrn Dr. P. Spuhler vom Teubner–Verlag für seine Geduld, die wir arg, aber nicht vorsätzlich, strapaziert haben. F.C. dankt der Volkswagenstiftung für Unterstützung während eines Teiles der Arbeit an diesem Buch.

Frankfurt a. M., im März 1994 F. Constantinescu, H.F. de Groote

Inhaltsverzeichnis

1. Einleitung

Gewöhnliche Geometrie (reelle Differentialgeometrie, komplexe Geometrie, algebraische Geometrie) ist *kommutative Geometrie*: die geometrischen Strukturen werden vollständig beschrieben durch gewisse *kommutative Algebren*. So ist z.B. die Struktur einer differenzierbaren Mannigfaltigkeit M durch die differenzierbaren Funktionen $M \to \mathbb{R}$ vollkommen festgelegt. In der komplexen Geometrie sind es (cum grano salis) die lokal definierten holomorphen Funktionen, in der algebraischen Geometrie wird die lokale Struktur durch Polynome in mehreren Variablen bestimmt.

Die Observablen in der klassischen Mechanik sind differenzierbare Funktionen auf dem Konfigurationsraum des betrachteten physikalischen Systems. Wir haben also eine kommutative Geometrie vor uns. Die zeitliche Entwicklung einer observablen Größe des Systems wird durch die Poisson–Klammer dieser Observablen mit der Hamiltonfunktion gegeben. *Quantisierung* macht aus den Funktionen Operatoren auf einem Hilbertraum und aus der Poisson–Klammer den Kommutator solcher Operatoren. Die Mannigfaltigkeit der Konfigurationen ist vergessen, was bleibt, ist eine nicht–kommutative Observablen–Algebra: eine „nicht–kommutative Geometrie ohne ‚Punkte' ".

Allerdings ist die Sache weitaus schwieriger, als sie auf den ersten Blick erscheinen mag. Auf die komplizierten Probleme der „geometrischen Quantisierung" soll hier nicht eingegangen werden, und für die allgemeinen Fragestellungen einer nicht–kommutativen Geometrie müssen wir uns auf wenige Andeutungen beschränken.

Ein lokalkompakter Raum X ist durch die kommutative C^*–Algebra seiner stetigen komplexwertigen Funktionen, die im Unendlichen verschwinden, vollständig charakterisiert (Gelfandscher Darstellungssatz): die Kategorie der lokalkompakten topologischen Räume ist antiäquivalent zur Kategorie der kommutativen C^*–Algebren. Man kann nun eine beliebige C^*–Algebra (unter einer C^*–Algebra kann man sich ohne Einschränkung der Allgemeinheit eine in der Norm–Topologie abgeschlossene Unteralgebra der Algebra der beschränkten linearen Operatoren eines Hilbertraums vorstellen, die mit jedem Operator A auch den adjungierten Operator A^* enthält) als einen „nicht–kommutativen Raum" auffassen. Allerdings bleibt hier das Problem, zusätzliche, vor allem *geometrische* Strukturen auf dem lokalkompakten Raum X durch *algebraische* Eigenschaften von Funktionen–Algebren auf X zu charakterisieren.

Es ist bekannt, daß die Struktur und die Geometrie einer differenzierbaren Mannigfaltigkeit M vollständig durch die Algebra $C^\infty(M)$ der unendlich oft differenzierbaren Funktionen $M \to \mathbb{R}$ und daraus abgeleitete algebraische Konstrukte bestimmt ist. So sind zum Beispiel die differenzierbaren Vektorfelder auf M gerade die *Derivationen* von $C^\infty(M)$, d.h. die linearen Abbildungen $\delta : C^\infty(M) \to C^\infty(M)$, die die Leibnizregel $\delta(fg) = \delta(f)g + f\delta(g)$ erfüllen. Ebenso kann man kovariante Ableitungen, Krümmungstensoren etc. durch algebraische Konstruktionen in der Algebra $C^\infty(M)$ erhalten. Nun ist aber $C^\infty(M)$ keine C^*-Algebra. Ist z.B. M kompakt, so ist $C^\infty(M)$ dicht in der kommutativen C^*-Algebra $C(M)$ der stetigen Funktionen auf M. Algebraisch findet man aber die Vektorfelder auf M nicht mit $C(M)$ wieder: die Nullabbildung ist die einzige Derivation von $C(M)$ (Sätze von Singer und Wermer bzw. Johnson und Sinclair: siehe z.B. [7]).

Es erweist sich als ein vermutlich tiefliegendes Problem, eine differenzierbare Mannigfaltigkeit durch ein mehr oder weniger rein algebraisches Objekt zu beschreiben. Ein spezielles Resultat in dieser Richtung ist ein Satz von Swan: Vektorbündel über einer differenzierbaren Mannigfaltigkeit lassen sich als projektive Moduln charakterisieren [56].

Für die allgemeine Theorie der nichtkommutativen Geometrie sei der Leser auf die (schwierigen) Arbeiten von A. Connes [10] verwiesen — Connes' Buch „Géométrie non commutative“ [11] zeigt die vielfältigen Quellen und Anwendungen nicht-kommutativer Geometrie auf. Ferner verweisen wir auf Connes' schönen Übersichtsartikel „Non commutative geometry and physics“ [12]. Das in Kürze erscheinende Lecture Note von J. Madore bietet eine Einführung auf etwas elementarerem Niveau und enthält auch eine Diskussion möglicher physikalischer Anwendungen [40].

Supermannigfaltigkeiten, die im ersten Teil des vorliegenden Buches untersucht werden, stehen zwischen den klassischen differenzierbaren Mannigfaltigkeiten und den Konzepten einer allgemeinen nicht-kommutativen Geometrie. Hier hat man zwar noch eine der Geometrie zugrundeliegende Punktmenge, aber die Geometrie einer Supermannigfaltigkeit ist durch die Menge X ihrer Punkte nicht eindeutig festgelegt. Die auf X lokal definierten differenzierbaren Funktionen haben vielmehr Werte in einer *Graßmann-Algebra* fester endlicher Dimension. Graßmann-Algebren werden wir im zweiten Kapitel ausführlich behandeln. An dieser Stelle reicht die Vorstellung, daß die Elemente einer Graßmann-Algebra der Dimension 2^n Polynome in n nicht-kommutierenden Variablen $\theta_1, \ldots, \theta_n$ sind, die die Vertauschungsrelationen $\theta_i\theta_j = -\theta_j\theta_i$ $(1 \leq i,\ j \leq n)$ erfüllen. Auf diese Weise kommen antikommutierende Variablen ins Spiel.

In der Physik unterscheidet man grundlegend zwei Typen von Elementarteilchen: *Bosonen* und *Fermionen.* Bosonen sind Teilchen mit ganzzahligem Spin. Sie werden in der Quantenfeldtheorie als die Übermittler der verschiedenen Grundkräfte angesehen. Fermionen sind Teilchen mit halbzahligem Spin. Sie sind die *massetragenden* Teilchen. Auch mathematisch unterscheiden sich diese beiden Typen von Teilchen grundlegend. Bosonen werden durch *kommutierende* Variablen beschrieben. Für sie gibt es geometrische Theorien, die sogenannten *Eichtheorien.* Fermionen werden durch *antikommutierende* Variablen beschrieben und sind daher vom geometrischen Standpunkt aus eher merkwürdige Objekte. Auf rein algebraischem Niveau ist hier allerdings nichts mysteriös: Graßmann–Algebren sind ebensogut verstanden wie Polynom–Algebren, Clifford–Algebren als Quantisierungen von Graßmann–Algebren sind in der Quantenphysik seit langem in Gebrauch.

Die Erfolge der geometrischen Eichtheorien (klassisch gehören dazu die Elektrodynamik und die allgemeine Relativitätstheorie) in der Physik legen den Versuch nahe, eine *Supergeometrie* zu entwickeln, in der beide Typen von Variablen gleichberechtigt auftreten. Dies führt zu den „*supersymmetrischen Methoden*" in der Physik und schließlich zur Theorie der Supermannigfaltigkeiten. Wir behandeln in diesem Buch nur endlichdimensionale Supermannigfaltigkeiten. Für die Behandlung von klassischen Feldtheorien unter Einschluß von *fermionischen Feldern* benötigt man eine Theorie *unendlichdimensionaler* Supermannigfaltigkeiten. Eine solche Theorie ist bereits ansatzweise entwickelt [50], ihre Darstellung würde aber den Rahmen dieses Buches bei weitem sprengen.

Wir behandeln im zweiten Kapitel die algebraischen Grundlagen für die Theorie der Supermannigfaltigkeiten, nämlich Graßmann–Algebren als wichtigste Beispiele sogenannter superkommutativer $\mathbb{Z}_2$–graduierter Algebren und die lineare Algebra der Moduln über solchen Algebren. Die geometrisch adäquate Formulierung der Supermannigfaltigkeitentheorie ist der modernen komplexen Analysis entlehnt. Wir halten auch hier die Sprache der *Garbentheorie* für unverzichtbar. Natürlich kann man in vielen Fällen die Sprache der Garbentheorie durch die inzwischen auch in der Physik geläufige Sprache der Vektorbündel ersetzen. Die Garbentheorie ist allerdings das allgemeinere und flexiblere Instrument. Darüber hinaus hat insbesondere die Theorie der *Garbencohomologie* vielfältige und tiefliegende Anwendungen in der Physik gefunden (Lösungen masseloser Feldgleichungen, Instantonentheorie; [61]). Es sind also nicht nur Allgemeinheit und Eleganz, die dafür sprechen, sich mit den Methoden der Garbentheorie vertraut zu machen. Die Grundzüge der Garbentheorie und der Theorie der *geringten Räume* bringen wir im dritten Kapitel. Der Inhalt dieses Kapitels hätte wesentlich knapper präsentiert werden können. Wir haben uns statt dessen bemüht, in unserer Darstellung die Anschaulichkeit dieses „agronomischen" Teils der Mathematik nicht untergehen zu lassen. Im vierten Kapitel führen wir den Leser in die elementaren Teile der allgemeinen Theorie der Supermannigfaltigkeiten ein. Im Mittelpunkt der Überlegungen stehen dabei Existenz und Eigenschaften von lokalen *Superkoordinatensystemen*. Kapitel 5 schließlich bringt die Standardresultate der lokalen Theorie der Supermannigfaltigkeiten (Umkehrsatz, Satz über implizit definierte Superfunktionen) sowie die Grundzüge der Berezin–Integration von Supervolumenformen mit kompaktem Träger. Die Besonderheit des hier bewiesenen Transformationssatzes für Berezin–Integrale ist das Auftreten der *Superdeterminante* der Jacobi–Matrix an Stelle der gewöhnlichen Determinante. Dies hat zu überraschenden Anwendungen in der Kern– und Festkörperphysik geführt [17]. Im sechsten Kapitel zeigen wir, wie nach Berezin–Marinov ein klassisches Teilchen mit Spin durch kommutierende und antikommutierende Variablen (Spinvariablen) besonders einfach beschrieben werden kann. Als Anwendung der Superanalysis beweisen wir in diesem Kapitel einige Integralsätze für supersymmetrische Invarianten. Diese Integralsätze haben keine Entsprechung in der gewöhnlichen Invariantentheorie.

Der in diesem Buch dargestellte Zugang zur Theorie der Superräume und Supermannigfaltigkeiten ist nicht der historische. Superräume wurden von **Salam** und **Strathdee** als homogene Räume in die Physik eingeführt:

$$„\textit{Superraum} = \textit{Super-Poincaré-Gruppe}\big/\textit{Lorentz-Gruppe}“ .$$

Dies verallgemeinert eine der möglichen Beschreibungen des vierdimensionalen Minkowski–Raumes als

$$„\textit{Minkowski-Raum} = \textit{Poincaré-Gruppe}\big/\textit{Lorentz-Gruppe}“ .$$

Mit Hilfe der Berezin–Integration können invariante Wirkungen von Superfeldern konstruiert werden. Das bekannteste Beispiel ist das Modell von **Wess** und **Zumino** [66]. Eine ausführliche Darstellung der physikalischen Theorie der Supersymmetrie findet man z.B. in dem Artikel von M.F. Sohnius [54].

Ein fundamentales Konzept in der modernen Physik ist das der Symmetriegruppe. Endliche Gruppen treten als Symmetriegruppen in der Kristallographie auf, endlichdimensionale Lie–Gruppen als äußere Symmetrien (z.B. die Drehgruppe SO(3) im Keplerproblem) oder als innere Symmetrien in klassischen Eichtheorien. Kombiniert man das „Nahewirkungsprinzip“ mit „Symmetrieprinzipien“, untersucht man also Symmetrien von Feldern, so können unendlichdimensionale Lie–Gruppen auftreten.

Das Studium allgemeiner unendlichdimensionaler Lie–Gruppen und ihrer Darstellungen ist noch nicht sehr weit gediehen. Eine Ausnahme bilden die Schleifengruppen [44] und die Symmetriegruppen für ein– oder zweidimensionale physikalische Systeme (insbesondere die konforme Quantenfeldtheorie in $1+1$ Dimensionen). Die Lie–Algebren dieser Symmetriegruppen sind **Kac–Moody–Algebren** und die **Virasoro–Algebra**. Die Virasoro–Algebra **Vir** ist ein komplexer Vektorraum mit abzählbarer Basis $\{L_m | m \in \mathbb{Z}\} \cup \{C\}$, deren Multiplikation definiert ist durch

$$\begin{aligned} [L_m, C] &= 0 \quad \text{für alle } m \in \mathbb{Z}\,, \\ [L_m, L_n] &= (m-n)L_{m+n} + \frac{C}{12}\, m(m^2-1)\delta_{m,-n} \quad \text{für alle } m, n \in \mathbb{Z}\,. \end{aligned}$$

Die Virasoro–Algebra ist relevant für jede konform–invariante Theorie mit zweidimensionaler Raum–Zeit. Wir studieren im zweiten Teil dieses Buches die sogenannten *Höchstgewichtsdarstellungen* der Virasoro–Algebra. Höchstgewichtsdarstellungen sind physikalisch dadurch motiviert, daß Höchstgewichtsvektoren mit dem Begriff des Vakuums in Zusammenhang stehen. Endlichdimensionale Darstellungen komplexer endlichdimensionaler halbeinfacher Lie–Algebren sind stets Höchstgewichtsdarstellungen. An diesem Fall orientiert sich die Darstellungstheorie der Virasoro–Algebra. Wir geben deshalb im siebten Kapitel einen kurzen Überblick über die relevanten Teile der Theorie komplexer endlichdimensionaler halbeinfacher Lie–Algebren. Im achten Kapitel untersuchen wir Höchstgewichtsdarstellungen der Virasoro–Algebra, insbesondere *Fockraum–* und *Verma–Darstellungen.* Eine zentrale Rolle spielen die singulären Vektoren. Dies sind Elemente des Darstellungsraumes, die von allen L_n mit $n \geq 1$ annulliert werden. Die Existenz spezieller singulärer Vektoren (genauer solcher vom Grade Null) charakterisiert die Irreduzibilität der Darstellung. Andererseits zeigen wir, daß die Irreduzibilität der Verma–Darstellung genau dann gegeben ist, wenn die *Kac–Determinanten* alle von Null verschieden sind. Der Beweis einer expliziten Formel für die Kac–Determinanten ist das zentrale Thema in diesem zweiten Teil des Buches. Wir verwenden dabei funktionalanalytische Methoden(Vertexoperatoren) und Methoden der komplexen Analysis (Selberg–Integrale, analytische Fortsetzung). Im letzten Kapitel gehen wir schließlich noch auf einige Ergebnisse über *unitäre* Höchstgewichtsdarstellungen der Virasoro–Algebra ein, die sich aus der Kac'schen Determinantenformel ergeben.

2. Algebraische Grundlagen

2.1 Graßmann–Algebren

Wir beginnen mit den einfachsten algebraischen Strukturen, in denen kommutierende und antikommutierende Größen vorkommen, nämlich den *Graßmann-Algebren.*

Die einfachste Art, die Graßmann-Algebra Λ_n mit n Erzeugenden zu definieren, ist die Definition der Multiplikation auf einer expliziten, möglichst einfachen Basis. Wir ordnen dazu jeder Teilmenge M von $\{1, 2, \ldots, n\}$ einen Vektor e_M zu. Sei K ein Körper. Für unsere Anwendungen ist $K = \mathbb{R}$ oder $K = \mathbb{C}$, aber das spielt hier keine Rolle. Sei $\Lambda_n(K)$ der von den Vektoren e_M $(M \subseteq \{1, 2, \ldots, n\})$ frei erzeugte Vektorraum über K. Um eine Multiplikation der Basiselemente e_M zu definieren, denken wir uns die Elemente von M in natürlicher Weise geordnet und drücken das durch die Schreibweise

$$M = \{i_1 < \cdots < i_k\}$$

für $M = \{i_1, \ldots, i_k\}$ aus. Sind nun $M = \{i_1 < \cdots < i_k\}$ und $N = \{j_1 < \cdots < j_\ell\}$ gegeben, so definieren wir

$$e_M \wedge e_N := \begin{cases} 0 & , \text{ falls } M \cap N \neq \emptyset \\ (-1)^\sigma e_{M \cup N} & , \text{ falls } M \cap N = \emptyset \, , \end{cases} \tag{2.1}$$

wobei $(-1)^\sigma$ das Vorzeichen einer Permutation von $\{i_1, \ldots, i_k, \ j_1, \ldots, j_\ell\}$ ist, die die Elemente von $M \cup N$ in die natürliche Reihenfolge

$$M \cup N = \{m_1 < \cdots < m_{k+\ell}\}$$

bringt. Die bilineare Fortsetzung von (2.1) auf $\Lambda_n(K)$,

$$\left(\sum_M \alpha_M e_M\right) \wedge \left(\sum_N \beta_N e_N\right) := \sum_{M,N} \alpha_M \beta_N e_M \wedge e_N \ ,$$

ist eine Multiplikation

$$\Lambda_n(K) \times \Lambda_n(K) \stackrel{\wedge}{\longrightarrow} \Lambda_n(K) \ ,$$

mit der $\Lambda_n(K)$ eine assoziative K–Algebra mit Einselement $e_\emptyset$ wird. (Der Nachweis der Assoziativität der Multiplikation sei dem Leser als Übungsaufgabe empfohlen.)

Wir bemerken weiter, daß die $e_i := e_{\{i\}}$ $(i = 1, \ldots, n)$ Erzeugende von $\Lambda_n(K)$ sind: für $M = \{i_i < \cdots < i_k\}$ ist

$$e_M = e_{i_1} \wedge \cdots \wedge e_{i_k} \ .$$

$\Lambda_n(K)$ ist ferner eine *$\mathbb{Z}$–graduierte Algebra.* Für $0 \leq k \leq n$ sei

$$\Lambda_n(K)_k := \operatorname{lin}\left\{e_M \,\middle|\, \#M = k\right\} \ ,$$

und für $k < 0$ sei $\Lambda_n(K)_k := 0$. (Für eine Teilmenge S eines Vektorraums V bezeichnet $\operatorname{lin} S$ den von S aufgespannten Unterraum von V: die *lineare Hülle* von S in V.)

Dann ist klar, daß für $0 \leq k \leq n$ $\Lambda_n(K)_k$ ein K–Vektorraum der Dimension $\binom{n}{k}$ ist und daß

$$\Lambda_n(K) = \sum_{k \in \mathbb{Z}}{}^{\oplus} \Lambda_n(K)_k \tag{2.2}$$

gilt. $\sum^{\oplus}$ bezeichnet dabei die *direkte* Summe von Unterräumen. Es ist damit auch klar, daß $\Lambda_n(K)$ graduiert ist in dem Sinne, daß für die Multiplikation gilt:

$$\Lambda_n(K)_k \wedge \Lambda_n(K)_\ell \subseteq \Lambda_n(K)_{k+\ell} \ . \tag{2.3}$$

Dabei ist $\Lambda_n(K)_j = 0$ für $j > n$ zu beachten. Eine direkte Folgerung aus (2.2) ist

$$\dim \Lambda_n(K) = 2^n \ ,$$

denn $\dim \Lambda_n(K)_k = \binom{n}{k}$ und $\sum\limits_{k=0}^{n} \binom{n}{k} = 2^n$.

Für physikalische Betrachtungen (z.B. Fermionen–Fockräume für potentiell unendlichviele Teilchen) sind auch Graßmann–Algebren mit unendlichvielen Erzeugenden von Bedeutung. Wie man solche Algebren konstruieren kann, liegt jetzt auf der Hand: Sei I irgendeine nicht–leere und total geordnete Menge. Für viele Anwendungen kann man $I = \mathbb{Z}$ mit der natürlichen Ordnung nehmen. $\mathcal{E}(I)$ bezeichne die Menge der **endlichen** Teilmengen von I, die in der von I gegebenen Ordnung vorliegen mögen. In Analogie zu unserer obigen Vorgehensweise ordnen wir jedem Element $M \in \mathcal{E}(I)$ einen Vektor e_M zu und betrachten den von den e_M $(M \in \mathcal{E}(I))$ frei erzeugten Vektorraum $\Lambda_I(K)$ über K. Die Elemente von $\Lambda_I(K)$ sind *endliche* Summen

$$\sum_{M \in \mathcal{E}(I)} \alpha_M e_M ,$$

d.h. es ist $\alpha_M = 0$ bis auf höchstens endlichviele $M \in \mathcal{E}(I)$. Die Multiplikation wird genauso wie im Fall endlichvieler Erzeugender definiert (vergl. (2.1)). Analog definiert man für $k \geq 0$:

$$\Lambda_I(K)_k := \operatorname{lin}\left\{e_M \,\middle|\, M \in \mathcal{E}(I),\ \#M = k\right\}$$

sowie $\Lambda_I(K)_k := 0$ für $k < 0$. Dann ist wieder

$$\Lambda_I(K) = \sum_{k \in \mathbb{Z}}{}^{\oplus} \Lambda_I(K)_k \tag{2.4}$$

und

$$\Lambda_I(K)_k \wedge \Lambda_I(K)_\ell \subseteq \Lambda_I(K)_{k+\ell} \tag{2.5}$$

für alle $k, \ell \in \mathbb{Z}$.

Die Multiplikation in Graßmann–Algebren erfüllt die Vertauschungsregel

$$u \wedge v = (-1)^{k\ell} v \wedge u \tag{2.6}$$

für alle $u \in \Lambda_I(K)_k$, $v \in \Lambda_I(K)_\ell$.

Wir schreiben dabei $\Lambda(K)$ für die Graßmann–Algebra, wenn es nicht darauf ankommt, wieviele Erzeugende diese Graßmann–Algebra hat.

Die $\mathbb{Z}$–Graduierung von $\Lambda(K)$ induziert eine $\mathbb{Z}_2$–Graduierung: Mit

$$\Lambda^0(K) := \sum_{k \in \mathbb{Z}} \Lambda(K)_{2k} , \tag{2.7}$$

$$\Lambda^1(K) := \sum_{k \in \mathbb{Z}} \Lambda(K)_{2k+1} \tag{2.8}$$

ist

$$\Lambda(K) = \Lambda^0(K) \oplus \Lambda^1(K) , \tag{2.9}$$

und es gilt

$$\Lambda^i(K) \wedge \Lambda^j(K) \subseteq \Lambda^{i+j}(K) , \tag{2.10}$$

wobei hier $i+j$ in $\mathbb{Z}_2$, d.h. $\bmod 2$ zu verstehen ist. Die Elemente von $\Lambda^0(K)$ heißen *gerade*, die von $\Lambda^1(K)$ *ungerade*. Nach (2.6) ist somit

$$u \wedge v = v \wedge u$$

für alle $u \in \Lambda^0(K)$, $v \in \Lambda(K)$ und

$$u \wedge v = -v \wedge u$$

für alle $u, v \in \Lambda^1(K)$. Insbesondere ist $u \wedge u = 0$ für $u \in \Lambda^1(K)$. Dabei wird natürlich vorausgesetzt, daß die Charakteristik von K verschieden von 2 ist. Dies soll von nun an gelten: K sei ein Körper der Charakteristik $\neq 2$.

Neben dieser elementaren Definition der Graßmann–Algebren durch *Erzeugende* e_i und *Relationen* $e_ie_j = -e_je_i$ $(i, j \in I)$ wollen wir eine abstraktere besprechen, die zwar begrifflich schwieriger ist, deren Konzept aber sehr häufig wieder auftreten wird.

Grundkonstruktion ist das **Tensorprodukt von Vektorräumen**. Tensorprodukte von Vektorräumen oder allgemeiner von Moduln kommen in der mathematischen Behandlung physikalischer Objekte sehr häufig vor, werden aber manchmal dezent umschrieben, etwa als „formales Produkt“. Dies ist zwar bequem (für den Autor), aber nicht unbedingt erhellend (für den Leser).

Im folgenden seien U, V und W Vektorräume über dem Körper K. Zu U und V wollen wir einen Vektorraum $U \otimes V$ und eine bilineare Abbildung $\otimes : U \times V \longrightarrow U \otimes V$ konstruieren, so daß die folgende **universelle Eigenschaft (UE)** erfüllt ist:

(UE) Zu jeder bilinearen Abbildung $\Phi : U \times V \longrightarrow W$ gibt es genau eine lineare Abbildung

$$\varphi : U \otimes V \longrightarrow W ,$$

so daß $\Phi = \varphi \circ \otimes$ ist.

Wir notieren dies in suggestiver Weise in Form eines kommutativen Diagramms:

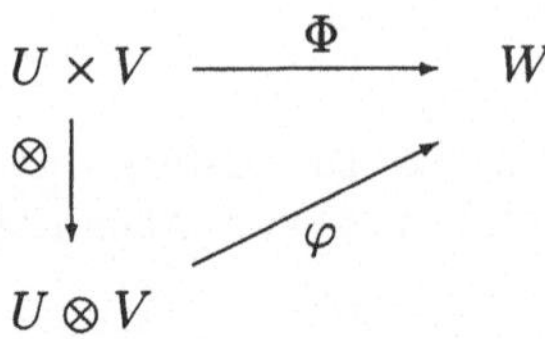

$U \otimes V$ heißt ein *Tensorprodukt von* U *und* V. Bevor wir die *Existenz* von Tensorprodukten nachweisen, wollen wir zunächst zeigen, daß es bis auf Isomorphie höchstens ein Tensorprodukt von U und V gibt: Sind $U \otimes_1 V$ und $U \otimes_2 V$ Tensorprodukte von U und V, so sind die Vektorräume $U \otimes_1 V$ und $U \otimes_2 V$ zueinander isomorph. Dazu beachte man zunächst, daß auf Grund der Eindeutigkeitsaussage in der universellen Eigenschaft **(UE)** die bilinearen Abbildungen $\otimes_1$ und $\otimes_2$ *bilinear–surjektiv* sein müssen, d.h. daß

$$\operatorname{lin} \otimes_i(U \times V) = U \otimes_i V \qquad (i = 1, 2)$$

gelten muß. Andernfalls könnte man nämlich zu gegebenem bilinearem Φ verschiedene lineare Abbildungen φ finden, für die die universelle Eigenschaft erfüllt ist.

Wir weisen noch darauf hin, daß eine bilinear–surjektive Abbildung im allgemeinen nicht surjektiv ist, d.h. es ist im allgemeinen $\otimes(U \times V) \neq U \otimes V$.

Die universelle Eigenschaft des Tensorprodukts liefert nun eindeutig bestimmte lineare Abbildungen

$$\begin{aligned} \varphi_1 &: U \otimes_2 V \longrightarrow U \otimes_1 V \,, \\ \varphi_2 &: U \otimes_1 V \longrightarrow U \otimes_2 V \,, \end{aligned}$$

so daß die Diagramme

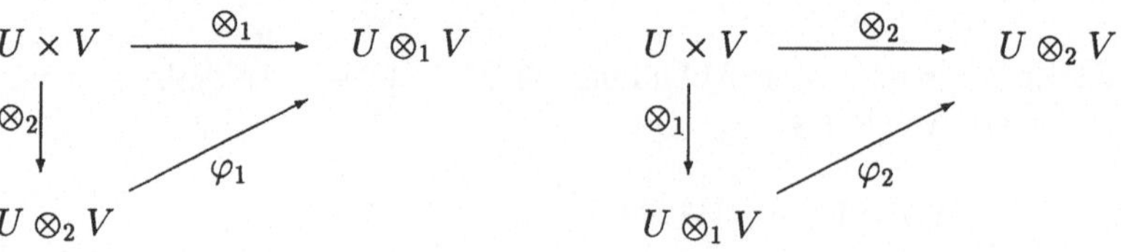

kommutativ sind. Verwenden wir statt $\otimes_i(x,y)$ $((x,y) \in U \times V)$ die übliche Schreibweise $x \otimes_i y$, so liefert die Kommutativität der Diagramme die Beziehungen

$$\varphi_1(x \otimes_2 y) = \varphi_1 \circ \otimes_2(x,y) = x \otimes_1 y$$

und

$$\varphi_2(x \otimes_1 y) = \varphi_2 \circ \otimes_1(x,y) = x \otimes_2 y$$

für alle $x \in U$, $y \in V$. Also gilt

$$(\varphi_2 \circ \varphi_1)(x \otimes_2 y) = x \otimes_2 y$$

und

$$(\varphi_1 \circ \varphi_2)(x \otimes_1 y) = x \otimes_1 y\ .$$

Da die $x \otimes_i y$ ein lineares Erzeugendensystem für $U \otimes_i V$ bilden, gilt somit

$$\varphi_2 \circ \varphi_1 = \mathrm{id}_{U \otimes_2 V}$$

und

$$\varphi_1 \circ \varphi_2 = \mathrm{id}_{U \otimes_1 V}\ ,$$

d.h. $\varphi_1 : U \otimes_2 V \longrightarrow U \otimes_1 V$ ist ein Isomorphismus von Vektorräumen, dessen Inverse φ_2 ist.

Bevor wir die Existenz von Tensorprodukten ganz allgemein beweisen, geben wir ein

Beispiel 2.1 *Wir wollen ein Tensorprodukt von* $\mathbb{R}^m$ *und* $\mathbb{R}^n$ *bestimmen. Dazu betrachten wir für* $x = (x_1, \ldots, x_m) \in \mathbb{R}^m$, $y = (y_1, \ldots, y_n) \in \mathbb{R}^n$ *die bilineare Abbildung*

$$\begin{aligned}(x,y) \overset{\otimes}{\longmapsto} x^t y &= \begin{pmatrix} x_1 \\ \vdots \\ x_m \end{pmatrix} (y_1, \ldots, y_n) \\ &= \begin{pmatrix} x_1 y_1 & \cdots & x_1 y_n \\ \vdots & & \vdots \\ x_m y_1 & \cdots & x_m y_n \end{pmatrix}.\end{aligned}$$

$\otimes$ ist also eine bilineare Abbildung von $\mathbb{R}^m \times \mathbb{R}^n$ in den Raum $\mathbb{M}_{m,n}(\mathbb{R})$ der reellen $m \times n$–Matrizen. Offensichtlich enthält das Bild $\otimes(\mathbb{R}^m \times \mathbb{R}^n)$ die Menge der reellen $m \times n$–Matrizen vom Rang 1. $\otimes$ ist bilinear–surjektiv, weil die $E_{ij} := {e_i}^t f_j$, wobei die e_i, f_j die kanonischen Einheitsvektoren in $\mathbb{R}^m$ bzw. in $\mathbb{R}^n$ sind, eine Basis von $\mathbb{M}_{m,n}(\mathbb{R})$ bilden, die ganz im Bild von $\otimes$ liegt. Sei nun $\Phi : \mathbb{R}^m \times \mathbb{R}^n \longrightarrow W$ eine bilineare Abbildung in einen $\mathbb{R}$–Vektorraum W. Wir definieren eine lineare Abbildung $\varphi : \mathbb{M}_{m,n}(\mathbb{R}) \longrightarrow W$ durch die Werte von φ auf den Basiselementen E_{ij} $(i \leq m,\ j \leq n)$. Sei

$$\varphi(E_{ij}) := \Phi(e_i, f_j)\ .$$

Dadurch ist φ eindeutig bestimmt, und es gilt $\varphi \circ \otimes = \Phi$ auf den Basiselementen (e_i, f_j) und damit auf ganz $\mathbb{R}^m \times \mathbb{R}^n$. $\mathbb{M}_{m,n}(\mathbb{R})$ ist also ein Tensorprodukt von $\mathbb{R}^m$ und $\mathbb{R}^n$.

Es ist klar, wie dieses Beispiel auf den Fall *endlichdimensionaler* Vektorräume U, V verallgemeinert werden kann: Sei $U^* := \mathrm{Hom}(U, K)$ der Dualraum von U, $\mathrm{Hom}(U, V)$ der Raum der linearen Abbildungen von U nach V. Wir betrachten die bilineare Abbildung

$$\begin{aligned} T : U^* \times V &\longrightarrow \mathrm{Hom}(U, V) \\ (\lambda, v) &\longmapsto (u \longmapsto \lambda(u)v)\ , \end{aligned}$$

d.h. dem Paar (λ, v) wird die Rang–1–Abbildung $T(\lambda, v) : U \longrightarrow V$, $T(\lambda, v)(u) := \lambda(u)v$, zugeordnet. Da jede lineare Rang–1–Abbildung $U \longrightarrow V$ auf diese Weise entsteht und $\mathrm{Hom}(U, V)$ von den Rang–1–Abbildungen linear erzeugt wird, ist T bilinear–surjektiv. Da $\mathrm{Hom}(U, V)$ eine Basis aus Rang–1–Abbildungen besitzt, sieht man wie in unserem Beispiel, daß für $(\mathrm{Hom}(U, V), T)$ die universelle Eigenschaft erfüllt ist.

$$U^* \otimes V := \mathrm{Hom}(U, V)$$

ist also ein Tensorprodukt von U^* und V. Wegen $U^{**} = U$ ist

$$U \otimes V := \mathrm{Hom}(U^*, V)$$

ein Tensorprodukt von U und V, und wir erhalten die wichtige

Dimensionsformel:

$$\dim U \otimes V = \dim U \cdot \dim V\ .$$

Es ist nämlich

$$\begin{aligned}\dim U \otimes V &= \dim \operatorname{Hom}(U^*, V) = \dim U^* \cdot \dim V \\ &= \dim U \cdot \dim V\ .\end{aligned}$$

Bemerkung 2.2 *Sei* $\{u_1, \ldots, u_m\}$ *eine Basis von* U, $\{v_1, \ldots, v_n\}$ *eine Basis von* V. *Dann ist leicht zu sehen, daß*

$$\{u_i \otimes v_j \mid 1 \leq i \leq m,\ 1 \leq j \leq n\}$$

eine Basis von $U \otimes V$ *ist: da die* $u \otimes v$ *mit* $u \in U$, $v \in V$ *ein lineares Erzeugendensystem von* $U \otimes V$ *bilden und alle Elemente* $u \otimes v$ *Linearkombinationen der Vektoren* $u_i \otimes v_j$ *sind (*$u = \sum_i \alpha_i u_i$, $v = \sum_j \beta_j v_j$ *impliziert* $u \otimes v = \left(\sum_i \alpha_i u_i\right) \otimes \left(\sum_j \beta_j v_j\right) = \sum_{i,j} \alpha_i \beta_j u_i \otimes v_j$ *), bilden die Vektoren* $u_i \otimes v_j$ $(1 \leq i \leq m,\ 1 \leq j \leq n)$ *ein lineares Erzeugendensystem von* $U \otimes V$, *das aus* $m \cdot n = \dim U \otimes V$ *vielen Elementen besteht. Also müssen die* $u_i \otimes v_j$ *auch linear unabhängig sein und damit eine Basis von* $U \otimes V$ *bilden.*

Die Charakterisierung des Tensorprodukts durch die universelle Eigenschaft **(UE)** mag auf den ersten Blick unnötig abstrakt erscheinen. Sie ist aber besonders nützlich, wenn man eine lineare Abbildung $\varphi : U \otimes V \longrightarrow W$ auf dem Tensorprodukt definieren will. φ ist eindeutig festgelegt durch die Werte einer bilinearen Abbildung $\phi : U \times V \longrightarrow W$. Im übrigen ist dem Leser der Umgang mit universellen Eigenschaften schon aus der elementaren linearen Algebra vertraut: Eine Teilmenge B eines Vektorraums V ist genau dann eine Basis von V, wenn B zusammen mit der kanonischen Inklusion $B \hookrightarrow V$ die folgende universelle Eigenschaft besitzt: Zu jeder Abbildung $f : B \longrightarrow W$ in einen Vektorraum W gibt es genau eine lineare Abbildung $\varphi : V \longrightarrow W$, so daß das Diagramm

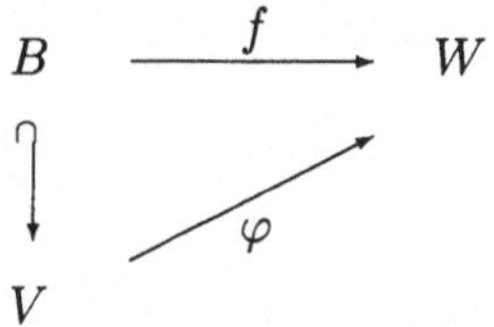

kommutativ ist. Dies ist nichts anderes als die wohlvertraute Eigenschaft, daß durch eine beliebige eindeutige Zuordnung von Vektoren aus W zu den Elementen der Basis B genau eine lineare Abbildung $\varphi : V \longrightarrow W$ definiert wird. So wie es nicht *die* Basis eines Vektorraums gibt, gibt es auch nicht *das* Tensorprodukt von zwei Vektorräumen. Die Isomorphie von Tensorprodukten macht aber den allgemein üblichen Sprachgebrauch verzeihlich, von *dem* Tensorprodukt zu reden.

Wir kommen nun zur allgemeinen Konstruktion des Tensorprodukts $U \otimes V$. Dabei sind U, V Vektorräume beliebiger, nicht notwendig endlicher Dimension über einem Körper K. Sei $\mathcal{F}(U,V)$ der von $U \times V$ über K frei erzeugte Vektorraum. Diesen kann man sich denken als den K-Vektorraum aller Funktionen $f : U \times V \longrightarrow K$, die an höchstens endlichvielen Stellen von Null verschieden sind. Wir schreiben die Elemente von $\mathcal{F}(U,V)$ einfach als endliche Linearkombinationen von Elementen aus $U \times V$. Sei $\mathcal{R}(U,V)$ derjenige Unterraum von $U \times V$, der von den Elementen der Form

$$\begin{aligned} (u_1 + u_2, v) &- (u_1, v) - (u_2, v)\,, \\ (u, v_1 + v_2) &- (u, v_1) - (u, v_2)\,, \\ (\alpha u, v) &- \alpha(u, v)\,, \\ (u, \beta v) &- \beta(u, v) \end{aligned} \tag{2.11}$$

erzeugt wird ($\alpha, \beta \in K,\ u, u_1, u_2 \in U,\ v, v_1, v_2 \in V$). Wir setzen

$$U \otimes V := \mathcal{F}(U,V) / \mathcal{R}(U,V)\,.$$

Für $u \in U,\ v \in V$ sei $u \otimes v := (u,v) + \mathcal{R}(U,V)$ die Restklasse von (u,v) in $U \otimes V$, d.h. wir definieren

$$\otimes : U \times V \longrightarrow U \otimes V$$

als die Einschränkung der kanonischen Projektion

$$\mathcal{F}(U,V) \longrightarrow \mathcal{F}(U,V) / \mathcal{R}(U,V)$$

auf die Teilmenge $U \times V \subseteq \mathcal{F}(U,V)$. Wegen (2.11) ist $\otimes$ eine bilineare Abbildung:

$$(u_1 + u_2) \otimes v = u_1 \otimes v + u_2 \otimes v$$

ergibt sich aus

$$\begin{aligned} 0 &= \otimes((u_1+u_2,v)-(u_1,v)-(u_2,v)) \\ &= (u_1+u_2)\otimes v - u_1\otimes v - u_2\otimes v \,. \end{aligned}$$

Analog dazu erhält man

$$u\otimes(v_1+v_2) = u\otimes v_1 + u\otimes v_2$$

und $\qquad (\alpha u)\otimes v = \alpha(u\otimes v) = u\otimes(\alpha v)$

$(u,u_1,u_2\in U,\ v,v_1,v_2\in V,\ \alpha\in K)$.

Da $U\times V$ den Vektorraum $\mathcal{F}(U,V)$ linear erzeugt und die kanonische Projektion $\mathcal{F}(U,V)\longrightarrow U\otimes V$ surjektiv ist, ist die Abbildung $\otimes : U\times V\longrightarrow U\otimes V$ bilinear–surjektiv. Wir zeigen schließlich, daß das Paar $(U\otimes V,\otimes)$ die universelle Eigenschaft **(UE)** erfüllt. Dazu sei $\Phi : U\times V\longrightarrow W$ irgendeine bilineare Abbildung in einen K–Vektorraum W. Φ kann auf genau eine Weise zu einer linearen Abbildung

$$\Phi^{\mathcal{F}} : \mathcal{F}(U,V) \longrightarrow W$$

erweitert werden:

$$\Phi^{\mathcal{F}}\left(\sum_{(u,v)\in U\times V}\alpha_{(u,v)}(u,v)\right) := \sum_{(u,v)\in U\times V}\alpha_{(u,v)}\Phi(u,v)$$

(beachte, daß höchstens endlichviele der $\alpha_{(u,v)}\in K$ von Null verschieden sind). Aus der Bilinearität von Φ folgt unmittelbar, daß $\mathcal{R}(U,V)$ von $\Phi^{\mathcal{F}}$ auf Null abgebildet wird. Also faktorisiert $\Phi^{\mathcal{F}}$ über $\mathcal{F}(U,V)\big/_{\mathcal{R}(U,V)}$, d.h. es gibt eine lineare Abbildung

$$\varphi : U\otimes V \longrightarrow W$$

mit $\qquad \Phi = \varphi\circ\otimes$.

φ ist eindeutig bestimmt, denn

$$\Phi = \varphi_1\circ\otimes = \varphi_2\circ\otimes$$

liefert

$$\varphi_1(u\otimes v) = \Phi(u,v) = \varphi_2(u\otimes v)\ ,$$

d.h. φ_1 und φ_2 stimmen auf einem Erzeugendensystem von $U\otimes V$ überein, sind also gleich.

Somit ist $(U\otimes V,\otimes)$ ein Tensorprodukt von U und V.

Natürlich sind die Tensorprodukte $U \otimes V$ und $V \otimes U$ im allgemeinen voneinander verschieden, jedoch gibt es eine kanonische Isomorphie $U \otimes V \simeq V \otimes U$, bei der $u \otimes v$ in $v \otimes u$ überführt wird. Dies folgt sehr einfach aus der universellen Eigenschaft des Tensorprodukts: Die Abbildung

$$\begin{aligned} \Phi : U \times V &\longrightarrow V \otimes U \\ (u, v) &\longmapsto v \otimes u \end{aligned}$$

ist bilinear und liefert eine lineare Abbildung

$$\varphi : U \otimes V \longrightarrow V \otimes U$$

mit $\varphi(u \otimes v) = v \otimes u$ für alle $u \in U$, $v \in V$. Vertauscht man die Rollen von U und V, so erhält man eine lineare Abbildung

$$\psi : V \otimes U \longrightarrow U \otimes V$$

mit $\psi(v \otimes u) = u \otimes v$ für alle $u \in U$, $v \in V$. Also sind φ und ψ auf linearen Erzeugendensystemen von $U \otimes V$ bzw. $V \otimes U$ invers zueinander und somit Isomorphismen.

Wichtig für die Verallgemeinerung des Tensorprodukts auf mehr als zwei Faktoren ist die folgende kanonische Isomorphie

$$U \otimes (V \otimes W) \simeq (U \otimes V) \otimes W ,$$

wobei $u \otimes (v \otimes w)$ in $(u \otimes v) \otimes w$ übergeführt wird $(u \in U,\ v \in V,\ w \in W)$. Zum Beweis benutzen wir auch hier die universelle Eigenschaft des Tensorprodukts. Sei zunächst $u \in U$ fest gewählt. Dann wird für beliebiges $(v, w) \in V \times W$ durch

$$\lambda_u(v, w) := (u \otimes v) \otimes w$$

eine bilineare Abbildung

$$\lambda_u : V \times W \longrightarrow (U \otimes V) \otimes W$$

definiert. λ_u induziert eine lineare Abbildung

$$\Phi_u : V \otimes W \longrightarrow (U \otimes V) \otimes W ,$$

die $v \otimes w$ in $(u \otimes v) \otimes w$ überführt. Die Abbildung

$$\begin{aligned} U \times (V \otimes W) &\xrightarrow{\Phi} (U \otimes V) \otimes W \\ (u, t) &\longmapsto \Phi_u(t) \end{aligned}$$

ist ebenfalls bilinear und liefert somit eine lineare Abbildung

$$\varphi : U \otimes (V \otimes W) \longrightarrow (U \otimes V) \otimes W$$

mit

$$\varphi(u \otimes (v \otimes w)) = \Phi_u(v, w) = (u \otimes v) \otimes w \ .$$

Analog dazu erhält man, von

$$\begin{array}{rcl} U \times V & \longrightarrow & U \otimes (V \otimes W) \\ (u, v) & \longmapsto & u \otimes (v \otimes w) \end{array}$$

für festes $w \in W$ ausgehend, eine lineare Abbildung

$$\begin{array}{rcl} \psi : (U \otimes V) \otimes W & \longrightarrow & U \otimes (V \otimes W) \\ \text{mit} \qquad \psi((u \otimes v) \otimes w) & = & u \otimes (v \otimes w) \ . \end{array}$$

φ und ψ sind somit auf linearen Erzeugendensystemen von $U \otimes (V \otimes W)$ bzw. $(U \otimes V) \otimes W$ invers zueinander, sind also Isomorphismen.

Die soeben bewiesene Isomorphie besagt, daß das Tensorprodukt bis auf Isomorphie **assoziativ** ist. Wir können deshalb auf die Klammerung z.B. bei $U \otimes (V \otimes W)$ verzichten und einfach $U \otimes V \otimes W$ schreiben. Allgemeiner sieht man nun leicht (mit Hilfe der Methoden aus obigem Beweis und vollständiger Induktion), daß es zu beliebiger Anzahl von Vektorräumen $U_1, \ldots, U_n$ ein *Tensorprodukt* $U_1 \otimes \cdots \otimes U_n$ und eine *multilinear–surjektive* n–lineare (d.h. in jeder Variablen lineare) Abbildung

$$\begin{array}{rcl} \otimes : U_1 \times \cdots \times U_n & \longrightarrow & U_1 \otimes \cdots \otimes U_n \\ (u_1, \ldots, u_n) & \longmapsto & u_1 \otimes \cdots \otimes u_n \end{array}$$

gibt, so daß die folgende **universelle Eigenschaft** erfüllt ist:

Zu jeder n–linearen Abbildung $\Phi : U_1 \times \cdots \times U_n \longrightarrow W$ gibt es genau eine lineare Abbildung

$$\varphi : U_1 \otimes \cdots \otimes U_n \longrightarrow W \ ,$$

so daß das Diagramm

$$\begin{array}{ccc} U_1 \times \cdots \times U_n & \xrightarrow{\Phi} & W \\ \Big\downarrow \otimes & \nearrow_{\varphi} & \\ U_1 \otimes \cdots \otimes U_n & & \end{array}$$

kommutativ ist.

Die Elemente des von einer Menge M frei erzeugten Vektorraums kann man als die endlichen „formalen Linearkombinationen“ der Elemente von M betrachten. Der kanonische Rahmen, um *formale Produkte* von Elementen eines Vektorraums U zu betrachten, ist die *Tensoralgebra* des Vektorraums U. Die Tensoralgebra von U ist das nicht–kommutative Analogon zur Polynomalgebra (in mehreren, möglicherweise auch unendlichvielen Variablen).

Wir beginnen mit einer

Definition 2.3 *Für eine natürliche Zahl* r *sei* $U^{\otimes r} := \underbrace{U \otimes \cdots \otimes U}_{r\text{-fach}}$ *das* r*–fache Tensorprodukt von* U *mit sich selbst.* $U^{\otimes r}$ *heißt der Raum der* **(kontravarianten) Tensoren vom Grad** r. *Für* $r = 0$ *setzen wir* $U^{\otimes 0} := K$. *Die direkte Summe*

$$\mathcal{T}(U) := \sum_{r\geq 0}^{\oplus} U^{\otimes r}$$

heißt der **Tensorraum von** U.

Um eine Multiplikation in $\mathcal{T}(U)$ zu definieren, reicht es zu erklären, wie man Elemente von $U^{\otimes r}$ und Elemente von $U^{\otimes s}$ miteinander multipliziert. Dazu wiederum ist es ausreichend, ein Produkt für lineare Erzeugende

$$\begin{aligned} t &= u_1 \otimes \cdots \otimes u_r \in U^{\otimes r}, \\ t' &= u_1' \otimes \cdots \otimes u_s' \in U^{\otimes s} \end{aligned}$$

zu definieren. Die Multiplikation in $\mathcal{T}(U)$ ergibt sich dann als die bilineare Erweiterung der Multiplikation der Erzeugenden. Der naheliegende Ansatz ist nun

$$t \otimes t' := u_1 \otimes \cdots \otimes u_r \otimes u_1' \otimes \cdots \otimes u_s' \in U^{\otimes (r+s)}.$$

Es ist dann leicht (und langweilig) nachzuprüfen, daß $\mathcal{T}(U)$ mit dieser Multiplikation eine *assoziative Algebra mit Einselement* $1 \in K = U^{\otimes 0}$ ist. (Man beachte dabei, daß $K \otimes U = U$ vermöge $\alpha \otimes u := \alpha u$ für $\alpha \in K$, $u \in U$ gilt.)

$\mathcal{T}(U)$ heißt die **Tensoralgebra von** U. Besonders übersichtlich sind die Verhältnisse, wenn U ein endlichdimensionaler Vektorraum ist. Sei nämlich $\{e_1, \ldots, e_n\}$ eine Basis von U. Für $r > 0$ ist dann

$$\{e_{i_1} \otimes \cdots \otimes e_{i_r} \mid 1 \leq i_1, \ldots, i_r \leq n\}$$

eine Basis von $U^{\otimes r}$, und somit ist jedes Element t von $\mathcal{T}(U)$ eindeutig darstellbar als Linearkombination

$$t = \sum_{r \geq 0} \sum_{1 \leq i_1, \ldots, i_r \leq n} \alpha^{i_1, \ldots, i_r} e_{i_1} \otimes \cdots \otimes e_{i_r} ,$$

wobei höchstens endlichviele $\alpha^{i_1, \ldots, i_r} \in K$ von Null verschieden sind.

Es sei nun $I(U)$ das von der Teilmenge $\{u \otimes u \mid u \in U\}$ erzeugte *zweiseitige Ideal* der Tensoralgebra $\mathcal{T}(U)$. Die Elemente von $I(U)$ sind also von der Form

$$\sum_{x,y,v} x \otimes v \otimes v \otimes y ,$$

wobei die v aus U und die x, y *homogene Elemente* von $\mathcal{T}(U)$, d.h. aus $\bigcup_{r \geq 0} U^{\otimes r}$ sind. Damit ist klar, daß

$$I(U) = \sum_{r \geq 0}^{\oplus} I_r(U)$$

ist, wobei

$$I_r(U) := I(U) \cap U^{\otimes r}$$

gesetzt wird (man beachte, daß $I_0(U) = I_1(U) = 0$ ist).

$I(U)$ ist somit ein *graduiertes Ideal* der Tensoralgebra $\mathcal{T}(U)$.

Definition 2.4

$$\Lambda(U) := {}^{\mathcal{T}(U)}\big/_{I(U)}$$

heißt die **äußere Algebra des Vektorraums** U *oder auch die Graßmann-Algebra von* U.

Die Multiplikation in $\Lambda(U)$ ist die übliche Restklassenmultiplikation:

$$(t + I(U)) \wedge (t' + I(U)) = t \otimes t' + I(U) \ .$$

Die Graduierung von $I(U)$ induziert eine Graduierung der äußeren Algebra $\Lambda(U)$: Setzen wir

$$\Lambda(U)_k := {U^{\otimes k}}\big/{I_k(U)} \qquad \text{für} \quad k \geq 2 \ ,$$

$\Lambda(U)_1 := U$ und $\Lambda(U)_0 := K$, so ist

$$\Lambda(U) \simeq \sum_{k\geq 0}{}^{\oplus} \Lambda(U)_k \ .$$

Dazu betrachten wir für $k \geq 0$ die auf $\{x + I(U) \mid x \in U^{\otimes k}\}$ definierte Abbildung

$$x + I(U) \longmapsto x + I_k(U) \in \Lambda(U)_k \ .$$

Wegen $I(U) = \sum_{k\geq 0}{}^{\oplus} I_k(U)$ sind diese Abbildungen bijektiv, und wir erhalten damit einen Isomorphismus von Vektorräumen

$$\begin{aligned} {\mathcal{T}(U)}\big/{I(U)} &\longrightarrow \sum_{k\geq 0}{}^{\oplus} {U^{\otimes k}}\big/{I_k(U)} \\ \left(\sum_{k\geq 0} x_k\right) + I(U) &\longmapsto \sum_{k\geq 0} (x_k + I_k(U)) \ , \end{aligned}$$

der wegen $x_k \otimes I_j(U) \subseteq I_{k+j}(U)$ und damit

$$(x_k + I_k(U))\,(x_j + I_j(U)) = x_k \otimes x_j + I_{k+j}(U)$$

auch ein Isomorphismus von Algebren ist. Die Multiplikation in der Algebra $\Lambda(U)$, das sogenannte **äußere Produkt**, bezeichnen wir mit $\wedge$. Insbesondere ist dann

$$v_1 \wedge \ldots \wedge v_k = v_1 \otimes \cdots \otimes v_k + I(U) \ .$$

Im folgenden wollen wir für diese abstrakt definierte äußere Algebra ein konkretes Modell entwickeln und insbesondere zeigen, daß äußere Algebren dasselbe sind wie die vorher durch Erzeugende und Relationen definierten Graßmann–Algebren.

Definition 2.5 *Eine multilineare Abbildung*

$$h : \underbrace{U \times \cdots \times U}_{r\text{-fach}} \longrightarrow V$$

heißt **alternierend**, *wenn für jede Permutation* $\pi \in \mathcal{S}_r$ *und alle* $v_1, \ldots, v_r \in U$

$$h\left(v_{\pi(1)}, \ldots, v_{\pi(r)}\right) = (-1)^{\pi} h\left(v_1, \ldots, v_r\right)$$

ist, wobei $(-1)^{\pi}$ *das Vorzeichen der Permutation* π *bezeichnet. Die alternierenden Abbildungen* $U^r \longrightarrow V$ *bilden einen Vektorraum über* K, *den wir mit* $A_r(U, V)$, *im Falle* $V = K$ *einfach mit* $A_r(U)$, *bezeichnen. Dabei setzen wir noch* $A_0(U, V) := V$ *bzw.* $A_0(U) := K$.

Wir bemerken, daß eine multilineare Abbildung $h : U^r \longrightarrow V$ genau dann alternierend ist, wenn für alle $v_1, \ldots, v_r \in U$ gilt:

Gibt es zwei verschiedene Indizes i und j, so daß $v_i = v_j$ ist, so ist $h(v_1, \ldots, v_r) = 0$. Der einfache Beweis sei dem Leser überlassen.

Für die folgenden Überlegungen ist es wichtig, daß die *äußeren Potenzen* $\Lambda(U)_k$, ähnlich wie die Tensorprodukte, eine universelle Eigenschaft erfüllen:

Satz 2.6 *Für alle* $k \geq 2$ *erfüllen die äußeren Potenzen* $\Lambda(U)_k$ *von* U *die folgende universelle Eigenschaft:*

Sei λ_k *die Abbildung* $(v_1, \ldots, v_k) \longmapsto v_1 \wedge \ldots \wedge v_k$. *Dann gibt es zu jeder alternierenden multilinearen Abbildung* $h : U^k \longrightarrow V$ *genau eine lineare Abbildung* $\tilde{h} : \Lambda(U)_k \longrightarrow V$, *so daß das folgende Diagramm kommutativ ist:*

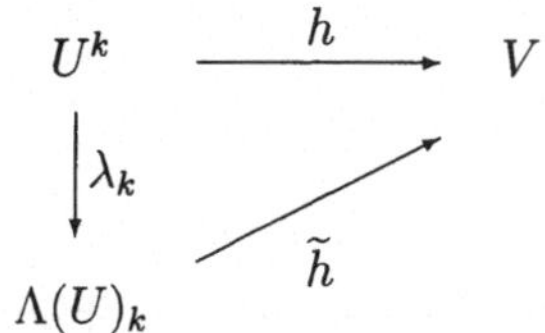

Beweis . Sei $h : U^k \longrightarrow V$ eine alternierende multilineare Abbildung. Zunächst faktorisiert h über dem Tensorprodukt $U^{\otimes k}$, d.h. es gibt eine lineare Abbildung

$$\overline{h} : U^{\otimes k} \longrightarrow V \ ,$$

so daß das Diagramm

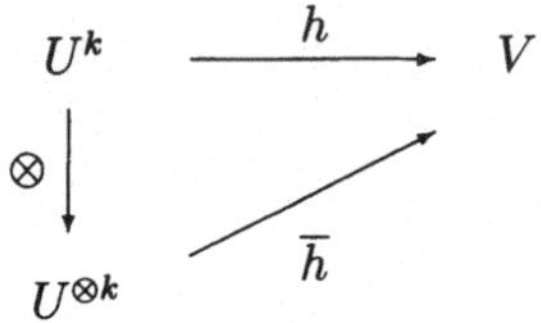

kommutativ ist. Da h alternierend ist, ist

$$\overline{h}\,(v_1 \otimes \cdots \otimes v \otimes \cdots \otimes v \otimes \cdots \otimes v_k) = h(v_1, \ldots, v, \ldots, v, \ldots, v_k) = 0 \ ,$$

und damit folgt

$$\overline{h}\,(I_k(U)) = 0 \ .$$

Somit faktorisiert $\overline{h}$ über $\Lambda(U)_k = {U^{\otimes k}}\big/{I_k(U)}$, d.h. es gibt eine lineare Abbildung

$$\widetilde{h} : \Lambda(U)_k \longrightarrow V \ ,$$

so daß das Diagramm

$$\begin{array}{ccc} U^{\otimes k} & \xrightarrow{\ \overline{h}\ } & V \\ \big\downarrow & \nearrow_{\widetilde{h}} & \\ \Lambda(U)_k & & \end{array}$$

kommutativ ist. Dabei ist $U^{\otimes k} \longrightarrow \Lambda(U)_k$ die kanonische Projektion. Die Zusammensetzung der kommutativen Diagramme ergibt ein kommutatives Diagramm

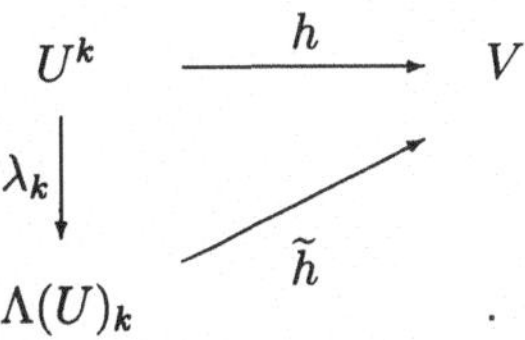

Da $U^k \longrightarrow U^{\otimes k}$ k–linear–surjektiv und $U^{\otimes k} \longrightarrow \Lambda(U)_k$ surjektiv ist, ist $\widetilde{h}$ durch h eindeutig bestimmt. □

Wie bei Tensorprodukten sieht man, daß $\Lambda(U)_k$ durch die universelle Eigenschaft bis auf Isomorphie eindeutig bestimmt ist. Aus der universellen Eigenschaft folgt unmittelbar, daß durch $h \longmapsto \widetilde{h}$ ein Isomorphismus

$$A_k(U, V) \longrightarrow \operatorname{Hom}(\Lambda(U)_k, V)$$

gegeben ist. Wir notieren als

Korollar 2.7 *Sei $A_k(U)$ der Raum der alternierenden multilinearen Funktionen $U^k \longrightarrow K$. Dann ist*

$$A_k(U) \simeq \Lambda(U)_k{}^* .$$

Als nächstes wollen wir zeigen, wie man aus einer Basis $\{e_i \mid i \in I\}$ von U eine Basis von $\Lambda(U)$ gewinnt. Hier ist I eine geordnete Menge. Wir bezeichnen mit $\mathcal{E}(I)$ wieder die Menge der endlichen (geordneten) Teilmengen von I und schreiben für $M = \{i_1, \ldots, i_k\} \in \mathcal{E}(I)$:

$$M = \{i_i < \cdots < i_k\} .$$

Für $M \in \mathcal{E}(I)$, $M = \{i_1 < \cdots < i_k\}$, sei

$$e_M := e_{i_1} \wedge \ldots \wedge e_{i_k} .$$

Lemma 2.8 *Seien $u_1, \ldots, u_r \in U$ linear unabhängig. Dann ist*

$$u_1 \wedge \ldots \wedge u_r \neq 0 .$$

Beweis . Seien $v_1^*, \ldots, v_r^* \in U^*$ so, daß $v_i^*(u_j) = \delta_{ij}$ ist für alle $i, j \leq r$. Die Abbildung

$$(w_1, \ldots, w_r) \overset{\delta}{\longmapsto} \det(v_i^*(w_j))$$

ist eine alternierende multilineare Abbildung

$$U^r \overset{\delta}{\longrightarrow} K .$$

Aus der universellen Eigenschaft für $\Lambda(U)_r$ folgt, daß es genau eine lineare Abbildung $\widetilde{\delta} : \Lambda(U)_r \longrightarrow K$ gibt, so daß

$$\widetilde{\delta}(w_1 \wedge \ldots \wedge w_r) = \delta(w_1, \ldots, w_r)$$

ist für alle $w_1, \ldots, w_r \in U$. Also ist

$$\begin{aligned} \widetilde{\delta}(u_1 \wedge \ldots \wedge u_r) &= \delta(u_1, \ldots, u_r) \\ &= \det(v_i^*(u_j)) = \det(\delta_{ij}) = 1 \end{aligned}$$

und somit insbesondere $u_1 \wedge \ldots \wedge u_r \neq 0$. □

Lemma 2.8 impliziert, daß $e_M \neq 0$ ist für alle $M \in \mathcal{E}(I)$. Wir zeigen als nächstes, daß die Menge $\{e_M \,|\, M \in \mathcal{E}(I)\}$ linear unabhängig ist. Angenommen, dies sei nicht der Fall. Dann gibt es eine nicht–triviale Linearkombination $0 = \sum\limits_{M \in \mathcal{E}(I)} \alpha_M e_M$, wobei $\{M \in \mathcal{E}(I) \,|\, \alpha_M \neq 0\}$ endlich und nicht leer ist. Sei $\overline{M} := \bigcup\{M | \alpha_M \neq 0\}$. $\overline{M}$ ist eine endliche geordnete Menge. Sei M_0 ein Element von $\{M \in \mathcal{E}(I) \,|\, \alpha_M \neq 0\}$ mit minimaler Elementezahl, $\widetilde{M}_0 := \overline{M} \backslash M_0$. Dann ist

$$0 = e_{\widetilde{M}_0} \wedge \left(\sum_{M \in \mathcal{E}(I)} \alpha_m e_M \right) = \pm \alpha_{M_0} e_{\overline{M}} ,$$

denn wegen der Minimalität von M_0 ist $\widetilde{M}_0 \cap M \neq \emptyset$ für jedes $M \in \mathcal{E}(I)$ mit $\alpha_M \neq 0$ und $M \neq M_0$. Aus $\alpha_{M_0} \neq 0$ folgt aber dann $e_{\overline{M}} = 0$ im Widerspruch zur Aussage des Lemmas 2.8. Nach Definition der e_M ist klar, daß die e_M $(M \in \mathcal{E}(I))$ ein lineares Erzeugendensystem von $\Lambda(U)$ bilden. Wir haben damit bewiesen:

Satz 2.9 *Sei $\{e_i \,|\, i \in I\}$ eine Basis des K–Vektorraumes U, $\mathcal{E}(I)$ die Menge der endlichen Teilmengen von I. Für $M = \{i_1 < \cdots < i_k\} \in \mathcal{E}(I)$ sei $e_M := e_{i_1} \wedge \ldots \wedge e_{i_k}$. Dann ist $\{e_M \,|\, M \in \mathcal{E}(I)\}$ eine Basis von $\Lambda(U)$. Insbesondere ist $\{e_M \,|\, \#M = k\}$ eine Basis von $\Lambda(U)_k$ $(k \geq 1)$.*

Korollar 2.10 *Sei* $\dim U = n$. *Dann ist für jedes* $k \leq n$

$$\begin{aligned}\dim \Lambda(U)_k &= \binom{n}{k}, \\ \dim \Lambda(U) &= 2^n .\end{aligned}$$

Korollar 2.11 *Sei* $\{e_i \mid i \in I\}$ *eine Basis von* U. *Dann ist*

$$\Lambda(U) \simeq \Lambda_I(K) .$$

Beweis . Da $\{e_M \mid M \in \mathcal{E}(I)\}$ eine Basis von $\Lambda(U)$ ist, sind nach Definition von $\Lambda_I(K)$ die Vektorräume $\Lambda_I(K)$ und $\Lambda(U)$ isomorph. Da für jedes $k \geq 1$ die Abbildung

$$\lambda_k : U^k \longrightarrow \Lambda(U)$$

alternierend ist, gilt für alle $M, N \in \mathcal{E}(I)$

$$e_M \wedge e_N = \begin{cases} 0 & \text{für } M \cap N \neq 0 \\ (-1)^\sigma e_{M \cup N} & \text{sonst} \end{cases},$$

wobei σ diejenige Permutation ist, die $M \cup N$ in natürlicher Weise ordnet. Damit sind $\Lambda(U)$ und $\Lambda_I(K)$ auch als Algebren isomorph. □

Wir hatten gesehen, daß die universelle Eigenschaft für $\Lambda(U)_k$ eine Isomorphie $A_k(U) \simeq \Lambda(U)_k{}^*$ induziert. Dabei ist $A_k(U)$ der Raum der alternierenden k–linearen Abbildungen $U^k \longrightarrow K$. Wir wollen zeigen, daß $A_k(U)$ für endlichdimensionales U auch isomorph zu $\Lambda(U^*)_k$ ist. Dazu betrachten wir die bilineare Abbildung

$$\begin{aligned}\Lambda(U^*)_k \times \Lambda(U)_k &\longrightarrow K , \\ (v^*, u) &\longmapsto \langle v^*, u\rangle ,\end{aligned}$$

die für zerlegbare Elemente $v^* = v_1^* \wedge \ldots \wedge v_k^*$, $u = u_1 \wedge \ldots \wedge u_k$ gegeben ist durch

$$\langle v^*, u\rangle := \det\left(v_i^*(u_j)\right) .$$

Diese bilineare Abbildung ist nicht–ausgeartet. Sei nämlich $\{e_i \mid i \in I\}$ eine Basis von U, $\{e_i^* \mid i \in I\}$ die dazu duale Basis von U^*, und sei

$$v^* = \sum_{i_1 < \cdots < i_k} a_{i_1 \ldots i_k} e_{i_1}^* \wedge \ldots \wedge e_{i_k}^* \in \Lambda(U^*)_k$$

so, daß $\langle v^*, u\rangle = 0$ ist für alle $U \in \Lambda(U)_k$. Für alle k–elementigen Mengen $\{j_1 < \cdots < j_k\}$ gilt dann:

$$0 = \langle v^*, e_{j_1} \wedge \ldots \wedge e_{j_k}\rangle = a_{j_1 \ldots j_k} \, .$$

Also ist $v^* = 0$. In analoger Weise sieht man, daß aus $\langle v^*, u\rangle = 0$ für alle $v^* \in \Lambda(U^*)_k$ folgt, daß $u = 0$ ist. Also ist $\langle\, ,\, \rangle$ nicht–ausgeartet und somit eine Dualität zwischen $\Lambda(U^*)_k$ und $\Lambda(U)_k$.

Daraus ergibt sich, daß die lineare Abbildung

$$\begin{array}{ccc} \Lambda(U^*)_k & \longrightarrow & \Lambda(U)_k{}^* \\ v^* & \longmapsto & \langle v^*, \cdot\rangle \end{array}$$

injektiv ist. Da $\Lambda(U^*)_k$ und $\Lambda(U)_k{}^*$ für endlichdimensionales U dieselbe Dimension $\binom{n}{k}$ haben, ist die lineare Abbildung $v^* \longmapsto \langle v^*, \cdot\rangle$ auch bijektiv und somit ein Isomorphismus. Zusammen mit dem kanonischen Isomorphismus $\Lambda(U)_k{}^* \simeq A_k(U)$ erhalten wir einen Isomorphismus

$$\Lambda(U^*)_k \;\simeq\; A_k(U) \, .$$

Da der Dualraum einer endlichen direkten Summe kanonisch isomorph zur direkten Summe der Dualräume ist, erhalten wir Isomorphismen

$$\begin{aligned} \Lambda(U^*) &= \sum_{k \geq 0}{}^{\oplus} \Lambda(U^*)_k \\ &\simeq \sum_{k \geq 0}{}^{\oplus} \Lambda(U)_k{}^* \\ &\simeq \Lambda(U)^* \end{aligned}$$

und somit einen Isomorphismus

$$\Lambda(U^*) \;\simeq\; A(U) \;:=\; \sum_{k \geq 0}{}^{\oplus} A_k(U) \, .$$

Nun ist $\Lambda(U^*)$ eine assoziative Algebra. Mit dem soeben definierten Isomorphismus

$$\Phi : \Lambda(U^*) \longrightarrow A(U)$$

kann man die Algebrenstruktur auf den K–Vektorraum $A(U)$ übertragen, indem man für $f, g \in A(U)$ definiert:

$$f \wedge g := \Phi\left(\Phi^{-1}(f) \wedge \Phi^{-1}(g)\right) \, .$$

Explizit hat diese Multiplikation auf $A(U)$ folgende Form: Für $f \in A_k(U)$, $g \in A_\ell(U)$ ist $f \wedge g \in A_{k+\ell}(U)$ gegeben durch

$$\begin{aligned}(f \wedge g)&(u_1, \ldots, u_k, u_{k+1}, \ldots, u_{k+\ell}) \\ &= \sum_{\pi \in S_{k,\ell}(k+\ell)} (-1)^\pi f\left(u_{\pi(1)}, \ldots, u_{\pi(k)}\right) g\left(u_{\pi(k+1)}, \ldots, u_{\pi(k+\ell)}\right) ,\end{aligned}$$

wobei $S_{k+\ell}\ (k+\ell) \subseteq \mathcal{S}_{k+\ell}$ die Untergruppe der „Shuffle–Permutationen" ist. Diese Permutationen sind durch die Eigenschaft $\pi(1) < \cdots < \pi(k)$, $\pi(k+1) < \cdots < \pi(k+\ell)$ definiert. (Man mische einen Stapel von k–vielen Spielkarten mit einem Stapel von ℓ–vielen Spielkarten nach Poker–Manier !) Wir überlassen den Beweis der expliziten Form von $f \wedge g$ dem Leser.

Im nächsten Kapitel werden wir Moduln insbesondere über Graßmann–Algebren und Tensorprodukte von solchen Moduln betrachten. Allgemeiner wollen wir deshalb an dieser Stelle ausführen, was unter dem Tensorprodukt von zwei Moduln über einer assoziativen Algebra A mit Einselement zu verstehen ist.

Definition 2.12 *Sei A eine assoziative Algebra über dem Körper K. A besitze ein Einselement, das wir mit 1 bezeichnen. Ein A-**Rechtsmodul** ist eine (additiv geschriebene) abelsche Gruppe M zusammen mit einer Abbildung*

$$\begin{aligned} M \times A &\longrightarrow M \\ (u,a) &\longmapsto ua ,\end{aligned}$$

die folgende Eigenschaften hat: für alle $a, b \in A$ und alle $u, u' \in M$ gilt

$$u(a+b) = ua + ub , \quad (u+u')a = ua + u'a ,$$

$$u(ab) = (ua)b , \quad u1 = u .$$

Analog dazu heißt eine abelsche Gruppe N zusammen mit einer Abbildung

$$\begin{aligned} A \times N &\longrightarrow N \\ (a,v) &\longmapsto av \end{aligned}$$

*ein A-**Linksmodul**, wenn für alle $a, b \in A$ und alle $v, v' \in N$*

$$(a+b)v = av + bv , \quad a(v+v') = av + av' ,$$

$$(ab)v = a(bv) , \quad 1v = v$$

gilt.

Ist A kommutativ, so ist jeder A–Rechtsmodul auch ein A–Linksmodul, indem man

$$au := ua$$

setzt. Ebenso ist in diesem Fall jeder A–Linksmodul auch ein A–Rechtsmodul, so daß man für kommutatives A nicht zwischen Links– und Rechtsmoduln unterscheiden muß.

Es sei nun M ein A–Rechtsmodul und N ein A–Linksmodul. Da A eine Algebra mit Einselement ist, kann man den Körper K als Unteralgebra in A einbetten: $\alpha \longmapsto \alpha 1 \ (\alpha \in K)$.
M und N sind dann Vektorräume über K, und damit ist das Tensorprodukt $M \otimes N$ ein Vektorraum über K. Wir wollen das Tensorprodukt von M und N über A definieren und schreiben deshalb für das gewöhnliche Tensorprodukt von M und N jetzt $M \otimes_K N$.

In $M \otimes_K N$ betrachten wir den von den Elementen

$$(ua) \otimes v - u \otimes (av) \qquad (a \in A,\ u \in M,\ v \in N)$$

erzeugten Unterraum V von $M \otimes_K N$. Der Quotient

$$M \otimes_A N := {}^{M \otimes_K N}\big/_{V}$$

heißt das **Tensorprodukt von M und N über der assoziativen Algebra A.**

$M \otimes_A N$ ist nach Definition ein K–Vektorraum. Wir bezeichnen mit

$$\otimes_A : M \times N \longrightarrow M \otimes_A N$$

die Zusammensetzung der Tensorabbildung $\otimes_K : M \times N \longrightarrow M \otimes_K N$ und der kanonischen Projektion $M \otimes_K N \longrightarrow M \otimes_A N$.

Das Tensorprodukt über A erfüllt ebenfalls eine universelle Eigenschaft (und ist dadurch bis auf Isomorphie eindeutig bestimmt), nämlich

Bemerkung 2.13 *(Universelle Eigenschaft des Tensorprodukts über assoziativen Algebren)*
Sei $\Phi : M \times N \longrightarrow W$ eine K-bilineare Abbildung mit der Eigenschaft

$$\Phi(ua, v) = \Phi(u, av)$$

für alle $a \in A$, $u \in M$, $v \in N$. (Solche Abbildungen nennt man *A–balanciert.*) Dann gibt es genau eine K–lineare Abbildung

$$\varphi : M \otimes_A N \longrightarrow W \ ,$$

so daß das Diagramm

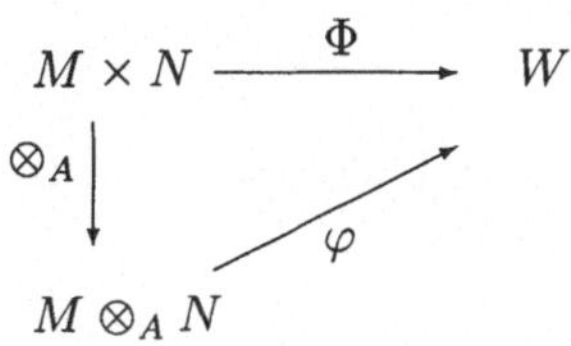

kommutativ ist.

Beweis . Der Beweis ist sehr naheliegend: die universelle Eigenschaft des gewöhnlichen Tensorprodukts liefert eine eindeutig bestimmte K–lineare Abbildung $\varphi_K : M \otimes_K N \longrightarrow W$, so daß das Diagramm

$$\begin{array}{ccc} M \times N & & \\ {\scriptstyle \otimes_K}\downarrow & \searrow{\scriptstyle \Phi} & \\ M \otimes_K N & \xrightarrow[\varphi_K]{} & W \end{array}$$

kommutativ ist. Aus der Balanciertheit von Φ folgt, daß φ_K auf dem Unterraum V verschwindet:

$$\begin{aligned} \varphi_K(ua \otimes v) &= \Phi(ua, v) = \Phi(u, av) \\ &= \varphi_K(u \otimes av) \ . \end{aligned}$$

Also faktorisiert φ_K über dem Quotienten $M \otimes_K N \big/ V$, und wir erhalten eine eindeutig bestimmte K–lineare Abbildung $\varphi : M \otimes_A N \longrightarrow W$, so daß das Diagramm

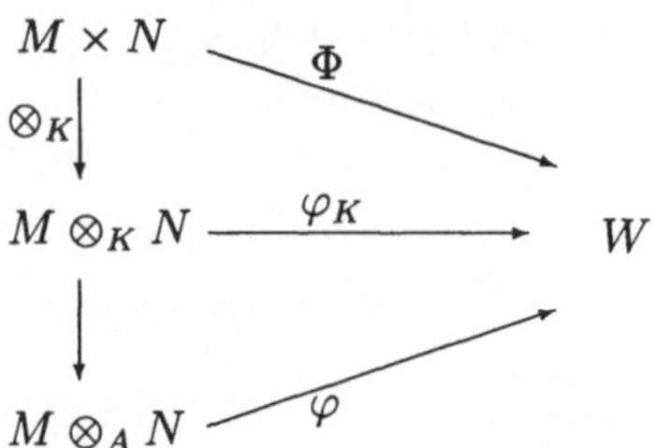

kommutativ ist. □

Wie kann man $M \otimes_A N$ zu einem A–Linksmodul machen? Der naive Ansatz

$$a(u \otimes v) := (ua \otimes v)$$

funktioniert im allgemeinen nicht: die Gleichheit von $(ab)(u \otimes v)$ $(= (u(ab)) \otimes v)$ und

$$a(b(u \otimes v)) \qquad (= a((ub) \otimes v) = (u(ba)) \otimes v)$$

ist nur für kommutatives A gegeben.

Ist der A–Rechtsmodul M überdies ein A–Linksmodul, so führt der naheliegende Ansatz

$$a(u \otimes v) := (au) \otimes v$$

zu Schwierigkeiten mit der A–Balanciertheit von $\otimes_A$:

$$a(ub \otimes v) = a(u \otimes bv)$$

ist genau dann allgemein erfüllt, wenn

$$(a(ub)) \otimes v = ((au)b) \otimes v$$

für alle $a, b \in A$, $u \in M$, $v \in N$ gilt.

Daraus ergibt sich die Forderung, daß M ein A–**Bimodul** sein muß: auf M gibt es eine A–Linksmodul-Struktur $(a, u) \longmapsto au$ und eine A–Rechtsmodul-Struktur $(u, b) \longmapsto ub$, die im folgenden Sinne miteinander verträglich sind:

$$(au)b = a(ub)$$

für alle $a, b \in A,\ u \in M$.

Ist nun M ein A–Bimodul und N ein A–Linksmodul, so können wir mit Hilfe der universellen Eigenschaft eine A–Linksmodul–Struktur auf dem Tensorprodukt $M \otimes_A N$ definieren.

Dazu betrachten wir für gegebenes $a \in A$ die K–bilineare Abbildung

$$(u, v) \overset{\Phi_a}{\longmapsto} (au) \otimes v$$

von $M \times N$ nach $M \otimes_A N$. Da M ein A–Bimodul ist, ist diese bilineare Abbildung A–balanciert:

$$\begin{aligned} \Phi_a(ub, v) &= a(ub) \otimes v = (au)b \otimes v \\ &= (au) \otimes bv = \Phi_a(u, bv) . \end{aligned}$$

Die universelle Eigenschaft des Tensorprodukts über A liefert also genau eine K–lineare Abbildung

$$\varphi_a : M \otimes_A N \longrightarrow M \otimes_A N$$

mit

$$\varphi_a(u \otimes v) = (au) \otimes v .$$

Statt $\varphi_a(u \otimes v)$ schreibt man gewöhnlich $a(u \otimes v)$, und man überzeugt sich leicht, daß dadurch eine A–Linksmodul–Struktur auf $M \otimes_A N$ definiert ist. In vollkommen analoger Weise sieht man, daß durch

$$(u \otimes v)b := u \otimes (vb)$$

eine A–Rechtsmodul–Struktur auf $M \otimes_A N$ definiert wird, falls N ein A–Bimodul ist.

2.2 Grundzüge der linearen Superalgebra

Wir behandeln in diesem Abschnitt die elementaren Eigenschaften algebraischer „Superstrukturen".

Die Grundobjekte sind $\mathbb{Z}_2$–*graduierte Vektorräume* $V = V_0 \oplus V_1$. Die Elemente von $V_0 \cup V_1$ heißen *homogen*, und wir definieren die *Paritätsfunktion*

$$p : (V_0 \cup V_1) \backslash \{0\} \longrightarrow \mathbb{Z}_2$$

durch

$$p^{-1}(i) := V_i \backslash \{0\} \qquad (i = 0, 1) .$$

$p(v)$ heißt die *Parität* des homogenen Elements $v \in V_0 \cup V_1$. Wir verwenden für einen $\mathbb{Z}_2$-graduierten Vektorraum V die inzwischen übliche Bezeichnung *Super-Vektorraum* oder auch kurz *Superraum*. (Wir glauben, daß das aus der englischsprachigen Literatur übernommene Präfixoid „Super", dessen gehäufter Gebrauch manchmal quälend wirkt, als Bezeichnung nur vorläufigen Charakter hat und durch einen weniger oberflächlichen Ausdruck ersetzt werden wird, sobald die tatsächliche Bedeutung der „Supersymmetrie" in der Physik und der „Supermathematik" im Gesamtbild der Mathematik durchschaut sein wird.)

Die direkte Summe und das Tensorprodukt von Superräumen $V = V_0 \oplus V_1$ und $W = W_0 \oplus W_1$ sind wiederum Superräume:

$$V \oplus W = (V \oplus W)_0 \oplus (V \oplus W)_1$$

mit

$$(V \oplus W)_i := V_i \oplus W_i \qquad (i = 0, 1) ;$$

$$V \otimes W = (V \otimes W)_0 \oplus (V \otimes W)_1$$

mit

$$(V \otimes W)_i := \sum_{j+k=i} V_j \otimes W_k \qquad (i = 0, 1) .$$

Dabei ist $j + k = i$ in $\mathbb{Z}_2$ zu verstehen, d.h. ausführlich $0 + 0 = 1 + 1 = 0$, $0 + 1 = 1 + 0 = 1$. Die Graduierung des Tensorprodukts ergibt sich einfach aus dem distributiven Verhalten von Tensorprodukt und direkter Summe.

Wir nennen eine lineare Abbildung $\varphi : V \longrightarrow W$ zwischen Superräumen V und W *gerade*, wenn

$$\varphi(V_i) \subseteq W_i \qquad (i = 0, 1)$$

ist, und *ungerade*, wenn

$$\varphi(V_i) \subseteq W_{i+1} \qquad (i = 0, 1)$$

ist. Jede lineare Abbildung $\varphi : V \longrightarrow W$ ist eindeutig darstellbar als Summe einer geraden und einer ungeraden linearen Abbildung $V \longrightarrow W$. Auf Grund der Definitionen ist es klar, daß φ auf höchstens eine Weise als Summe solcher Abbildungen dargestellt werden kann. Um zu zeigen, daß eine Zerlegung von φ in einen geraden und einen ungeraden Anteil existiert, betrachten wir die kanonischen Projektionen

$$\pi_i^V : V \longrightarrow V_i \qquad (i = 0, 1)$$

längs V_{i+1}, d.h. die Abbildungen

$$\begin{aligned} \pi_0^V &: v_0 + v_1 \longmapsto v_0 \,, \\ \pi_1^V &: v_0 + v_1 \longmapsto v_1 \,. \end{aligned}$$

Man beachte dabei, daß $\pi_0^V + \pi_1^V = \mathrm{id}_V$ ist. Setzt man

$$\varphi_i := \pi_0^W \circ \varphi \circ \pi_i^V + \pi_1^W \circ \varphi \circ \pi_{i+1}^V \qquad (i = 0, 1) \,,$$

so erkennt man sofort, daß

$$\varphi = \varphi_0 + \varphi_1$$

ist. Also ist $\mathrm{Hom}(V, W)$ ein Superraum:

$$\mathrm{Hom}(V, W) = \mathrm{Hom}(V, W)_0 \oplus \mathrm{Hom}(V, W)_1$$

mit

$$\mathrm{Hom}(V, W)_i := \left\{\varphi \in \mathrm{Hom}(V, W) \,\middle|\, \varphi(V_j) \subseteq W_{i+j} \qquad (j = 0, 1)\right\}$$

für $i = 0, 1$.

Wir bemerken, daß die Graduierung von $\mathrm{Hom}(V, W)$ gerade so gewählt ist, daß die durch die bilineare Abbildung

$$\begin{aligned} \mathrm{Hom}(V, W) \times V &\longrightarrow W \\ (\varphi, v) &\longmapsto \varphi(v) \end{aligned}$$

per universeller Eigenschaft des Tensorprodukts induzierte lineare Abbildung

$$\mathrm{Hom}(V, W) \otimes V \longrightarrow W$$

eine gerade lineare Abbildung ist.

Definition 2.14 *Eine* **assoziative Superalgebra** A *über dem Körper* K *ist ein Superraum über* K, *der gleichzeitig ein assoziativer Ring ist, so daß die Multiplikation* $A \times A \longrightarrow A$ *des Ringes* A *eine* gerade *lineare Abbildung* $A \otimes A \longrightarrow A$ *induziert.*

Bezogen auf die bilineare Abbildung

$$\begin{array}{ccc} A \times A & \xrightarrow{\mu} & A \\ (x,y) & \longmapsto & xy \end{array}$$

bedeutet die Paritätsbedingung in obiger Definition, daß

$$\mu(A_i \times A_j) \subseteq A_{i+j}$$

für alle $i, j \in \mathbb{Z}_2$ gilt, d.h. daß A eine $\mathbb{Z}_2$-graduierte Algebra ist. Man nennt deswegen auch die bilineare Abbildung gerade.

Beispiele 2.15

(1) Jede assoziative Algebra A über K wird (auf langweilige Art) eine Superalgebra über K, indem man $A_0 := A$ und $A_1 := 0$ setzt.

(2) Der Körper $\mathbb{C}$ der komplexen Zahlen ist eine Superalgebra über $\mathbb{R}$: Wir setzen $\mathbb{C}_1 := i\mathbb{R}$. Wegen $i^2 = -1 \in \mathbb{R}$ ist die Multiplikation in $\mathbb{C}$ gerade.

Dieses Beispiel ist allerdings nicht charakteristisch für unsere Zwecke. Ein charakteristisches Beispiel ist vielmehr

(3) die Graßmann-Algebra $\Lambda(U)$ eines K-Vektorraums U. Wir identifizieren $\Lambda(U)$ mit $\sum\limits_{k\geq 0}^{\oplus} \Lambda(U)_k$ und setzen wie in 2.1

$$\Lambda^0(U) := \sum_{k\geq 0}^{\oplus} \Lambda(U)_{2k}, \quad \Lambda^1(U) := \sum_{k\geq 0}^{\oplus} \Lambda(U)_{2k+1} .$$

Dann ist $\Lambda(U)$ eine Superalgebra über K mit dem geraden Anteil $\Lambda^0(U)$ und dem ungeraden Anteil $\Lambda^1(U)$. Das Charakteristische an diesem Beispiel ist die folgende Eigenschaft der Multiplikation in $\Lambda(U)$:

Für homogene Elemente $x, y \in \Lambda(U)$ gilt:

(∗) $\qquad x \wedge y = (-1)^{p(x)p(y)}\, y \wedge x .$

(4) Ein weiteres Beispiel für eine Superalgebra, die die Vertauschungsrelation (∗) erfüllt, ist die Algebra $\mathbb{M}_2(\Lambda(U))$ der 2×2-Matrizen mit Einträgen aus $\Lambda(U)$. Wir setzen für $i = 0, 1$

$$\mathbb{M}_2\left(\Lambda(U)\right)_i := \left\{ \begin{pmatrix} a & \xi \\ \eta & b \end{pmatrix} \;\middle|\; a, b \in \Lambda^i(U), \quad \xi, \eta \in \Lambda^{i+1}(U) \right\} ,$$

dann ist

$$\mathbb{M}_2(\Lambda(U)) = \mathbb{M}_2(\Lambda(U))_0 \oplus \mathbb{M}_2(\Lambda(U))_1 \ .$$

Die gewöhnliche Matrixmultiplikation ist eine gerade bilineare Abbildung und erfüllt die Vertauschungsrelation $(*)$. Allgemein definieren wir:

Definition 2.16 *Eine assoziative Superalgebra A über K heißt* **superkommutativ** *(oder auch* **graduiert–kommutativ***), wenn für alle homogenen Elemente $a, b \in A$ die Vertauschungsrelation*

$$ab = (-1)^{p(a)p(b)}\, ba$$

erfüllt ist.

Die grundlegenden algebraischen Strukturen, die in der Geometrie auftreten, sind Ringe (z.B. der Ring $C^\infty(M)$ der unendlich oft differenzierbaren reellen Funktionen auf einer differenzierbaren Mannigfaltigkeit M) und Moduln über diesen Ringen (z.B. der $C^\infty(M)$–Modul der differenzierbaren Vektorfelder auf M oder der $C^\infty(M)$–Modul der Differentialformen auf M). Es ist daher naheliegend, **Supermoduln** über **Superalgebren** zu definieren. Naturgemäß haben wir dabei zwischen **Links–Supermoduln** und **Rechts–Supermoduln** zu unterscheiden.

Definition 2.17 *Sei A eine Superalgebra über K. Ein A–Linksmodul M heißt ein A–***Links–Supermodul***, wenn M ein Superraum über K ist und die Operation $(a, m) \longmapsto am$ von A auf M eine* gerade *bilineare Abbildung $A \times M \longrightarrow M$ ist (d.h. eine gerade lineare Abbildung $A \otimes M \longrightarrow M$ von K–Vektorräumen induziert).*

In analoger Weise werden A–Rechts–Supermoduln definiert.

Ist die Superalgebra A superkommutativ, so induziert jede A–Links–Supermodulstruktur eine A–Rechts–Supermodulstruktur und umgekehrt: für homogene Elemente $m \in M$, $a \in A$ definiert man

$$ma := (-1)^{p(a)p(m)}\, am \ .$$

Um zu zeigen, daß auf diese Weise ein Rechtsmodul über A definiert wird, ist nur

$$m(ab) = (ma)b$$

für $m \in M, \quad a, b \in A$ nachzuweisen. Dazu können wir uns auf *homogene* Elemente $m \in M, \quad a, b \in A$ beschränken:

$$\begin{aligned} m(ab) &= (-1)^{p(a)p(b)}\, m(ba) \\ &= (-1)^{p(a)p(b)}\, (-1)^{p(ba)p(m)}\, (ba)m \\ &= (-1)^{p(a)p(b)+p(ba)p(m)}\, b(am) \\ &= (-1)^{p(a)p(b)+p(ba)p(m)}\, (-1)^{p(b)p(am)}\, (am)b \\ &= (-1)^{p(a)p(b)+p(ba)p(m)+p(b)p(am)}\, (-1)^{p(m)p(a)}\, (ma)b \\ &= (ma)b\,, \end{aligned}$$

weil $p(ba) = p(b) + p(a),\ p(am) = p(a) + p(m)$ und somit

$$\begin{aligned} & p(a)p(b) + p(ba)p(m) + p(b)p(am) + p(m)p(a) \\ &\quad = 2p(a)p(b) + 2p(m)(p(a) + p(b)) \end{aligned}$$

ist.

Die Definition von Homomorphismen zwischen Links–Supermoduln über A ist naheliegend. Es stellt sich aber heraus, daß es günstiger ist, sogenannte graduiert–lineare Modulhomomorphismen zu betrachten. Geben wir dazu zunächst ein Beispiel. Sei A superkommutativ, M ein Links–Supermodul über A, $a \in A$ ein homogenes Element. Die Linksmultiplikation mit a ist definiert durch

$$\begin{aligned} L_a \ :\ & M \longrightarrow M \\ & m \longmapsto am\,. \end{aligned}$$

L_a ist eine homogene lineare Abbildung des K–Vektorraums M in sich, und ihre Parität ist die Parität von $a : p(L_a) = p(a)$. L_a ist aber nur dann auch A–linear, d.h. ein A–Links–Supermodulhomomorphismus, wenn $p(a) = 0$ ist. Im allgemeinen gilt jedoch für homogene Elemente $b \in A$ und beliebiges $m \in M$:

$$\begin{aligned} L_a(bm) &= a(bm) = (ab)m = (-1)^{p(a)p(b)}\, (ba)m \\ &= (-1)^{p(b)p(L_a)}\, bL_a(m)\,. \end{aligned}$$

L_a ist also bis auf ein Vorzeichen für homogene Elemente A–linear. Wir definieren deshalb:

Definition 2.18 *Seien M, N Links–Supermoduln über einer superkommutativen Superalgebra A. Eine* homogene *K–lineare Abbildung $\varphi : M \longrightarrow N$*

heißt **graduiert–lineare** *Abbildung der Supermoduln* M, N, *wenn für alle homogenen Elemente* $a \in A$ *und alle* $m \in M$ *gilt*

$$\varphi(am) = (-1)^{p(a)p(\varphi)}\, a\varphi(m)\ .$$

Allgemeiner nennen wir eine K*–lineare Abbildung* $M \longrightarrow N$ *graduiert–linear, wenn ihre homogenen Teile diese Eigenschaft haben.*

Bemerkung 2.19 *Eine Abbildung* $\varphi : M \longrightarrow N$ *ist genau dann eine graduiert–lineare Abbildung der* A*–Links–Supermoduln* M *und* N, *wenn* φ *eine* A*–rechts–lineare Abbildung der zugehörigen* A*–Rechts–Supermoduln* M *und* N *ist.*

Zum **Beweis** müssen wir natürlich nur *homogene* Elemente $a \in A$, $m \in M$ anschauen:

$$\begin{aligned}\varphi(ma) &= (-1)^{p(a)p(m)}\, \varphi(am)\\ &= (-1)^{p(a)p(m)}\, (-1)^{p(a)p(\varphi)}\, a\varphi(m)\\ &= (-1)^{p(a)p(\varphi(m))}\, a\varphi(m)\\ &= \varphi(m)a\ .\end{aligned}$$

Setzen wir umgekehrt φ als A–rechts–linear voraus, so folgt mit derselben Rechnung, daß φ auch graduiert–linear ist. □

Wir bezeichnen die Menge der graduiert–linearen Abbildungen $M \longrightarrow N$ mit $\mathrm{Hom}_A(M, N)$ und notieren die folgenden formalen Eigenschaften von $\mathrm{Hom}_A(M, N)$:

(i) $\mathrm{Hom}_A(M, N)$ ist ein Links–Supermodul über A. Wie bei K–linearen Abbildungen $M \longrightarrow N$ definieren wir für $i = 0, 1$

$$\mathrm{Hom}_A(M, N)_i := \Big\{\varphi \in \mathrm{Hom}_A(M, N) \Big| \varphi(M_j) \subseteq N_{i+j} \qquad (j = 0, 1)\Big\}\ .$$

Für homogene Elemente $a \in M_i$, $\varphi \in \mathrm{Hom}_A(M, N)_j$ ist $a\varphi$ graduiert–linear und hat die Parität

$$p(a\varphi) = p(a) + p(\varphi)\ .$$

Für $m \in M$ und homogenes $b \in A$ gilt nämlich

$$\begin{aligned}(a\varphi)(bm) &= a\varphi(bm) = (-1)^{p(b)p(\varphi)}\, ab\varphi(m)\\ &= (-1)^{p(a)p(b)+p(\varphi)p(b)}\, ba\varphi(m)\\ &= (-1)^{p(b)(p(a)+p(\varphi))}\, b(a\varphi)(m)\ ,\end{aligned}$$

und für $m \in M_k$ ist $\varphi(m) \in N_{j+k}$, also gilt

$$(a\varphi)(m) = a\varphi(m) \in N_{i+j+k} \text{ , d.h. } a\varphi \in \mathrm{Hom}_A(M,N)_{i+j} \text{ .}$$

(ii) $\mathrm{Hom}_A(M,N)$ ist eine *Superalgebra über* A.

Dabei verstehen wir unter einer **Superalgebra $\mathcal{A}$ über der superkommutativen Algebra** A einen A–Links–Supermodul $\mathcal{A}$, der gleichzeitig eine Superalgebra über K ist, so daß für alle $a \in A$ und alle $r, s \in \mathcal{A}$ die Relationen

$$r(as) = (ra)s$$

erfüllt sind. ra ist bezüglich der von der Links–Supermodul–Struktur induzierten A–Rechts–Supermodul–Struktur von $\mathcal{A}$ definiert. Die Relation $r(as) = (ra)s$ ist für homogene Elemente r, s, a äquivalent zu

$$r(as) = (-1)^{p(r)p(a)}a(rs) \text{ .}$$

Für homogene Elemente $\varphi, \psi \in \mathrm{Hom}_A(M,N)$, $a \in A$ ergibt sich die Relation

$$\varphi(a\psi) = (\varphi a)\psi$$

aus einer trivialen Rechnung.

Als nächstes wollen wir einen dem K^n entsprechenden Superraum einführen. Dabei ist es nützlich, wie in [48], von einem verallgemeinerten cartesischen Produkt von Supermoduln über der Superalgebra A auszugehen.

Es seien M und N Links–Supermoduln über der Superalgebra A, $i, j \in \{0,1\}$. Das **(i,j)–cartesische Produkt von M und N** ist ein Links–Supermodul P^{ij} über A, zusammen mit graduiert–linearen Abbildungen $\pi_1 : P^{ij} \longrightarrow M$, $\pi_2 : P^{ij} \longrightarrow N$ der Parität $p(\pi_1) = i$, $p(\pi_2) = j$, der folgende universelle Eigenschaft erfüllt: Sei C ein Links–Supermodul über A, und seien $\sigma : C \longrightarrow M$, $\tau : C \longrightarrow N$ graduiert–lineare Abbildungen der Parität $p(\sigma) = i$, $p(\tau) = j$. Dann gibt es genau eine *gerade* graduiert–lineare Abbildung (d.h. eine A–lineare Abbildung im üblichen Sinne)

$$\sigma \times \tau : C \longrightarrow P^{ij} \text{ ,}$$

so daß das Diagramm

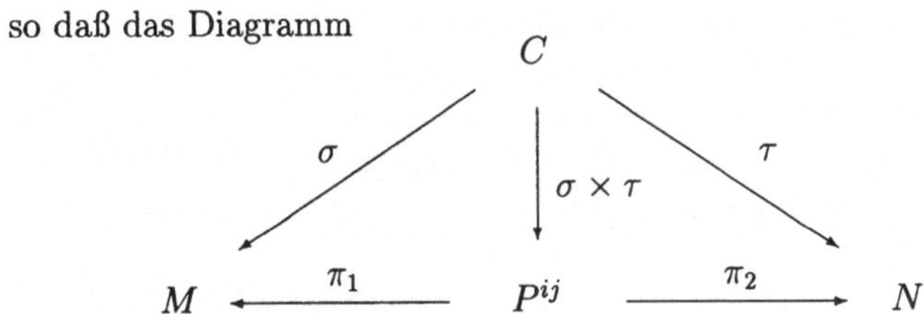

kommutativ ist. Natürlich ist $P^{ij} = M \times N$ als K–Vektorraum. Die unterschiedlichen Typen (i,j) von $M \times N$ ergeben sich aus der Wahl der Graduierung:

$$P_0^{ij} = M_i \times N_j ,\ P_1^{ij} = M_{i+1} \times N_{j+1} \ .$$

Diese Konstruktion gestattet es, cartesische Produkte zu definieren, bei denen gewisse Projektionen gerade und die restlichen ungerade sind. (Bei den üblichen cartesischen Produkten sind *alle* Projektionen gerade !)

Man kann dies auch erreichen, indem man gewöhnliche cartesische Produkte von Supermoduln M und *paritätsdualen* Supermoduln ΠM bildet, wobei ΠM die zu M inverse Graduierung trägt:

$$(\Pi M)_i := M_{i+1} \qquad (i = 0,1) \ .$$

Dies hat aber den Nachteil, daß für eine Superalgebra A die Algebra ΠA keine Superalgebra ist, da die Multiplikation bezüglich der Graduierung von ΠA nicht mehr gerade ist.

Nach diesen Vorbereitungen können wir das Super–Analogon zum klassischen $\mathbb{K}^n$ definieren.

Für $r \geq 1$ sei A^r das r–fache $(0,0)$–cartesische Produkt von A mit sich selbst, d.h. das gewöhnliche cartesische Produkt. Es ist also

$$(A^r)_i = (A_i)^r \qquad (i = 0,1) \ .$$

Für $s \geq 1$ sei nun $A^{r|s}$ das $(0,1)$–cartesische Produkt von A^r mit A^s. Vergißt man die Graduierung, so ist $A^{r|s}$ einfach A^{r+s}. Sei schließlich $A^{r,s}$ der *gerade* Teil von $A^{r|s}$. Es ist also

$$A^{r,s} = \left\{ (a_1, \ldots, a_r, a_{r+1}, \ldots, a_{r+s}) \,\middle|\, \begin{array}{lll} p(a_k) = 0 & \text{für} & k \leq r \ , \\ p(a_k) = 1 & \text{für} & k > r \end{array} \right\} \ .$$

Dies ist das Super–Analogon zu den Koordinatenräumen der klassischen Analysis. Man beachte, daß für superkommutatives A die Elemente von $A^{r,s}$ r kommutierende und s antikommutierende Koordinaten über A haben. Da die Projektion $\pi_k : A^{r|s} \longrightarrow A$, $(a_1, \dots, a_{r+s}) \longmapsto a_k$, auf die k–te Koordinate graduiert–linear ist, gilt für homogenes $b \in A$ und $v = (a_1, \dots, a_{r+s}) \in A^{r|s}$:

$$\begin{aligned} \pi_k(bv) &= (-1)^{p(\pi_k)p(b)}\, b\pi_k(v) \\ &= (-1)^{p(\pi_k)p(b)}\, ba_k\,. \end{aligned}$$

Die Skalarmultiplikation $v \longmapsto bv$ wird also durch die Diagonalmatrix

$$\begin{pmatrix} b & & & & & \\ & \ddots & & & & 0 \\ & & b & & & \\ & & & (-1)^{p(b)}\, b & & \\ & 0 & & & \ddots & \\ & & & & & (-1)^{p(b)}\, b \end{pmatrix}$$

beschrieben.

Um graduiert–lineare Abbildungen zwischen Supermoduln durch Matrizen beschreiben zu können, müssen wir voraussetzen, daß die betrachteten Moduln homogene Basen bzgl. A besitzen:

Definition 2.20 *Sei M ein Links–Supermodul über der superkommutativen Algebra A. M heißt* **frei vom Rang** (r, s) *über A, wenn M eine A–Basis $(e_1, \dots, e_{r+s})$ besitzt, so daß $e_1, \dots, e_r \in M_0$ und $e_{r+1}, \dots, e_{r+s} \in M_1$ ist.*

Dabei nennt man $e_1, \dots, e_{r+s}$ bekanntlich eine A–Basis, wenn zu jedem $x \in M$ eindeutig bestimmte $\alpha_1, \dots, \alpha_{r+s} \in A$ existieren, so daß

$$x = \sum_{i=1}^{r+s} \alpha_i e_i$$

ist. Man nennt $\alpha_1, \dots, \alpha_{r+s} \in A$ die **Linkskoordinaten** von $x \in M$. Da A superkommutativ ist, ist jeder freie Links–Supermodul vom Rang (r, s) über A auch ein freier Rechts–Supermodul vom Rang (r, s) über A. Zu jedem $x \in M$ gibt es eindeutig bestimme $\widetilde{\alpha}_1, \dots, \widetilde{\alpha}_{r+s} \in A$, so daß

$$x = \sum_{i=1}^{r+s} e_i \widetilde{\alpha}_i$$

ist. Der Zusammenhang zwischen den Linkskoordinaten $\alpha_1, \dots, \alpha_{r+s}$ von x und den Rechtskoordinaten $\tilde{\alpha}_1, \dots, \tilde{\alpha}_{r+s}$ ist besonders einfach für homogene x : Ist $x \in M_j$, so ist $\alpha_i e_i \in M_j$ für alle $i = 1, \dots, r+s$, also

$$j = p(\alpha_i e_i) = p(\alpha_i) + p(e_i) \ ,$$

d.h.

$$\alpha_i \in \begin{cases} A_j & \text{für } i \leq r \\ A_{j+1} & \text{für } i > r \ . \end{cases}$$

Insbesondere sind die α_i homogene Elemente von A. Es ist dann

$$x = \sum_{i=1}^{r+s} \alpha_i e_i = \sum_{i=1}^{r+s} (-1)^{p(e_i)p(\alpha_i)} \, e_i \alpha_i \ ,$$

d.h.

$$\tilde{\alpha}_i := (-1)^{p(e_i)p(\alpha_i)} \, \alpha_i$$

sind die Rechtskoordinaten von x.

Betrachten wir nun Links–Supermoduln M, N über der superkommutativen Algebra A, M frei vom Rang (m,n), N frei vom Rang (r,s) über A, und eine graduiert–lineare Abbildung $\varphi : M \longrightarrow N$. Seien $(e_1, \dots, e_{m+n})$, $(f_1, \dots, f_{r+s})$ A–Basen von M bzw. N, so daß $e_1, \dots, e_m \in M_0$, $e_{m+1}, \dots, e_{m+n} \in M_1$, $f_1, \dots, f_r \in N_0$, $f_{r+1}, \dots, f_{r+s} \in N_1$ gilt.

Da φ graduiert–A–linear für die Links–Supermoduln M, N ist, ist φ A–linear für die zugehörigen Rechts–Supermoduln. Es ist deshalb besonders einfach, die Transformation der *Rechtskoordinaten* eines Elements $x \in M$ zu untersuchen. Sei φ homogen, und für $j \leq m+n$ sei

$$\varphi(e_j) = \sum_{i=1}^{r+s} f_i \alpha_{ij} \ .$$

Dann erhält man für $x = \sum_{j=1}^{m+n} e_j \beta_j \in M$:

$$\begin{aligned} \varphi(x) &= \sum_{j=1}^{m+n} \varphi(e_j \beta_j) = \sum_{j=1}^{m+n} \varphi(e_j) \beta_j \\ &= \sum_{i=1}^{r+s} f_i \left(\sum_{j=1}^{m+n} \alpha_{ij} \beta_j \right) \ , \end{aligned}$$

d.h. die Rechtskoordinaten von $\varphi(x)$ sind (wie in der klassischen linearen Algebra) gegeben durch $\sum_{j=1}^{m+n} \alpha_{ij}\beta_j$ $(i = 1, \ldots, r+s)$. Die Matrix $\mathcal{M}_\varphi = (\alpha_{ij})_{ij}$ von φ bzgl. der Basen $(e_1, \ldots, e_{m+n})$ bzw. $(f_1, \ldots, f_{r+s})$ hat folgende Gestalt:

$$\mathcal{M}_\varphi = \underbrace{\begin{pmatrix} \mathcal{M}_{00} & \mathcal{M}_{01} \\ \mathcal{M}_{10} & \mathcal{M}_{11} \end{pmatrix}}_{m \quad n} \begin{matrix} \}r \\ \}s \end{matrix} .$$

Dabei haben die Elemente der Matrizen $\mathcal{M}_{ij}$ die Parität $i + j + p(\varphi) \bmod 2$. Die Transformation der Linkskoordinaten eines Elementes $x \in M$ weicht, da φ für die Links–Supermodulstrukturen nicht mehr A–linear, sondern nur noch graduiert–linear ist, naturgemäß von der der Rechtskoordinaten ab. Sei $x = \sum_{j=1}^{m+n} e_j\beta_j$ ein homogenes Element von M. Die Linkskoordinaten von x sind dann gegeben durch

$$x = \sum_{j=1}^{m+n} \widetilde{\beta}_j e_j ,$$

also

$$\widetilde{\beta}_j = (-1)^{p(\beta_j)p(e_j)} \beta_j .$$

Somit ist

$$\begin{aligned}
\varphi(x) &= \sum_{j=1}^{m+n} \varphi\left(\widetilde{\beta}_j e_j\right) = \sum_{j=1}^{m+n} (-1)^{p(\varphi)p(\widetilde{\beta}_j)} \widetilde{\beta}_j \varphi(e_j) \\
&= \sum_{j=1}^{m+n} \sum_{i=1}^{r+s} (-1)^{p(\varphi)p(\beta_j)} \widetilde{\beta}_j f_i \alpha_{ij} \\
&= \sum_{i=1}^{r+s} \sum_{j=1}^{m+n} (-1)^{p(\varphi)p(\beta_j)+p(\alpha_{ij})p(f_i)} \widetilde{\beta}_j \alpha_{ij} f_i ,
\end{aligned}$$

d.h. die Linkskoordinaten von $\varphi(x)$ sind

$$\widetilde{\gamma}_i = \sum_{j=1}^{m+n} (-1)^{p(\varphi)p(\beta_j)+p(\alpha_{ij})p(f_i)} \widetilde{\beta}_j \alpha_{ij} .$$

Betrachten wir hier den Fall, daß φ eine gerade Abbildung ist. Dann ist

$$\widetilde{\gamma}_i = \sum_{j=1}^{m+n} (-1)^{p(\alpha_{ij})p(f_i)} \widetilde{\beta}_j \alpha_{ij} ,$$

und man sieht sofort, daß $p(\alpha_{ij})p(f_i) = 1$ ist genau dann, wenn $i > r$ und $j \leq m$ ist. Also ist die Matrix mit Koeffizienten $(-1)^{p(\alpha_{ij})p(f_i)}\,\alpha_{ij}$ gegeben durch

$$\begin{pmatrix} \mathcal{M}_{00} & \mathcal{M}_{01} \\ -\mathcal{M}_{10} & \mathcal{M}_{11} \end{pmatrix},$$

ihre Transponierte also durch

$$^{st}\mathcal{M}_\varphi := \begin{pmatrix} \mathcal{M}_{00}^t & -\mathcal{M}_{10}^t \\ \mathcal{M}_{01}^t & \mathcal{M}_{11}^t \end{pmatrix}.$$

Bezeichnen wir die Elemente von $^{st}\mathcal{M}_\varphi$ mit α_{ij}^{st}, so gilt für die Linkskoordinaten $\widetilde{\gamma}_i$ von $\varphi(x)$:

$$\begin{aligned} \widetilde{\gamma}_i &= \sum_{j=1}^{m+n} \widetilde{\beta}_j \alpha_{ji}^{st}, \quad \text{d.h.} \\ (\widetilde{\gamma}_1, \ldots, \widetilde{\gamma}_{r+s}) &= \left(\widetilde{\beta}_1, \ldots, \widetilde{\beta}_{m+n}\right) {}^{st}\mathcal{M}_\varphi . \end{aligned}$$

$^{st}\mathcal{M}_\varphi$ wird in der Literatur häufig als die **Supertransponierte** der Matrix $\mathcal{M}_\varphi$ bezeichnet. In analoger Weise wird die Supertransponierte einer ungeraden Supermatrix $\mathcal{M} = \begin{pmatrix} \mathcal{M}_{00} & \mathcal{M}_{01} \\ \mathcal{M}_{10} & \mathcal{M}_{11} \end{pmatrix}$, d.h. einer Matrix mit Elementen aus $A_0 \cup A_1$, so daß die Elemente von $\mathcal{M}_{ij}$ die Parität $i + j + 1 \bmod 2$ haben, definiert als $^{st}\mathcal{M} := \begin{pmatrix} \mathcal{M}_{00}^t & \mathcal{M}_{10}^t \\ -\mathcal{M}_{01}^t & \mathcal{M}_{11}^t \end{pmatrix}$.

Wir weisen aber darauf hin, daß dies von der invarianten Definition als Matrix einer Super–Adjungierten einer graduiert–linearen Abbildung abweicht. Näheres werden wir bei der Behandlung der Superspur von graduiert–linearen Abbildungen ausführen.

Wir bemerken schließlich noch, daß der Rang (r, s) eines freien Supermoduls über A unabhängig von der Wahl der graduierten Basis ist.

Zum Beweis betrachten wir das Tensorprodukt zweier Supermoduln M und N über der superkommutativen Algebra A. Wie wir bereits gesehen haben, ist das Tensorprodukt $M \otimes_K N$ ein Superraum über K mit den homogenen Teilen

$$(M \otimes_K N)_k = \sum_{i+j \equiv k \bmod 2} (M_i \otimes_K N_j) \qquad (k = 0, 1) .$$

Der von

$$\left\{(xa)\otimes y - x\otimes(ay)\,\middle|\, x\in M,\ y\in N,\ a\in A\right\}$$

erzeugte K–Vektorraum V ist ein Unter–Superraum von $M\otimes_K N$, und somit ist der Quotient

$$M\otimes_A N := {}^{M\otimes_K N}\big/_{V}$$

ein Superraum über K. $M\otimes_A N$ wird zu einem zweiseitigen A–Supermodul durch

$$\begin{aligned} a(x\otimes y) &= (ax)\otimes y\,, \\ (x\otimes y)a &= x\otimes(ya)\,. \end{aligned}$$

Die Rechts–Supermodul–Struktur von $M\otimes_A N$ ist die von der Links–Supermodul–Struktur von $M\otimes_A N$ induzierte. Für homogene Elemente $a\in A$, $x\in M$, $y\in N$ gilt nämlich:

$$\begin{aligned} a(x\otimes y) &= (ax)\otimes y = (-1)^{p(x)p(a)}\,(xa)\otimes y \\ &= (-1)^{p(x)p(a)}\,x\otimes(ay) \\ &= (-1)^{p(x)p(a)+p(a)p(y)}\,x\otimes(ya) \\ &= (-1)^{(p(x)+p(y))p(a)}\,(x\otimes y)a \\ &= (-1)^{p(x\otimes y)p(a)}\,(x\otimes y)a\,. \end{aligned}$$

Wir können jetzt zeigen:

Satz 2.21 *Der Rang (r,s) eines freien A–Supermoduls über einer superkommutativen Algebra A ist unabhängig von der Basiswahl.*

***Beweis*.** Sei $A = A_0\oplus A_1$ die Zerlegung der Superalgebra A in geraden und ungeraden Anteil. Mit $\langle A_1\rangle$ bezeichnen wir das von A_1 erzeugte zweiseitige Ideal von A. $\langle A_1\rangle$ besteht also aus allen endlichen K–Linearkombinationen der endlichen Produkte von Elementen aus A, die wenigstens einen Faktor aus A_1 besitzen. Offensichtlich ist dann die Quotientenalgebra ${}^{A}\big/_{\langle A_1\rangle}$ eine kommutative Algebra im herkömmlichen Sinne.

Sei $\mathbf{m}\subseteq {}^{A}\big/_{\langle A_1\rangle}$ ein maximales Ideal. Dann ist $\mathbf{k} := {}^{{}^{A}/_{\langle A_1\rangle}}\big/_{\mathbf{m}}$ ein Körper (dieser Körper ist eine Erweiterung des Grundkörpers K).

Sei $\pi : A \longrightarrow \mathbf{k}$ die durch Zusammensetzen der kanonischen Projektionen $A \longrightarrow A/_{\langle A_1 \rangle}$ und $A/_{\langle A_1 \rangle} \longrightarrow \mathbf{k}$ definierte Projektion von A auf $\mathbf{k}$. π ist ein Algebren–Homomorphismus. Mittels π definieren wir eine A–Modulstruktur auf $\mathbf{k}$ durch

$$ka := k\pi(a) =: ak$$

$(a \in A,\ k \in \mathbf{k})$.

Damit können wir dann das Tensorprodukt $M \otimes_A \mathbf{k}$ über A definieren. Der Homomorphismus π induziert auf $M \otimes_A \mathbf{k}$ die Struktur eines $\mathbf{k}$–Vektorraums:

$$\begin{aligned} (m \otimes k)\pi(a) &:= m \otimes (k\pi(a)) \\ &= m \otimes (ka) = (m \otimes k)a\,. \\ \pi(a)(m \otimes k) &:= a(m \otimes k)\,. \end{aligned}$$

Wegen $\pi(a) = \pi(a_0)$ $(a = a_0 + a_1,\ a_i \in A_i)$ ist $(m \otimes k)\pi(a) = \pi(a)(m \otimes k)$. Sei nun $(x_1, \ldots, x_{r+s})$ eine graduierte A–Basis von M. Dann ist

$$(x_1 \otimes 1, \ldots, x_{r+s} \otimes 1)$$

eine Basis des $\mathbf{k}$–Vektorraums $M \otimes_A \mathbf{k}$. Als Superraum ist $\mathbf{k} = \mathbf{k}_0$, also ist

$$(M \otimes_A \mathbf{k})_i = M_i \otimes_A \mathbf{k} \qquad (i = 0, 1)\,,$$

und somit sind $(x_1 \otimes 1, \ldots, x_r \otimes 1)$ und $(x_{r+1} \otimes 1, \ldots, x_{r+s} \otimes 1)$ Basen von $M_0 \otimes_A \mathbf{k}$ bzw. $M_1 \otimes_A \mathbf{k}$ über dem Körper $\mathbf{k}$. Damit sind aber r und s als Dimensionen von Vektorräumen über Körpern eindeutig bestimmt. □

Wir wollen die Superalgebra der Matrizen vom Format $(r+s) \times (r+s)$, die durch die graduiert–linearen Abbildungen eines freien A–Supermoduls M vom Rang (r, s) gegeben sind, mit $\mathrm{Mat}_A(r|s)$ bezeichnen. Wie wir gesehen haben, sind die **homogenen Supermatrizen** $\mathcal{M} \in \mathrm{Mat}_A(r|s)$ von der Form

$$\mathcal{M} = \underbrace{\begin{pmatrix} \mathcal{M}_{00} & \mathcal{M}_{01} \\ \mathcal{M}_{10} & \mathcal{M}_{11} \end{pmatrix}}_{r \quad s} \begin{matrix} \}\, r \\ \}\, s \end{matrix}\,,$$

wobei die Einträge von $\mathcal{M}_{ij}$ homogene Elemente von A der Parität $i+j+k$ sind und k die Parität von $\mathcal{M}$ ist.

Wie wir weiter gesehen haben, ist das natürliche Superanalogon zur Transponierten einer Matrix die **Supertransponierte**

$$\mathcal{M}^{st} = \begin{pmatrix} \mathcal{M}_{00}^t & (-1)^{k+1}\mathcal{M}_{10}^t \\ (-1)^k \mathcal{M}_{01}^t & \mathcal{M}_{11}^t \end{pmatrix},$$

wobei wieder k die Parität von $\mathcal{M}$ ist. Eine naheliegende Frage ist nun: welches sind die Superanaloga der wichtigsten Invarianten von Matrizen, nämlich von Spur und Determinante?

Um den Begriff der Spur eines Endomorphismus auf den Fall einer graduiert–linearen Abbildung zwischen freien Supermoduln über einer superkommutativen Algebra zu übertragen, erinnern wir kurz an die koordinatenfreie Charakterisierung der Spur von Endomorphismen. Sei φ ein Endomorphismus eines freien Moduls M endlichen Ranges über einem kommutativen Ring R. Da die kanonische Abbildung

$$\begin{array}{rcl} M^* \otimes_R M & \longrightarrow & \mathrm{End}_R(M) \\ \chi \otimes y & \longmapsto & (x \longmapsto \chi(x)y) \end{array}$$

ein Isomorphismus von R–Moduln ist, können wir φ als endliche Summe

$$\varphi = \sum_i \chi_i \otimes y_i$$

mit $\chi_i \in M^*$, $y_i \in M$ darstellen. Man überlegt sich leicht, indem man eine Basis in M und die zugehörige duale Basis in M^* wählt, daß die Spur $\mathrm{tr}\,\varphi$ von φ dann gegeben ist durch

$$\mathrm{tr}\,\varphi = \sum_i \chi_i(y_i) \, .$$

Sei nun M ein Supermodul über einer superkommutativen Algebra A. Der zu M **duale Supermodul** besteht aus allen graduiert–linearen Abbildungen $M \longrightarrow A$. Wir bezeichnen ihn ebenfalls mit M^*. Wie im klassischen Fall erhalten wir eine Isomorphie

$$M^* \otimes_A M \longrightarrow \mathrm{Hom}_A(M, M) \, ,$$

wobei wir ein homogenes Element $\chi \otimes y \in M^* \otimes_A M$ in folgender Weise als graduiert–lineare Abbildung $M \longrightarrow M$ auffassen:

$$(\chi \otimes y)(x) := (-1)^{p(y)p(x)}\, \chi(x)y$$

für alle homogenen $x \in M$. Für ein homogenes $\varphi \in \mathrm{Hom}_A(M, M)$, dargestellt als endliche Summe

$$\varphi = \sum_i \chi_i \otimes y_i \ ,$$

definiert man dann die **Superspur** $\mathrm{Str}\ \varphi$ wie im klassischen Fall als

$$\mathrm{Str}\ \varphi := \sum_i \chi_i(y_i) \ .$$

Nun ist allerdings zu überprüfen, ob diese Definition unabhängig ist von der obigen Darstellung von φ als Element des Tensorprodukts $M^* \otimes_A M$.

Dazu sei $(e_1, \dots, e_r, e_{r+1}, \dots, e_{r+s})$ eine graduierte Basis des freien A–Supermoduls M, und es sei $(e_1^*, \dots, e_r^*, e_{r+1}^*, \dots, e_{r+s}^*)$ die zu dieser Basis duale graduierte Basis des Moduls M^*. e_i und e_i^* haben dieselbe Parität $(i = 1, \dots, r+s)$. Wir fassen M und M^* als Rechts–Supermoduln über A auf. Seien β_i^k, γ_i^k die Rechtskoordinaten von χ_i bzw. y_i, d.h.

$$\chi_i = \sum_k e_k^* \beta_i^k, \quad y_i = \sum_k e_k \gamma_i^k \ .$$

Eine einfache Rechnung zeigt, daß

$$\chi_i(y_i) = \sum_k (-1)^{p(e_k)(p(\chi_i \otimes y_i) + p(e_k))}\ e_k^*\left((\chi_i \otimes y_i)(e_k)\right)$$

ist, also ist wegen $p(\chi_i \otimes y_i) = p(\varphi)$:

$$\sum_i \chi_i(y_i) = \sum_k (-1)^{p(e_k)(p(\varphi) + p(e_k))}\ e_k^*(\varphi(e_k)) \ .$$

Die rechte Seite dieser Gleichung ist aber unabhängig von der Darstellung von φ als Summe von graduiert–linearen Abbildungen $\chi_i \otimes y_i$ vom Rang 1.

Um die Superspur als Funktion der Elemente der Matrix $\mathcal{M}_\varphi$ von φ bezüglich der Basis $e_1, \dots, e_{r+s}$ zu bestimmen, beachte man, daß $e_k^*(\varphi(e_k))$ das k–te Diagonalelement von $\mathcal{M}_\varphi$ ist. Also ist wegen

$$\mathcal{M}_\varphi = \begin{pmatrix} \mathcal{M}_{00} & \mathcal{M}_{01} \\ \mathcal{M}_{10} & \mathcal{M}_{11} \end{pmatrix}$$

im Falle $p(\varphi) = 0$

$$\mathrm{Str}\ \varphi = \sum_k (-1)^{p(e_k)} e_k^*(\varphi(e_k)) = \mathrm{tr}\ \mathcal{M}_{00} - \mathrm{tr}\ \mathcal{M}_{11}$$

und im Falle $p(\varphi) = 1$

$$\text{Str } \varphi = \sum_k e_k^*(\varphi(e_k)) = \text{tr } \mathcal{M}_{00} + \text{tr } \mathcal{M}_{11} .$$

Zusammenfassend können wir schreiben:

Für homogenes $\varphi \in \text{Hom}_A(M, M)$ ist die Superspur gegeben durch

$$\text{Str } \varphi = \text{tr } \mathcal{M}_{00} - (-1)^{p(\varphi)} \text{ tr } \mathcal{M}_{11} .$$

Elementare Eigenschaften der Superspur:

(1) Die Superspur ist ein Homomorphismus

$$\text{Str} : \text{Hom}_A(M, M) \longrightarrow A$$

von A–Supermoduln.

(2) Für homogene graduiert–lineare Abbildungen $\varphi, \psi : M \longrightarrow M$ bezeichnet man

$$[\varphi, \psi] := \varphi\psi - (-1)^{p(\varphi)p(\psi)} \psi\varphi$$

als den **Superkommutator** von φ und ψ.

Für beliebige graduiert–lineare Abbildungen $\varphi, \psi : M \longrightarrow M$ definiert man den Superkommutator von φ und ψ durch die Superkommutatoren der homogenen Teile φ_i, ψ_j $(\varphi = \varphi_0 + \varphi_1,\ \psi = \psi_0 + \psi_1)$ von φ und ψ:

$$[\varphi, \psi] := \sum_{i,j=0}^{1} [\varphi_i, \psi_j] .$$

Ist φ oder ψ *gerade*, so stimmt der Superkommutator mit dem gewöhnlichen Kommutator überein, insbesondere ist also $[\varphi, \varphi] = 0$ für gerades φ. Ist φ allerdings *ungerade*, so ist

$$[\varphi, \varphi] = 2\varphi^2 ,$$

d.h. im allgemeinen verschieden von Null.

Wir beweisen nun, daß die Superspur die Eigenschaft

$$\mathrm{Str}\,[\varphi, \psi] = 0$$

für alle $\varphi, \psi \in \mathrm{Hom}_A(M, M)$ besitzt.

Auf Grund der Definition des Superkommutators und der Linearität der Superspur genügt es offensichtlich, diese Eigenschaft für den Fall homogener graduiert–linearer Abbildungen φ, ψ zu beweisen, wobei wir noch annehmen können, daß z.B. φ von der Gestalt

$$\varphi = \chi \otimes y$$

mit $\chi \in M^*$, $\quad y \in M$ ist.

Eine einfache Rechnung zeigt, daß

$$(\chi \otimes y) \circ \psi = (-1)^{p(\psi)p(y)}\,(\chi \circ \psi) \otimes y$$

und

$$\psi \circ (\chi \otimes y) = (-1)^{p(\psi)p(\chi)}\,\chi \otimes \psi(y)$$

ist. Also ist

$$\mathrm{Str}\,((\chi \otimes y) \circ \psi) = (-1)^{p(\psi)p(y)}\,\chi(\psi(y))$$

und

$$\mathrm{Str}\,(\psi \circ (\chi \otimes y)) = (-1)^{p(\psi)p(\chi)}\,\chi(\psi(y))\;.$$

Für den Superkommutator gilt somit

$$\begin{aligned} &\mathrm{Str}\,\Big((\chi \otimes y) \circ \psi - (-1)^{p(\chi\otimes y)p(\psi)}\,\psi \circ (\chi \otimes y)\Big) \\ &= \Big((-1)^{p(\psi)p(y)} - (-1)^{p(\chi\otimes y)p(\psi)+p(\psi)p(\chi)}\Big)\,\chi(\psi(y)) \\ &= 0\;. \end{aligned}$$

Insbesondere erhält man für einen Automorphismus $\psi : M \longrightarrow M$

$$\mathrm{Str}\,(\psi^{-1}\varphi\psi) = \mathrm{Str}\,\varphi\;,$$

falls ψ die Parität 0 hat, und

$$\mathrm{Str}\,(\psi^{-1}\varphi\psi) = (-1)^{p(\varphi)+1}\,\mathrm{Str}\,\varphi\;,$$

falls φ, ψ homogen sind und $p(\psi) = 1$ ist. Zum Beweis betrachte man den Superkommutator $[\psi^{-1}\varphi, \psi]$.

(3) Die **Adjungierte** einer homogenen graduiert–linearen Abbildung $\varphi : M \to N$ ist die durch

$$\varphi^*(\chi) := (-1)^{p(\chi)p(\varphi)}\,\chi \circ \varphi \qquad (\chi \in N^* \text{ homogen })$$

definierte graduiert–lineare Abbildung $\varphi^* : N^* \to M^*$.
Ist $\varphi \in \mathrm{Hom}_A(M, N)$ beliebig, $\varphi = \varphi_0 + \varphi_1$ die Zerlegung von φ in homogene Anteile, so setzt man

$$\varphi^* := \varphi_0^* + \varphi_1^* .$$

Wir wollen zeigen, daß für $\varphi \in \mathrm{Hom}_A(M, M)$

$$\mathrm{Str}\,(\varphi^*) = \mathrm{Str}\,\varphi$$

ist. Dazu reicht es natürlich wieder aus, ein homogenes φ von der speziellen Gestalt $\varphi = \chi \otimes y$ zu betrachten. Für $y \in M$ sei $\widehat{y} : M^* \to A$ die durch

$$\widehat{y}(\xi) := (-1)^{p(y)p(\xi)}\,\xi(y)$$

definierte graduiert–lineare Form. Man kann nun ohne Mühe nachrechnen, daß die Adjungierte von $\chi \otimes y$ von der Gestalt

$$\varphi^* = (\chi \otimes y)^* = (-1)^{p(\chi)p(y)}\,\widehat{y} \otimes \chi$$

ist. Also ist

$$\begin{aligned}\mathrm{Str}\,(\varphi^*) &= (-1)^{p(\chi)p(y)}\,\widehat{y}(\chi) = \chi(y) \\ &= \mathrm{Str}\,\varphi .\end{aligned}$$

Sei φ eine homogene graduiert–lineare Abbildung $M \longrightarrow N$, $(e_1, \ldots, e_r, e_{r+1}, \ldots, e_{r+s})$ eine graduierte Basis von M, $(f_1, \ldots, f_m, f_{m+1}, \ldots, f_{m+n})$ eine graduierte Basis von N und $(e_1^*, \ldots, e_{r+s}^*)$, $(f_1^*, \ldots, f_{m+n}^*)$ die zugehörigen dualen Basen von M^* bzw. von N^*. Sei $\mathcal{M} = \mathcal{M}_\varphi = (a_{ik})$ die Matrix von φ bezüglich der gewählten Basen, d.h.

$$\varphi(e_k) = \sum_{j=1}^{m+n} f_j a_{jk} \qquad (k = 1, \ldots, r+s) .$$

Sei $\mathcal{M}^{st}$ die Matrix von $\varphi^* : N^* \longrightarrow M^*$ bezüglich der oben eingeführten dualen Basen:

$$\varphi^*(f_j^*) = \sum_{k=1}^{r+s} e_k^* a_{kj}^* .$$

Eine einfache Rechnung zeigt, daß

$$a^*_{kj} = (-1)^{p(\varphi)p(f_j)+p(e_k)p(a^*_{kj})}\, a_{jk}$$

ist. Damit sieht man sofort: Ist $\mathcal{M} = \begin{pmatrix} \mathcal{M}_1 & \mathcal{M}_2 \\ \mathcal{M}_3 & \mathcal{M}_4 \end{pmatrix}\begin{matrix}\}m \\ \}n\end{matrix}$ (Spalten: $\underbrace{}_{r}\underbrace{}_{s}$), so ist

$$\mathcal{M}^{st} = \begin{pmatrix} \mathcal{M}_1^t & \mathcal{M}_3^t \\ -\mathcal{M}_2^t & \mathcal{M}_4^t \end{pmatrix},$$

falls $p(\varphi) = 0$ ist, und

$$\mathcal{M}^{st} = \begin{pmatrix} \mathcal{M}_1^t & -\mathcal{M}_3^t \\ \mathcal{M}_2^t & \mathcal{M}_4^t \end{pmatrix},$$

falls $p(\varphi) = 1$ ist. In beiden Fällen nennen wir $\mathcal{M}^{st}$ die **Supertransponierte von** $\mathcal{M}$.

Die Abbildung „Supertransposition"

$$st : \mathcal{M} \longmapsto \mathcal{M}^{st}$$

von $\mathrm{Mat}_A(m|n;\ r|s)$ nach $\mathrm{Mat}_A(r|s;\ m|n)$ hat folgende Eigenschaften, deren einfachen Beweis wir dem Leser überlassen:

a) $st : \mathcal{M} \longmapsto \mathcal{M}^{st}$ ist eine gerade A–lineare Abbildung.

b) Für homogene Supermatrizen $\mathcal{M}, \mathcal{N}$ ist

$$(\mathcal{M}\mathcal{N})^{st} = (-1)^{p(\mathcal{M})p(\mathcal{N})}\, \mathcal{N}^{st}\mathcal{M}^{st}\,.$$

c) Im Gegensatz zur gewöhnlichen Transposition ist die Supertransposition *keine* Involution, d.h. es ist im allgemeinen $(\mathcal{M}^{st})^{st} \neq \mathcal{M}$. Allerdings gilt $(st)^4 = \mathrm{id}$.

Für die Formulierung eines Determinantenbegriffs für Supermatrizen müssen wir etwas weiter ausholen. Wir beginnen mit einem Invertierbarkeitskriterium für Supermatrizen über einer superkommutativen Algebra $A = A_0 \oplus A_1$. Sei $\langle A_1 \rangle$ das von A_1 erzeugte zweiseitige Ideal in A. Die Quotientenalgebra

${}^{A}\!/\!_{\langle A_1\rangle} =: \mathcal{A}$ ist dann eine kommutative Algebra im gewöhnlichen Sinne. Sei $\pi : A \longrightarrow \mathcal{A}$ die kanonische Projektion.

$$\pi_{r,s} : \mathrm{Mat}_A(r|s) \longrightarrow \mathrm{Mat}_{\mathcal{A}}(r+s)$$

bezeichne die Abbildung, die jeder Supermatrix $(a_{ij}) \in \mathrm{Mat}_A(r|s)$ die Matrix $(\pi(a_{ij})) \in \mathrm{Mat}_{\mathcal{A}}(r+s)$ zuordnet. Dabei ist $\mathrm{Mat}_{\mathcal{A}}(r+s)$ die Algebra der $(r+s) \times (r+s)$–Matrizen über $\mathcal{A}$ (ohne Superstruktur).

Satz 2.22 $B \in \mathrm{Mat}_A(r|s)$ *ist genau dann invertierbar, wenn* $\pi_{r,s}(B) \in \mathrm{Mat}_{\mathcal{A}}(r+s)$ *invertierbar ist.*

Beweis . Die Notwendigkeit der Bedingung ist trivial: Ist C die Inverse von B in $\mathrm{Mat}_A(r|s)$, so ist

$$\begin{aligned} I_{r+s} &= \pi_{r,s}(I_{r,s}) = \pi_{r,s}(BC) \\ &= \pi_{r,s}(B)\pi_{r,s}(C) \end{aligned}$$

und ebenso

$$I_{r+s} = \pi_{r,s}(C)\pi_{r,s}(B) .$$

Dabei bezeichnet I_{r+s} die Einheitsmatrix in $\mathrm{Mat}_{\mathcal{A}}(r+s)$.

Sei umgekehrt $\pi_{r,s}(B)$ in $\mathrm{Mat}_{\mathcal{A}}(r+s)$ invertierbar. Aus der Surjektivität von π folgt leicht die Surjektivität von $\pi_{r,s}$. Es gibt also eine Supermatrix $C \in \mathrm{Mat}_A(r|s)$ mit

$$\pi_{r,s}(B)\pi_{r,s}(C) = \pi_{r,s}(C)\pi_{r,s}(B) = I_{r+s} .$$

Somit ist

$$\begin{aligned} 0 &= \pi_{r,s}(B)\pi_{r,s}(C) - \pi_{r,s}(I_{r,s}) \\ &= \pi_{r,s}(BC - I_{r,s}) . \end{aligned}$$

Es gibt also eine Supermatrix $D \in \mathrm{Mat}_A(r|s)$ mit $\pi_{r,s}(D) = 0$ und $BC = I_{r,s} - D$. Wegen $\pi_{r,s}(D) = 0$ gehören alle Elemente von D zu $\langle A_1\rangle$, die Matrix D ist also *nilpotent*, d.h. es gibt eine natürliche Zahl n mit $D^{n+1} = 0$. Damit folgt

$$\begin{aligned} BC(I_{r,s} + D + D^2 + \ldots + D^n) &= (I_{r,s} - D)(I_{r,s} + D + D^2 + \ldots + D^n) \\ &= I_{r,s} - D^{n+1} = I_{r,s} , \end{aligned}$$

d.h. $C(I_{r,s} + D + D^2 + \ldots + D^n)$ ist eine Rechtsinverse für B. Analog sieht man, daß B auch eine Linksinverse besitzt. B ist also invertierbar. □

Für gerade Supermatrizen erhalten wir damit ein besonders einfaches Invertierbarkeitskriterium:

Korollar 2.23 *Eine gerade Supermatrix* $B = \begin{pmatrix} B_1 & B_2 \\ B_3 & B_4 \end{pmatrix}$ *aus* $\mathrm{Mat}_A(r|s)$ *ist genau dann invertierbar, wenn* $B_1 \in \mathrm{Mat}_{A_0}(r|0)$ *und* $B_4 \in \mathrm{Mat}_{A_0}(0|s)$ *invertierbar sind.*

(Eine analoge Aussage erhält man im Fall $r = s$ *auch für ungerade Matrizen: hier ist die Invertierbarkeit von* B_2 *und* B_3 *notwendig und hinreichend.)*

Beweis . Da B gerade ist, sind B_2 und B_3 Matrizen über A_1, werden also von $\pi_{r,s}$ auf Null abgebildet. B ist genau dann invertierbar, wenn die Matrix

$$\begin{pmatrix} \pi_{r,0}(B_1) & 0 \\ 0 & \pi_{0,s}(B_4) \end{pmatrix}$$

invertierbar ist. Diese ist genau dann invertierbar, wenn $\pi_{r,0}(B_1)$ und $\pi_{0,s}(B_4)$ invertierbar sind. Erneute Anwendung des Satzes liefert schließlich, daß B genau dann invertierbar ist, wenn B_1 und B_4 invertierbar sind. □

Definition 2.24 $GL_A(r|s)$ *sei die Gruppe der* geraden *invertierbaren Elemente von* $\mathrm{Mat}_A(r|s)$. $GL_A(r|s)$ *heißt die* **allgemeine lineare Supergruppe vom Rang** (r, s).

$GL_A(r|s)$ ist die Automorphismengruppe des Koordinatenraumes

$$A^{r,s} = \left\{ (a_1, \ldots, a_{r+s}) \in A^{r+s} \middle| p(a_k) = \begin{cases} 0 & \text{für } k \leq r \\ 1 & \text{für } k > r \end{cases} \right\}.$$

Die Inverse von $B = \begin{pmatrix} B_1 & B_2 \\ B_3 & B_4 \end{pmatrix} \in GL_A(r|s)$ kann wegen der Invertierbarkeit der Blöcke B_1 und B_4 in expliziter Blockform angegeben werden: Wegen

$$\begin{aligned} & B\begin{pmatrix} B_1^{-1} & 0 \\ 0 & B_4^{-1} \end{pmatrix}\begin{pmatrix} I_r & 0 \\ 0 & -I_s \end{pmatrix} B \begin{pmatrix} I_r & 0 \\ 0 & -I_s \end{pmatrix} \\ & = \begin{pmatrix} B_1 - B_2B_4^{-1}B_3 & 0 \\ 0 & B_4 - B_3B_1^{-1}B_2 \end{pmatrix} \end{aligned}$$

sind $B_1 - B_2B_4^{-1}B_3$ und $B_4 - B_3B_1^{-1}B_2$ invertierbar, und mit

$$\widetilde{B}_1 := (B_1 - B_2B_4^{-1}B_3)^{-1}, \quad \widetilde{B}_4 := (B_4 - B_3B_1^{-1}B_2)^{-1}$$

gilt dann

$$B^{-1} = \begin{pmatrix} \widetilde{B}_1 & -B_1^{-1}B_2\widetilde{B}_4 \\ -B_4^{-1}B_3\widetilde{B}_1 & \widetilde{B}_4 \end{pmatrix} .$$

Der Begriff der **Superdeterminante** ist im Gegensatz zur Superspur keine naheliegende Übertragung des Determinantenbegriffs auf den Fall von Supermatrizen. Zur Motivation: Wir werden nur Elementen aus $GL_A(r|s)$ eine Superdeterminante zuordnen. Diese Zuordnung soll ein Gruppenhomomorphismus

$$s\det : GL_A(r|s) \longrightarrow A^\times$$

sein, wobei $A^\times$ die Einheitengruppe, d.h. die Gruppe der invertierbaren Elemente von A bezeichnet. Sei $B = \begin{pmatrix} B_1 & B_2 \\ B_3 & B_4 \end{pmatrix} \in GL_A(r|s)$. Durch Multiplikation mit $\begin{pmatrix} I_r & 0 \\ -B_4^{-1}B_3 & I_s \end{pmatrix} \in GL_A(r|s)$ von rechts bringen wir B auf „obere Blockform"

$$\begin{pmatrix} B_1 & B_2 \\ B_3 & B_4 \end{pmatrix} \begin{pmatrix} I_r & 0 \\ -B_4^{-1}B_3 & I_s \end{pmatrix} = \begin{pmatrix} B_1 - B_2B_4^{-1}B_3 & B_2 \\ 0 & B_4 \end{pmatrix} .$$

Für die gewöhnliche Determinante ist

$$\det \begin{pmatrix} B_1 & B_2 \\ B_3 & B_4 \end{pmatrix} = \det(B_1 - B_2B_4^{-1}B_3) \cdot \det B_4 \ .$$

Um das Analogon für den Superfall zu finden, lassen wir uns von der folgenden klassischen Identität leiten: Für jede quadratische reelle oder komplexe Matrix B gilt

$$\det(\exp B) = e^{\operatorname{tr} B} ,$$

wobei

$$\exp B = \sum_{k=0}^{\infty} \frac{B^k}{k!}$$

ist. Die zu definierende Superdeterminante sollte dann so beschaffen sein, daß eine analoge Relation erfüllt ist, nämlich

$$s\det(\exp B) = e^{\operatorname{str} B} .$$

Für diese heuristische Diskussion wollen wir den einfachen Fall betrachten, daß $B \in GL_A(r|s)$ in oberer Blockform vorliegt:

$$B = \begin{pmatrix} B_1 & B_2 \\ 0 & B_4 \end{pmatrix} .$$

Exponentiation liefert

$$\exp B = \begin{pmatrix} \exp B_1 & C \\ 0 & \exp B_4 \end{pmatrix} .$$

(Um Konvergenzfragen wollen wir uns hier nicht kümmern. Für den Fall, daß die superkommutative Algebra A eine endlichdimensionale Graßmann-Algebra mit einer submultiplikativen Norm ist, ist die Exponentialreihe für jede Supermatrix konvergent.)

Nun ist

$$\begin{aligned} e^{\mathrm{str}\, B} &= e^{\mathrm{tr}\, B_1 - \mathrm{tr}\, B_4} \\ &= e^{tr B_1} \, (e^{\mathrm{tr}\, B_4})^{-1} \\ &= \det(\exp B_1) \det(\exp B_4)^{-1} . \end{aligned}$$

Somit werden wir auf

$$s\det(\exp B) := \det(\exp B_1) \det(\exp B_4)^{-1}$$

geführt. Die Superdeterminante einer Matrix $B \in GL_A(r|s)$ in oberer Blockform wird also nicht das Produkt der Determinanten der Diagonalblöcke sein, sondern ihr *Quotient.* „Vernünftigerweise" wird für eine Matrix der Form $\begin{pmatrix} I_r & 0 \\ C & I_q \end{pmatrix}$ die Superdeterminante dann den Wert 1 haben. Ferner soll die Superdeterminante multiplikativ sein. Also wird

$$s\det \begin{pmatrix} B_1 & B_2 \\ B_3 & B_4 \end{pmatrix} = s\det \begin{pmatrix} B_1 - B_2 B_4^{-1} B_3 & B_2 \\ 0 & B_4 \end{pmatrix}$$

sein. Die folgende Definition erscheint damit plausibel:

Definition 2.25 *Sei* $B = \begin{pmatrix} B_1 & B_2 \\ B_3 & B_4 \end{pmatrix} \in GL_A(r|s)$. *Dann heißt*

$$s\det B := \det(B_1 - B_2 B_4^{-1} B_3) \det B_4^{-1}$$

die **Superdeterminante** *von* B.

$s\det B$ wird gelegentlich auch nach ihrem Erfinder F.A. Berezin die **Berezin–Determinante** genannt.

Bemerkung 2.26 *Für* $B \in GL_A(r|s)$ *ist* $s\det B$ *ein invertierbares Element aus* A_0.

Dies ergibt sich unmittelbar aus der Definition der Berezin–Determinante.

Satz 2.27 $s\det : GL_A(r|s) \longrightarrow A_0^\times$ *ist ein Homomorphismus der allgemeinen linearen Supergruppe in die Einheitengruppe von* A_0.

Beweis . ([41])

$$G := \left\{ C \in GL_A(r|s) \,\middle|\, \begin{array}{l} s\det(BC) \;=\; s\det B \cdot s\det C \\ \text{für alle } \; B \in GL_A(r|s) \end{array} \right\}$$

ist eine Gruppe. Die Idee des Beweises besteht darin, ein Erzeugendensystem von $GL_A(r|s)$ zu finden, das in G enthalten ist. Dann muß natürlich $G = GL_A(r|s)$ sein, und dies besagt gerade, daß die Berezin–Determinante multiplikativ ist.

Ein solches Erzeugendensystem ist die Menge der Supermatrizen der Form

$$(*) \quad \begin{pmatrix} I_r & 0 \\ C_3 & I_s \end{pmatrix}, \begin{pmatrix} C_1 & 0 \\ 0 & C_4 \end{pmatrix}, \begin{pmatrix} I_r & C_2 \\ 0 & I_s \end{pmatrix},$$

wobei C_2 eine Elementarmatrix ist (d.h. in C_2 kommt höchstens ein von Null verschiedenes Element vor).

Wir setzen bei dieser Blockschreibweise stets voraus, daß die Blockstruktur die durch r und s gegebene ist. Zunächst ist leicht zu sehen, daß diese Matrizen ein Erzeugendensystem von $GL_A(r|s)$ bilden:

Für beliebiges $C = \begin{pmatrix} C_1 & C_2 \\ C_3 & C_4 \end{pmatrix} \in GL_A(r|s)$ gilt die Zerlegung

$$(**) \quad \begin{pmatrix} C_1 & C_2 \\ C_3 & C_4 \end{pmatrix} = \begin{pmatrix} I_r & C_2C_4^{-1} \\ 0 & I_s \end{pmatrix} \begin{pmatrix} C_1 - C_2C_4^{-1}C_3 & 0 \\ 0 & C_4 \end{pmatrix} \begin{pmatrix} I_r & 0 \\ C_4^{-1}C_3 & I_s \end{pmatrix}$$
$$= C_+C_0C_- ,$$

wobei C_+ die Matrix in oberer Blockform, C_- die Matrix in unterer Blockform und C_0 die Block–Diagonalmatrix bezeichnet. Bei C_+ ist $C_2C_4^{-1}$ im allgemeinen keine Elementarmatrix. Da aber $C_2C_4^{-1}$ eine geeignete Summe von Elementarmatrizen ist und für beliebige Matrizen C', C'' (im richtigen Format)

$$\begin{pmatrix} I_r & C' + C'' \\ 0 & I_s \end{pmatrix} = \begin{pmatrix} I_r & C' \\ 0 & I_s \end{pmatrix} \begin{pmatrix} I_r & C'' \\ 0 & I_s \end{pmatrix}$$

ist, sehen wir, daß C ein endliches Produkt von Matrizen der in $(*)$ angegebenen Form ist. Nun kann man ohne Mühe nachrechnen, daß Supermatrizen der Form $\begin{pmatrix} I_r & 0 \\ C_3 & I_s \end{pmatrix}$ und $\begin{pmatrix} C_1 & 0 \\ 0 & C_4 \end{pmatrix}$ zu G gehören. Um dies auch für die Erzeugenden vom Typ $\begin{pmatrix} I_r & C_2 \\ 0 & I_s \end{pmatrix}$, C_2 Elementarmatrix, zu zeigen, stellen wir zunächst ein beliebiges $B \in GL_A(r|s)$ in der zu $(**)$ analogen Form dar:

$$B = B_+ B_0 B_- \,.$$

Eine weitere einfache Rechnung zeigt, daß $s\det(B_+C) = s\det C$ und $s\det(B_0C) = s\det B_0 \cdot s\det C$ für jedes $C \in GL_A(r|s)$ gilt.

Es reicht also, den Fall $B = B_- = \begin{pmatrix} I_r & 0 \\ B_3 & I_s \end{pmatrix}$ zu betrachten:

Wir müssen nachweisen, daß für jede Elementarmatrix C_2 (deren einziges von Null verschiedenes Element zu A_1 gehört)

$$s\det\left(\begin{pmatrix} I_r & 0 \\ B_3 & I_s \end{pmatrix} \begin{pmatrix} I_r & C_2 \\ 0 & I_s \end{pmatrix}\right) = 1$$

ist. Nun ist

$$B_-C_+ = \begin{pmatrix} I_r & 0 \\ B_3 & I_s \end{pmatrix} \begin{pmatrix} I_r & C_2 \\ 0 & I_s \end{pmatrix} = \begin{pmatrix} I_r & C_2 \\ B_3 & I_s + B_3C_2 \end{pmatrix}$$

und somit

$$s\det(B_-C_+) = \det(I_r - C_2(I_s + B_3C_2)^{-1}B_3)\det(I_s + B_3C_2)^{-1} \,.$$

Das einzige von Null verschiedene Element c von C_2 liegt in A_1, erfüllt also $c^2 = 0$. Das Produkt von je zwei Elementen der Matrix $C_2(I_s + B_3C_2)^{-1}B_3$ ist damit Null. Dasselbe gilt für die Matrix B_3C_2.

Ganz allgemein gilt nun: Ist D eine quadratische Matrix über einem kommutativen Ring R, so daß das Produkt von je zwei Elementen von D Null ergibt, und ist I die Einheitsmatrix (für das Format von D), so ist

$$(I+D)^{-1} = I - D$$

und

$$\det(I+D) = 1 + \operatorname{tr} D\,.$$

$(I+D)^{-1} = I - D$ ergibt sich sofort aus $D^2 = 0$. Die zweite Identität erhält man direkt aus

$$\begin{aligned}\det(I+D) &= \sum_{\sigma\in\mathcal{S}_n}(-1)^{p(\sigma)}\left(\delta_{1,\sigma(1)} + d_{1,\sigma(1)}\right)\ldots\left(\delta_{n,\sigma(n)} + d_{n,\sigma(n)}\right)\\ &= (1+d_{11})\ldots(1+d_{nn})\\ &= 1 + \sum_i d_{ii} \;=\; 1 + \operatorname{tr} D.\end{aligned}$$

Also ist

$$\begin{aligned}\det(I_s + B_3C_2)^{-1} &= \det(I_s - B_3C_2)\\ &= 1 - \operatorname{tr}(B_3C_2)\,,\\ \det(I_r - C_2(I_s + B_3C_2)^{-1}B_3) &= \det(I_r - C_2(I_s - B_3C_2)B_3)\\ &= \det(I_r - C_2B_3 + (C_2B_3)^2)\\ &= \det(I_r - C_2B_3)\\ &= 1 - \operatorname{tr}(C_2B_3)\\ &= 1 + \operatorname{tr}(B_3C_2)\end{aligned}$$

und damit

$$\begin{aligned}s\det(B_-C_+) &= (1 - \operatorname{tr}(B_3C_2))(1 + \operatorname{tr}(B_3C_2))\\ &= 1 - (\operatorname{tr}(B_3C_2))^2\\ &= 1\,.\end{aligned}$$

Damit ist der ganze Satz bewiesen. □

Wir wollen noch einige elementare Eigenschaften der Berezin–Determinante notieren:

Bemerkung 2.28

(1) *Eine zur Definition der Berezin–Determinante gleichwertige Formel ist*

$$s\det\begin{pmatrix} B_1 & B_2\\ B_3 & B_4\end{pmatrix} = \det B_1 \cdot \det(B_4 - B_3B_1^{-1}B_2)^{-1}\,.$$

Dies ergibt sich unmittelbar aus der Zerlegung

$$\begin{pmatrix} B_1 & B_2 \\ B_3 & B_4 \end{pmatrix} = \begin{pmatrix} I & 0 \\ B_3 B_1^{-1} & I \end{pmatrix} \begin{pmatrix} B_1 & B_2 \\ 0 & B_4 - B_3 B_1^{-1} B_2 \end{pmatrix}$$

und der Multiplikativität der Berezin–Determinante.

(2) *Sind* B *und* C *invertierbare gerade Supermatrizen, so ist*

$$s\det(B \oplus C) = s\det B \cdot s\det C \ .$$

Dabei ist $B \oplus C$ *in folgender Weise zu verstehen: Fassen wir* B *und* C *als Automorphismen* $B : M \longrightarrow M$, $C : N \longrightarrow N$ *der freien Rechts–Supermoduln* M *bzw.* N *auf, so ist* $B \oplus C$ *der aus diesen Automorphismen in kanonischer Weise gebildete Automorphismus*

$$B \oplus C : M \oplus N \to M \oplus N$$

der direkten Summe. Die $\mathbb{Z}_2$*–Graduierung der direkten Summe* $M \oplus N$ *ist gegeben durch*

$$(M \oplus N)_i = M_i \oplus N_i \qquad (i = 0, 1) \ .$$

Die Darstellung von $B \oplus C$ *als gerade Supermatrix aus den Supermatrizen* $B = \begin{pmatrix} B_1 & B_2 \\ B_3 & B_4 \end{pmatrix}$, $C = \begin{pmatrix} C_1 & C_2 \\ C_3 & C_4 \end{pmatrix}$ *ist dann*

$$B \oplus C = \begin{pmatrix} B_1 & 0 & B_2 & 0 \\ 0 & C_1 & 0 & C_2 \\ B_3 & 0 & B_4 & 0 \\ 0 & C_3 & 0 & C_4 \end{pmatrix} .$$

Die obige Behauptung für $s\det(B \oplus C)$ *ergibt sich daraus durch einfaches Nachrechnen.*

(3) $s\det B^{st} = s\det B$.

Auch dies überprüft man durch einfaches Nachrechnen, wobei nur zu beachten ist, daß für Matrizen C, D, E *über der superkommutativen Algebra* A *gilt: Sind die Elemente von* C, E *sämtlich ungerade, die von* D *sämtlich gerade, so ist*

$$\begin{aligned} (CD)^t &= D^t C^t \ , \\ (CE)^t &= -E^t C^t \ . \end{aligned}$$

3. Geringte Räume

3.1 Garbentheoretische Grundlagen

Eine differenzierbare Mannigfaltigkeit ist eine **Punktmenge**, die als topologischer Raum lokal homöomorph zu einem $\mathbb{R}^n$ ist, so daß die Transformationen zwischen den durch diese lokalen Homöomorphismen definierten lokalen Koordinatensystemen durch (beliebig oft) differenzierbare Abbildungen gegeben sind.

Supermannigfaltigkeiten sollen die Grundlage für eine gemeinsame geometrische Beschreibung von Bosonen und Fermionen sein, müssen also auch ungerade, d.h. antikommutierende „Koordinaten" als definierenden Bestandteil enthalten. Natürlich kann man herkömmlichen „Punkten" keine antikommutierenden Koordinaten zuordnen.

Einen Ausweg bietet eine etwas abstraktere Betrachtungsweise differenzierbarer Mannigfaltigkeiten: die lokale Struktur im Punkt p einer differenzierbaren Mannigfaltigkeit M ist codiert in der Algebra der **Keime** differenzierbarer Funktionen, die in geeigneten Umgebungen des Punktes p definiert sind. Diese Algebren bilden die **Halme** einer **Garbe** von Algebren über M. Eine Garbe ist grob gesagt eine Familie von lokalen Daten, derart daß man lokal definierte Objekte, die dort übereinstimmen, wo sie überlappen, zu einem globalen Objekt „zusammenkleben" kann (präzise Definitionen werden weiter unten gegeben). Man gelangt so zum Begriff eines „geringten Raumes", d.h. eines Paares $(X, \mathcal{G})$, bestehend aus einem topologischen Raum X und einer Garbe $\mathcal{G}$ von Ringen über X. Dieser Zugang mag für die gewöhnliche Differentialgeometrie luxuriös anmuten; für die moderne Algebraische Geometrie und die Theorie komplexer Räume erscheint er heute unumgänglich.

Ein einfacher Weg, antikommutierende Variablen in dieser (abstrakt) geometrischen Weise ins Spiel zu bringen, besteht also darin, eine differenzierbare Mannigfaltigkeit M zusammen mit einer Garbe von Algebren zu betrachten, wobei aber jetzt die Algebren im allgemeinen nicht mehr kommutativ (im gewöhnlichen Sinne), sondern superkommutativ sind.

Eine ausführliche Darstellung dieses Zugangs geben wir im folgenden vierten Kapitel. In diesem Kapitel wollen wir die dafür benötigten garbentheoretischen Grundlagen präzisieren und anschaulich machen.

Das Paradigma für eine Garbe ist die Strukturgarbe einer differenzierbaren Mannigfaltigkeit:

Sei M eine differenzierbare Mannigfaltigkeit (endlicher Dimension, Hausdorffsch und mit abzählbarer Basis). Für eine offene Menge $U \subseteq M$ bezeichne $C^\infty(U)$ die $\mathbb{R}$–Algebra der beliebig oft differenzierbaren Funktionen $U \longrightarrow \mathbb{R}$. Sei $p \in M$, und seien U und V offene Umgebungen von p. Funktionen $f \in C^\infty(U)$, $g \in C^\infty(V)$ heißen **äquivalent im Punkt** p, wenn es eine offene Umgebung $W \subseteq U \cap V$ von p gibt, so daß f und g auf W übereinstimmen: $f|_W = g|_W$. Wir schreiben dann $f \sim_p g$. Man prüft ohne Schwierigkeit nach, daß $\sim_p$ eine Äquivalenzrelation auf der Menge

$$\bigcup \{C^\infty(U) \,|\, U \text{ offene Umgebung von } p\}$$

ist. Die Äquivalenzklasse $[f]_p$ von $f \in C^\infty(U)$ bezüglich dieser Äquivalenzrelation hängt offensichtlich nicht mehr vom Definitionsbereich von f ab. (Natürlich ist $[f]_p$ keine Funktion auf einer Umgebung von p, da aber zwei im Punkt p äquivalente Funktionen in diesem Punkt denselben Wert besitzen, kann man in eindeutiger Weise $[f]_p$ den Wert $f(p)$ im Punkt p zuordnen.) $[f]_p$ heißt der **Keim von** f **im Punkt** p. Die Menge der Keime (von Funktionen, die in einer Umgebung von p definiert und dort beliebig oft differenzierbar sind) bezeichnen wir mit $\mathcal{C}^\infty(p)$. Durch

$$\begin{aligned} [f]_p + [g]_p &:= [f+g]_p\,, \\ [f]_p[g]_p &:= [fg]_p \end{aligned}$$

sind auf $\mathcal{C}^\infty(p)$ eine Addition und eine Multiplikation wohldefiniert ($f+g$, fg sind auf dem Durchschnitt der Definitionsbereiche von f und g zu verstehen), und mit diesen Operationen ist $\mathcal{C}^\infty(p)$ eine Algebra über $\mathbb{R}$. Wir bemerken noch, daß $\mathcal{C}^\infty(p)$ die Struktur von M lokal bestimmt: der Tangentialraum $T_p(M)$ von M im Punkt p ist isomorph zum Vektorraum $\mathrm{Der}_p(M)$ der Derivationen von $\mathcal{C}^\infty(p)$ im Punkt p, d.h. der linearen Abbildungen $X_p : \mathcal{C}^\infty(p) \longrightarrow \mathcal{C}^\infty(p)$, für die

$$X_p\left([f]_p[g]_p\right) = X_p\left([f]_p\right) \cdot g(p) + f(p) X_p\left([g]_p\right)$$

gilt. Es sei nun

$$\mathcal{C}^\infty_M := \bigcup_{p \in M} \mathcal{C}^\infty(p)$$

und

$$\pi : \mathcal{C}^\infty_M \longrightarrow M$$

die Abbildung, die jedem Keim $[f]_p \in \mathcal{C}^\infty(p)$ seinen „Fußpunkt“ p zuordnet:

$$\pi([f]_p) = p .$$

π ist surjektiv, und für jedes $p \in M$ ist

$$\overset{-1}{\pi}(p) = \mathcal{C}^\infty(p) .$$

Es sei $U \subseteq M$ offen und $f \in C^\infty(U)$. Sei ferner

$$F_{U,f} := \{[f]_p \mid p \in U\} .$$

$$\mathcal{B} := \{F_{U,f} \mid U \subseteq M \text{ offen }, \ f \in C^\infty(U)\}$$

ist Basis einer Topologie auf $\mathcal{C}^\infty(M)$. Diese Topologie besteht aus allen Vereinigungen von Mengen aus $\mathcal{B}$. Man muß sich dazu nur überlegen, daß der Durchschnitt zweier Elemente aus $\mathcal{B}$ eine offene Menge ist: Seien $F_{U,f}$, $F_{V,g} \in \mathcal{B}$, so daß $F_{U,f} \cap F_{V,g} \neq \emptyset$ ist. Dann ist $U \cap V \neq \emptyset$, und f und g stimmen auf $U \cap V$ überein. Also ist

$$F_{U,f} \cap F_{V,g} = F_{U \cap V,f} = F_{U \cap V,g} \in \mathcal{B} .$$

Die so definierte Topologie von $\mathcal{C}^\infty_M$ (sie ist im allgemeinen nicht Hausdorffsch !) hat die Eigenschaft, daß die Projektion $\pi : \mathcal{C}^\infty_M \longrightarrow M$ ein lokaler Homöomorphismus ist: Ist $U \subseteq M$ offen und $f \in C^\infty(U)$, so ist

$$\begin{aligned} \pi|_{F_{U,f}} : \ F_{U,f} &\longrightarrow U \\ [f]_p &\longmapsto p \end{aligned}$$

ein Homöomorphismus. Wir zeigen schließlich, daß die algebraischen Operationen im folgenden Sinne stetig sind: Sei

$$\mathcal{C}^\infty_M \circ \mathcal{C}^\infty_M := \{(s,t) \in \mathcal{C}^\infty_M \times \mathcal{C}^\infty_M \mid \pi(s) = \pi(t)\}$$

das **Faserprodukt** von $\mathcal{C}^\infty_M$ mit sich selbst. Dann sind die Abbildungen

$$\mathcal{C}^\infty_M \circ \mathcal{C}^\infty_M \longrightarrow \mathcal{C}^\infty_M ,$$

definiert durch

$$(s,t) \longmapsto s - t$$

bzw.

$$(s,t) \longmapsto s \cdot t$$

stetig, und für jedes $\alpha \in \mathbb{R}$ ist die Abbildung $\mathcal{C}^\infty_M \longrightarrow \mathcal{C}^\infty_M$, $s \longmapsto \alpha s$, stetig. Dabei versehen wir $\mathcal{C}^\infty_M \circ \mathcal{C}^\infty_M$ mit der Relativtopologie bzgl. $\mathcal{C}^\infty_M \times \mathcal{C}^\infty_M$. Wir beweisen diese Stetigkeitsaussagen exemplarisch für die Multiplikation. Sei $U \subseteq M$ offen, $f, g \in C^\infty(U)$. Dann ist

$$(F_{U,f} \times F_{U,g}) \cap (\mathcal{C}^\infty_M \circ \mathcal{C}^\infty_M) = \{([f]_p, [g]_p) \mid p \in U\}$$

offen in $\mathcal{C}^\infty_M \circ \mathcal{C}^\infty_M$ und wird durch die Multiplikation abgebildet auf

$$\{[fg]_p \mid p \in U\} = F_{U,fg} \,.$$

Somit ist das Urbild von $F_{U,fg}$ bei der Multiplikationsabbildung gleich der offenen Menge

$$\bigcup_{\substack{hk=fg \\ \text{auf } U}} ((F_{U,h} \times F_{U,k}) \cap (\mathcal{C}^\infty_M \circ \mathcal{C}^\infty_M)) \,.$$

Die Multiplikation ist also stetig. Analog beweist man die anderen Stetigkeitsaussagen. Wir fomulieren den allgemeinen Kern dieser Resultate in der folgenden Definition.

Definition 3.1 *Es seien A ein Ring und X ein topologischer Raum. Eine* **Garbe von A–Moduln über X** *ist ein topologischer Raum $\mathcal{G}$ zusammen mit einer Abbildung $\pi : \mathcal{G} \longrightarrow X$, so daß folgende Eigenschaften erfüllt sind:*

(i) *π ist ein lokaler Homöomorphismus von $\mathcal{G}$ auf X, d.h. π ist surjektiv und zu jedem Punkt $p \in \mathcal{G}$ gibt es eine offene Umgebung $V \subseteq \mathcal{G}$ von p, so daß $\pi|_V$ ein Homöomorphismus von V auf die offene Menge $\pi(V)$ von X ist.*

(ii) *Die Moduloperationen sind im folgenden Sinne stetig:*

Sei $\mathcal{G} \times_\pi \mathcal{G} := \{(p,q) \in \mathcal{G} \times \mathcal{G} \mid \pi(p) = \pi(q)\}$ mit der von $\mathcal{G} \times \mathcal{G}$ induzierten Topologie versehen. Dann ist die Abbildung

$$\begin{aligned} \mathcal{G} \times_\pi \mathcal{G} &\longrightarrow \mathcal{G} \\ (p,q) &\longmapsto p - q \end{aligned}$$

stetig[1]*. Ferner sei für jedes $a \in A$ die durch $p \longmapsto ap$ definierte Abbildung $\mathcal{G} \longrightarrow \mathcal{G}$ stetig.*

[1] Man beachte, daß die Differenz $p-q$ definiert ist, weil p und q in derselben Faser über X liegen.

Ist $\mathcal{G}$ eine Garbe von A–Algebren über X, d.h. ist für jedes $x \in X$ die Faser $\overset{-1}{\pi}(x)$ eine A–Algebra, so fordern wir zusätzlich, daß die Multiplikation

$$\begin{array}{ccc} \mathcal{G} \times_\pi \mathcal{G} & \longrightarrow & \mathcal{G} \\ (p,q) & \longmapsto & pq \end{array}$$

stetig ist.

Die Abbildung $\pi : \mathcal{G} \longrightarrow X$ heißt die **Projektion der Garbe**. *Für $x \in X$ heißt der A–Modul*

$$\mathcal{G}_x := \overset{-1}{\pi}(x)$$

der **Halm im Punkt** x.

Eine Garbe ist, wie wir später sehen werden, durch ihre lokalen Schnitte charakterisiert: Sei $U \subseteq X$ eine offene Menge. Eine stetige Abbildung $s : U \to \mathcal{G}$ heißt ein **Schnitt von $\mathcal{G}$ über** U, wenn $s(x) \in \overset{-1}{\pi}(x)$ für alle $x \in U$ ist. s ist also genau dann ein Schnitt von $\mathcal{G}$ über U, wenn $\pi \circ s = \mathrm{id}_U$ ist. Kommt es nicht darauf an, welches U gemeint ist, sprechen wir einfach von einem **lokalen Schnitt von** $\mathcal{G}$. Ist hingegen $U = X$, so heißt s ein **globaler Schnitt von $\mathcal{G}$.**

Zu jeder offenen Menge $U \subseteq X$ gibt es einen Schnitt von $\mathcal{G}$ über U: Das einfachste Beispiel ist der Nullschnitt s_0, der jedem $x \in U$ das neutrale Element 0_x der additiven Gruppe $\mathcal{G}_x$ zuordnet. Offensichtlich ist $\pi \circ s_0 = \mathrm{id}_U$, und es bleibt nur noch die Stetigkeit von s_0 nachzuweisen: Sei $x_0 \in U$, $p_0 \in \mathcal{G}_{x_0}$. Da π ein lokaler Homöomorphismus ist, gibt es eine offene Umgebung V_0 von p_0, die von π homöomorph auf die offene Umgebung $\pi(V_0) \subseteq U$ von x_0 abgebildet wird. Das Nullelement 0 des Ringes A induziert eine stetige Abbildung

$$p \longmapsto 0 \cdot p = 0_{\pi(p)} \; ,$$

die jedem Punkt $p \in \mathcal{G}_x$ die Null in $\mathcal{G}_x$ zuordnet. Die Zusammensetzung

$$\pi(V_0) \overset{(\pi|V_0)^{-1}}{\longrightarrow} V_0 \overset{0}{\longrightarrow} \mathcal{G}$$

ist somit stetig. Sie ist aber gerade die Einschränkung des Nullschnitts auf die offene Umgebung $\pi(V_0)$ von x_0. Also ist s_0 im Punkt x_0 stetig.

Die Menge der Schnitte von $\mathcal{G}$ über U bezeichnen wir mit $\Gamma(\mathcal{G},U)$. $\Gamma(\mathcal{G},U)$ ist in kanonischer Weise ein A–Modul: Für $f,g \in \Gamma(\mathcal{G},U)$, $a \in A$ definiert man

$$\begin{aligned}(f+g)(x) &:= f(x)+g(x)\,,\\ (af)(x) &:= af(x) \qquad (x \in U)\,.\end{aligned}$$

Ist $\mathcal{G}$ eine Garbe von Algebren, so ist auch $\Gamma(\mathcal{G},U)$ eine Algebra: $(f \cdot g)(x) := f(x)g(x)$. Das neutrale Element der Addition ist der oben behandelte Nullschnitt.

Wir machen noch auf zwei unmittelbare Konsequenzen der lokalen Homöomorphie der Garbenprojektion π aufmerksam.

(1) Die von $\mathcal{G}$ auf einem Halm $\mathcal{G}_x$ $(x \in X)$ induzierte Relativtopologie ist die diskrete Topologie auf $\mathcal{G}_x$.

Es sei nämlich $p_0 \in \mathcal{G}_x$ und $U \subseteq \mathcal{G}$ eine offene Umgebung von p_0, so daß ${}^{\pi}|_U$ ein Homöomorphismus von U auf $\pi(U) \subseteq X$ ist. Insbesondere ist ${}^{\pi}|_U$ eine bijektive Abbildung, und somit ist

$$U \cap \mathcal{G}_x = \{p_0\}\,,$$

d.h. $\{p_0\} \subseteq \mathcal{G}_x$ ist offen in der Relativtopologie von $\mathcal{G}_x$. Also ist jede Teilmenge von $\mathcal{G}_x$ offen in der Relativtopologie von $\mathcal{G}_x$.

(2) Sind s_1, s_2 lokale Schnitte der Garbe $\mathcal{G}$, die an einem Punkt $x_0 \in X$ übereinstimmen, so stimmen s_1, s_2 auf einer ganzen Umgebung von x_0 überein.

Sei nämlich U eine offene Umgebung von x_0, so daß $s_1, s_2 \in \Gamma(\mathcal{G},U)$ sind und $s_1(x_0) = s_2(x_0) =: p_0$ ist. Dann gibt es eine offene Umgebung V von p_0, so daß ${}^{\pi}|_V$ ein Homöomorphismus von V auf die offene Umgebung $\pi(V)$ von x_0 ist und $\pi(V) \subseteq U$ gilt. Auf $\pi(V)$ ist dann $s_1 = s_2 = \left({}^{\pi}|_V\right)^{-1}$.

Zu jedem anständigen mathematischen Objekt gibt es einen Homomorphiebegriff, so auch für Garben:

Definition 3.2 *Es seien $(\mathcal{G},\pi)$, $(\mathcal{G}',\pi')$ Garben über dem topologischen Raum X. Eine stetige Abbildung $\varphi : \mathcal{G} \longrightarrow \mathcal{G}'$ heißt eine* **Garbenabbildung**, *wenn das Diagramm*

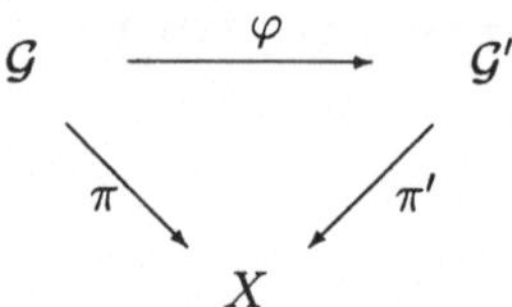

kommutativ ist.

Aus der Definition ergibt sich unmittelbar, daß Garbenabbildungen Halme in Halme abbilden:

$$\varphi(\mathcal{G}_{\pi(p)}) \subseteq \mathcal{G}'_{\pi'(\varphi(p))} \qquad (p \in \mathcal{G}) .$$

Garbenabbildungen sind nicht nur stetig, sondern sogar lokale Homöomorphismen. Sei nämlich $p \in \mathcal{G}$ und W_0 eine offene Umgebung von p, so daß ${}^{\pi}|_{W_0} : W_0 \longrightarrow \pi(W_0) \subseteq X$ ein Homöomorphismus ist. Zu $x := \pi(p)$ und $q \in \overset{-1}{\pi'}(x)$ wähle man eine offene Umgebung $W' \subseteq \mathcal{G}'$ von q, so daß ${}^{\pi'}|_{W'} : W' \longrightarrow \pi'(W')$ ein Homöomorphismus ist und $\pi'(W') \subseteq \pi(W_0)$ gilt. Sei $W := \left({}^{\pi}|_{W_0}\right)^{-1}(\pi'(W'))$. Dann ist W eine offene Umgebung von p, und ${}^{\pi}|_{W}$ ist ein Homöomorphismus von W auf $\pi'(W')$. Also ist

$${}^{\varphi}|_{W} = \left({}^{\pi'}|_{W'}\right)^{-1} \circ {}^{\pi}|_{W}$$

ein Homöomorphismus von W auf W'.

Definition 3.3 *Ein* **Garbenhomomorphismus** *ist eine Garbenabbildung, die auf jedem Halm ein (algebraischer) Homomorphismus ist.*

Eine offene *Teilmenge* $\mathcal{H} \subseteq \mathcal{G}$, *so daß für jedes* $x \in X$

$$\mathcal{H}_x := \mathcal{H} \cap \mathcal{G}_x$$

ein Untermodul von $\mathcal{G}_x$ *ist, heißt eine* **Untergarbe von** $\mathcal{G}$ **über** X.

Offensichtlich ist eine Untergarbe $\mathcal{H}$ von $\mathcal{G}$ über X mit der Relativtopologie und der Projektionsabbildung ${}^{\pi}|_{\mathcal{H}}$ selbst wieder eine Garbe über X.

Jeder Garbenhomomorphismus $\varphi : \mathcal{G} \longrightarrow \mathcal{G}'$ besitzt einen Kern und ein Bild. Beide sind Untergarben von $\mathcal{G}$ bzw. von $\mathcal{G}'$.

Definition 3.4 *Sei $\varphi : \mathcal{G} \longrightarrow \mathcal{G}'$ ein Garbenhomomorphismus. Der* **Kern von** φ, ker φ, *ist diejenige Teilmenge von $\mathcal{G}$, die von φ in das Bild des Nullschnitts von $\mathcal{G}'$ abgebildet wird.*

Nach Definition ist also

$$\ker \varphi = \bigcup_{x \in X} \ker \left(\varphi|_{\mathcal{G}_x} \right) .$$

Bemerkung 3.5 ker φ *ist eine Untergarbe von $\mathcal{G}$.*

Wir haben dafür nur noch zu zeigen, daß ker φ eine offene Teilmenge von $\mathcal{G}$ ist. Sei $p_0 \in \ker \varphi$. Dann existiert ein $x_0 \in X$ mit $p_0 \in \ker \left(\varphi|_{\mathcal{G}_{x_0}} \right)$. Insbesondere ist $\pi(p_0) = x_0$. Da φ ein lokaler Homöomorphismus ist, gibt es eine Umgebung W von p_0 und eine Umgebung W' von $\varphi(p_0)$ aus $\mathcal{G}'$, so daß das kommutative Diagramm

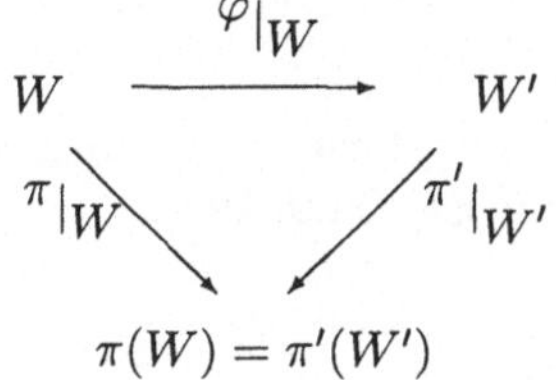

aus Homöomorphismen besteht. $\left(\pi'|_{W'}\right)^{-1}$ ist dann ein Schnitt von $\mathcal{G}'$ über $\pi'(W')$, der mit dem Nullschnitt von $\mathcal{G}'$ im Punkt x_0 übereinstimmt. Dann stimmt $\left(\pi'|_{W'}\right)^{-1}$ mit dem Nullschnitt auf einer ganzen Umgebung von x_0 überein. Ohne Einschränkung der Allgemeinheit sei diese Umgebung $\pi'(W')$ (man kann W' und W nötigenfalls passend verkleinern). Also ist $W \subseteq \ker \varphi$. Damit ist gezeigt, daß ker φ eine offene Teilmenge von $\mathcal{G}$ ist.

Da eine Garbenabbildung ein lokaler Homöomorphismus ist, ist sie notwendig eine **offene** Abbildung. Also gilt:

Bemerkung 3.6 *Ist $\varphi : \mathcal{G} \longrightarrow \mathcal{G}'$ ein Garbenhomomorphismus, so ist das Bild $\varphi(\mathcal{G}) \subseteq \mathcal{G}'$ eine Untergarbe von $\mathcal{G}'$. Diese Untergarbe heißt das* **Bild von** φ *und wird mit* im φ *bezeichnet.*

Sei nun $\mathcal{H}$ eine Untergarbe der Garbe $\mathcal{G}$ über X. Für jedes $x \in X$ sei

$$\mathcal{K}_x := \mathcal{G}_x / \mathcal{H}_x ,$$

und es sei

$$\mathcal{K} := \bigcup_{x \in X} \mathcal{K}_x .$$

Ferner sei $\rho : \mathcal{G} \longrightarrow \mathcal{K}$ die Abbildung, die jedem Element von $\mathcal{G}_x$ seine Restklasse modulo $\mathcal{H}_x$ zuordnet: $\rho(p_x) = p_x + \mathcal{H}_x$.

Wir versehen nun $\mathcal{K}$ mit der durch ρ definierten finalen Topologie, d.h. $W \subseteq \mathcal{K}$ ist genau dann offen, wenn $\overset{-1}{\rho}(W) \subseteq \mathcal{G}$ offen ist. Wir projizieren $\mathcal{K}$ auf X durch

$$\pi^\rho : \mathcal{K}_x \longmapsto \{x\} \qquad (x \in X) .$$

Bemerkung 3.7 *Zusammen mit der Projektion $\pi^\rho : \mathcal{K} \longrightarrow X$ ist $\mathcal{K}$ eine Garbe, und die Abbildung $\rho : \mathcal{G} \longrightarrow \mathcal{K}$ ist ein Garbenhomomorphismus.*

Beweis . Sei $p \in \mathcal{G}$ und $V \subseteq \mathcal{G}$ eine offene Umgebung von p, so daß ${}^{\pi}|_V : V \longrightarrow \pi(V)$ ein Homöomorphismus ist. Dann ist

$${}^{\rho}|_V : V \longrightarrow \left\{ q + \mathcal{H}_{\pi(q)} \mid q \in V \right\}$$

eine Bijektion. Also ist ρ lokal bijektiv, und damit ist auch π^ρ lokal bijektiv.

Wir zeigen als nächstes, daß π^ρ stetig ist. Sei $U \subseteq X$ eine offene Menge. Wegen $\pi = \pi^\rho \circ \rho$ ist $\overset{-1}{\pi}(U) = \overset{-1}{\rho}\left(\overset{-1}{\pi^\rho}(U)\right)$. Somit ist $\overset{-1}{\rho}\left(\overset{-1}{\pi^\rho}(U)\right)$ offen, und nach der Definition der Topologie von $\mathcal{K}$ ist $\overset{-1}{\pi^\rho}(U)$ offen. π^ρ ist also stetig. π^ρ ist auch eine offene Abbildung. Sei nämlich $W \subseteq \mathcal{K}$ offen. Da ρ nach Definition stetig ist, ist $\overset{-1}{\rho}(W) \subseteq \mathcal{G}$ offen. Da π als lokaler Homöomorphismus offen ist, ist $\pi^\rho(W) = \pi\left(\overset{-1}{\rho}(W)\right)$ offen.

Insgesamt haben wir damit gezeigt, daß π^ρ ein lokaler Homöomorphismus ist. (Somit ist übrigens auch ρ ein lokaler Homöomorphismus.)

Sei $\delta : \mathcal{G} \times_\pi \mathcal{G} \longrightarrow \mathcal{G}$, $\delta(p, q) = p - q$ und

$$\delta_\rho : \mathcal{K} \times_{\pi^\rho} \mathcal{K} \longrightarrow \mathcal{K} , \; \delta_\rho\left(p + \mathcal{H}_{\pi(p)}, \; q + \mathcal{H}_{\pi(p)}\right) = p - q + \mathcal{H}_{\pi(p)} .$$

Das folgende Diagramm ist dann kommutativ:

$$\begin{array}{ccc} \mathcal{G} \times_\pi \mathcal{G} & \xrightarrow{\delta} & \mathcal{G} \\ \Big\downarrow \rho \times \rho & & \Big\downarrow \rho \\ \mathcal{K} \times_{\pi^\rho} \mathcal{K} & \xrightarrow{\delta_\rho} & \mathcal{K}\,. \end{array}$$

Da δ stetig ist und ρ ein lokaler Homöomorphismus, ist auch δ_ρ stetig. Analog beweist man die Stetigkeitsaussagen für die Skalarenmultiplikation und gegebenenfalls die Algebrenmultiplikation. Trivialerweise ist ρ ein Garbenhomomorphismus. □

$\mathcal{K}$ heißt der **Quotient der Garbe $\mathcal{G}$ nach der Untergarbe $\mathcal{H}$** und wird gewöhnlich mit ${}^{\mathcal{G}}/_{\mathcal{H}}$ bezeichnet.

Wir wollen als nächstes die fundamentale Rolle der lokalen Schnitte einer Garbe herausarbeiten und zeigen, daß eine Garbe durch ihre lokalen Schnitte im wesentlichen eindeutig bestimmt ist.

Sei $\mathcal{G}$ eine Garbe über dem topologischen Raum X, $\pi : \mathcal{G} \longrightarrow X$ ihre Projektion, und für offene Teilmengen $U \subseteq X$ sei $\Gamma(\mathcal{G}, U)$ der A–Modul der stetigen Schnitte von $\mathcal{G}$ über U. Sind U und V offene Teilmengen von X, so daß $U \subseteq V$ ist, so erhalten wir einen kanonischen Homomorphismus

$$\begin{aligned} \rho_{U,V} : \Gamma(\mathcal{G}, V) &\longrightarrow \Gamma(\mathcal{G}, U) \\ s &\longmapsto {}^{s}|_{U} \end{aligned}$$

von A–Moduln, der durch die Einschränkung der Schnitte auf V zu Schnitten auf U definiert ist.

Bemerkung 3.8 *Man beachte, daß der Homomorphismus $\rho_{U,V}$ im allgemeinen nicht surjektiv ist: ein auf U definierter Schnitt kann im allgemeinen nicht zu einem auf der größeren Menge V definierten stetigen Schnitt fortgesetzt werden.*

Die für die Paare (U, V) offener Mengen $U, V \subseteq X$ mit $U \subseteq V$ definierten Homomorphismen $\rho_{U,V}$ haben offensichtlich folgende Eigenschaften:

(1) Für alle offenen $U \subseteq X$ ist $\rho_{U,U} = \mathrm{id}_{\Gamma(\mathcal{G},U)}$.

(2) Für alle offenen Mengen $U, V, W \subseteq X$ mit $U \subseteq V \subseteq W$ ist $\rho_{U,W} = \rho_{U,V} \circ \rho_{V,W}$, d.h. das Diagramm

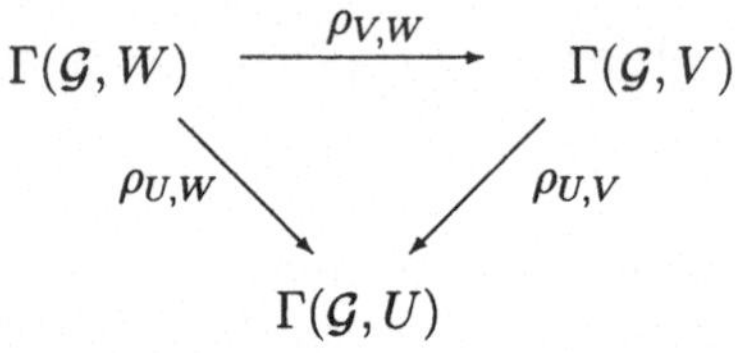

ist kommutativ.

Wir verallgemeinern diese Situation in der folgenden

Definition 3.9 *Sei X ein topologischer Raum, $\mathcal{T}_X$ die Familie der offenen, nicht–leeren Teilmengen von X, A ein Ring.*

Eine **Prägarbe** *$\mathcal{P}$ über X ist eine Familie $(\mathcal{P}_U)_{U \in \mathcal{T}_X}$ von A–Moduln $\mathcal{P}_U$ zusammen mit A–Modul–Homomorphismen $\rho_{U,V} : \mathcal{P}_V \longrightarrow \mathcal{P}_U$ für jede Inklusion $U \subseteq V$ offener Mengen, so daß die folgenden Eigenschaften erfüllt sind:*

(1) $\rho_{U,U} = \mathrm{id}_{\mathcal{P}_U}$ *für alle* $U \in \mathcal{T}_X$.

(2) *Für $U, V, W \in \mathcal{T}_X$ mit $U \subseteq V \subseteq W$ gilt*

$$\rho_{U,W} = \rho_{U,V} \circ \rho_{V,W} .$$

Wir schreiben $(\mathcal{P}_U;\ \rho_{U,V})$ für die Prägarbe $\mathcal{P}$ über X. Sind die $\mathcal{P}_U$ Gruppen, Ringe oder Algebren und die $\rho_{U,V}$ Gruppen–, Ring– bzw. Algebrenhomomorphismen, so sprechen wir von einer Prägarbe von Gruppen, Ringen bzw. Algebren.

Gelegentlich ist es nützlich, diese Definition dadurch zu erweitern, daß man der leeren Menge $\emptyset \subset X$ den Nullmodul $\mathcal{P}_\emptyset = 0$ zuordnet. Die Abbildungen $\rho_{\emptyset,U} : \mathcal{P}_u \longrightarrow \mathcal{P}_\emptyset$ sind dann die Nullabbildungen.

Das Standardbeispiel für eine Prägarbe erhält man, wenn man für X eine differenzierbare Mannigfaltigkeit nimmt und für jedes $U \in \mathcal{T}_X$ $\mathcal{P}_U := C^\infty(U)$ setzt. Für $U \subseteq V$ sei $\rho_{U,V} : C^\infty(V) \longrightarrow C^\infty(U)$ die Einschränkungsabbildung. Offensichtlich ist $\mathcal{P} := (C^\infty(U);\ \rho_{U,V})$ eine Prägarbe.

Erinnern wir uns an die Strukturgarbe $\mathcal{C}^\infty_M$ einer differenzierbaren Mannigfaltigkeit M.

Sei $\Gamma(\mathcal{C}^\infty_M, U)$ der Raum der Schnitte von $\mathcal{C}^\infty_M$ über der offenen Menge U.

Jeden solchen Schnitt s können wir als beliebig oft differenzierbare Funktion auf U auffassen: $s(x)$ ist Keim im Punkt x einer auf einer offenen Umgebung V von x beliebig oft differenzierbaren reellen Funktion f, d.h. $s(x) = [f]_x$. Jedem Keim $[f]_x$ kann man im Punkt x in wohldefinierter Weise den Wert $f(x)$ zuordnen. Somit definiert s durch

$$\widehat{s}(x) := [f]_x(x) = f(x)$$

eine Funktion $\widehat{s}$ auf U. $\widehat{s}$ ist beliebig oft differenzierbar auf U, weil $\widehat{s}$ lokal mit C^∞–Funktionen übereinstimmt. Umgekehrt liefert natürlich jedes $f \in C^\infty(U)$ einen Schnitt s_f von $\mathcal{C}^\infty_M$ über U:

$$s_f(x) := [f]_x\,.$$

Wir erhalten somit in kanonischer Weise eine Isomorphie

$$\Gamma(\mathcal{C}^\infty_M, U) \simeq C^\infty(U)\,.$$

Ferner sieht man sofort, daß für offene Mengen $U, V \subseteq M$ mit $U \subseteq V$ und für jeden Schnitt $s \in \Gamma(\mathcal{C}^\infty_M, V)$

$$\widehat{s}|_U = \widehat{s|_U}$$

gilt. Dies zeigt, daß die Prägarben $(\Gamma(\mathcal{C}^\infty_M, U); \rho_{U,V})$ und $(C^\infty(U); \rho_{U,V})$ im Sinne des folgenden Homomorphiebegriffs isomorph sind:

Definition 3.10 *Sei X ein topologischer Raum, und es seien $\mathcal{P} = (\mathcal{P}_U; \rho_{U,V})$ und $\mathcal{P}' = (\mathcal{P}'_U; \rho'_{U,V})$ Prägarben über X. Ein Prägarbenhomomorphismus $\mathcal{P} \longrightarrow \mathcal{P}'$ ist eine Familie von Homomorphismen*

$$\varphi_U : \mathcal{P}_U \longrightarrow \mathcal{P}'_U \qquad (U \in \mathcal{T}_X)\,,$$

so daß für alle $U, V \in \mathcal{T}_X$ *mit* $U \subseteq V$ *das Diagramm*

$$\begin{array}{ccc} \mathcal{P}_V & \xrightarrow{\rho_{U,V}} & \mathcal{P}_U \\ \Big\downarrow \varphi_V & & \Big\downarrow \varphi_U \\ \mathcal{P}'_V & \xrightarrow{\rho'_{U,V}} & \mathcal{P}'_U \end{array}$$

kommutativ ist.

Wir haben gesehen, wie man (über die Schnitte) einer Garbe $\mathcal{G}$ über X eine Prägarbe $\mathbf{P}(\mathcal{G})$ über X zuordnen kann:

$$\begin{aligned} \mathbf{P}(\mathcal{G})_U &= \Gamma(\mathcal{G}, U) \qquad (U \in \mathcal{T}_X)\,, \\ \rho_{U,V}(s) &= s|_U \qquad (s \in \Gamma(\mathcal{G}, V),\ V \subseteq U)\,. \end{aligned}$$

Wir werden nun eine Konstruktion beschreiben, die einer Prägarbe $\mathcal{P}$ über X eine Garbe $\mathbf{G}(\mathcal{P})$ über X zuordnet, so daß für jede Garbe $\mathcal{G}$ über X die Garbe $\mathbf{G}(\mathbf{P}(\mathcal{G}))$ kanonisch isomorph zu $\mathcal{G}$ ist. Dies präzisiert unsere frühere Bemerkung, daß eine Garbe durch ihre lokalen Schnitte bereits eindeutig bestimmt ist. Die zu einer beliebigen Prägarbe $\mathcal{P}$ über X gebildete Prägarbe $\mathbf{P}(\mathbf{G}(\mathcal{P}))$ ist im allgemeinen allerdings nicht isomorph zu $\mathcal{P}$. Isomorphie besteht nur dann, wenn die Prägarbe $\mathcal{P}$ gewisse zusätzliche Forderungen erfüllt.

Die nun folgende Konstruktion der Garbe $\mathbf{G}(\mathcal{P})$ ist eine Verallgemeinerung unserer Konstruktion der Strukturgarbe einer differenzierbaren Mannigfaltigkeit.

Sei also $\mathcal{P} = (\mathcal{P}_U; \rho_{U,V})$ eine Prägarbe über X. Für $x \in X$ sei $\mathcal{P}_x^*$ die **disjunkte** Vereinigung der A–Moduln $\mathcal{P}_U$, für die $x \in U$ ist:

$$\mathcal{P}_x^* = \coprod_{U \ni x} \mathcal{P}_U \ .$$

Wir führen nun, in Analogie zur Keimbildung bei Funktionen, eine Äquivalenzrelation auf $\mathcal{P}_x^*$ ein: Seien U, V offene Umgebungen von x, $f \in \mathcal{P}_U$, $g \in \mathcal{P}_V$.

f heißt **äquivalent** zu g, in Zeichen $f \sim_x g$, wenn es eine offene Umgebung $W \subseteq U \cap V$ von x gibt, so daß

$$\rho_{W,U}(f) = \rho_{W,V}(g)$$

ist. Offensichtlich ist $\sim_x$ eine Äquivalenzrelation auf $\mathcal{P}_x^*$. Sei $\mathcal{P}_x$ die Menge der Äquivalenzklassen von $\mathcal{P}_x^*$ und $\rho_{x,U} : \mathcal{P}_U \longrightarrow \mathcal{P}_x$ die kanonische Projektion, die jedem $f \in \mathcal{P}_U$ seine Äquivalenzklasse zuordnet. $\mathcal{P}_x$ ist in naheliegender Weise ein A–Modul: Es seien $s, t \in \mathcal{P}_x$, $f \in \mathcal{P}_U$, $g \in \mathcal{P}_V$ Repräsentanten von s bzw. von t, und es sei W irgendeine offene Umgebung von x, die in $U \cap V$ liegt. Dann sei

$$s + t := \rho_{x,W}(\rho_{W,U}(f) + \rho_{W,V}(g)) ,$$

und für $a \in A$ sei

$$as := \rho_{x,U}(af) .$$

(Ist $\mathcal{P}$ eine Prägarbe von Ringen, so definieren wir das Produkt von s und t durch

$$s \cdot t := \rho_{x,W}(\rho_{W,U}(f) \cdot \rho_{W,V}(g)) .)$$

Natürlich ist hier nachzuprüfen, daß diese arithmetischen Operationen wohldefiniert, d.h. unabhängig von der Wahl der Repräsentanten sind. Wir führen dies exemplarisch für die Addition durch. Es seien $f' \in \mathcal{P}_{U'}$, $g' \in \mathcal{P}_{V'}$, so daß $f \sim_x f'$, $g \sim_x g'$ ist. Es gibt also offene Umgebungen $W_f \subseteq U \cap U'$, $W_g \subseteq V \cap V'$ von x, so daß

$$\rho_{W_f,U}(f) = \rho_{W_f,U'}(f), \ \rho_{W_g,V}(g) = \rho_{W_g,V'}(g') \qquad \text{ist} .$$

Dann ist für jede offene Umgebung $W \subseteq W_f \cap W_g$ von x

$$\rho_{W,U}(f) = \rho_{W,W_f}\rho_{W_f,U}(f) = \rho_{W,W_f}\rho_{W_f,U'}(f') = \rho_{W,U'}(f')$$

und ebenso

$$\rho_{W,V}(g) = \rho_{W,V'}(g') .$$

Also ist

$$\rho_{W,U}(f) + \rho_{W,V}(g) = \rho_{W,U'}(f') + \rho_{W,V'}(g')$$

und damit

$$\rho_{x,W}\left(\rho_{W,U}(f) + \rho_{W,V}(g)\right) = \rho_{x,W}\left(\rho_{W,U'}(f') + \rho_{W,V'}(g')\right) .$$

Die Addition ist also wohldefiniert.

Es sei nun

$$\mathbf{G}(\mathcal{P}) := \bigcup_{x\in X} \mathcal{P}_x$$

und $\pi : \mathbf{G}(\mathcal{P}) \longrightarrow X$ die kanonische Projektion auf den Fußpunkt: $\pi(\mathcal{P}_x) = \{x\}$.

Die Topologie auf $\mathbf{G}(\mathcal{P})$ wird in Analogie zur Strukturgarbe einer differenzierbaren Mannigfaltigkeit erklärt. Für $f \in \mathcal{P}_U$ sei

$$\mathcal{O}_f := \{\rho_{x,U}(f) \,|\, x \in U\}\,.$$

Die Mengen $\mathcal{O}_f$ $(f \in \mathcal{P}_U,\ U \in \mathcal{T}_X)$ bilden die Basis einer Topologie auf $\mathbf{G}(\mathcal{P})$. Der Beweis verläuft völlig analog zum Fall der Strukturgarbe einer differenzierbaren Mannigfaltigkeit; wir verzichten deshalb auf die Einzelheiten. Die Projektion π ist ein lokaler Homöomorphismus, weil π auf jedem $\mathcal{O}_f$ ein Homöomorphismus ist. Es bleibt, die Stetigkeit der arithmetischen Operationen nachzuweisen. Auch dabei ist die Situation ganz analog zum Strukturgarbenfall:

(1) Multiplikation mit $a \in A$. Sei $s \in \mathbf{G}(\mathcal{P})$, $(f \in \mathcal{P}_U,\ x = \pi(s) \in U)$. $\mathcal{O}_{af}$ ist eine offene Umgebung von as. Sei $V \subseteq \pi(\mathcal{O}_{af} \cap \mathcal{P})$ eine offene Umgebung von x. $\mathcal{O}_{\rho_{V,U}(f)}$ ist dann eine offene Umgebung von s, die durch Multiplikation mit a in die offene Umgebung $\mathcal{O}_{\rho_{V,U}(af)} \subseteq \mathbf{G}(\mathcal{P})$ von as abgebildet wird. Die Abbildung $s \longmapsto as$ ist also stetig.

(2) Die Abbildung $\mathbf{G}(\mathcal{P}) \times_\pi \mathbf{G}(\mathcal{P}) \longrightarrow \mathbf{G}(\mathcal{P})$, $(s_1, s_2) \longmapsto s_1 - s_2$, ist stetig. Sei $\mathcal{O}_f$ eine offene Umgebung von $s_1 - s_2$, $s_1 - s_2 = \rho_{x,U}(f)$, $s_1 = \rho_{x,V}(g)$, $s_2 = \rho_{x,W}(h)$. Q sei eine offene Umgebung von x, die in $U \cap V \cap W$ enthalten ist, so daß

$$\rho_{Q,U} f = \rho_{Q,V}(g) - \rho_{Q,W}(h)$$

ist. Dann wird

$$\left(\mathcal{O}_{\rho_{Q,V}(g)} \times \mathcal{O}_{\rho_{Q,W}(h)}\right) \cap (\mathbf{G}(\mathcal{P}) \times_\pi \mathbf{G}(\mathcal{P}))$$

durch $(s,t) \longmapsto s - t$ in die offene Umgebung $\mathcal{O}_f$ von $s_1 - s_2$ abgebildet, denn

$$\begin{aligned}(\rho_{y,Q}\rho_{Q,V}(g),\ \rho_{y,Q}\rho_{Q,W}(h)) &\longmapsto \rho_{y,Q}\,(\rho_{Q,V}(g) - \rho_{Q,W}(h)) \\ &= \rho_{y,Q}\rho_{Q,U}(f) = \rho_{y,U}(f) \in \mathcal{O}_f\ .\end{aligned}$$

(Analog beweist man gegebenenfalls die Stetigkeit der Multiplikation.)

Insgesamt haben wir gezeigt, daß $\mathbf{G}(\mathcal{P})$ eine Garbe über X mit Projektion π ist. $\mathbf{G}(\mathcal{P})$ heißt die zur Prägarbe $\mathcal{P}$ **assoziierte Garbe** oder auch der zu $\mathcal{P}$ gehörige **etale Raum** (**éspace étalé**).

Satz 3.11 *Für jede Garbe $\mathcal{G}$ über X ist*

$$\mathbf{G}(\mathbf{P}(\mathcal{G})) \simeq \mathcal{G} .$$

Beweis . Nach Definition ist für offenes $U \subseteq X$

$$\mathbf{P}(\mathcal{G})_U = \Gamma(\mathcal{G}, U) .$$

Die Elemente von $\mathbf{G}(\mathbf{P}(\mathcal{G}))$ sind somit Keime lokaler Schnitte von $\mathcal{G}$. Sei ξ der Keim im Punkt $x \in X$ des Schnittes $s \in \Gamma(\mathcal{G}, U)$: $\xi = \rho_{x,U}(s)$. Dann ist die Zuordnung

$$\xi \longmapsto s(x)$$

wohldefiniert, also eine Abbildung

$$\mathbf{G}(\mathbf{P}(\mathcal{G})) \xrightarrow{\gamma} \mathcal{G} .$$

γ ist ein Garbenisomorphismus: Zunächst gilt nach Definition von γ, daß $\pi \circ \gamma = \pi'$ ist, wobei π die Projektion von $\mathcal{G}$, π' die Projektion von $\mathbf{G}(\mathbf{P}(\mathcal{G}))$ bezeichnet. Die bereits früher bewiesene Eigenschaft, daß zwei Schnitte, die in einem Punkt übereinstimmen, in einer ganzen Umgebung dieses Punktes übereinstimmen, liefert die Injektivität von γ.

Die Surjektivität von γ ist trivial, da jeder Punkt von $\mathcal{G}$ im Bild eines lokalen Schnitts von $\mathcal{G}$ liegt. Es bleibt, die Stetigkeit von γ nachzuweisen. Sei $p \in \mathcal{G}$, $V \subseteq \mathcal{G}$ eine offene Umgebung von p, die Bild eines lokalen Schnitts $s \in \Gamma(\mathcal{G}, U)$ ist: $V = s(U)$. s ist dann ein Homöomorphismus von U auf V mit der Inversen $\pi|_V$. Nach Konstruktion von γ ist das Urbild $\gamma^{-1}(V)$ die Menge $\{\rho_{x,U}(s) \mid x \in U\}$. Diese ist aber nach Definition der Topologie von $\mathbf{G}(\mathbf{P}(\mathcal{G}))$ offen. Also ist γ stetig. Da γ als bijektiver lokaler Homöomorphismus ein Homöomorphismus ist, ist γ ein Garbenisomorphismus. □

Ähnlich einfache Verhältnisse liegen beim Vergleich einer Prägarbe $\mathcal{P}$ und der Prägarbe der Schnitte der zu $\mathcal{P}$ assoziierten Garbe allerdings nicht vor. Beachten wir nämlich, daß die Prägarbe der Schnitte einer Garbe $\mathcal{G}$ aus lokal definierten Abbildungen $X \longrightarrow \mathcal{G}$ besteht. Eine Familie von lokal definierten stetigen Abbildungen, die auf überlappenden Definitionsbereichen übereinstimmen, läßt sich zu einer global definierten stetigen Abbildung „zusammenkleben“. Genauer gilt, daß $\mathbf{P}(\mathcal{G})$ vollständig ist im Sinne der folgenden

Definition 3.12 *Eine Prägarbe* $\mathcal{P} = (\mathcal{P}_U; \rho_{U,V})$ *über* X *heißt* **vollständig,** *wenn für jedes* $U \in \mathcal{T}_X$ *und jede Darstellung von* U *als Vereinigung offener Menge* $U_\alpha \in \mathcal{T}_X$, $U = \bigcup_{\alpha \in \mathcal{A}} U_\alpha$, *die beiden folgenden Bedingungen erfüllt sind:*

(V_1) *Es seien* $f, g \in \mathcal{P}_U$, *so daß für alle* $\alpha \in \mathcal{A}$ $\rho_{U_\alpha,U}(f) = \rho_{U_\alpha,U}(g)$ *ist. Dann ist* $f = g$.

(V_2) *Ist für jedes* $\alpha \in \mathcal{A}$ $f_\alpha \in \mathcal{P}_{U_\alpha}$ *gegeben, so daß für alle* $\alpha, \beta \in \mathcal{A}$ *mit* $U_\alpha \cap U_\beta \neq \emptyset$

$$\rho_{U_\alpha \cap U_\beta, U_\alpha}(f_\alpha) = \rho_{U_\alpha \cap U_\beta, U_\beta}(f_\beta)$$

ist, so existiert ein $f \in \mathcal{P}_U$ *mit* $f_\alpha = \rho_{U_\alpha,U}(f)$ *für alle* $\alpha \in \mathcal{A}$. *(Dieses* f *ist nach* (V_1) *eindeutig bestimmt.)*

In der Regel haben Prägarben $\mathcal{P}$, für die die $\mathcal{P}_U$ aus gewissen Abbildungen in einen topologischen Raum Y bestehen, diese beiden Eigenschaften. Das folgende (zugegebenermaßen etwas künstliche) Beispiel zeigt, daß nicht alle Prägarben vollständig sind. Sei $\mathcal{P} = (\mathcal{P}_U; \rho_{U,V})$ die Prägarbe, für die $\mathcal{P}_U = A$ für jedes $U \in \mathcal{T}_X$ und $\rho_{U,V}$ die Nullabbildung ist. Offensichtlich ist diese Prägarbe nicht vollständig. Man sieht ferner leicht, daß die zu $\mathcal{P}$ assoziierte Garbe $\mathbf{G}(\mathcal{P})$ nur den Nullschnitt besitzt. Also ist $\mathbf{P}(\mathbf{G}(\mathcal{P}))$ die Prägarbe, für die $\mathbf{P}(\mathbf{G}(\mathcal{P}))_U = 0$ ist für alle $U \in \mathcal{T}_X$. Wir haben damit ein Beispiel, für das

$$\mathbf{P}(\mathbf{G}(\mathcal{P})) \not\cong \mathcal{P}$$

ist. Ist aber $\mathcal{P}$ eine vollständige Prägarbe, so besteht eine kanonische Isomorphie zwischen $\mathcal{P}$ und $\mathbf{P}(\mathbf{G}(\mathcal{P}))$:

Satz 3.13 *Ist* $\mathcal{P}$ *eine vollständige Prägarbe über* X, *so ist die Prägarbe* $\mathbf{P}(\mathbf{G}(\mathcal{P}))$ *kanonisch isomorph zu* $\mathcal{P}$.

Beweis . Sei $\mathcal{P} = (\mathcal{P}_U; \rho_{U,V})$. Der naheliegendste Kandidat für die behauptete Isomorphie ist der durch

$$\mathcal{P}_U \xrightarrow{\gamma_U} \Gamma(\mathbf{G}(\mathcal{P}), U)\ , \quad f \longmapsto (x \longmapsto \rho_{x,U}(f)) \qquad (U \in \mathcal{T}_X)\ ,$$

definierte Prägarbenhomomorphismus. Wir werden sehen, daß die Injektivität von $\gamma = (\gamma_U)_{U \in \mathcal{T}_X}$ eine Folge der Vollständigkeitseigenschaft (V_1), die Surjektivität von γ im wesentlichen eine Folge von (V_2) ist.

Angenommen, $f \in \mathcal{P}_U$ wird von γ_U in den Nullschnitt abgebildet, d.h. $\rho_{x,U}(f) = 0$ für alle $x \in U$. Zu jedem $x \in U$ gibt es also eine offene Umgebung $U_x \subseteq U$ von x, so daß $\rho_{U_x,U}(f) = 0$ ist. Auf diese Weise erhält man eine offene Überdeckung $(U_\alpha)_{\alpha \in \mathcal{A}}$ durch offene Mengen $U_\alpha \subseteq U$, so daß für alle $\alpha \in \mathcal{A}$

$$\rho_{U_\alpha,U}(f) = \rho_{U\alpha,U}(0)$$

ist. Daraus folgt mit (V_1), daß $f = 0$ ist.

γ ist also ein injektiver Prägarbenhomomorphismus. Zur Surjektivität von γ: Sei $s \in \Gamma(\mathbf{G}(\mathcal{P}), U)$. Dann gibt es zu jedem $x \in U$ eine offene Umgebung U_x und ein $f_x \in \mathcal{P}_{U_x}$, so daß für alle $y \in U_x$

$$\rho_{y,U_x}(f_x) = s(y) \tag{3.1}$$

ist. (s ist lokal die Umkehrung einer Einschränkung der Projektion π der assoziierten Garbe $\mathbf{G}(\mathcal{P})$.)

Für alle $y, z \in U$ mit $U_y \cap U_z \neq \emptyset$ gilt dann

$$\rho_{U_y \cap U_z, U_y}(f_y) = \rho_{U_y \cap U_z, U_z}(f_z) , \tag{3.2}$$

denn wegen (3.1) gilt für $x \in U_y \cap U_z$ $\rho_{x,U_y}(f_y) = s(x) = \rho_{x,U_z}(f_z)$, also gibt es eine offene Umgebung $W \subseteq U_y \cap U_z$ von x mit

$$\rho_{W,U_y \cap U_z}\rho_{U_y \cap U_z, U_y}(f_y) = \rho_{W,U_y \cap U_z}\rho_{U_y \cap U_z, U_z}(f_z) \,.$$

Somit folgt (3.2) aus (V_1). Aus (3.2) folgt mit der Vollständigkeitsvoraussetzung (V_2), daß ein $f \in \mathcal{P}_U$ existiert, so daß für alle $x \in U$

$$f_x = \rho_{U_x,U}(f)$$

ist. Also ist für alle $x \in U$

$$s(x) = \rho_{x,U_x}(f_x) = \rho_{x,U_x}\rho_{U_x,U}(f) = \rho_{x,U}(f) \,.$$

Damit ist die Surjektivität von γ_U bewiesen. □

Wir werden die Begriffe „Garbe“ und „vollständige Prägarbe“ im wesentlichen synonym benutzen, so wie es die Bequemlichkeit oder die Durchsichtigkeit der jeweiligen Argumentation nahelegen.

Man kann den Halm im Punkt $x \in X$ einer Prägarbe $\mathcal{P}$ über X auch direkt definieren, ohne zur assoziierten Garbe überzugehen. Dazu brauchen wir den Begriff des *induktiven Limes* eines Mengensystems. Im Grunde genommen haben wir induktive Limites bereits bei der Konstruktion der zu $\mathcal{P}$ assoziierten Garbe benutzt, so daß wir uns an dieser Stelle etwas kürzer fassen können.

Eine nicht-leere Menge A heißt *nach unten filtriert*, wenn auf A eine Halbordnung $\leq$ definiert ist, die folgende Eigenschaft besitzt:

Für alle $\alpha, \beta \in A$ *gibt es ein* $\gamma \in A$, *so daß* $\gamma \leq \alpha$ *und* $\gamma \leq \beta$ *ist.*

Ein für uns typisches Beispiel ist die Menge der offenen Umgebungen eines gegebenen Punktes x aus dem topologischen Raum X. Hier ist die Halbordnung durch die Mengeninklusion gegeben.

Sei A eine nach unten filtrierte Menge und $A_{\leq}$ die Menge aller $(\alpha, \beta) \in A \times A$ mit $\alpha \leq \beta$. $(P_\alpha)_{\alpha \in A}$ sei eine Familie von Mengen, und für alle $(\alpha, \beta) \in A_{\leq}$ seien Abbildungen

$$\rho_{\alpha,\beta} : P_\beta \longrightarrow P_\alpha$$

gegeben, die folgende Verträglichkeitsbedingungen erfüllen:

(a) Für alle $\alpha \in A$ ist $\rho_{\alpha,\alpha} = \mathrm{id}_{P_\alpha}$.

(b) Sind $(\alpha, \beta), (\beta, \gamma) \in A_{\leq}$, so ist

$$\rho_{\alpha,\gamma} = \rho_{\alpha,\beta} \circ \rho_{\beta,\gamma} .$$

Die Familie $(P_\alpha)_{\alpha \in A}$ zusammen mit der Familie $(\rho_{\alpha,\beta})_{(\alpha,\beta) \in A_{\leq}}$ nennt man ein **induktives Spektrum** (oder auch ein **direktes System**) **von Mengen**:

$$\mathcal{S} = \left((P_\alpha)_{\alpha \in A}, (\rho_{\alpha,\beta})_{(\alpha,\beta) \in A_{\leq}} \right) .$$

Sind die P_α Gruppen, Ringe, Moduln bzw. Algebren und sind die $\rho_{\alpha,\beta}$ Homomorphismen solcher Strukturen, so spricht man von einem induktiven Spektrum von Gruppen, Ringen, Moduln bzw. Algebren.

Sei $\mathcal{P} = (\mathcal{P}_U; \rho_{U,V})$ eine Prägarbe über X, $x \in X$ und $\mathcal{U}(x)$ die Menge aller offenen Umgebungen von x. Dann ist

$$\mathcal{S}_x := \left((\mathcal{P}_U)_{U \in \mathcal{U}(x)}, (\rho_{U,V})_{(U,V) \in \mathcal{U}(x)_{\leq}} \right)$$

ein induktives Spektrum.

Wir wollen einem induktiven Spektrum einen *Limes* zuordnen. Dieser Limes ist die Lösung eines universellen Problems und damit bis auf Isomorphie eindeutig bestimmt.

Sei $\mathcal{S}$ ein induktives Spektrum von Mengen. Eine Familie $(\sigma_\alpha)_{\alpha\in A}$ von Abbildungen $\sigma_\alpha : P_\alpha \to P$ heißt mit $\mathcal{S}$ **verträglich**, wenn für alle $(\alpha, \beta) \in A_\leq$ das Diagramm

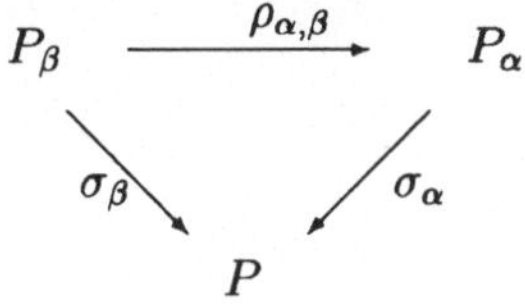

kommutativ ist.

Definition 3.14 *Ein* **induktiver Limes** *des Spektrums*

$$\mathcal{S} = \left((P_\alpha)_{\alpha\in A}, (\rho_{\alpha,\beta})_{(\alpha,\beta)\in A_\leq}\right)$$

ist eine Menge P zusammen mit einer mit $\mathcal{S}$ verträglichen Familie $(\sigma_\alpha)_{\alpha\in A}$ von Abbildungen

$$\sigma_\alpha : P_\alpha \longrightarrow P \ ,$$

so daß folgende universelle Eigenschaft erfüllt ist:

Ist $(\tau_\alpha)_{\alpha\in A}$ eine mit $\mathcal{S}$ verträgliche Familie von Abbildungen $\tau_\alpha : P_\alpha \to Q$, so gibt es genau eine Abbildung $f : P \to Q$, so daß für alle $\alpha \in A$ das Diagramm

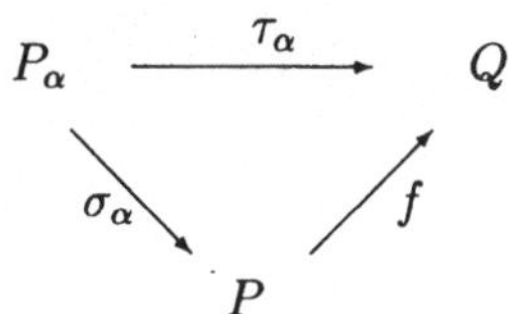

kommutativ ist.

Wir sprechen von einem induktiven Limes von Gruppen, Ringen, Moduln etc., wenn $\mathcal{S}$ *ein induktives Spektrum solcher Objekte ist und die auftretenden Abbildungen* $\sigma_\alpha, \tau_\alpha, f$ *Homomorphismen zwischen diesen Objekten sind.*

Auf Grund der universellen Eigenschaft ist es klar, daß je zwei induktive Limites eines induktiven Spektrums in natürlicher Weise isomorph sind.

Wir zeigen als nächstes, daß jedes induktive Spektrum von Mengen einen induktiven Limes besitzt. Dazu bilden wir aus den Mengen P_α von $\mathcal{S}$ die disjunkte Vereinigung

$$\widetilde{P} := \coprod_{\alpha \in A} P_\alpha .$$

Auf $\widetilde{P}$ definieren wir eine Äquivalenzrelation $\sim$ durch

$$p_\alpha \sim p_\beta \; :\Longleftrightarrow \; \underset{\gamma \leq \alpha, \beta}{\exists} \; \rho_{\gamma,\alpha}(p_\alpha) = \rho_{\gamma,\beta}(p_\beta) .$$

Die Eigenschaften einer Äquivalenzrelation sind einfach nachzuprüfen. Sei

$$P := \widetilde{P}/_\sim ,$$

und für jedes $\alpha \in A$ sei $\sigma_\alpha : P_\alpha \to P$ die Zusammensetzung der kanonischen Abbildungen

$$P_\alpha \hookrightarrow \widetilde{P} \longrightarrow \widetilde{P}/_\sim = P .$$

Es bleibt zu zeigen, daß $(P, (\sigma_\alpha)_{\alpha \in A})$ mit dem induktiven Spektrum verträglich ist und die definierende universelle Eigenschaft eines induktiven Limes erfüllt.

Die Kommutativität des Diagramms

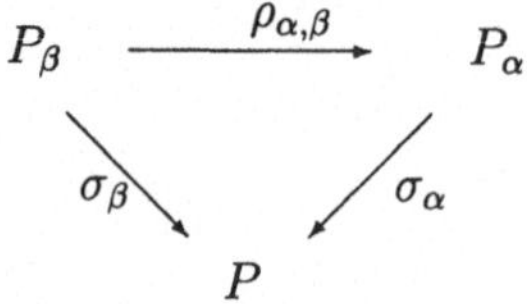

ist nach Definition von P und der Abbildungen $\sigma_\alpha, \sigma_\beta$ gleichwertig zu der

Aussage, daß für alle $p_\beta \in P_\beta$ und alle $\alpha \le \beta$ die Elemente p_β und $\rho_{\alpha,\beta}(p_\beta)$ äquivalent sind. Dies ist aber wegen $\rho_{\alpha,\alpha} = \mathrm{id}_{P_\alpha}$ und damit

$$\rho_{\alpha,\beta}(p_\beta) = \rho_{\alpha,\alpha}(\rho_{\alpha,\beta}(p_\beta))$$

offensichtlich. Sei nun $(\tau_\alpha)_{\alpha\in A}$ eine weitere mit dem induktiven Spektrum $\mathcal{S}$ verträgliche Familie von Abbildungen $\tau_\alpha : P_\alpha \to Q$. Für den Nachweis der universellen Eigenschaft von $(P, (\sigma_\alpha)_{\alpha\in A})$ definieren wir zunächst eine Abbildung

$$\tilde{f} : \tilde{P} \longrightarrow Q$$

durch

$$\tilde{f}(p_\alpha) := \tau_\alpha(p_\alpha) \qquad (\alpha \in A)\ .$$

$\tilde{f}$ ist wohldefiniert, weil $\tilde{P}$ die disjunkte Vereinigung der P_α ist. Seien nun $p_\alpha \in P_\alpha$, $p_\beta \in P_\beta$ zwei äquivalente Elemente aus $\tilde{P}$. Es gibt also ein $\gamma \le \alpha, \beta$, so daß

$$\rho_{\gamma,\alpha}(p_\alpha) = \rho_{\gamma,\beta}(p_\beta)$$

gilt. Da $(\tau_\alpha)_{\alpha\in A}$ eine mit $\mathcal{S}$ verträgliche Familie ist, gilt

$$\tau_\alpha(p_\alpha) = \tau_\gamma(\rho_{\gamma,\alpha}(p_\alpha)) = \tau_\gamma(\rho_{\gamma,\beta}(p_\beta)) = \tau_\beta(p_\beta)\ .$$

Es gilt also $\tilde{f}(p_\alpha) = \tilde{f}(p_\beta)$, falls $p_\alpha \sim p_\beta$ ist. $\tilde{f}$ induziert somit genau eine Abbildung

$$f : P \longrightarrow Q\ ,$$

für die jedes der Diagramme

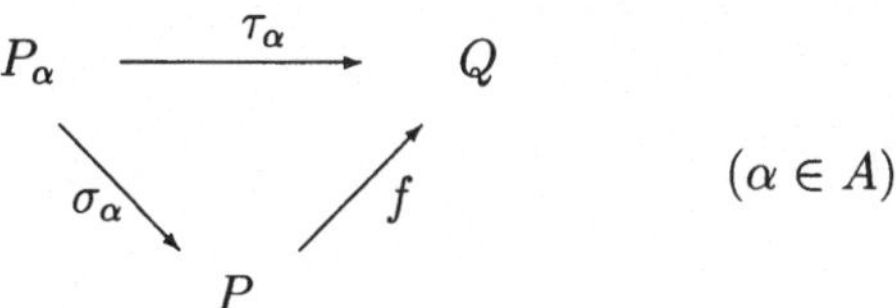

$(\alpha \in A)$

kommutativ ist. Damit haben wir gezeigt, daß jedes induktive Spektrum von Mengen einen induktiven Limes besitzt.

Der induktive Limes des Spektrums $\mathcal{S}$ wird mit $\varinjlim \mathcal{S}$ oder auch mit $\varinjlim_{\alpha\in A} P_\alpha$ bezeichnet.

Von den induktiven Limites der Spektren mit algebraischer Struktur erörtern wir exemplarisch den induktiven Limes eines induktiven Spektrums von Algebren.

Sei $\mathcal{S} = \left((\mathcal{A}_\alpha)_{\alpha\in A}, (\rho_{\alpha,\beta})_{(\alpha,\beta)\in A_\leq}\right)$ ein induktives Spektrum von Algebren $\mathcal{A}_\alpha$ über einem Körper K. Wir wollen zeigen, daß der (mengentheoretische) induktive Limes von $\mathcal{S}$ in natürlicher Weise eine K–Algebra ist. Die Definition der algebraischen Strukturen auf den Halmen der zu einer Prägarbe assoziierten Garbe zeigt uns, wie dies zu tun ist:

Sei $\mathcal{A} := \varinjlim \mathcal{S}$, $x, y \in \mathcal{A}$, $p_\alpha \in \mathcal{A}_\alpha$, $p_\beta \in \mathcal{A}_\beta$ seien Repräsentanten von x bzw. y, und es sei $\gamma \in A$ mit $\gamma \leq \alpha, \beta$. Dann definiert man

$$\begin{aligned} x+y &:= \sigma_\gamma\left(\rho_{\gamma,\alpha}(p_\alpha) + \rho_{\gamma,\beta}(p_\beta)\right) , \\ xy &:= \sigma_\gamma\left(\rho_{\gamma,\alpha}(p_\alpha) \cdot \rho_{\gamma,\beta}(p_\beta)\right) , \\ ax &:= \sigma_\alpha(ap_\alpha) \qquad (a \in K) . \end{aligned}$$

Es ist nun nachzuprüfen, daß die so definierten Operationen nicht von der Auswahl der Repräsentanten sowie der Wahl von $\gamma \leq \alpha, \beta$ abhängen, die Rechengesetze einer Algebra erfüllen und schließlich, daß die in der Definition des induktiven Limes auftretenden Abbildungen σ_α und f Homomorphismen von Algebren sind. Der Nachweis dieser Eigenschaften ist elementar und kann ganz analog zu den Überlegungen geführt werden, die wir bei der Konstruktion der zu einer Prägarbe assoziierten Garbe angestellt haben. Wir verzichten deshalb auf die Einzelheiten.

Sei $\mathcal{P} = (\mathcal{P}_U; \rho_{U,V})$ eine Prägarbe über dem topologischen Raum X. Wie wir bereits bemerkt haben, ist

$$\mathcal{S}_x := \left((\mathcal{P}_U)_{U\in\mathcal{U}(x)}, (\rho_{U,V})_{(U,V)\in\mathcal{U}(x)_\leq}\right)$$

ein induktives Spektrum.

$$\mathcal{P}_x := \varinjlim \mathcal{S}_x$$

heißt der **Halm der Prägarbe** $\mathcal{P}$ **im Punkt** $x \in X$. Nach Konstruktion ist klar, daß $\mathcal{P}_x$ der Halm der zu $\mathcal{P}$ assoziierten Garbe $\mathbf{G}(\mathcal{P})$ im Punkt x ist.

Wir wollen im folgenden einige bereits eingeführte Begriffe der Garbentheorie auf Prägarben übertragen.

Definition 3.15 *Sei* $\mathcal{P} = (\mathcal{P}_U; \rho_{U,V})$ *eine Prägarbe über dem topologischen Raum* X. *Für jedes* $U \in \mathcal{T}_X$ *sei* $\mathcal{P}'_U$ *ein Unterobjekt von* $\mathcal{P}_U$ *(also eine Untergruppe im Fall einer Prägarbe von Gruppen, ein Untermodul im Fall einer Prägarbe von Moduln etc.).* $\rho'_{U,V}$ *sei die Einschränkung von* $\rho_{U,V}$ *auf* $\mathcal{P}'_V$. $\mathcal{P}' := (\mathcal{P}'_U; \rho'_{U,V})$ *heißt eine* **Unter–Prägarbe von** $\mathcal{P}$, *falls für alle* $(U,V) \in \mathcal{T}_{X,\leq}$ *das Diagramm*

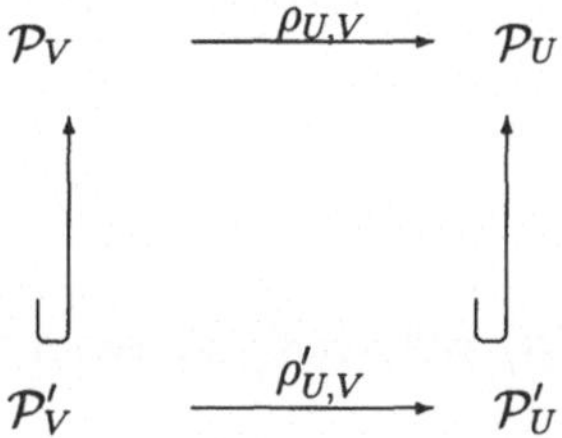

kommutativ ist. Dabei bezeichnet $\mathcal{P}'_U \hookrightarrow \mathcal{P}_U$ *die kanonische Inklusion von* $\mathcal{P}'_U$ *in* $\mathcal{P}_U$. $\mathcal{P}'$ *ist also genau dann eine Unter–Prägarbe von* $\mathcal{P}$, *wenn für alle* $(U,V) \in \mathcal{T}_{X,\leq}$

$$\rho_{U,V}(\mathcal{P}'_V) \subseteq \mathcal{P}'_U$$

gilt.

Es seien $\mathcal{G}$ und $\mathcal{H}$ Garben über X,

$$\varphi : \mathcal{G} \longrightarrow \mathcal{H}$$

ein Garbenhomomorphismus. $\mathbf{P}(\mathcal{G})$, $\mathbf{P}(\mathcal{H})$ seien die zu $\mathcal{G}$ bzw. $\mathcal{H}$ gehörigen vollständigen Prägarben. Wir erinnern daran, daß $\mathbf{P}(\mathcal{G})_U$ die Menge $\Gamma(\mathcal{G}, U)$ der (stetigen) Schnitte von $\mathcal{G}$ über U ist.

φ induziert einen Homomorphismus $\varphi^{\#} : \mathbf{P}(\mathcal{G}) \longrightarrow \mathbf{P}(\mathcal{H})$ der zugehörigen vollständigen Prägarben:

$$\begin{aligned} \varphi^{\#}_U : \Gamma(\mathcal{G}, U) &\longrightarrow \Gamma(\mathcal{H}, U) \\ \sigma &\longmapsto \varphi \circ \sigma\,. \end{aligned}$$

Der Kern des Garbenhomomorphismus φ ist

$$\ker\varphi = \bigcup_{x\in X} \ker\left({}^{\varphi}|_{\mathcal{G}_x}\right) .$$

Die Einschränkungsabbildungen $\rho_{U,V}^{\mathbf{P}(\mathcal{G})}$ der Prägarbe $\mathbf{P}(\mathcal{G})$ sind die gewöhnlichen Einschränkungen der Schnitte von $\mathcal{G}$. Also ist

$$\rho_{U,V}^{\mathbf{P}(\mathcal{G})}(\ker\varphi_V^{\#}) \subseteq \ker\varphi_U^{\#}$$

für alle $(U,V) \in \mathcal{T}_{X,\leq}$, und damit ist

$$\operatorname{Ker}\varphi^{\#} := \left(\ker\varphi_U^{\#};\ \rho_{U,V}^{\mathbf{P}(\mathcal{G})}\Big|_{\ker\varphi_V^{\#}}\right)$$

eine Unter–Prägarbe von $\mathbf{P}(\mathcal{G})$. Da $\mathbf{P}(\mathcal{G})$ vollständig ist, ist auch die Prägarbe $\operatorname{Ker}\varphi^{\#}$ vollständig. Für $x \in X$ sei

$$\mathcal{K}_x := (\operatorname{Ker}\varphi^{\#})_x = \varinjlim_{U\ni x} \operatorname{Ker}\varphi_U^{\#} .$$

Wir zeigen mit Hilfe der universellen Eigenschaft des induktiven Limes, daß $\varphi^{\#}$ einen Homomorphismus

$$\varphi_x : \varinjlim_{U\ni x} \Gamma(\mathcal{G}, U) \longrightarrow \varinjlim_{U\ni x} \Gamma(\mathcal{H}, U)$$

induziert. Dazu betrachten wir allgemeiner einen Prägarbenhomomorphismus

$$\psi = (\psi_U)_{U\in\mathcal{T}_x} : \mathcal{P} \longrightarrow \mathcal{Q}$$

zwischen Prägarben $\mathcal{P} = \left(\mathcal{P}_U;\ \rho_{U,V}^{P}\right)$ und $\mathcal{Q} = \left(\mathcal{Q}_U;\ \rho_{U,V}^{Q}\right)$ über X. Für $x \in X$ sei $\mathcal{Q}_x = \left(\mathcal{Q}_x, (q_U)_{U\in\mathcal{U}(x)}\right)$ bzw. $\mathcal{P}_x = \left(\mathcal{P}_x,\ (p_U)_{U\in\mathcal{U}(x)}\right)$ der induktive Limes des Spektrums

$$\mathcal{S}_x^{\mathcal{Q}} = \left((\mathcal{Q}_U)_{U\in\mathcal{U}(x)},\ (\rho_{U,V}^{Q})_{(U,V)\in\mathcal{U}(x)_{\leq}}\right)$$

bzw.

$$\mathcal{S}_x^{\mathcal{P}} = \left((\mathcal{P}_U)_{U\in\mathcal{U}(x)},\ (\rho_{U,V}^{P})_{(U,V)\in\mathcal{U}(x)_{\leq}}\right) .$$

Die Famile $(q_U \circ \psi_U)_{U \in \mathcal{U}(x)}$ ist verträglich mit dem Spektrum $\mathcal{S}_x^{\mathcal{P}}$, denn für alle $(U, V) \in \mathcal{U}(x)_{\leq}$ gilt

$$q_U \circ \psi_U \circ \rho_{U,V}^P = q_U \circ \rho_{U,V}^Q \circ \psi_V = q_V \circ \psi_V \ .$$

Die universelle Eigenschaft des induktiven Limes liefert also einen eindeutig bestimmten Homomorphismus

$$\psi_x : \mathcal{P}_x \longrightarrow \mathcal{Q}_x \ ,$$

so daß das Diagramm

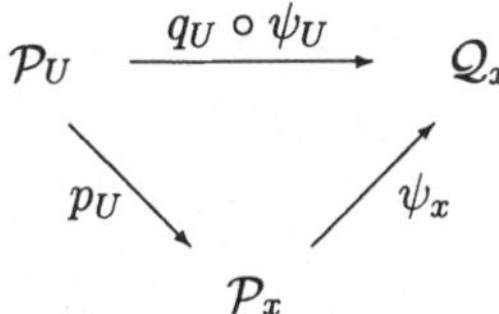

für alle $U \in \mathcal{U}(x)$ kommutativ ist.

Bemerkung 3.16

$$\mathcal{K}_x = \ker \varphi_x \qquad \textit{für alle} \quad x \in X \ .$$

Beweis . Wir können dies wieder sehr einfach für den allgemeinen Fall eines Prägarbenhomomorphismus $\psi : \mathcal{P} \longrightarrow \mathcal{Q}$ und die Unter–Prägarbe

$$\mathcal{K} := \operatorname{Ker} \psi = (\ker \psi_U;\ \rho'_{U,V})$$

beweisen.

Sei $\xi \in \mathcal{K}_x$, $f \in \ker \psi_U$ ein Repräsentant von ξ: $p_U(f) = \xi$. Dann ist

$$\psi_x(\xi) = \psi_x(p_U(f)) = q_U(\psi_U(f)) = 0 \ ,$$

d.h. $\xi \in \ker \psi_x$.

Sei umgekehrt $\xi \in \ker \psi_x$ und $\xi = p_U(g)$ für ein geeignetes Element $g \in \mathcal{P}_U$. Dann gilt wie oben

$$0 = \psi_x(\xi) = \psi_x(p_U(g)) = q_U(\psi_U(g)) \ .$$

Es gibt also eine offene Umgebung $W \subseteq U$ von x mit

$$\rho^{Q}_{W,U}(\psi_U(g)) = 0 .$$

Damit folgt

$$\psi_W\left(\rho^{P}_{W,U}(g)\right) = 0 ,$$

also

$$\rho^{P}_{W,U}(g) \in \ker \psi_W$$

und

$$p_W\left(\rho^{P}_{W,U}(g)\right) = p_U(g) = \xi .$$

Somit ist $\xi \in \mathcal{K}_x$. □

Der zur Prägarbe $\operatorname{Ker}\varphi^{\#}$ assoziierte etale Raum (d.h. die assoziierte Garbe) $\mathbf{G}(\ker\varphi^{\#})$ ist also der Kern des Garbenhomomorphismus $\varphi : \mathcal{G} \longrightarrow \mathcal{H}$ (wobei wir $\mathbf{G}(\mathbf{P}(\mathcal{G}))$ mit $\mathcal{G}$ identifiziert haben.

Das *Bild einer Prägarbe* $\mathcal{P}$ bei einem Prägarbenhomomorphismus $\varphi : \mathcal{P} \longrightarrow \mathcal{Q}$ ist in naheliegender Weise definiert: $(\varphi_U(\mathcal{P}_U))_{U\in\mathcal{T}_X}$ ist eine Familie von Unterobjekten $\varphi_U(\mathcal{P}_U) \subseteq \mathcal{Q}_U$, die zusammen mit den Einschränkungen

$$\rho^{\varphi}_{U,V} := \rho^{Q}_{U,V}\Big|_{\varphi_V(\mathcal{P}_V)}$$

eine Prägarbe

$$\varphi(\mathcal{P}) := \left(\varphi_U(\mathcal{P}_U);\ \rho^{\varphi}_{U,V}\right)$$

über X bilden. Dazu ist nur zu zeigen, daß für alle $(U,V) \in \mathcal{T}_{X,\leq}$

$$\rho^{Q}_{U,V}(\varphi_V(\mathcal{P}_V)) \subseteq \varphi_U(\mathcal{P}_U)$$

gilt. Dies folgt aber sofort aus

$$\rho^{Q}_{U,V}(\varphi_V(g)) = \varphi_U(\rho^{P}_{U,V}(g)) \in \varphi_U(\mathcal{P}_U) \quad (g \in \mathcal{P}_V) .$$

$\varphi(\mathcal{P})$ ist also eine Unter–Prägarbe von $\mathcal{Q}$ und heißt das **Bild der Prägarbe** $\mathcal{P}$ bezüglich des Homomorphismus φ. Die Konstruktion der Homomorphismen $\varphi_x : \mathcal{P}_x \longrightarrow \mathcal{Q}_x$ der Halme $\mathcal{P}_x, \mathcal{Q}_x$ zeigt, daß für alle $x \in X$

$$\varphi(\mathcal{P})_x = \varphi_x(\mathcal{P}_x)$$

gilt. Daraus ergibt sich unmittelbar:

Bemerkung 3.17 *Die zu $\varphi(\mathcal{P})$ assoziierte Garbe über X ist die Bildgarbe des von φ induzierten Garbenhomomorphismus $\mathbf{G}(\mathcal{P}) \longrightarrow \mathbf{G}(\mathcal{Q})$. Man beachte aber, daß das Bild eines Homomorphismus vollständiger Prägarben im allgemeinen nicht vollständig ist.*

Ist $\mathcal{P}$ eine Prägarbe abelscher Gruppen über X, $\mathcal{Q}$ eine Unter–Prägarbe von $\mathcal{P}$, so wird durch

$$\left(\mathcal{P}/\mathcal{Q}\right)_U := \mathcal{P}_U/\mathcal{Q}_U$$

zusammen mit den Einschränkungsabbildungen

$$\begin{aligned} \rho_{U,V}^{P/Q} : \mathcal{P}_V/\mathcal{Q}_V &\longrightarrow \mathcal{P}_U/\mathcal{Q}_U \\ f + \mathcal{Q}_V &\longmapsto \rho_{U,V}(f) + \mathcal{Q}_U \end{aligned}$$

eine Prägarbe $\mathcal{P}/\mathcal{Q}$ abelscher Gruppen über X definiert. Sind die $\mathcal{P}_U$ Algebren, so müssen die $\mathcal{Q}_U$ natürlich zweiseitige Ideale in $\mathcal{P}_U$ sein, damit $\mathcal{P}/\mathcal{Q}$ eine Prägarbe von Algebren ist.

Die Prägarbe $\mathcal{P}/\mathcal{Q}$ heißt der **Quotient der Prägarben $\mathcal{P}$ und $\mathcal{Q}$**. Mit Hilfe der universellen Eigenschaft induktiver Limites sieht man leicht, daß $\mathcal{P}_x/\mathcal{Q}_x$ der Halm von $\mathcal{P}/\mathcal{Q}$ im Punkt $x \in X$ ist. Mit anderen Worten:

Bemerkung 3.18

$$\mathbf{G}\left(\mathcal{P}/\mathcal{Q}\right) = \mathbf{G}(\mathcal{P})/\mathbf{G}(\mathcal{Q}) \,.$$

Die Prägarbe $\mathcal{P}/\mathcal{Q}$ ist im allgemeinen nicht vollständig, selbst wenn $\mathcal{P}$ und $\mathcal{Q}$ vollständig sind. Ein Standardbeispiel dafür ist das folgende: $\mathcal{O}$ sei die Prägarbe der holomorphen Funktionen über $\mathbb{C}$,

$$\mathcal{O}_U := \{f : U \longrightarrow \mathbb{C} \mid f \text{ holomorph}\} \;,$$

mit den gewöhnlichen Einschränkungsabbildungen, $\mathcal{I} \subseteq \mathcal{O}$ *sei die Unter-Prägarbe der Ideale*

$$\mathcal{I}_U := \begin{cases} \mathcal{O}_U & , \text{ falls } 0 \notin U \\ \{f \in \mathcal{O}_U \mid f(0) = 0\} & , \text{ falls } 0 \in U . \end{cases}$$

Dann sind $\mathcal{O}$ *und* $\mathcal{I}$ *vollständige Prägarben, aber ihr Quotient* $\mathcal{O}/_{\mathcal{I}}$ *ist nicht vollständig. Wie man sich nämlich leicht überlegt, ist*

$$\left(\mathcal{O}/_{\mathcal{I}}\right)_z = \begin{cases} \mathbb{C} & \text{für } z = 0 \\ 0 & \text{sonst.} \end{cases}$$

Der einzige stetige Schnitt der zu $\mathcal{O}/_{\mathcal{I}}$ *assoziierten Garbe ist somit der Nullschnitt, d.h. es ist*

$$\mathbf{P}\left(\mathbf{G}\left(\mathcal{O}/_{\mathcal{I}}\right)\right)_U = 0$$

für jede offene Menge $U \subseteq \mathbb{C}$. *Wäre* $\mathcal{O}/_{\mathcal{I}}$ *vollständig, so müßte* $\mathcal{O}/_{\mathcal{I}}$ *isomorph zu der trivialen Prägarbe* $\mathbf{P}\left(\mathbf{G}\left(\mathcal{O}/_{\mathcal{I}}\right)\right)$ *sein. Da aber* $\mathcal{O}/_{\mathcal{I}}$ *einen nicht–trivialen Halm besitzt, ist dies nicht möglich.*
Der Prägarbenhomomorphismus $\mathcal{O} \longrightarrow \mathcal{O}/_{\mathcal{I}}$ *liefert zugleich ein Beispiel für ein nicht–vollständiges Bild einer vollständigen Prägarbe.*
Die Vervollständigung der Prägarbe $\mathcal{P}/_{\mathcal{Q}}$, *d.h. die vollständige Prägarbe* $\mathbf{P}\left(\mathbf{G}\left(\mathcal{P}/_{\mathcal{Q}}\right)\right)$, *bezeichnet man der Bequemlichkeit halber oft ebenfalls mit* $\mathcal{P}/_{\mathcal{Q}}$.

Bisher haben wir Garben von Moduln über einer fest gewählten Algebra betrachtet. Man kann dies verallgemeinern zum Begriff einer *Garbe von Moduln über einer Garbe von Algebren.*

Definition 3.19 *Sei* $\mathcal{A} = \left(A_U;\ \rho^A_{U,V}\right)$ *eine Prägarbe von Algebren über dem topologischen Raum* X, $\mathcal{M} = \left(M_U;\ \rho^M_{U,V}\right)$ *eine Prägarbe von* K*–Vektorräumen über* X. $\mathcal{M}$ *heißt ein* $\mathcal{A}$**–Linksmodul**, *wenn*

(1) M_U *ein* A_U*–Linksmodul ist für alle* $U \in \mathcal{T}_X$, *und*

(2) $\rho^M_{U,V}(af) = \rho^A_{U,V}(a)\rho^M_{U,V}(f)$ *für alle* $(U,V) \in \mathcal{T}_{X,\leq}$ *und alle* $a \in A_V$, $f \in M_V$ *gilt.*

Analog definiert man $\mathcal{A}$–**Rechtsmoduln** bzw. $\mathcal{A}$–**Bimoduln**. Wenn klar ist, von welcher Seite die Garbe $\mathcal{A}$ auf $\mathcal{M}$ operiert, sprechen wir einfach von einem $\mathcal{A}$–**Modul**.

Ist $\mathcal{M}$ eine vollständige Prägarbe von abelschen Gruppen, so ist natürlich $\mathcal{M}$ auch als $\mathcal{A}$-Modul eine vollständige Prägarbe.

Definition 3.20 *Eine Prägarbe von K-Algebren heißt eine Prägarbe von K-Algebren mit Einselement, wenn jede K-Algebra A_U ein Einselement 1_U besitzt, so daß*

$$\rho^A_{U,V}(1_V) = 1_U$$

für alle $(U, V) \in \mathcal{T}_{X,\le}$ gilt.

Es ist leicht zu sehen, daß eine Prägarbe $\mathcal{A}$ von K–Algebren genau dann ein Einselement besitzt, wenn die zu $\mathcal{A}$ assoziierte Garbe $\mathbf{G}(A)$ eine Garbe von Algebren mit Einselement ist, so daß der *Einsschnitt* 1 (d.h. die Abbildung, die jedem $x \in X$ das Einselement 1_x des Halmes $\mathcal{A}_x$ zuordnet) stetig ist.

Es ist häufig bequemer, eine Garbe als die assoziierte Garbe einer Prägarbe zu definieren, auch wenn man die Halme bereits kennt: man erspart sich die Definition einer Topologie, den Nachweis der lokalen Homöomorphie der Projektion etc. Ein Beispiel dafür ist das Tensorprodukt von zwei Modulgarben:

Sei $\mathcal{A}$ eine Prägarbe von Algebren mit Einselement über X, $\mathcal{M}$ ein $\mathcal{A}$-Rechtsmodul über X und $\mathcal{N}$ ein $\mathcal{A}$-Linksmodul über X. Für jedes $U \in \mathcal{T}_X$ sei

$$(\mathcal{M} \otimes_{\mathcal{A}} \mathcal{N})_U := M_U \otimes_{A_U} N_U \ .$$

Mit den Einschränkungsabbildungen $\rho^M_{U,V} \otimes \rho^N_{U,V}$ $((U, V) \in \mathcal{T}_{X,\le})$ wird $\mathcal{M} \otimes_{\mathcal{A}} \mathcal{N}$ eine Prägarbe über X:

$$\begin{aligned}
\left(\rho^M_{U,V} \otimes \rho^N_{U,V}\right)(fa \otimes g) &= \rho^M_{U,V}(fa) \otimes \rho^N_{U,V}(g) \\
&= \rho^M_{U,V}(f)\rho^A_{U,V}(a) \otimes \rho^N_{U,V}(g) \\
&= \rho^M_{U,V}(f) \otimes \rho^A_{U,V}(a)\rho^N_{U,V}(g) \\
&= \rho^M_{U,V}(f) \otimes \rho^N_{U,V}(ag) \\
&= \left(\rho^M_{U,V} \otimes \rho^N_{U,V}\right)(f \otimes ag) \ .
\end{aligned}$$

Definition 3.21 $\left((\mathcal{M} \otimes_{\mathcal{A}} \mathcal{N})_U = M_U \otimes_{A_U} N_U; \rho^M_{U,V} \otimes \rho^N_{U,V}\right)$ *heißt das* **Tensorprodukt der Moduln $\mathcal{M}$ und $\mathcal{N}$ über $\mathcal{A}$.**

Ist $\mathcal{M}$ (bzw. $\mathcal{N}$) ein $\mathcal{A}$-Bimodul, so ist $\mathcal{M} \otimes_{\mathcal{A}} \mathcal{N}$ ein $\mathcal{A}$-Linksmodul (bzw. ein $\mathcal{A}$-Rechtsmodul).

Sind $\mathcal{M}$ und $\mathcal{N}$ vollständige Prägarben, so ist ihr Tensorprodukt $\mathcal{M} \otimes_{\mathcal{A}} \mathcal{N}$ im allgemeinen nicht vollständig. Man muß also im allgemeinen zur Vervollständigung dieser Prägarbe übergehen. Wir werden dies stillschweigend annehmen, wenn wir vom Tensorprodukt von vollständigen Prägarben sprechen.

Im fünften Kapitel werden wir weitere garbentheoretische Resultate benötigen, die wir aber erst an der passenden Stelle behandeln wollen.

Eine wesentlich tiefergehende Darstellung der Garbentheorie findet der interessierte Leser in den Büchern von R. Godement [25] und M. Kashiwara und P. Schapira [33].

3.2 Geringte Räume

Geringte Räume stellen die Bühne dar, auf der die Theorie der Supermannigfaltigkeiten gespielt wird. Wir beginnen mit einer allgemeinen Definition:

Definition 3.22 *Ein* **geringter Raum** *ist ein Paar $(X, \mathcal{O}_X)$, bestehend aus einem topologischen Raum X und einer Garbe $\mathcal{O}_X$ von Ringen über X mit Einselement. $\mathcal{O}_X$ heißt die* **Strukturgarbe** *des geringten Raumes $(X, \mathcal{O}_X)$.*

In der von uns behandelten Situation wird $\mathcal{O}_X$ stets eine Garbe von K-Algebren mit Einselement sein. Will man dies besonders hervorheben, so spricht man von einem K*-algebrierten Raum.*

Wir bringen zur Verdeutlichung zwei Beispiele.

(1) Sei M eine differenzierbare Mannigfaltigkeit, $\mathcal{C}^\infty_M$ die Garbe der Keime beliebig oft differenzierbarer Funktionen auf M. Dann ist $(M, \mathcal{C}^\infty_M)$ ein geringter Raum.

(2) Sei $X = K^p$, wobei $K = \mathbb{R}$ oder $K = \mathbb{C}$ ist. $\Lambda_q(K)$ sei die Graßmann–Algebra mit q Erzeugenden $\theta_1, \ldots, \theta_q$ über K. Für jede nicht–leere offene Teilmenge $U \subseteq K^p$ sei $\mathcal{A}^{p,q}(U)$ der Ring der C^∞–Abbildungen $U \to \Lambda_q(K)$. Jede solche Abbildung kann mittels der Erzeugenden $\theta_1, \ldots, \theta_q$ in der Form

$$f(\underline{x}, \underline{\theta}) = \sum_{\underline{\mu} \in \{0,1\}^q} f_{\underline{\mu}}(\underline{x})\, \theta_1^{\mu_1} \cdots \theta_q^{\mu_q}$$

mit C^∞–Funktionen $f_{\underline{\mu}} : U \to K$ dargestellt werden. Die Einschränkungsabbildungen

$$\begin{aligned} \rho_{UV} \;:\; \mathcal{A}^{p,q}(U) &\longrightarrow \mathcal{A}^{p,q}(V) \\ f &\longmapsto f_{|_V} \end{aligned}$$

für offene Mengen $V \subseteq U$ sind offensichtlich Ringhomomorphismen, und man überlegt sich leicht, daß $(\mathcal{A}^{p,q}(U); \rho_{V,U})$ eine vollständige Prägarbe ist. Die dazu assoziierte Garbe bezeichnen wir mit $\mathcal{A}^{p,q}_{K^p}$.
$(K^p, \mathcal{A}^{p,q}_{K^p})$ ist also ein geringter Raum. Die Halme der Garbe $\mathcal{A}^{p,q}_{K^p}$ sind *superkommutative Algebren* über K.

Die in diesem Beispiel vorgestellten geringten Räume $(K^p, \mathcal{A}^{p,q}_{K^p})$ werden als Elementarbausteine dienen, zu denen Supermannigfaltigkeiten *lokal isomorph* sind.
Der Begriff des *Morphismus zwischen geringten Räumen* erfordert allerdings einige Vorbereitungen.

Wir beginnen mit einem Beispiel.
Es seien M und N differenzierbare Mannigfaltigkeiten und $\phi : M \to N$ eine (beliebig oft) differenzierbare Abbildung. Für jede Funktion $g \in C^\infty(N)$ ist dann

$$\phi^*(g) := g \circ \phi$$

eine C^∞–Funktion of M. Man beachte nun, daß der Keim von $\phi^*(g)$ im Punkt $x \in M$, $[\phi^*(g)]_x$, nur vom Keim von g im Punkt $y := \phi(x)$ abhängt: Sind nämlich $g_1, g_2 \in C^\infty(N)$, so daß $g_1 = g_2$ ist auf einer offenen Umgebung $V \subseteq N$ von y, und ist $U \subseteq M$ eine offene Umgebung von x mit $\phi(U) \subseteq V$, so stimmen $\phi^*(g_1)$ und $\phi^*(g_2)$ auf U überein. Es gilt also

$$[\phi^*(g_1)]_x = [\phi^*(g_2)]_x \,.$$

Definition 3.23 $\phi^* \mathcal{C}_N^\infty := \{[\phi^*(g)]_x \,|\, x \in M,\ g \in C^\infty(N)\}$ *heißt das* **Urbild der Strukturgarbe** $\mathcal{C}_N^\infty$ **bei der Abbildung** ϕ.

Um zu sehen, wie man dieses Beispiel verallgemeinern kann und wie $\phi^* \mathcal{C}_N^\infty$ mit einer Garbenstruktur versehen werden kann, wollen wir annehmen, daß ϕ eine *Submersion* ist (d.h. $d\phi$ hat in jedem Punkt $x \in M$ den Rang $\dim N$). Dann ist leicht zu sehen, daß ϕ^* eine *injektive* Abbildung (die wir wieder mit ϕ^* bezeichnen) induziert, die jedem Paar $(x, [g]_{\phi(x)})$, wobei $x \in M$, $g \in C^\infty(N)$ ist, den Keim $[\phi^*(g)]_x$ im Punkt x zuordnet. Wir können also $\phi^* \mathcal{C}_N^\infty$ mit der Menge

$$M \times_\phi \mathcal{C}_N^\infty := \{(x, [g]_y) \,|\, x \in M,\ y = \phi(x),\ g \in C^\infty(N)\}$$

identifizieren.

$M \times_\phi \mathcal{C}_N^\infty$ heißt das **Faserprodukt** von M und $\mathcal{C}_N^\infty$ längs ϕ. Wir geben ihm die Relativtopologie als Teilmenge des gewöhnlichen Produkts $M \times \mathcal{C}_N^\infty$. Zusammen mit der kanonischen Projektion $(x, [g]_y) \longmapsto x$ auf den ersten Faktor ist dann $M \times_\phi \mathcal{C}_N^\infty$ eine Garbe über M.

Wir wollen dies gleich an der nun naheliegenden Verallgemeinerung demonstrieren.

Dazu seien X und Y topologische Räume, $\mathcal{G}$ eine Garbe über Y mit Projektion $\pi : \mathcal{G} \to Y$ und $\phi : X \to Y$ eine stetige Abbildung.

Wir bilden dann das Faserprodukt von X und $\mathcal{G}$ längs ϕ:

$$X \times_\phi \mathcal{G} := \{(x,p) \in X \times \mathcal{G} \mid \phi(x) = \pi(p)\} \ .$$

$X \times_\phi \mathcal{G}$ wird mit der von der Produkttopologie von $X \times \mathcal{G}$ induzierten Topologie versehen.

$$\pi_\phi : X \times_\phi \mathcal{G} \longrightarrow X$$

sei die Einschränkung der kanonischen Projektion $(x,p) \longmapsto x$.

π_ϕ ist trivialerweise stetig, und es ist leicht zu sehen, daß π_ϕ auch eine offene Abbildung ist. Es bleibt zu zeigen, daß π_ϕ lokal bijektiv ist:
Sei $(x_0, p_0) \in X \times_\phi \mathcal{G}$, und es sei $V \subseteq \mathcal{G}$ eine offene Umgebung von p_0, so daß $\pi|_V$ ein Homöomorphismus von V auf die offene Umgebung $\pi(V)$ von $\pi(p_0)$ ist. Sei $U := \phi^{-1}(\pi(V))$. Dann ist $U \times V$ eine offene Umgebung von (x_0, p_0) in der Produkttopologie, also ist

$$\begin{aligned} U \times_\phi V &:= (U \times V) \cap (X \times_\phi \mathcal{G}) \\ &= \{(x,p) \in U \times V \mid \phi(x) = \pi(p)\} \end{aligned}$$

eine offene Umgebung von (x_0, p_0) in $X \times_\phi \mathcal{G}$. Eine einfache Überlegung zeigt, daß

$$\pi_\phi|_{U \times_\phi V} : U \times_\phi V \longrightarrow U$$

eine bijektive Abbildung ist. $X \times_\phi \mathcal{G}$ ist also zusammen mit der Projektion π_ϕ eine Garbe über X.

Definition 3.24 *Die Garbe* $(X \times_\phi \mathcal{G}, \pi_\phi)$ *heißt das* **Urbild der Garbe** $(\mathcal{G}, \pi)$ **bei der Abbildung** ϕ *und wird mit* $\phi^* \mathcal{G}$ *bezeichnet.*

Der Sinn dieser Konstruktion ist natürlich, die über Y definierte Garbe $\mathcal{G}$ mittels ϕ auf den Raum X herüberzuziehen. Dabei ändert sich nichts an der Struktur der Halme von $\mathcal{G}$:

Bemerkung 3.25 *Der Halm der Garbe* $\phi^* \mathcal{G}$ *im Punkt* $x \in X$ *ist isomorph zum Halm von* $\mathcal{G}$ *im Punkt* $\phi(x)$.

Es ist nämlich

$$\begin{aligned} (\phi^* \mathcal{G})_x &= \pi_\phi^{-1}(x) = \left\{(x,p) \mid p \in \pi^{-1}(\phi(x))\right\} \\ &\simeq \pi^{-1}(\phi(x)) = \mathcal{G}_{\phi(x)} . \end{aligned}$$

Diese Isomorphie ist so natürlich, daß wir keinen Unterschied zwischen $(\phi^* \mathcal{G})_x$ und $\mathcal{G}_{\phi(x)}$ machen werden.

Wir können jetzt Morphismen geringter Räume definieren:

Definition 3.26 *Es seien* $(X, \mathcal{G})$, $(Y, \mathcal{K})$ *geringte Räume. Ein* **Morphismus** $(X, \mathcal{G}) \to (Y, \mathcal{K})$ *ist ein Paar* (Φ, Ψ) *von Abbildungen, wobei* $\Phi : X \to Y$ *stetig und* $\Psi : \Phi^* \mathcal{K} \to \mathcal{G}$ *ein Homomorphismus von Garben über* X *ist.*

Ψ ist also eine Familie $(\psi_x)_{x\in X}$ von Homomorphismen

$$\psi_x : (\phi^* \mathcal{K})_x \longrightarrow \mathcal{G}_x ,$$

die wegen der kanonischen Identifizierung $(\phi^* \mathcal{K})_x = \mathcal{K}_{\phi(x)}$ als Homomorphismen

$$\psi_x : \mathcal{K}_{\phi(x)} \longrightarrow \mathcal{G}_x$$

aufgefaßt werden können.

In unserem Modellfall einer differenzierbaren Abbildung $\phi : M \to N$ differenzierbarer Mannigfaltigkeiten M, N ist

$$\psi_x : \mathcal{C}^\infty_{N,\phi(x)} \longrightarrow \mathcal{C}^\infty_{M,x}$$

definiert durch

$$[g]_{\phi(x)} \longmapsto [g \circ \phi]_x$$

(wir hatten gesehen, daß $[g \circ \phi]_x$ nur vom Keim von g im Punkt $\phi(x)$ abhängt).

Es seien nun $(X, \mathcal{G})$, $(Y, \mathcal{K})$ geringte Räume, $\phi : X \to Y$ eine stetige Abbildung, und für jedes $x \in X$ sei ein Ringhomomorphismus

$$\psi_x : \mathcal{K}_{\phi(x)} \longrightarrow \mathcal{G}_x$$

gegeben. Die Familie $(\psi_x)_{x\in X}$ induziert dann eine Abbildung

$$\Psi : \Phi^* \mathcal{K} \longrightarrow \mathcal{G} ,$$

die für $x \in X$, $p \in (\phi^* \mathcal{K})_x = \mathcal{K}_{\phi(x)}$ definiert ist durch

$$\Psi(p) := \psi_x(p) .$$

Dann gilt

Bemerkung 3.27 *(Φ, Ψ) ist genau dann ein Morphismus $(X, \mathcal{G}) \to (Y, \mathcal{K})$ geringter Räume, wenn die Abbildung Ψ stetig ist.*

Der einfache Beweis sei dem Leser überlassen. Diese Stetigkeitsbedingung kann übrigens auch folgendermaßen ausgedrückt werden:

Sei $V \subseteq Y$ eine offene Menge und $s : V \to \mathcal{K}$ ein Schnitt von $\mathcal{K}$ über V. Durch

$$\widehat{s}(x) := s(\phi(x)) \in \mathcal{K}_{\phi(x)}$$

wird eine Abbildung

$$\widehat{s} : \phi^{-1}(V) \longrightarrow \bigcup_{x \in \phi^{-1}(V)} \mathcal{K}_{\phi(x)}$$

definiert. Ψ ist genau dann stetig, wenn für jede offene Menge $V \subseteq Y$ und jeden Schnitt s von $\mathcal{K}$ über V die Abbildung $\Psi \circ \widehat{s}$ ein Schnitt von $\mathcal{G}$ über $\phi^{-1}(V)$ ist.

Neben dem hier diskutierten Morphismenbegriff für geringte Räume gibt es einen anderen, ebenso kanonischen. Wir hatten ψ im Morphismus (ϕ, ψ) definiert als Garbenhomomorphismus vom Urbild von $\mathcal{K}$ bei ϕ in die Garbe $\mathcal{G}$, also als Homomorphismus von Garben über X. Eine andere Möglichkeit ist es, ψ als Garbenhomomorphismus von $\mathcal{K}$ in das *Bild* von $\mathcal{G}$ bei ϕ zu definieren, so daß also ψ ein Homomorphismus von Garben über Y ist. Beide Begriffsbildungen erweisen sich als äquivalent, was wir im folgenden präzisieren wollen. Dazu definieren wir zunächst das Bild einer Garbe.

Sei $\phi : X \to Y$ eine stetige Abbildung und $\mathcal{G}$ eine Garbe über X. $\Gamma\,\mathcal{G}$ bezeichne die vollständige Prägarbe der Schnitte der Garbe $\mathcal{G}$. Für jede nicht–leere offene Menge $V \subseteq Y$ setzen wir dann

$$\Gamma(\phi_* \mathcal{G}, V) := \Gamma(\mathcal{G}, \phi^{-1}(V)) .$$

$(\Gamma(\phi_* \mathcal{G}, V); \rho_{U,V})$ (die $\rho_{U,V}$ sind die üblichen Einschränkungsabbildungen) ist dann eine vollständige Prägarbe über Y. Die zugehörige Garbe wird mit $\phi_* \mathcal{G}$ bezeichnet und heißt das **Bild der Garbe $\mathcal{G}$ bei der Abbildung** ϕ. Man kann dann einen Morphismus $(X, \mathcal{G}) \to (Y, \mathcal{K})$ geringter Räume definieren als ein Paar (ϕ, ψ), wobei wie oben $\phi : X \to Y$ eine stetige Abbildung und

$$\psi : \mathcal{K} \longrightarrow \phi_* \mathcal{G}$$

ein Homomorphismus von Garben über Y ist.

Beide Definitionen sind zueinander äquivalent: wir zeigen nämlich, daß die Garbenhomomorphismen $\phi^* \mathcal{K} \to \mathcal{G}$ umkehrbar eindeutig den Garbenhomomorphismen $\mathcal{K} \to \phi_* \mathcal{G}$ entsprechen.

Dazu ordnen wir jedem Garbenhomomorphismus

$$\psi : \phi^* \mathcal{K} \longrightarrow \mathcal{G}$$

einen Garbenhomomorphismus

$$\psi_* : \mathcal{K} \longrightarrow \phi_* \mathcal{G}$$

auf folgende Weise zu: Sei V eine offene Teilmenge von Y, und sei σ ein Schnitt von $\mathcal{K}$ über V. Dann ist

$$\sigma\phi : x \longmapsto (x, \sigma(\phi(x)))$$

ein Schnitt von $\phi^* \mathcal{K}$ über $\phi^{-1}(V)$. Wir definieren für $x \in \phi^{-1}(V)$

$$\psi_{\phi^{-1}(V)}(\sigma\phi)(x) := \psi_x((\sigma\phi)(x)) \ .$$

$\psi_{\phi^{-1}(V)}(\sigma\phi)$ ist ein Schnitt von $\mathcal{G}$ über $\phi^{-1}(V)$. Sei nämlich $\pi_{\mathcal{G}}$ die Projektion der Garbe $\mathcal{G}$ und π^* die Projektion der Garbe $\phi^* \mathcal{K}$. Da ψ ein Garbenhomomorphismus ist, gilt $\pi_{\mathcal{G}} \circ \psi = \pi^*$, also ist

$$\begin{aligned} \pi_{\mathcal{G}} \psi_x((\sigma\phi)(x)) &= \pi^*((\sigma\phi)(x)) \\ &= \pi^*(x, \sigma(\phi(x))) = x \ . \end{aligned}$$

Die Stetigkeit von $\psi_{\phi^{-1}(V)}(\sigma\phi)$ ist offensichtlich. Somit ist durch

$$\sigma \longmapsto \psi_{\phi^{-1}(V)}(\sigma\phi)$$

eine Abbildung

$$\psi_{*V} : \Gamma(\mathcal{K}, V) \longrightarrow \Gamma(\phi_* \mathcal{G}, V)$$

definiert. Die (algebraische) Homomorphieeigenschaft von ψ_{*V} folgt unmittelbar aus der von ψ.

Es ist leicht zu sehen, daß auf diese Weise ein Homomorphismus ψ_* von Prägarben definiert ist. Wir bezeichnen den induzierten Homomorphismus der assoziierten Garben bequemerweise dann ebenfalls mit ψ_*.

Sei nun umgekehrt $\psi : \mathcal{K} \to \phi_* \mathcal{G}$ ein Garbenhomomorphismus über Y. Wir konstruieren aus ψ einen Garbenhomomorphismus

$$\psi^* : \phi^* \mathcal{K} \longrightarrow \mathcal{G} .$$

Ist $(x,q) \in \phi^* \mathcal{K}$, so gibt es eine offene Umgebung V von $\phi(x)$ und einen Schnitt $\sigma \in \Gamma(\mathcal{K}, V)$ mit $\sigma(\phi(x)) = q$. $\psi_V(\sigma)$, definiert durch

$$\psi_V(\sigma)(y) := \psi_y(\sigma(y)) \qquad (y \in V) ,$$

ist dann ein Schnitt von $\phi_* \mathcal{G}$ über V: Bezeichnet π_* die Projektion der Garbe $\phi_* \mathcal{G}$, so ist

$$\pi_* \psi_V(\sigma)(y) = \pi_* \psi_y(\sigma(y)) = \pi_{\mathcal{K}}(\sigma(y)) = y ,$$

d.h. es ist $\psi_V(\sigma) \in \Gamma(\phi_* \mathcal{G}, V) = \Gamma(\mathcal{G}, \phi^{-1}(V))$. Die Stetigkeit von $\psi_V(\sigma)$ folgt sofort aus der Definition. Der Schnitt $\psi_V(\sigma)$ bestimmt dann einen Keim $\psi_V(\sigma)_x \in \mathcal{G}_x$. Dieser Keim ist durch q eindeutig bestimmt, denn je zwei lokale Schnitte, die im Punkt $\phi(x)$ übereinstimmen, stimmen auf einer ganzen Umgebung von $\phi(x)$ überein. Wir erhalten also durch

$$\psi_x^*(x,q) := \psi_V(\sigma)_x$$

einen Homomorphismus

$$\psi_x^* : (\phi^* \mathcal{K})_x \longrightarrow \mathcal{G}_x .$$

Durch $\psi^*(x,q) := \psi_x^*(x,q)$ ist dann eine Abbildung

$$\psi^* : \phi^* \mathcal{K} \longrightarrow \mathcal{G}$$

definiert, die nach Konstruktion stetig ist.

Es ist leicht zu sehen, daß die Zuordnungen $\psi \longmapsto \psi_*$ und $\psi \longmapsto \psi^*$ zueinander invers sind. Wir empfehlen dem Leser diesen Nachweis als Übungsaufgabe.

Wir fassen unsere Überlegungen im folgenden Satz zusammen:

Satz 3.28 *Sei $\phi : X \to Y$ eine stetige Abbildung topologischer Räume, und es seien $\mathcal{G}, \mathcal{K}$ Garben (von Moduln, Ringen oder Algebren) über X bzw. über Y. Dann ist die Zuordnung $\psi \longmapsto \psi_*$ ein kanonischer Isomorphismus von* $\mathrm{Hom}(\phi^* \mathcal{K}, \mathcal{G})$ *auf* $\mathrm{Hom}(\mathcal{K}, \phi_* \mathcal{G})$.

Aus diesem Satz ergibt sich unmittelbar, daß die beiden hier diskutierten Morphismenbegriffe für geringte Räume äquivalent sind.

Wir wollen hier noch ein Resultat über Morphismen geringter Räume bereitstellen, das im Beweis von Satz 4.18 (Kapitel 4.3) gebraucht wird.

Seien $(X, \mathcal{O}_X)$ und $(Y, \mathcal{O}_Y)$ geringte Räume. Für jede offene Teilmenge $U \subseteq X$ sei $\mathrm{Mor}(U)$ die Menge der Morphismen

$$\left(U, \mathcal{O}_X\big|_U\right) \longrightarrow (Y, \mathcal{O}_Y) .$$

Ist V eine offene Teilmenge von U, so können wir eine Einschränkungsabbildung

$$\mu_{V,U} : \mathrm{Mor}(U) \longrightarrow \mathrm{Mor}(V)$$

in folgender Weise definieren. Seien $\rho_{V,U}$ die Einschränkungsabbildungen der Garbe $\mathcal{O}_X$. Ist (ϕ, ψ) ein Morphismus geringter Räume, so definieren wir

$$\phi' := \phi\big|_V ,$$

und für eine offene Teilmenge $A \subseteq Y$ sei ψ'_A die Zusammensetzung der Homomorphismen

$$\psi_A : \mathcal{O}_Y(A) \longrightarrow \mathcal{O}_X\big|_U(\phi^{-1}(A))$$

und

$$\rho_{V \cap \phi^{-1}(A), \phi^{-1}(A)} : \mathcal{O}_X\big|_U(\phi^{-1}(A)) \longrightarrow \mathcal{O}_X\big|_U(V \cap \phi^{-1}(A)) .$$

Wegen $V \cap \phi^{-1}(A) = \left(\phi\big|_V\right)^{-1}(A) = \phi'^{-1}(A)$ erhalten wir also einen Homomorphismus

$$\psi'_A : \mathcal{O}_Y(A) \longrightarrow \mathcal{O}_X\big|_V\left(\phi'^{-1}(A)\right) .$$

Man sieht nun leicht, daß damit ein Morphismus

$$(\phi', \psi') : \left(V, \mathcal{O}_X\big|_V\right) \longrightarrow (Y, \mathcal{O}_Y)$$

definiert wird und daß die durch

$$\mu_{V,U}(\phi, \psi) := (\phi', \psi')$$

definierten Einschränkungsabbildungen die Prägarben–Axiome erfüllen.

Lemma 3.29 $\mathcal{M} = (\mathrm{Mor}(U); \mu_{V,U})$ *ist eine vollständige Prägarbe über* X.

Beweis . Sei $U \subseteq X$ eine offene Menge und $(U_i)_{i\in I}$ eine offene Überdeckung von U. Gegeben seien (ϕ, ψ), $(\widetilde{\phi}, \widetilde{\psi}) \in \mathrm{Mor}(U)$, so daß für alle $i \in I$

$$\mu_{U_i,U}(\phi, \psi) = \mu_{U_i,U}(\widetilde{\phi}, \widetilde{\psi})$$

gilt. Dies impliziert nach Definition

$$\phi|_{U_i} = \widetilde{\phi}|_{U_i} \qquad \text{für alle } i \in I$$

und damit $\phi = \widetilde{\phi}$. Ferner hat man dann für jede offene Menge $A \subseteq Y$

$$\rho_{U_i\cap\phi^{-1}(A),\phi^{-1}(A)} \circ \psi_A = \rho_{U_i\cap\phi^{-1}(A),\phi^{-1}(A)} \circ \widetilde{\psi}_A \ ,$$

d.h. für alle $f \in \mathcal{O}_Y(A)$ ist

$$\rho_{U_i\cap\phi^{-1}(A),\phi^{-1}(A)}(\psi_A(f)) = \rho_{U_i\cap\phi^{-1}(A),\phi^{-1}(A)}(\widetilde{\psi}_A(f)) \ .$$

Also ist $\psi_A(f) = \widetilde{\psi}_A(f)$, und die Morphismen (ϕ, ψ) und $(\widetilde{\phi}, \widetilde{\psi})$ sind somit gleich. Gegeben seien nun Morphismen $(\phi_i, \psi_i) \in \mathrm{Mor}(U_i)$ $(i \in I)$, so daß für alle $j \in I$

$$\mu_{U_i\cap U_j,U_i}(\phi_i, \psi_i) = \mu_{U_i\cap U_j,U_j}(\phi_j, \psi_j)$$

ist. Es ist also

$$\phi_i|_{U_i \cap U_j} = \phi_j|_{U_i \cap U_j}$$

für alle $i, j \in I$, und man erhält daraus eine stetige Abbildung

$$\phi : U \longrightarrow Y$$

mit $\phi|_{U_i} = \phi_i$ für alle $i \in I$.

Für eine offene Menge $A \subseteq Y$ und $f \in \mathcal{O}_Y(A)$ sei $f_i := (\psi_i)_A(f)$. Aus der Verträglichkeit der Familie $(\phi_i, \psi_i)_{i\in I}$ ergibt sich also

$$\rho_{U_i\cap U_j\cap\phi^{-1}(A),U_i\cap\phi^{-1}(A)}(f_i) = \rho_{U_i\cap U_j\cap\phi^{-1}(A),U_j\cap\phi^{-1}(A)}(f_j)$$

für alle $i, j \in I$. Da $\phi_* \mathcal{O}_Y$ eine vollständige Prägarbe ist, gibt es genau ein Element $\psi_Y(f) \in (\phi_* \mathcal{O}_Y)(A)$ mit

$$\rho_{U_i\cap\phi^{-1}(A),\phi^{-1}(A)}(\psi_A(f)) = f_i$$

für alle $i \in I$. Man sieht nun leicht, daß damit ein Morphismus

$$(\phi, \psi) : \left(U, \mathcal{O}_X \big|_U\right) \longrightarrow (Y, \mathcal{O}_Y)$$

definiert wird, für den

$$\mu_{U_i,U}(\phi, \psi) = (\phi_i, \psi_i)$$

für alle $i \in I$ gilt. Also ist $\mathcal{M}$ eine vollständige Prägarbe. □

Im folgenden benötigen wir den Begriff des Unterraums eines geringten Raumes $(X, \mathcal{G})$. Die einfachste Situation ist natürlich die eines *offenen* Unterraums:

Definition 3.30 *Sei $U \subseteq X$ eine offene Menge und $\mathcal{G}\big|_U$ die Einschränkung der Garbe $\mathcal{G}$ auf U, d.h. es ist $\mathcal{G}\big|_U := \pi^{-1}(U)$, wobei $\pi : \mathcal{G} \to X$ die Projektion der Garbe ist, und $\pi_{\mathcal{G}|_U} := \pi\big|_{\mathcal{G}|_U}$. Dann heißt $(U, \mathcal{G}\big|_U)$ ein* **offener Unterraum** *des geringten Raumes $(X, \mathcal{G})$.*

Wir erhalten in kanonischer Weise eine Einbettung

$$(\phi, \psi) : \left(U, \mathcal{G}\big|_U\right) \to (X, \mathcal{G}),$$

wobei $\phi : U \hookrightarrow X$ die kanonische Inklusion und $\psi_x : \mathcal{G}_{\phi(x)} \to \left(\mathcal{G}\big|_U\right)_x$ für jedes $x \in U$ der identische Isomorphismus ist.

Definition 3.31 *Sei $(X, \mathcal{G})$ ein geringter Raum. Eine Untergarbe $\mathcal{I} \subseteq \mathcal{G}$ heißt eine* **Garbe von Idealen in** *$\mathcal{G}$, wenn für jedes $x \in X$ der Halm $\mathcal{I}_x$ ein* zweiseitiges *Ideal des Ringes $\mathcal{G}_x$ ist.*

Für eine Garbe $\mathcal{I}$ von Idealen in $\mathcal{G}$ sei

$$Z(\mathcal{I}) := \{x \in X \mid \mathcal{I}_x \neq \mathcal{G}_x\}.$$

$Z(\mathcal{I})$ ist also die Menge derjenigen Punkte von X, für die der Halm der Quotientengarbe $\mathcal{G}/_{\mathcal{I}}$ von Null verschieden ist.

Wir wollen die geometrische Bedeutung von $Z(\mathcal{I})$ wieder an unserem Standardmodell erläutern. Sei $\mathcal{G} = \mathcal{C}_M^\infty$ die Garbe der Keime von C^∞–Funktionen auf der differenzierbaren Mannigfaltigkeit M. Globale differenzierbare Schnitte von $\mathcal{C}_M^\infty$ können wir als differenzierbare Funktionen auf M auffassen und umgekehrt. Seien nun $f_1, \ldots, f_k$ globale differenzierbare Schnitte von $\mathcal{C}_M^\infty$, und sei $\mathcal{I}_x$ das von $f_1(x), \ldots, f_k(x)$ erzeugte Ideal in $\mathcal{C}_{M,x}^\infty$. Es ist leicht zu sehen (und wir empfehlen dies dem Leser als Übungsaufgabe), daß

$$\mathcal{I} := \coprod_{x \in X} \mathcal{I}_x$$

eine Untergarbe von $\mathcal{C}_M^\infty$ ist. Gibt es ein $i \in \{1, \ldots, k\}$, so daß der Wert des Keims von f_i (f_i als Funktion auf M betrachtet) im Punkt x von Null verschieden ist, so ist $f_i(x)$ ein invertierbares Element von $\mathcal{C}_{M,x}^\infty$, d.h. es gilt $\mathcal{I}_x = \mathcal{C}_{M,x}^\infty$. Wir erhalten damit, daß die Menge $Z(\mathcal{I})$ die *gemeinsame Nullstellenmenge* der differenzierbaren Funktionen $f_1, \ldots, f_k$ ist. $Z(\mathcal{I})$ ist dann natürlich abgeschlossen. Wie der folgende Satz zeigt, gilt dies schon unter sehr viel schwächeren Voraussetzungen:

Satz 3.32 *Sei $(X, \mathcal{G})$ ein geringter Raum. Dann ist für jede Idealgarbe $\mathcal{I} \subseteq \mathcal{G}$ die Menge $Z(\mathcal{I}) = \{x \in X \mid \mathcal{I}_x \neq \mathcal{G}_x\}$ eine abgeschlossene Teilmenge von X.*

Beweis . Da $\mathcal{G}$ eine Garbe mit Einselement ist, ist der Einsschnitt $\mathbf{1} : X \to \mathcal{G}$, der jedem $x \in X$ das Einselement $\mathbf{1}_x$ des Ringes $\mathcal{G}_x$ zuordnet, stetig. Sei $\rho : \mathcal{G} \to \mathcal{G}/_{\mathcal{I}}$ der kanonische Garbenhomomorphismus von $\mathcal{G}$ auf die Quotientengarben $\mathcal{G}/_{\mathcal{I}}$. Dann ist $\rho \circ \mathbf{1} : X \to \mathcal{G}/_{\mathcal{I}}$ ein stetiger Schnitt von $\mathcal{G}/_{\mathcal{I}}$. Nach Konstruktion ist $\rho \circ \mathbf{1}(x) = 0$ genau dann, wenn $\mathcal{G}_x = \mathcal{I}_x$, d.h. wenn $x \notin Z(\mathcal{I})$ ist. Also stimmt an der Stelle $x_0 \notin Z(\mathcal{I})$ der Schnitt $\rho \circ \mathbf{1}$ mit dem Nullschnitt s_0 der Garbe $\mathcal{G}/_{\mathcal{I}}$ überein. Somit gibt es eine offene Umgebung U von x_0, so daß auf U die Schnitte s_0 und $\rho \circ \mathbf{1}$ übereinstimmen. Das heißt aber gerade, daß $U \cap Z(\mathcal{I}) = \emptyset$ ist. $Z(\mathcal{I})$ ist also abgeschlossen. □

$Z(\mathcal{I})$ heißt die **Nullstellenmenge der Idealgarbe** $\mathcal{I}$. $Z(\mathcal{I})$ mit der von X induzierten Topologie und versehen mit der Quotientengarbe $\mathcal{G}/_{\mathcal{I}}$ heißt ein **abgeschlossener Unterraum** des geringten Raumes $(X, \mathcal{G})$. Wir erhalten einen kanonischen Morphismus geringter Räume

$$\left(Z(\mathcal{I}), \mathcal{G}/_{\mathcal{I}}\right) \longrightarrow (X, \mathcal{G}) \, ,$$

wobei $Z(\mathcal{I}) \hookrightarrow X$ die kanonische Inklusion und $\mathcal{G} \to \mathcal{G}/_{\mathcal{I}}$ die kanonische Projektion auf die Quotientengarbe ist.

Allgemeiner nennt man einen geringten Raum einen **Unterraum** des geringten Raumes $(X, \mathcal{G})$, wenn er ein abgeschlossener Unterraum eines offenen Unterraumes von $(X, \mathcal{G})$ ist. Diese Konstruktionen werden im fünften Kapitel grundlegend sein, um nichttriviale Beispiele für Supermannigfaltigkeiten anzugeben.

In verschiedenen geometrischen Theorien, wie etwa der Differentialgeometrie, der algebraischen Geometrie und eben auch der Theorie der Supermannigfaltigkeiten, betrachtet man eine spezielle Klasse geringter Räume, nämlich die *lokalen geringten Räume.*

Wie üblich sei wieder $K = \mathbb{R}$ oder $K = \mathbb{C}$.

Definition 3.33 *Ein* **K–geringter Raum** *ist ein geringter Raum* $(X, \mathcal{G})$, *so daß* $\mathcal{G}$ *eine Garbe von* K*–Algebren ist.*

Wir wollen für unsere K–geringten Räume weiterhin voraussetzen, daß zu jedem Punkt $x \in X$ ein Algebrenhomomorphismus

$$v_x : \mathcal{G}_x \longrightarrow K$$

vorgegeben ist. Mann nennt v_x den **Wert an der Stelle** x. Besteht z.B. der Halm $\mathcal{G}_x$ aus Funktionskeimen, so nimmt man gewöhnlich

$$v_x([f]_x) := f(x)$$

als den Wert an der Stelle x. Der Kern von v_x ist ein maximales zweiseitiges Ideal $\mathbf{m}_x$ von $\mathcal{G}_x$.

Definition 3.34 *Ein* K*–geringter Raum* $(X, \mathcal{G})$ *heißt* **lokal**, *wenn jeder Halm* $\mathcal{G}_x$ $(x \in X)$ *eine* lokale Algebra *ist, d.h. wenn für jedes* $x \in X$ $\mathbf{m}_x = \ker v_x$ *das einzige maximale zweiseitige Ideal von* $\mathcal{G}_x$ *ist.*

Ein **Morphismus** **K–geringter Räume**

$$(\Phi, \Psi) : (X, \mathcal{G}) \longrightarrow (Y, \mathcal{K})$$

ist ein Morphismus geringter Räume, so daß für jedes $x \in X$ das Diagramm

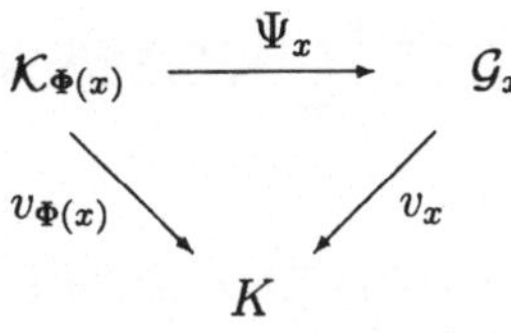

kommutiert.

Wir bemerken noch, daß in dieser Situation

$$\mathbf{m}_{\Phi(x)} = \psi_x^{-1}(\mathbf{m}_x)$$

gilt. Denn wegen der Maximalität von $\mathbf{m}_{\Phi(x)}$ ist ψ_x^{-1} $(\mathbf{m}_x)$ als zweiseitiges Ideal von $\mathcal{K}_{\Phi(x)}$ in $\mathbf{m}_{\Phi(x)}$ enthalten. Umgekehrt folgt aus der Kommutativität obigen Diagramms sofort, daß $\psi_x(\mathbf{m}_{\Phi(x)}) \subseteq \mathbf{m}_x$ ist.

4. Supermannigfaltigkeiten

Wir behandeln in diesem Kapitel die elementare Theorie der Supermannigfaltigkeiten in der im vorigen Kapitel dargestellten Sprache der geringten Räume. Andere Zugänge sind möglich (man vergleiche insbesondere [47]), wir glauben aber, daß der hier vorgestellte Zugang nach Arbeiten von B. Kostant [36] und Th. Schmitt [50] trotz seiner begrifflichen Ansprüche der schließlich weitertragende sein wird.

4.1 Supergebiete

Es sei U eine offene nicht-leere Teilmenge des $\mathbb{R}^p$, $\Lambda_q(\mathbb{R})$ die reelle Graßmann-Algebra mit Erzeugenden $\theta_1, \ldots, \theta_q$, also die Graßmann-Algebra des $\mathbb{R}^q$. Wir betrachten den Ring

$$\mathcal{O}_{p,q}(U) := C^\infty(U) \otimes_{\mathbb{R}} \Lambda_q(\mathbb{R}) \ ,$$

wobei wie üblich $C^\infty(U)$ die Algebra aller C^∞-Funktionen $U \to \mathbb{R}$ bezeichnet. Für die leere Menge setzen wir $\mathcal{O}_{p,q}(\emptyset) = 0$. $\mathcal{O}_{p,q}(U)$ ist eine $\mathbb{R}$-*Superalgebra* mit geradem Teil

$$\mathcal{O}^0_{p,q}(U) = C^\infty(U) \otimes \Lambda^0_q(\mathbb{R})$$

und ungeradem Teil

$$\mathcal{O}^1_{p,q}(U) = C^\infty(U) \otimes \Lambda^1_q(\mathbb{R}) \ .$$

Wir können die Elemente von $\mathcal{O}_{p,q}(U)$ auch als Funktionen auf U mit Werten in $\Lambda_q(\mathbb{R})$ auffassen. Jedes Element $f \in \mathcal{O}_{p,q}(U)$ kann dann in der Form

$$f(x,\theta) = \sum_{\varepsilon \in \{0,1\}^q} f_\varepsilon(x)\, \theta_1^{\varepsilon_1} \cdots \theta_q^{\varepsilon_q} \tag{4.1}$$

geschrieben werden, wobei die $f_\varepsilon : U \to \mathbb{R}$ geeignete C^∞-Funktionen sind. Die Elemente $f \in \mathcal{O}_{p,q}(U)$ heißen deshalb **Superfunktionen in p geraden und q ungeraden Variablen**.

Wir werden in Kapitel 4.5 die Differentiation von f nach den ungeraden Erzeugenden $\theta_1, \dots, \theta_q$ definieren und dabei sehen, daß die $f_\varepsilon(x)$ die Koeffizienten der Taylorentwicklung von f nach diesen ungeraden Variablen sind. Wie im Falle gewöhnlicher differenzierbarer Mannigfaltigkeiten betrachten wir für offene Mengen $U, V \subseteq \mathbb{R}^p$ mit $V \subseteq U$ Einschränkungshomomorphismen

$$\begin{aligned} \rho_{V,U} : \mathcal{O}_{p,q}(U) &\longrightarrow \mathcal{O}_{p,q}(V) \\ f &\longmapsto f|_V , \end{aligned}$$

wobei $f|_V$ bedeutet, daß die Funktionen f_ε in der Darstellung (4.1) auf die Teilmenge V eingeschränkt werden. Es ist unmittelbar klar, daß für alle offenen Teilmengen $U \subseteq \mathbb{R}^p$

$$\rho_{U,U} = \mathrm{id}_{\mathcal{O}_{p,q}(U)}$$

gilt, und daß für offene Teilmengen $U, V, W \subseteq \mathbb{R}^p$ mit $W \subseteq V \subseteq U$ die Relation

$$\rho_{W,U} = \rho_{W,V} \circ \rho_{V,U}$$

erfüllt ist. $\mathcal{O}_{p,q} := (\mathcal{O}_{p,q}(U); \rho_{V,U})$ ist somit eine *Prägarbe*, und man prüft leicht nach, daß diese Prägarbe sogar *vollständig* ist. Wir bezeichnen die zu $\mathcal{O}_{p,q}$ assoziierte Garbe ebenfalls mit $\mathcal{O}_{p,q}$.

Satz 4.1 *$(\mathbb{R}^p, \mathcal{O}_{p,q})$ ist ein $\mathbb{R}$-geringter Raum.*

Beweis . Für $x \in \mathbb{R}^p$ ist der Halm $\mathcal{O}_{p,q;x}$ der Garbe $\mathcal{O}_{p,q}$ der induktive Limes

$$\mathcal{O}_{p,q;x} = \varinjlim_{U \ni x} \mathcal{O}_{p,q}(U)$$

der $\mathbb{R}$–Algebren $\mathcal{O}_{p,q}(U)$, also wieder eine $\mathbb{R}$–Algebra. (Daß es sich darüber hinaus um Superalgebren handelt, spielt hier keine Rolle.) Die Stetigkeit der arithmetischen Operationen folgt allgemein aus der Konstruktion der zu einer Prägarbe assoziierten Garbe (vergl. 3.1). Den *Wert* $v_x[f]$ von $[f] \in \mathcal{O}_{p,q;x}$ definieren wir schließlich als

$$v_x[f] := f_{(0,\dots,0)}(x)$$

aus der Darstellung (4.1) eines Repräsentanten $f \in \mathcal{O}_{p,q}(U)$ von $[f]$. Wie bei Keimen von C^∞–Funktionen hängt dieser Wert nicht von der Auswahl des Repräsentanten ab. □

Sei $U \subseteq \mathbb{R}^p$ offen und nicht–leer. Dann ist $\left(U, \mathcal{O}_{p,q}|_U\right)$ ein offener Unterraum des geringten Raumes $(\mathbb{R}^p, \mathcal{O}_{p,q})$. Ist U zusammenhängend (in klassischer Sprechweise also ein *Gebiet* im $\mathbb{R}^p$), so nennen wir $\left(U, \mathcal{O}_{p,q}|_U\right)$ ein **Supergebiet**.

Supergebiete spielen die Rolle der*Modellräume* für Supermannigfaltigkeiten, ebenso wie die $(U, \mathcal{C}_U^\infty)$ $(U \subseteq \mathbb{R}^p$ offen) die Modellräume für gewöhnliche differenzierbare Mannigfaltigkeiten sind.

Die gewöhnlichen cartesischen Koordinaten $x_1, \ldots, x_p$ von U heißen die **geraden**, die Elemente $\theta_1, \ldots, \theta_q$ die **ungeraden Koordinaten** des Supergebiets $\left(U, \mathcal{O}_{p,q}|_U\right)$. Wir werden auf diese Begriffe in einer allgemeineren Situation in Abschnitt 4.3 noch genauer eingehen.

4.2 Supermannigfaltigkeiten

Unsere Definition von Supermannigfaltigkeiten lehnt sich, wenn auch in abstrakterer Form, an die Definition gewöhnlicher Mannigfaltigkeiten an.

Definition 4.2 *Sei $(X, \mathcal{O}_X)$ ein geringter Raum. Eine* **Superkarte der Dimension** (p,q) *auf $(X, \mathcal{O}_X)$ ist ein Isomorphismus*

$$\Phi : \left(U, \mathcal{O}_X|_U\right) \longrightarrow \left(V, \mathcal{O}_{p,q}|_V\right)$$

geringter Räume, wobei $U \subseteq X$ eine offene Menge und $\left(V, \mathcal{O}_{p,q}|_V\right)$ ein Supergebiet der Dimension (p,q) ist.

Es ist nicht schwer zu sehen, und wir empfehlen dies dem Leser als Übungsaufgabe, daß zwei Superkarten auf $(X, \mathcal{O}_X)$, deren Definitionsgebiete sich in einer nicht–leeren Menge $W \subseteq X$ schneiden, dieselbe Dimension haben müssen.

Definition 4.3 *Ein geringter Raum $(X, \mathcal{O}_X)$ heißt eine* **Supermannigfaltigkeit der Dimension** (m,n), *wenn*

(i) X *ein Hausdorffscher topologischer Raum mit abzählbarer Basis ist und*

(ii) *jeder Punkt* $p \in X$ *im Definitionsbereich einer Superkarte der Dimension* (m, n) *auf* $(X, \mathcal{O}_X)$ *liegt.*

Eine Supermannigfaltigkeit der Dimension (m, n) ist also ein geringter Raum, der *lokal aussieht wie ein Supergebiet* der Dimension (m, n).

Definition 4.4 *Ein* **Morphismus von Supermannigfaltigkeiten** *ist ein Morphismus der geringten Räume.*

Im Gegensatz zu gewöhnlichen Mannigfaltigkeiten wird ein Morphismus von Supermannigfaltigkeiten nicht durch eine Abbildung der unterliegenden topologischen Räume eindeutig bestimmt. Ein einfaches Beispiel dafür sind die Supergebiete der Dimension $(0, n)$. Betrachten wir den $\mathbb{R}^0$ als einen einzelnen Punkt P_0, so entsprechen die Automorphismen des Supergebiets $(P_0, \mathcal{O}_{0,n})$ den Automorphismen der Graßmann–Algebra $\Lambda_n(\mathbb{R})$, der Automorphismus des unterliegenden P_0 ist hingegen in jedem Fall die Identität. Die Morphismenmenge von Supermannigfaltigkeiten ist also im allgemeinen wesentlich reichhaltiger als die von gewöhnlichen Mannigfaltigkeiten.

Das nächste Resultat ist für unsere weiteren Überlegungen grundlegend:

Satz 4.5 *Sei* $(X, \mathcal{O}_X)$ *eine Supermannigfaltigkeit. Dann gilt:*

(i) *Die Superkarten auf* $(X, \mathcal{O}_X)$ *definieren auf* X *die Struktur einer differenzierbaren Mannigfaltigkeit.*

(ii) *Es gibt genau einen von Null verschiedenen Homomorphismus*

$$\beta : \mathcal{O}_X \longrightarrow \mathcal{C}_X^\infty$$

von Algebrengarben.

(iii) *Ist* $U \subseteq X$ *offen, so bezeichne* $\mathcal{O}^1(U)$ *die Menge der nilpotenten Elemente von* $\mathcal{O}_X(U)$. *Dann ist die Sequenz*

$$0 \longrightarrow \mathcal{O}^1(U) \hookrightarrow \mathcal{O}_X(U) \xrightarrow{\beta} \mathcal{C}^\infty(U) \longrightarrow 0$$

exakt (d.h. β *ist surjektiv und der Kern von* β *ist* $\mathcal{O}^1(U)$*).*

Sei weiterhin

$$(\phi, \psi) : (X, \mathcal{O}_X) \longrightarrow (Y, \mathcal{O}_Y)$$

ein Morphismus von Supermannigfaltigkeiten.[1] *Dann ist*

(iv) *die zugrundeliegende Abbildung* $\phi : X \to Y$ *der Punkte ein Morphismus differenzierbarer Mannigfaltigkeiten, und*

(v) *für jede offene Teilmenge* $V \subseteq Y$ *ist das Diagramm*

$$\begin{array}{ccc} \mathcal{O}_X(\phi^{-1}(V)) & \xleftarrow{\ \psi\ } & \mathcal{O}_Y(V) \\ \Big\downarrow \beta_X & & \Big\downarrow \beta_Y \\ C^\infty(\phi^{-1}(V)) & \xleftarrow{\ \phi^*\ } & C^\infty(V) \end{array}$$

kommutativ. Dabei bezeichnet ϕ^* *den gewöhnlichen Pullback von Funktionen:*

$$(\phi^* f)(x) := f(\phi(x)) \quad \textit{für alle} \quad x \in \phi^{-1}(V)\ .$$

((v) besagt, daß der Homomorphismus β *im kategorientheoretischen Sinne* natürlich *ist.)*

Beweis. Wir zerlegen den Beweis des Satzes in eine Reihe von Teilbehauptungen:

(I) Sei M eine differenzierbare Mannigfaltigkeit, $\delta : C^\infty(M) \to \mathbb{R}$ ein (von Null verschiedener) Algebrenhomomorphismus. Dann gibt es genau ein $p \in M$, so daß für alle $f \in C^\infty(M)$

$$\delta(f) = f(p)$$

ist. D.h. die Algebrenhomomorphismen $C^\infty(M) \to \mathbb{R}$ sind genau die Evaluierungsabbildungen an geeigneten Punkten von M. Diese Eigenschaft ist

[1] Da wir hier die Ringgarben $\mathcal{O}_X, \mathcal{O}_Y$ als vollständige Prägarben ansehen, ist es bequem, ψ als Garbenhomomorphismus $\mathcal{O}_Y \to \phi_* \mathcal{O}_X$ zu betrachten.

natürlich äquivalent zu der Behauptung, daß die maximalen Ideale von $C^\infty(M)$ genau die Ideale $\mathbf{m}_p = \{f \in C^\infty(M) \mid f(p) = 0\}$ $(p \in M)$ sind.

Ein besonders einfacher Beweis von (I) gelingt mit dem **Whitneyschen Einbettungssatz**, der besagt, daß jede differenzierbare Mannigfaltigkeit der Dimension m differenzierbar in den $\mathbb{R}^{2m+1}$ eingebettet werden kann [55]. Wir können also $M \subseteq \mathbb{R}^{2m+1}$ voraussetzen. Nach Einschränkung auf M können wir die cartesischen Koordinaten $u_1, \ldots, u_{2m+1}$ des $\mathbb{R}^{2m+1}$ als Elemente von $C^\infty(M)$ betrachten. Sei

$$p := (\delta(u_1), \ldots, \delta(u_{2m+1})) \ .$$

Wir zeigen zunächst, daß dieser Punkt des $\mathbb{R}^{2m+1}$ zur Mannigfaltigkeit M gehört. Andernfalls würde die Funktion

$$f := \sum_{i=1}^{2m+1} (u_i - \delta(u_i))^2 \in C^\infty(M)$$

an keinem Punkt von M verschwinden, wäre also in $C^\infty(M)$ invertierbar. Nun ist aber, wie man sofort nachrechnet, $\delta(f) = 0$. Dies widerspricht der Invertierbarkeit von f. Somit ist $p \in M$. Nehmen wir nun an, daß δ von $\delta_p : g \longmapsto g(p)$ verschieden ist. Dann gibt es ein $g \in C^\infty(M)$, so daß $\delta(g) \neq g(p)$ ist. Die oben definierte Funktion f ist nicht-negativ und hat nach Konstruktion genau eine Nullstelle, nämlich p. An der Stelle p ist die Funktion $g - \delta(g)$ nach Voraussetzung von Null verschieden. Somit ist die Funktion

$$h := f + (g - \delta(g))^2 \in C^\infty(M)$$

überall positiv und damit invertierbar in $C^\infty(M)$. Andererseits ist $\delta(h) = 0$. Dieser Widerspruch beweist (I).

Es sei nun $\left(V, \mathcal{O}_{m,n}|_V\right)$ ein Supergebiet mit „Standardkoordinaten“ $x_1, \ldots, x_m$, $\theta_1, \ldots, \theta_n$. Für jede offene nicht-leere Menge $W \subseteq V$ definieren wir

$$\beta_W^{m,n} : \mathcal{O}_{m,n}(W) \longrightarrow C^\infty(W)$$

durch

$$\sum_{\varepsilon \in \{0,1\}^n} f_\varepsilon \, \theta_1^{\varepsilon_1} \cdots \theta_n^{\varepsilon_n} \longmapsto f_{\underline{0}} \ .$$

Offensichtlich ist $\beta_W^{m,n}$ ein nach Konstruktion surjektiver Homomorphismus von (Super-) Algebren, dessen Kern gerade aus den nilpotenten Elementen von $\mathcal{O}_{m,n}(W)$ besteht.

Sei $\Phi = (\phi, \psi) : \left(U, \mathcal{O}_X|_U\right) \to \left(V, \mathcal{O}_{m,n}|_V\right)$ eine Superkarte. Da $\phi : U \to V$ ein Homöomorphismus ist, ist ϕ eine offene Abbildung, und somit kann man den Garbenisomorphismus ψ als eine Familie $(\psi_{U'})$, $U' \subseteq U$ offen, von Isomorphismen

$$\psi_{U'} : \mathcal{O}_X(U') \longrightarrow \mathcal{O}_{m,n}(\phi(U'))$$

von Superalgebren betrachten. Der durch ϕ definierte Pullback von C^∞–Funktionen,

$$\phi^* : C^\infty(\phi(U')) \longrightarrow C^\infty(U') \qquad (U' \subseteq U)$$

kann als Morphismus

$$\phi^* : (V, \mathcal{C}_V^\infty) \longrightarrow (U, \mathcal{C}_U^\infty)$$

von geringten Räumen betrachtet werden, wobei $\phi^{-1} : V \to U$ die Abbildung der zugrundeliegenden topologischen Räume und der Garbenhomomorphismus

$$\mathcal{C}_V^\infty \longrightarrow (\phi^{-1})^* \mathcal{C}_U^\infty$$

durch die Homomorphismen

$$\begin{array}{ccc} C^\infty(V') & \longrightarrow & (\phi^{-1}(V')) \\ g & \longmapsto & g \circ \phi \end{array}$$

($V' \subseteq V$ offen) gegeben ist. Damit kann man durch die Kommutativität des Diagramms

$$\begin{array}{ccc} \left(U, \mathcal{O}_X|_U\right) & \xrightarrow{\beta_U} & (U, \mathcal{C}_U^\infty) \\ \Phi \downarrow & & \uparrow \phi^* \\ \left(\mathcal{O}_{m,n}|_V\right) & \xrightarrow{\beta_V^{m,n}} & (V, \mathcal{C}_V^\infty) \end{array}$$

einen Morphismus β_U geringter Räume definieren. Die β_U zugrundeliegende Abbildung $U \to U$ ist dabei die Identität, d.h. β_U ist einfach ein Garbenhomomorphismus $\mathcal{O}_X|_U \to \mathcal{C}^\infty_U$. Wir wollen nun zeigen, daß der Morphismus β_U nicht von der Wahl der Superkarte (ϕ, ψ) abhängt. Dazu betrachten wir für zwei Superkarten

$$\Phi_i : \left(U, \mathcal{O}_X|_U\right) \longrightarrow \left(V_i, \mathcal{O}_{m,n}|_{V_i}\right) \quad (i = 1, 2)$$

das folgende kommutative Diagramm von Morphismen geringter Räume:

$$\begin{array}{ccc}
\left(V_1, \mathcal{O}_{m,n}|_{V_1}\right) & \xrightarrow{\beta^{m,n}_{V_1}} & (V_1, \mathcal{C}^\infty_{V_1}) \\
\Phi_1 \big\uparrow & & \big\downarrow \phi_1^* \\
\left(U, \mathcal{O}_X|_U\right) & \overset{\beta^{(1)}_U}{\underset{\beta^{(2)}_U}{\rightrightarrows}} & (U, \mathcal{C}^\infty_U) \\
\Phi_2 \big\downarrow & & \big\uparrow \phi_2^* \\
\left(V_2, \mathcal{O}_{m,n}|_{V_2}\right) & \xrightarrow{\beta^{m,n}_{V_2}} & (V_2, \mathcal{C}^\infty_{V_2}) \, .
\end{array}$$

Neben $\beta^{m,n}_{V_1}$ erhalten wir aus diesem Diagramm einen weiteren Homomorphismus

$$\left(\phi_1^{-1}\right)^* \phi_2^* \, \beta^{m,n}_{V_2} \, \Phi_2 \Phi_1^{-1} : \left(V_1, \mathcal{O}_{m,n}|_{V_1}\right) \longrightarrow \left(V_1, \mathcal{C}^\infty_{V_1}\right)$$

geringter Räume, dessen zugrundeliegende Abbildung $V_1 \to V_1$ ebenfalls die Identität ist. Im nächsten Punkt (II) werden wir zeigen, daß es genau einen von Null verschiedenen Garbenhomomorphismus $\mathcal{O}_{m,n}|_{V_1} \longrightarrow \mathcal{C}^\infty(V_1)$ gibt. Somit ist

$$\left(\phi_1^{-1}\right)^* \phi_2^* \, \beta^{m,n}_{V_2} \, \Phi_2 \Phi_1^{-1} = \beta^{m,n}_{V_1} \, ,$$

d.h. es gilt

$$\beta_U^{(1)} = \phi_1^* \beta_{V_1}^{m,n} \Phi_1 = \phi_2^* \beta_{V_2}^{m,n} \Phi_2 = \beta_{V_1}^{m,n} .$$

Damit ist gezeigt, daß die Definition von β_U nicht von der Wahl der Superkarte abhängt.

Ist W eine offene Teilmenge von U, so folgt aus der Definition von β_U und der Unabhängigkeit von der Kartenwahl, daß

$$\beta_W = \beta_U|_W$$

gilt, wobei $\beta_U|_W : \left(W, \mathcal{O}_X|_W\right) \longrightarrow (W, \mathcal{C}_W^\infty)$ die Einschränkung von β_U auf W ist. Aus Lemma 3.29 folgt nun, daß man die β_U zu genau einem Garbenhomomorphismus $\beta : \mathcal{O}_X \longrightarrow \mathcal{C}_X^\infty$ zusammenkleben kann. Da β lokal der einzig mögliche von Null verschiedene Garbenhomomorphismus ist, ist β eindeutig bestimmt.

(II) $\beta_W^{m,n} : \mathcal{O}_{m,n}|_W \longrightarrow \mathcal{C}_W^\infty$ *ist der einzige Homomorphismus der Garbe* $\mathcal{O}_{m,n}|_W$ *auf die Garbe* $\mathcal{C}_W^\infty$.

Sei nämlich $\beta' : \mathcal{O}_{m,n}|_W \longrightarrow \mathcal{C}^\infty(W)$ irgendein von Null verschiedener Homomorphismus von Algebrengarben. Für eine offene Teilmenge $V \subseteq W$ und ein gegebenes $x \in V$ verschwindet der Homomorphismus

$$\delta_x \circ \beta'_V : \mathcal{O}_{m,n}(V) \longrightarrow \mathbb{R}$$

auf den nilpotenten Elementen von $\mathcal{O}_{m,n}(V)$. Da diese nilpotenten Elemente den Kern von $\beta_V^{m,n}$ bilden, faktorisiert $\delta_x \circ \beta'_V$ über $\beta_V^{m,n}$, d.h. es gibt einen von Null verschiedenen Algebrenhomomorphismus $\delta : C^\infty(V) \longrightarrow \mathbb{R}$ mit

$$\delta_x \circ \beta'_V = \delta \circ \beta_V^{m,n} .$$

Nach (I) ist dieser Homomorphismus δ ein Auswertungshomomorphismus δ_y für ein geeignetes $y \in V$. Wir überlegen uns als nächstes, daß dieses y gleich x sein muß. Wäre dies nicht der Fall, so könnten wir eine offene Umgebung V_x von x in V und eine Funktion $f \in C^\infty(V)$ finden, so daß $f(y) \neq 0$, aber

$f_{|V_x} = 0$ ist. Nun können die Elemente von $C^\infty(V)$ auch als die Elemente von $\mathcal{O}_{m,n}(V)$ aufgefaßt werden, auf denen $\beta_V^{m,n}$ identisch operiert. Also gilt

$$0 \neq f(y) = \delta_y(f) = (\delta_V \circ \beta_V^{m,n})(f) = \delta_x(\beta_V'(f)) ,$$

und die Einschränkung auf V_x liefert

$$0 \neq \delta_x \left(\beta_V'(f)_{|V_x} \right) = \delta_x \circ \beta_{V_x}' \left(f_{|V_x} \right) = 0 ,$$

wobei wir ausgenutzt haben, daß β' ein Homomorphismus von Prägarben ist. Dieser Widerspruch zeigt, daß $y = x$ sein muß. Da x ein beliebiges Element aus V ist, ist damit gezeigt, daß $\delta_x \circ \beta_V^{m,n} = \delta_x \circ \beta_V'$ für alle $x \in V$ gilt. Daraus folgt aber sofort, daß $\beta_V^{m,n}(f) = \beta_V'(f)$ für alle $f \in C^\infty(V)$ gilt. Sowohl $\beta_V^{m,n}$ als auch β_V' verschwinden auf den nilpotenten Elementen von $\mathcal{O}_{m,n}(V)$, und damit folgt schließlich $\beta_V^{m,n} = \beta_V'$.

Es sei nun

$$\Phi = (\phi, \psi) : (U, \mathcal{O}_U) \longrightarrow (V, \mathcal{O}_V)$$

ein Morphismus von Supergebieten. Dann existiert genau ein Homomorphismus

$$\varphi : C^\infty(V) \longrightarrow C^\infty(U) ,$$

so daß das folgende Diagramm kommutativ ist:

$$\begin{array}{ccc} \mathcal{O}_U(U) & \xleftarrow{\psi} & \mathcal{O}_V(V) \\ \Big\downarrow \beta_U & & \Big\downarrow \beta_V \\ C^\infty(U) & \xleftarrow{\varphi} & C^\infty(V) . \end{array}$$

Ist nämlich $f \in C^\infty(V)$, so wähle man ein beliebiges $h \in \beta_V^{-1}(f)$ (wir wissen bereits, daß β_V für Supergebiete surjektiv ist). Dann ist $h = f + f_n$ mit nilpotentem f_n. Da $\psi(f_n)$ dann ebenfalls nilpotent ist und somit im Kern von β_U liegt, folgt

$$(\beta_U\psi)(h) = \beta_U(\psi(f) + \psi(f_n)) = (\beta_U\psi)(f) \; .$$

$\varphi(f) := (\beta_U\psi)(h)$ ist also wohldefiniert, und wir erhalten damit einen Homomorphismus

$$\varphi : C^\infty(V) \longrightarrow C^\infty(U) \; ,$$

mit dem das obige Diagramm kommutativ ist.

Sei nun $\varphi' : C^\infty(V) \to C^\infty(U)$ irgendein Homomorphismus mit $\varphi'\beta_V = \beta_U\psi$. Dann gilt für beliebiges $h = f_0 + f_n \in \mathcal{O}_V(V)$ (f_n nilpotent):

$$\varphi'(f_0) = (\varphi'\beta_V)(h) = (\beta_U\psi)(f_0 + f_n) = (\beta_U\psi)(f_0) \; .$$

Also ist φ eindeutig bestimmt.

(III) *Es gilt* $\varphi = \phi^*$, *d.h.* $\varphi(f) = f \circ \phi$ *für alle* $f \in C^\infty(V)$.

Für gegebenes $x \in U$ betrachte man $c := \varphi(f)(x)$ als konstante Funktion auf V. Angenommen, es ist $\varphi(f)(x) \neq f(\phi(x))$, d.h. $(f - c)(\phi(x)) \neq 0$. Dann ist die Funktion $f - c$ auf einer hinreichend kleinen Umgebung W von $\phi(x)$ invertierbar. Dies widerspricht aber

$$(\varphi(f - c))(x) = (\varphi(f) - c)(x) = 0 \; .$$

Damit ist (III) bewiesen.

Nun ist eine stetige Abbildung $\phi : U \to V$ genau dann eine C^∞–Abbildung, wenn mit $f \in C^\infty(V)$ auch $\phi^*(f) = f \circ \phi \in C^\infty(U)$ ist. Daraus folgt mit (III) sofort

(IV) $\phi : U \to V$ *ist eine differenzierbare Abbildung.*

Aus (IV) folgen nun unmittelbar die Behauptungen (i) und (iv) des Satzes, während sich (v) aus (III) und einer Überlegung analog zum Beweis von (ii) ergibt. (iii) ist klar, wenn man annimmt, daß $(U, \mathcal{O}_X|_U)$ isomorph zu einem Supergebiet ist: $\mathcal{O}^1(U)$ ist dann der Kern von $\beta_U : \mathcal{O}(U) \to C^\infty(U)$, und β_U ist surjektiv. Eine beliebige offene Menge $U \subseteq X$ kann man nun durch offene Teilmengen $U_\imath$, $\imath \in I$, überdecken, so daß alle $(U_\imath, \mathcal{O}_X|_{U_\imath})$ isomorph zu Supergebieten der Dimension (m, n) sind. Bezeichnen wir die Einschränkungshomomorphismen $\mathcal{O}(U) \to \mathcal{O}(U_\imath)$ und $C^\infty(U) \to C^\infty(U_\imath)$ beide mit $\rho_{U_\imath,U}$, so folgt aus der Kommutativität des Diagramms

$$\begin{array}{ccc} \mathcal{O}(U) & \xrightarrow{\beta_U} & C^\infty(U) \\ \Big\downarrow{\scriptstyle \rho_{U_\imath,U}} & & \Big\downarrow{\scriptstyle \rho_{U_\imath,U}} \\ \mathcal{O}(U_\imath) & \xrightarrow{\beta_{U_\imath}} & C^\infty(U_\imath) \end{array},$$

daß $\beta_U(h)$ genau dann verschwindet, wenn für alle $\imath \in I$ $\beta_{U_\imath}(\rho_{U_\imath,U}(h)) = 0$ ist. Dies bedeutet aber, daß $\rho_{U_\imath,U}(h)$ nilpotent ist für alle $\imath \in I$. Da $n+1$ die gemeinsame Nilpotenzordnung für die $\mathcal{O}^1(U_\imath)$ ist, bedeutet also $\beta_U(h) = 0$, daß

$$0 = (\rho_{U_\imath,U}(h))^{n+1} = \rho_{U_\imath,U}(h^{n+1})$$

gilt für alle $\imath \in I$. Also ist $h^{n+1} = 0$, da $\mathcal{O}_X$ eine vollständige Prägarbe ist. Damit ist gezeigt, daß der Kern von β_U gleich $\mathcal{O}^1(U)$ ist.

Der Beweis der Surjektivität von β_U gelingt durch „Zusammenkleben“ von $\beta_{U_\imath}$–Urbildern. Allerdings brauchen wir dafür (was nicht überraschend ist) ein Super–Analogon für die differenzierbare Zerlegung der Eins. Wir stellen diesen Nachweis noch bis 4.12 zurück. □

Der *Träger* $\text{supp}(f)$ einer Funktion $f : X \to \mathbb{R}$ ist die abgeschlossene Hülle aller $x \in X$, für die $f(x) \neq 0$ ist. Offensichtlich ist

$$\text{supp}(f) = X \setminus \bigcup \left\{ V \mid V \subseteq X \text{ offen}, \ f|_V = 0 \right\}.$$

In dieser Formulierung läßt sich der Begriff des Trägers leicht auf Elemente einer Prägarbe übertragen.

Definition 4.6 *Sei* $\mathcal{P} = (\mathcal{P}_U; \rho_{V,U})$ *eine Prägarbe abelscher Gruppen,* $f \in \mathcal{P}_U$.

$$\operatorname{supp}(f) := U \setminus \bigcup \{V \mid V \subseteq U \text{ offen}\ ,\ \rho_{V,U}(f) = 0\}$$

heißt der **Träger von** f.

Das nächste Resultat ist genauso wie in der gewöhnlichen Differentialgeometrie von technischer Bedeutung:

Lemma 4.7 (Fortsetzung von Superfunktionen) *Sei* $(X, \mathcal{O}_X)$ *eine Supermannigfaltigkeit. Ferner sei* $U \subseteq X$ *eine offene nicht-leere Menge,* $x \in U$ *und* $f \in \mathcal{O}_X(U)$. *Dann gibt es wenigstens ein* $g \in \mathcal{O}_X(X)$ *und eine Umgebung* $W \subseteq U$ *von* x, *so daß*

$$\rho_{W,U}(f) = \rho_{W,X}(g)$$

gilt.

Beweis. Wir können ohne Einschränkung der Allgemeinheit annehmen, daß $\left(U, \mathcal{O}_X|_U\right)$ isomorph ist zu einem Supergebiet der Dimension (m, n). Es gibt dann einen Isomorphismus ψ der Garbe $\mathcal{O}_X|_U$ auf die Garbe $\mathcal{C}_X^\infty|_U \otimes \Lambda_n(\mathbb{R})$ (nach Satz 4.5 ist X eine differenzierbare Mannigfaltigkeit, wir können also von $\mathcal{C}_X^\infty$ reden). $\psi(f)$ läßt sich nun schreiben als

$$\psi(f) = \sum_\varepsilon f_\varepsilon\, \theta^\varepsilon\ .$$

Sei $h \in C^\infty(X)$ eine Funktion, die gleich 1 auf einer geeigneten Umgebung von x ist und deren Träger in U enthalten ist. Der Träger von

$$f' := \psi^{-1}(h\psi(f))$$

ist dann in U enthalten. Da $\mathcal{O}_X$ eine vollständige Prägarbe ist, können wir ein $g \in \mathcal{O}_X(X)$ definieren durch

$$\rho_{X\setminus \operatorname{supp}(f'),X}(g) := 0\ ,\quad \rho_{U,X}(g) := f'\ .$$

Dieses g genügt der Behauptung des Lemmas. □

Sind $(X, \mathcal{O}_X)$ und $(Y, \mathcal{O}_Y)$ Supermannigfaltigkeiten, so induziert ein Morphismus

$$(\phi, \psi) : (X, \mathcal{O}_X) \longrightarrow (Y, \mathcal{O}_Y)$$

einen Homomorphismus

$$\psi_Y : \mathcal{O}_Y(Y) \longrightarrow \mathcal{O}_X(X)$$

von Superalgebren. Wir zeigen nun umgekehrt, daß jeder solche Homomorphismus genau einen Morphismus von Supermannigfaltigkeiten induziert:

Satz 4.8 *Seien $(X, \mathcal{O}_X)$ und $(Y, \mathcal{O}_Y)$ Supermannigfaltigkeiten. Dann gibt es zu jedem Homomorphismus $\sigma : \mathcal{O}_Y(Y) \to \mathcal{O}_X(X)$ von Superalgebren genau einen Morphismus*

$$(\phi, \psi) : (X, \mathcal{O}_X) \longrightarrow (Y, \mathcal{O}_Y)$$

von Supermannigfaltigkeiten, so daß

$$\psi_Y = \sigma$$

ist. Insbesondere ist also $(X, \mathcal{O}_X)$ bis auf Isomorphie durch die Superalgebra $\mathcal{O}_X(X)$ eindeutig bestimmt.

Beweis. Wir beweisen dieses Resultat wieder unter der Annahme, daß der Homomorphismus

$$\beta_Y : \mathcal{O}_Y(Y) \longrightarrow C^\infty(Y)$$

surjektiv ist. Sei $f \in C^\infty(Y)$. Dann ist $\beta_X \sigma \beta_Y^{-1}(\{f\})$ eine einelementige Menge. Das zugehörige Argument haben wir bereits im Beweis von Satz 4.5 kennengelernt: Seien $g, h \in \beta_Y^{-1}(\{f\})$. Dann ist $g - h \in \ker \beta_Y$ und somit nilpotent. Also ist auch $\sigma(g - h)$ nilpotent und liegt damit im Kern von β_X, d.h. es ist $\beta_X \sigma(g) = \beta_X \sigma(h)$. Die Abbildung $\widetilde{\sigma}$, die $f \in C^\infty(Y)$ das (einzige) Element von $\beta_X \sigma f_Y^{-1}(\{f\})$ zuordnet, ist somit die eindeutig bestimmte Abbildung, die das folgende Diagramm kommutativ macht:

$$\begin{array}{ccc} \mathcal{O}_Y(Y) & \xrightarrow{\sigma} & \mathcal{O}_X(X) \\ \beta_Y \Big\downarrow & & \Big\downarrow \beta_X \\ C^\infty(Y) & \xrightarrow{\widetilde{\sigma}} & C^\infty(X) \,. \end{array}$$

Man rechnet leicht nach, daß $\widetilde{\sigma}$ ein Algebren–Homomorphismus ist. Für jedes $x \in X$ ist dann auch $\delta_x \circ \widetilde{\sigma} : C^\infty(Y) \to \mathbb{R}$ ein Algebren–Homomorphismus. Zu gegebenem $x \in X$ existiert also genau ein $y \in Y$, so daß $\delta_x \circ \widetilde{\sigma} = \delta_y$ ist. Wir erhalten damit eine Abbildung

$$\phi : X \longrightarrow Y \,,$$

die jedem $x \in X$ das durch $\delta_x \circ \widetilde{\sigma}$ eindeutig bestimmte $y \in Y$ zuordnet. Man beachte nun, daß die Topologie von X gerade die durch $\{\delta_x \mid x \in X\}$ bezüglich $C^\infty(X)$ auf X induzierte schwache Topologie ist: die Topologie von X ist die gröbste Topologie, so daß alle Funktionen $x \longmapsto \delta_x(f)$ $(f \in C^\infty(X))$ auf X stetig sind. Eine Folge $(x_i)_{i\in\mathbb{N}}$ in X konvergiert also genau dann gegen ein $x \in X$, wenn für alle $f \in C^\infty(X)$ die Folge $(f(x_i))_{i\in\mathbb{N}}$ gegen $f(x)$ konvergiert. Daraus folgt nun leicht die Stetigkeit der Abbildung ϕ: In X konvergiere $(x_i)_{i\in\mathbb{N}}$ gegen x. Dann konvergiert für jedes $f \in C^\infty(Y)$ die Folge $(\delta_{x_i}(\widetilde{\sigma}(f)))_{i\in\mathbb{N}}$ gegen $\delta_x(\widetilde{\sigma}(f))$, d.h. $(\delta_{\phi(x_i)}(f))_{i\in\mathbb{N}}$ konvergiert gegen $\delta_{\phi(x)}(f)$. Dies bedeutet aber, daß $(\phi(x_i))_{i\in\mathbb{N}}$ gegen $\phi(x)$ konvergiert.

Wir gehen nun daran, einen Garbenhomomorphismus $\psi : \mathcal{O}_Y \to \phi_* \mathcal{O}_X$ zu konstruieren, so daß $\psi_Y = \sigma$ ist. Dazu sei $V \subseteq Y$ eine offene nicht–leere Menge, $U := \phi^{-1}(V)$. Im allgemeinen können wir ein gegebenes $f \in \mathcal{O}_Y(V)$ nicht auf ganz Y fortsetzen (im Sinne von Lemma 4.7), aber wir können passende „Stücke“ von f auf ganz Y fortsetzen: Zu jedem $y \in V$ gibt es eine Umgebung $W_y \subseteq V$ von y und ein Element $g_y \in \mathcal{O}_Y(Y)$, so daß

$$\rho_{W_y,Y}(g_y) = \rho_{W_y,V}(f)$$

ist. In diesem Beweis schreiben wir dafür abkürzend

$$g_y\,|_{W_y} = f\,|_{W_y} \,.$$

Die Familie der g_y $(y \in V)$ hat insbesondere die Eigenschaft, daß

$$g_z|_{W_y \cap W_z} = g_y|_{W_y \cap W_z}$$

ist für überlappende Umgebungen W_y, W_z von y bzw. z in V. Für die Elemente $\sigma(g_y)|_{\phi^{-1}(W_y)}$ $(y \in V)$ gilt somit eine analoge Verträglichkeitseigenschaft:

$$\begin{aligned} \sigma(g_y)|_{\phi^{-1}(W_y) \cap \phi^{-1}(W_z)} &= \sigma(g_y)|_{\phi^{-1}(W_y \cap W_z)} \\ &= \sigma(g_z)|_{\phi^{-1}(W_y \cap W_z)} \\ &= \sigma(g_z)|_{\phi^{-1}(W_y) \cap \phi^{-1}(W_z)} \end{aligned}$$

für $W_y \cap W_z \neq \emptyset$. Die Familie $\left(\sigma(g_y)|_{\phi^{-1}(W_y)}\right)_{y \in V}$ bestimmt somit genau ein Element $\psi_V(f) \in \mathcal{O}_X(U)$, so daß $\psi_V(f)|_{\phi^{-1}(W_y)} = \sigma(g_y)|_{\phi^{-1}(W_y)}$ für alle $y \in V$ ist. Damit ist eine Abbildung

$$\psi_V : \mathcal{O}_Y(V) \longrightarrow \mathcal{O}_X\left(\phi^{-1}(V)\right)$$

definiert. Da σ ein Homomorphismus von Superalgebren ist, ist auch ψ_V ein Homomorphismus. Nach Konstruktion sind die ψ_V, $V \subseteq Y$ offen, mit den Einschränkungsabbildungen der Prägarben $\mathcal{O}_Y$ und $\phi_* \mathcal{O}_X$ verträglich. Die Familie der ψ_V bildet somit einen Garbenhomomorphismus

$$\psi : \mathcal{O}_Y \longrightarrow \phi_* \mathcal{O}_X \ .$$

Damit ist gezeigt, daß

$$(\phi, \psi) : (X, \mathcal{O}_X) \longrightarrow (Y, \mathcal{O}_Y)$$

ein Morphismus von Supermannigfaltigkeiten ist.

Wir zeigen schließlich, daß der so konstruierte Morphismus (ϕ, ψ) der einzige ist, für den $\psi_Y = \sigma$ ist. Dazu sei $(\phi', \psi') : (X, \mathcal{O}_x) \to (Y, \mathcal{O}_Y)$ irgendein Morphismus mit $\psi'_Y = \sigma$.

Da das Diagramm

$$\begin{array}{ccc} \mathcal{O}_Y(Y) & \xrightarrow{\sigma} & \mathcal{O}_X(X) \\ \Big\downarrow \beta_Y & & \Big\downarrow \beta_X \\ C^\infty(Y) & \xrightarrow{\varphi} & C^\infty(X)\,, \end{array}$$

wobei $\varphi = \phi^*$ oder $\varphi = (\phi')^*$ ist, kommutiert, muß $\phi = \phi'$ sein. Ferner hat man das kommutative Diagramm

$$\begin{array}{ccc} \mathcal{O}_Y(Y) & \xrightarrow{\sigma} & \mathcal{O}_X(X) \\ \Big\downarrow \rho_{V,Y} & & \Big\downarrow \rho_{\phi^{-1}(V),X} \\ \mathcal{O}_Y(V) & \overset{\psi_V}{\underset{\psi'_V}{\rightrightarrows}} & \mathcal{O}_X(\phi^{-1}(V)) \end{array}$$

für jedes offene $V \subseteq Y$. Mit derselben Zerschneidetechnik wie bei der Definition von ψ zeigen wir, daß $\psi_V = \psi'_V$ ist. Sei $f \in \mathcal{O}_Y(V)$, $y \in V$. $W_y \subseteq V$ sei eine offene Umgebung von y und g_y ein Element von $\mathcal{O}_Y(Y)$, so daß $g_y|_{W_y} = f|_{W_y}$ ist. Wegen $\sigma = \psi_Y = \psi'_Y$ ist

$$\psi'_{W_y}\left(f|_{W_y}\right) = \sigma(g_y)|_{\phi^{-1}(W_y)} = \psi_{W_Y}\left(f|_{W_y}\right).$$

Da ψ und ψ' Garbenhomomorphismen sind, folgt

$$\begin{aligned} \psi'_V(f)|_{\phi^{-1}(W_y)} &= \psi'_{W_y}\left(f|_{W_y}\right) \\ &= \psi_{W_y}\left(f|_{W_y}\right) \\ &= \psi_V(f)|_{\phi^{-1}(W_y)} \end{aligned}$$

für alle $y \in V$. Also ist

$$\psi'_V(f) = \psi_V(f) \quad \text{für alle } f \in \mathcal{O}_Y(V)$$

und damit $\psi'_V = \psi_V$. □

Wir haben noch die Surjektivität der Abbildungen $\beta_U : \mathcal{O}_X(U) \to C^\infty(U)$ für beliebiges offenes $U \subseteq X$ nachzuweisen. Dazu führen wir den Begriff des Funktionenfaktors ein:

Definition 4.9 *Sei* $(X, \mathcal{O}_X)$ *eine Supermannigfaltigkeit,* $U \subseteq X$ *eine offene Menge. Eine Unteralgebra* $C(U) \subseteq \mathcal{O}_X(U)_0$ *heißt ein* **Funktionenfaktor** *auf* U, *wenn*

$$\beta_U\big|_{C(U)} : C(U) \longrightarrow C^\infty(U)$$

ein Isomorphismus ist.

Funktionenfaktoren existieren zumindest *lokal*: jedes Supergebiet

$$\mathcal{O}(U) = C^\infty(U) \otimes \Lambda(\mathbb{R}^n)$$

besitzt $C^\infty(U) \simeq C^\infty(U) \otimes \mathbf{1}$ als naheliegenden Funktionenfaktor. Wir werden später sehen, daß auf jeder offenen Menge $U \subseteq X$ mindestens ein Funktionenfaktor existiert. Natürlich sind nach Definition alle Funktionenfaktoren auf U zueinander isomorph.

Betrachten wir als Beispiel die Supermannigfaltigkeit $(\mathbb{R}, \mathcal{O})$ mit $\mathcal{O} = C^\infty \otimes \Lambda(\mathbb{R}^2)$. $(\mathbb{R}, \mathcal{O})$ ist ein Supergebiet mit Koordinatensystem $(x; \xi, \eta)$. Die Funktionenfaktoren in $\mathcal{O}(\mathbb{R})$ entsprechen umkehrbar eindeutig den Homomorphismen

$$\gamma : C^\infty(\mathbb{R}) \longrightarrow \mathcal{O}(\mathbb{R}) ,$$

für die $\beta\gamma = \mathrm{id}_{C^\infty(\mathbb{R})}$ ist. Da γ ein gerader Homomorphismus ist, kann man

$$\gamma(f) = f + \delta(f)\xi\eta$$

mit einer geeigneten linearen Abbildung

$$\delta : C^\infty(\mathbb{R}) \longrightarrow C^\infty(\mathbb{R})$$

schreiben. Aus der Multiplikativität von γ folgt sofort, daß δ eine Derivation von $C^\infty(\mathbb{R})$, d.h. ein Vektorfeld auf $\mathbb{R}$ sein muß. Also ist

$$\delta(f) = \delta(x)\,\frac{df}{dx}\,,$$

wobei $\delta(x)$ eine beliebig vorgegebene Funktion $F \in C^\infty(\mathbb{R})$ sein kann. Umgekehrt bestimmt jedes $F \in C^\infty(\mathbb{R})$ durch

$$\delta(f) := F\,\frac{df}{dx}$$

eine Derivation von $C^\infty(\mathbb{R})$. Damit ist gezeigt, daß jeder Funktionenfaktor in $\mathcal{O}(\mathbb{R})$ die Form

$$C_F(\mathbb{R}) := \left\{ f + F\,\frac{df}{dx}\,\xi\eta \,\middle|\, f \in C^\infty(\mathbb{R}) \right\}$$

besitzt, wobei $F \in C^\infty(\mathbb{R})$ eine beliebig vorgegebene Funktion ist. Man beachte, daß keiner dieser Funktionenfaktoren in natürlicher Weise vor einem anderen ausgezeichnet ist (vorausgesetzt, man hat keine natürliche Vorliebe für Nullen).

Funktionenfaktoren sind von fundamentaler Bedeutung für die Charakterisierung von (lokalen) Superkoordinatensystemen auf einer Supermannigfaltigkeit. Wir wollen hier den algebraischen Aspekt von Funktionenfaktoren im Hinblick auf Satz 4.5 etwas näher beleuchten. Ein Schnitt des Homomorphismus $\beta_U : \mathcal{O}_X(U) \to C^\infty(U)$ ist ein (notwendig gerader) Homomorphismus $\sigma_U : C^\infty(U) \to \mathcal{O}_X(U)$ mit $\beta_U\sigma_U = \mathrm{id}_{C^\infty(U)}$. Offensichtlich ist dann

$$C(U) := \sigma_U(C^\infty(U)) \subseteq \mathcal{O}_X(U)_0$$

ein Funktionenfaktor auf U. Umgekehrt liefert jeder Funktionenfaktor $C(U)$ auf U einen Schnitt von β_U, nämlich $\left(\beta_U|_{C(U)}\right)^{-1}$.

Die Funktionenfaktoren auf U entsprechen also umkehrbar eindeutig den Schnitten des Homomorphismus β_U.

Ist nun $C(U)$ ein Funktionenfaktor auf U, so liefert der zugehörige Schnitt $\sigma_U : C^\infty(U) \to \mathcal{O}(U)$ von β_U einen Split der exakten Sequenz

$$0 \longrightarrow \mathcal{O}^1(U) \hookrightarrow \mathcal{O}_X(U) \xrightarrow{\beta_U} C^\infty(U) \longrightarrow 0$$

aus Satz 4.5 (iii). Ist nämlich $f \in \mathcal{O}_X(U)$, so ist wegen $\beta_U \sigma_U = \mathrm{id}_{C^\infty(U)}$

$$\xi := f - \sigma_U(\beta_U(f)) \in \ker \beta_U \ .$$

Also ist $\xi \in \mathcal{O}^1(U)$, und wir können f schreiben als

$$f = \sigma_U \beta_U(f) + \xi \ .$$

Damit erhalten wir eine Zerlegung von $\mathcal{O}_X(U)$ als

$$\mathcal{O}_X(U) = C(U) \oplus \mathcal{O}^1(U) \ .$$

Satz 4.10 *Es sei $(X, \mathcal{O})$ eine Supermannigfaltigkeit, $U \subseteq X$ eine offene nicht-leere Menge und $C(U)$ ein Funktionenfaktor auf U. Dann gilt:*

(i) *Für jede offene nicht-leere Teilmenge $V \subseteq U$ gibt es genau einen Funktionenfaktor $C(V)$ auf V, so daß*

$$\rho_{V,U} C(U) \subseteq C(V)$$

gilt.

(ii) *Die Zuordnung $V \longmapsto C(V)$ definiert eine Untergarbe von $\mathcal{O}\big|_U$.*

(iii) *Für jedes $f \in C(U)$ ist*

$$\mathrm{supp}(f) = \mathrm{supp}(\beta_U(f)) \ .$$

Beweis. Sei $\sigma : C^\infty(U) \to \mathcal{O}(U)$ die Zusammensetzung der Abbildungen

$$\gamma : C^\infty(U) \longrightarrow C(U) \ ,$$

wobei $\gamma^{-1} = \beta_U\big|_{C(U)}$ ist, und

$$C(U) \hookrightarrow \mathcal{O}(U) \ .$$

Nach Satz 4.8 gibt es genau einen Morphismus

$$(\phi, \psi) : (U, \mathcal{O}_U) \longrightarrow (U, \mathcal{C}^\infty_U)$$

von Supermannigfaltigkeiten, so daß $\psi_U = \sigma$ ist. (Die im Beweis von Satz 4.8 gemachte Surjektivitätsannahme ist hier in trivialer Weise erfüllt !)

Wegen $\beta_U\sigma = \mathrm{id}_{C^\infty(U)}$ ist $\phi : U \to U$ die identische Abbildung. Da $\beta_U|_{C(U)}$ ein Isomorphismus von $C(U)$ auf $C^\infty(U)$ ist, folgt ebenso mit Satz 4.8, daß der Homomorphismus $\beta_U : \mathcal{O}(U) \to C^\infty(U)$ einen Morphismus

$$(\mathrm{id}, \beta^\#) : (U, \mathcal{C}_U^\infty) \longrightarrow (U, \mathcal{O}_U)$$

mit $\beta_U^\# = \beta_U$ induziert, der wegen $\beta_U\sigma = \mathrm{id}_{C^\infty(U)}$ ein Rechtsinverses zu (id, ψ) sein muß:

$$(\mathrm{id}, \psi) \circ (\mathrm{id}, \beta^\#) = \mathrm{id}_{(U, \mathcal{C}_U^\infty)} .$$

Also ist

$$C(V) := \psi_V(C^\infty(V))$$

ein Funktionenfaktor auf V. Die Konstruktion des Morphismus (ϕ, ψ) im Beweis von Satz 4.8 zeigt, daß $C(V)$ auch in folgender Weise beschrieben werden kann: $C(V)$ ist die Menge aller $f \in \mathcal{O}(V)$ mit der Eigenschaft, daß es zu jedem $x \in V$ eine offene Umgebung $W \subseteq V$ von x und ein $g \in C(U)$ gibt mit $f|_W = g|_W$. Insbesondere ist also

$$\rho_{V,U}\, C(U) \subseteq C(V) .$$

Die durch β_U gegebene Zuordnung

$$C(V) = \psi_V(C^\infty(V)) \longmapsto C^\infty(V)$$

induziert einen Isomorphismus

$$C(-) \longrightarrow \mathcal{C}_U^\infty$$

von Prägarben. Daraus ergibt sich unmittelbar die Behauptung (ii). Ebenso folgt (iii): da $C(-) \to \mathcal{C}_U^\infty$ ein Isomorphismus ist, gilt für jedes $f \in C(U)$ $\rho_{V,U}(f) = 0$ genau dann, wenn $\rho_{V,U}(\beta_U(f)) = 0$ gilt.

Wir beweisen schließlich noch die Eindeutigkeitsaussage von (i). Sei $C'(V)$ irgendein Funktionenfaktor auf V, so daß $\rho_{V,U}\, C(U) \subseteq C'(V)$ gilt, und sei $f \in C'(V)$. Das Fortsetzungslemma 4.7 zeigt, daß zu jedem $x \in V$ eine offene Umgebung $W_x \subseteq V$ von x und ein $h_x \in \mathcal{O}(U)$ existieren, so daß $h_x|_{W_x} = f|_{W_x}$ gilt. Dann kann man aber ein $g_x \in C(U)$ wählen, so daß

$$\beta_U(g_x)|_{W_x} = \beta_U(f)|_{W_x}$$

ist. Also ist $\operatorname{supp}(\beta_U(g_x - f)) \cap W_x = \emptyset$, und nach (iii) ist somit $\operatorname{supp}(g_x - f) \cap W_x = \emptyset$, d.h. es ist $g_x|_{W_x} = f|_{W_x}$. Nach der obigen Charakterisierung von $C(V)$ folgt damit $f \in C(V)$. Ist umgekehrt $f \in C(V)$, so existieren zu jedem $x \in V$ eine offene Umgebung $W_x \subseteq V$ von x und ein $g_x \in C(U)$ mit $g_x|_{W_x} = f|_{W_x}$. Nun ist aber nach Voraussetzung über $C'(V)$ $g_x|_V \in C'(V)$ für jedes $x \in V$, also muß $f \in C'(V)$ sein. Damit ist der ganze Satz bewiesen. □

Ein wichtiges Hilfsmittel der Analysis auf gewöhnlichen differenzierbaren Mannigfaltigkeiten ist die Existenz von differenzierbaren Zerlegungen der Eins, die vorgegebenen offenen Überdeckungen untergeordnet sind. Dieses Hilfsmittel haben wir auch für das Studium von Supermannigfaltigkeiten zur Verfügung.

Wir erinnern zunächst daran, daß eine offene Überdeckung $(U_i)_{i\in I}$ eines topologischen Raumes X *lokal endlich* heißt, wenn jeder Punkt $x \in X$ eine Umgebung besitzt, die nur endlichviele der U_i trifft. Eine offene Überdeckung $(U_i)_{i\in I}$ heißt eine *Verfeinerung* einer offenen Überdeckung $(V_j)_{j\in J}$ von X, wenn es zu jedem $j \in J$ ein $i \in I$ gibt, so daß $U_i \subseteq V_j$ ist.

Satz 4.11 *Sei $(X, \mathcal{O})$ eine Supermannigfaltigkeit. Dann besitzt jede offene Überdeckung von X eine lokal endliche Verfeinerung $(U_i)_{i\in I}$ mit folgender Eigenschaft: Zu jedem $i \in I$ gibt es ein $f_i \in \mathcal{O}(X)_0$ mit kompaktem Träger, so daß $\operatorname{supp}(f_i)$ in U_i enthalten ist und $\sum_{i\in I} f_i = 1$ gilt.*

Die Familie $(f_i)_{i\in I}$ heißt eine **differenzierbare Zerlegung der Eins** *auf der Supermannigfaltigkeit $(X, \mathcal{O})$.*

Beweis. Wir bemerken zunächst, daß die Summe $\sum_{i\in I} f_i$ ein wohldefiniertes Element von $\mathcal{O}(X)_0$ ist: Da die Familie $(\operatorname{supp}(f_i))_{i\in I}$ der Träger lokal endlich ist, besitzt jedes $x \in X$ eine offene Umgebung V_x, so daß $V_x \cap \operatorname{supp}(f_i) \neq \emptyset$ ist für höchstens endlichviele $i \in I$. Also ist $\sum_i \rho_{V_x,X}(f_i)$ eine endliche Summe. Wegen der offensichtlichen Verträglichkeit der Familie $(\sum_i \rho_{V_x,X}(f_i))_{x\in X}$ gibt es genau ein Element $f \in \mathcal{O}(X)_0$ mit

$$\rho_{V_x,X}(f) = \sum_i \rho_{V_x,X}(f_i)$$

für alle $x \in X$. Dieses Element f bezeichnen wir in naheliegender Weise mit $\sum_{i\in I} f_i$. Wir benutzen im Beweis das klassische Resultat über die Existenz differenzierbarer Zerlegungen der Eins auf gewöhnlichen differenzierbaren Mannigfaltigkeiten (vergl. z.B. [27], [62]). Danach gibt es zu einer gegebenen offenen Überdeckung eine lokal endliche Verfeinerung $(U_i)_{i\in I}$ und eine Familie $(f_i'')_{i\in I}$ von nicht–negativen Funktionen $f_i'' \in C^\infty(X)$ mit kompaktem Träger $\mathrm{supp}(f_i'') \subseteq U_i$, so daß $\sum_{i\in I} f_i'' = 1$ ist.

Wir können ferner annehmen, daß die offenen Mengen U_i so klein sind, daß auf jedem U_i ein Funktionenfaktor $C(U_i)$ existiert (man beachte, daß die Supermannigfaltigkeit $(X, \mathcal{O})$ lokal ein Supergebiet ist und daß für Supergebiete Funktionenfaktoren existieren). Wir brauchen dabei nicht zu verlangen, daß diese Funktionenfaktoren auf den Durchschnitten $U_i \cap U_j$ übereinstimmen. Wir erhalten dann Elemente $f_i' \in C(U_i)$ mit $\beta_{U_i}(f_i') = f_i''$. Da die Funktionenfaktoren eine Untergarbe von $\mathcal{O}$ bilden, gibt es zu jedem $i \in I$ ein $f_i \in \mathcal{O}(X)_0$ mit $f_i|_{U_i} = f_i'$ und $f_i|_{X\setminus \mathrm{supp}(f_i')} = 0$.

Dann ist $f := \sum_{i\in I} f_i$ wohldefiniert und hat nach Konstruktion die Eigenschaft $\beta_X(f) = 1$. □

Die Existenz einer differenzierbaren Zerlegung der Eins für die Supermannigfaltigkeit $(X, \mathcal{O})$ hat weitreichende Konsequenzen für die Strukturgarbe $\mathcal{O}$ (vergl. [37] Kap. II, III). Mit Hilfe von Satz 4.11 können wir jetzt endlich die Surjektivität der Abbildungen β_U nachweisen und damit die Beweise der Sätze 4.5 und 4.8 komplettieren.

Satz 4.12 *Sei $(X, \mathcal{O})$ eine Supermannigfaltigkeit. Dann ist für jede nicht–leere offene Teilmenge $U \subseteq X$ der Homomorphismus*

$$\beta : \mathcal{O}(U) \longrightarrow C^\infty(U)$$

surjektiv.

Beweis. Sei $(U_i)_{i\in I}$ eine lokal endliche offene Überdeckung von U und $(f_i)_{i\in I}$ eine differenzierbare Zerlegung der Eins auf U, so daß für jedes $i \in I$ gilt:

(i) $\mathrm{supp}(f_i)$ ist kompakt und in U_i enthalten;

(ii) auf U_i existiert ein Funktionenfaktor $C(U_i)$.

Sei $g' \in C^\infty(U)$ gegeben. Dann gibt es zu jedem $i \in I$ ein $g_i \in C(U_i)$ mit

$$\beta(g_i) = g'\beta(f_i) .$$

Nun ist

$$\operatorname{supp}(g_i) = \operatorname{supp}(\beta(g_i)) \subseteq \operatorname{supp}(\beta(f_i)) \subseteq U_i ,$$

also können wir, indem wir

$$g_i\big|_{U \setminus \operatorname{supp}(g_i)} := 0$$

setzen, annehmen, daß $g_i \in \mathcal{O}(U)$ ist. Sei $g := \sum_{i \in I} g_i$. Dann ist

$$\beta(g) = \sum_{i \in I} \beta(g_i) = \sum_{i \in I} g'\beta(f_i) = g' .$$

□

4.3 Koordinatensysteme auf Supermannigfaltigkeiten

Wir zeigen in diesem Abschnitt unter anderem, wie Morphismen zwischen Supermannigfaltigkeiten durch lokale Koordinatensysteme beschrieben werden können. Insbesondere klären wir, in welchem Sinne Superfunktionen von geraden und ungeraden *Variablen* abhängen.

Wir behandeln zunächst für Superfunktionen ein Analogon der klassischen Taylorentwicklung.

Sei $(X, \mathcal{O})$ eine Supermannigfaltigkeit, $U \subseteq X$ eine offene Menge, $p \in U$. $\beta_p : \mathcal{O}(U) \to \mathbb{R}$ sei die Zusammensetzung der Homomorphismen $\beta_U : \mathcal{O}(U) \to C^\infty(U)$ und $C^\infty(U) \to \mathbb{R}$, $f \longmapsto f(p)$. Mit $I_p(U)$ bezeichnen wir den Kern von β_p. $I_p(U)$ ist ein (zweiseitiges) Ideal im Ring $\mathcal{O}(U)$.

Lemma 4.13 *Sei* $(X, \mathcal{O})$ *ein Supergebiet der Dimension* (m, n) *mit Standard-Koordinatensystem* (x, ξ), *und sei* $p \in X$. *Dann gilt:*

(i) *Das Ideal* $I_p(X)$ *wird von den Elementen*

$$x_1 - \beta_p(x_1), \ldots, x_m - \beta_p(x_m), \xi_1, \ldots, \xi_n$$

erzeugt.

(ii) *Sei* k *eine nicht–negative ganze Zahl. Dann kann jedes* $f \in \mathcal{O}(X)$ *dargestellt werden in der Form*

$$f = \sum_{\substack{\mu \in \mathbb{Z}_+^m, |\mu| \le k, \\ \nu \in \mathbb{Z}_2^n}} c_{\mu\nu} (x - \beta_p(x))^\mu \, \xi^\nu + g \,, \tag{4.2}$$

wobei die $c_{\mu v}$ *reelle Koeffizienten sind und* $g \in I_p(X)^{k+1}$ *ist. (Wie üblich ist* $|\mu| = \mu_1 + \cdots + \mu_m$ *für* $\mu = (\mu_1, \ldots, \mu_m) \in \mathbb{Z}_+^m$*.)*

(iii) $\bigcap\limits_{q \in X} I_q(X)^{n+1} = 0$.

Beweis. Die Superfunktion $f \in \mathcal{O}(X) = C^\infty(X) \otimes \Lambda(\mathbb{R}^n)$ hat die kanonische Darstellung

$$f = \sum_{\nu \in \mathbb{Z}_2^n} f_\nu \, \xi^\nu$$

mit eindeutig bestimmten Funktionen $f_\nu \in C^\infty(X)$. Die Taylorentwicklung der Funktionen f_ν bis zur Ordnung k im Punkt

$$\beta_p(x) := (\beta_p(x_1), \ldots, \beta_p(x_m)) \in \mathbb{R}^m$$

ist

$$\begin{aligned} f_\nu(x_1, \ldots, x_m) \;&=\; \sum_{|\mu| \le k} \frac{(x - \beta_p(x))^\mu}{\mu_1! \cdots \mu_m!} \left(\frac{\partial^{|\mu|}}{\partial x_1^{\mu_1} \cdots \partial x_m^{\mu_m}} f_\nu \right) (\beta_p(x)) \\ &\quad + \sum_{|\mu| = k+1} \frac{h_\nu^{(\mu)}(x_1, \ldots, x_m)}{\mu_1! \cdots \mu_m!} (x - \beta_p(x))^\mu \end{aligned}$$

mit

$$\begin{aligned} & h_\nu^{(\mu)}(x_1, \ldots, x_m) \\ &= \; (k+1) \int_0^1 (1-t)^k \left(\frac{\partial^{|\mu|}}{\partial x_1^{\mu_1} \cdots \partial x_m^{\mu_m}} f_\nu \right) (\beta_p(x) + t(x - \beta_p(x)))\, dt \,. \end{aligned}$$

Damit erhält man

$$f = \sum_{\substack{|\mu|\leq k \\ \nu\in\mathbb{Z}_2^n}} c_{\mu\nu}(x-\beta_p(x))^\mu\, \xi^\nu + g\,,$$

wobei

$$g = \sum_{\substack{|\mu|=k+1 \\ \nu\in\mathbb{Z}_2^n}} g_{\mu\nu}(x-\beta_p(x))^\mu\, \xi^\nu$$

mit geeigneten Funktionen $g_{\mu\nu} \in C^\infty(X)$ ist. Da g offensichtlich ein Element von $I_p(X)^{k+1}$ ist, haben wir damit (ii) nachgewiesen.

Ist $f \in I_p(X)$, so muß in der Darstellung (4.2) von f $c_{00} = 0$ sein. Wie wir soeben gesehen haben, liegt g in dem von $x_1 - \beta_p(x_1), \ldots, x_m - \beta_p(x_m)$, $\xi_1, \ldots, \xi_n$ erzeugten Ideal. Also liegt auch f in diesem Ideal. Damit ist (i) bewiesen. Aus (i) ergibt sich nun, daß das Ideal $I_p(X)^{n+1}$ in dem von $x_1 - \beta_p(x_1), \ldots, x_m - \beta_p(x_m)$ erzeugten Ideal enthalten sein muß. Ist also

$$f = \sum_{\nu\in\mathbb{Z}_2^n} f_\nu\, \xi^\nu \in I_p(X)^{n+1}\,,$$

so muß jede der Koordinatenfunktionen f_ν im Punkt p verschwinden. Gilt dies für alle $p \in X$, so ist $f = 0$. Damit ist auch (iii) bewiesen. □

Definition 4.14 *Sei $(X, \mathcal{O})$ eine Supermannigfaltigkeit, $\mathcal{M}$ eine $\mathcal{O}$–Modul–Garbe und k eine nicht–negative ganze Zahl. $\mathcal{M}$ heißt k–**separiert**, wenn für jede offene Menge $U \subseteq^{\boldsymbol{\cdot}} X$*

$$\bigcap_{p\in U} I_p(U)^{k+1}\ \mathcal{M}(U) = 0$$

gilt.

Alle $\mathcal{O}$–Moduln, die wir im folgenden betrachten werden, sind k–separiert für ein geeignetes $k \in \mathbb{Z}_+$.

k–Separiertheit ist ein geometrisch vernünftiger Begriff, insbesondere eine lokale Eigenschaft:

Satz 4.15

(i) *Sei $(X, \mathcal{O})$ eine Supermannigfaltigkeit und $\mathcal{M}$ ein $\mathcal{O}$–Modul. Ist $(U_i)_{i\in I}$ eine offene Überdeckung von X, so daß $\mathcal{M}|_{U_i}$ k–separiert ist für jedes $i \in I$, so ist auch $\mathcal{M}$ k–separiert. (k–Separiertheit ist also eine lokale Eigenschaft.)*

(ii) *Sei* $(\phi, \psi) : (X, \mathcal{O}_X) \to (Y, \mathcal{O}_Y)$ *ein Morphismus von Supermannigfaltigkeiten und* $\mathcal{M}$ *ein* k*–separierter* $\mathcal{O}_X$*–Modul. Dann ist die Garbe* $\phi_* \mathcal{M}$ *über* Y *ein* k*–separierter* $\mathcal{O}_Y$*–Modul.*

Beweis. (i) Sei $U \subseteq X$ offen und

$$f \in \bigcap_{p \in U} I_p(U)^{k+1} \, \mathcal{M}(U) \, .$$

Dann ist für jedes $i \in I$

$$f\big|_{U \cap U_i} \in \bigcap_{p \in U \cap U_i} I_p(U \cap U_i)^{k+1} \, \mathcal{M}(U \cap U_i) \, .$$

Dies ergibt sich leicht aus der Definition der $\mathcal{O}$–Modulstruktur von $\mathcal{M}$ und Teil (ii) von Satz 4.5. Wegen der k–Separiertheit von $\mathcal{M}\big|_{U_i}$ ist somit $f\big|_{U \cap U_i} = 0$. Da die $U \cap U_i$ $(i \in I)$ eine Überdeckung von U bilden, muß $f = 0$ sein.

(ii) Die Bildgarbe $\phi_* \mathcal{M}$ über Y ist in naheliegender Weise ein $\mathcal{O}_Y$–Modul: Sei $V \subseteq Y$ offen, $f \in \phi_* \mathcal{M}(V) = \mathcal{M}(\phi^{-1}(V))$, $\alpha \in \mathcal{O}_Y(V)$. Dann ist

$$\psi_V(\alpha) \in (\phi_* \mathcal{O}_X)(V) = \mathcal{O}_X(\phi^{-1}(V)) \, ,$$

und wir können

$$\alpha \, . \, f := \psi_V(\alpha) f$$

definieren. Damit wird $\phi_* \mathcal{M}$ zu einem $\mathcal{O}_Y$–Modul. Auf die Einzelheiten des einfachen Nachweises wollen wir hier nicht eingehen.

Sei nun $V \subseteq Y$ offen und $U := \phi^{-1}(V)$. Für $p \in U$, $q := \phi(p)$ folgt mit Teil (v) von Satz 4.5, daß

$$\psi_V(I_q(V)) \subseteq I_p(U)$$

ist. Somit ist

$$\bigcap_{q \in V} I_q(V)^{k+1} (\phi_* \mathcal{M})(V) \subseteq \bigcap_{p \in U} I_p(U)^{k+1} \, \mathcal{M}(U) = 0 \, .$$

□

Korollar 4.16 *Sei* $(X, \mathcal{O})$ *eine Supermannigfaltigkeit mit ungerader Dimension* n*. Dann ist der* $\mathcal{O}$*–Modul* $\mathcal{O}$ n*–separiert.*

Beweis. Sei $(U_i)_{i\in I}$ eine offene Überdeckung von X, so daß jedes $\left(U_i, \mathcal{O}\,|_{U_i}\right)$ ein Supergebiet ist. Nach Lemma 4.13 (iii) ist $\mathcal{O}\,|_{U_i}$ n–separiert. Also ist nach Satz 4.15 (i) auch $\mathcal{O}$ n–separiert. □

Korollar 4.16 hat folgende Bedeutung: Eine gewöhnliche Funktion $f : U \to \mathbb{R}$ ist durch ihre Werte $\beta_p(f)$ $(p \in U)$ eindeutig bestimmt. Ist im Superfall $f \in \mathcal{O}(U)$, so können die „Werte“ $\beta_p(f)$ mit den Restklassen

$$f + I_p(U) \in \mathcal{O}(U) \big/ I_p(U)$$

identifiziert werden. Ist jedoch die ungerade Dimension n von $(X, \mathcal{O})$ von Null verschieden, so ist f durch die Restklassen $f + I_p(U)$ $(p \in U)$ im allgemeinen nicht eindeutig bestimmt. Nach Korollar 4.16 ist f aber durch seine Werte

$$\beta_p^n(f) := f + I_p(U)^{n+1}$$

in der „n–ten infinitesimalen Umgebung“ $\mathcal{O}(U) \big/ I_p(U)^{n+1}$ von p eindeutig bestimmt. Sind nämlich $f, g \in \mathcal{O}(U)$, so daß $\beta_p^n(f) = \beta_p^n(g)$ gilt für alle $p \in U$, so ist $f - g \in I_p(U)^{n+1}$ für alle $p \in U$, und somit ist $f - g = 0$.

Im folgenden sei $(X, \mathcal{O}_X)$ ein fest gewähltes Supergebiet mit Standard–Koordinatensystem

$$(x; \xi) = (x_1, \ldots, x_m; \xi_1, \ldots, \xi_n) \; ,$$

und es sei $(Y, \mathcal{O}_Y)$ eine beliebige Supermannigfaltigkeit. Nach Satz 4.8 entsprechen die Morphismen

$$(\phi, \psi) : (Y, \mathcal{O}_Y) \longrightarrow (X, \mathcal{O}_X)$$

umkehrbar eindeutig den Homomorphismen

$$\psi_X : \mathcal{O}_X(X) \longrightarrow \mathcal{O}_Y(Y) \; .$$

Für einen gegebenen Morphismus (ϕ, ψ) sei

$$x_i^{\#} := \psi_X(x_i) \; , \quad \xi_j^{\#} := \psi_X(\xi_j)$$

$(i = 1, \ldots, m;\ j = 1, \ldots, n)$. Diese Elemente von $\mathcal{O}_Y(Y)$ genügen der sogenannten

Abbildungsbedingung 4.17 Für alle $y \in Y$ gehört der Punkt

$$\left(\beta(x_1^\#)(y), \ldots, \beta(x_m^\#)(y)\right) \in \mathbb{R}^m$$

zu X.

Im Beweis von Satz 4.8 hatten wir nämlich gesehen, daß dieser Punkt gerade $\phi(y)$ ist.

Die Bedeutung dieser Beobachtung liegt aber nun gerade darin, daß gegebene $x_1^\#, \ldots, x_m^\# \in \mathcal{O}_Y(Y)_0$, $\xi_1^\#, \ldots, \xi_n^\# \in \mathcal{O}_Y(Y)_1$ auf die obige Weise von einem Morphismus $(Y, \mathcal{O}_Y) \to (X, \mathcal{O}_X)$ herkommen, sobald die $x_i^\#$ der Abbildungsbedingung genügen. Genauer gilt:

Satz 4.18 *Es seien* $(X, \mathcal{O}_X)$, $(Y, \mathcal{O}_Y)$ *wie oben. Sind* $x_1^\#, \ldots, x_m^\# \in \mathcal{O}_Y(Y)_0$, $\xi_1^\#, \ldots, \xi_n^\# \in \mathcal{O}_Y(Y)_1$ *vorgegebene Elemente, so daß* $(x_1^\#, \ldots, x_m^\#)$ *die Abbildungsbedingung erfüllt, dann existiert genau ein Morphismus*

$$(\phi, \psi) : (Y, \mathcal{O}_Y) \longrightarrow (X, \mathcal{O}_X) ,$$

so daß

$$\psi_X(x_i) = x_i^\#, \ \psi_X(\xi_j) = \xi_j^\#$$

$(i = 1, \ldots, m;\ j = 1, \ldots, n)$ *gilt.*

Beweis. Wir beweisen zunächst die Eindeutigkeitsaussage.

Es seien (ϕ, ψ), (ϕ', ψ') Morphismen $(Y, \mathcal{O}_Y) \to (X, \mathcal{O}_X)$, so daß $\psi_X(x; \xi) = \psi'_X(x; \xi) = (x^\#; \xi^\#)$ ist. Eine differenzierbare Abbildung $\phi : Y \to X$ ist eindeutig bestimmt durch die induzierten Abbildungen

$$\phi^*(x_i) : y \longmapsto x_i(\phi(y)) \qquad (i = 1, \ldots, m) .$$

Nach Satz 4.5 (v) ist das Diagramm

$$\begin{array}{ccc} \mathcal{O}_X(X) & \xrightarrow{\psi} & \mathcal{O}_Y(Y) \\ \beta_X \Big\downarrow & & \Big\downarrow \beta_Y \\ C^\infty(X) & \xrightarrow{\phi^*} & C^\infty(Y) \end{array}$$

kommutativ, und das gleiche gilt für das entsprechende durch den Morphismus (ϕ', ψ') definierte Diagramm. Also ist für alle $i = 1, \ldots, m$

$$\begin{aligned} \phi^*(x_i) &= \phi^* \beta_X(x_i) &= \beta_Y \psi_X(x_i) \\ &= \beta_Y(x_i^\#) &= \beta_Y \psi'_X(x_i) \\ &= (\phi')^*(x_i) \,, \end{aligned}$$

und somit ist $\phi = \phi'$.

Sei N die ungerade Dimension von $(Y, \mathcal{O}_Y)$, $p \in Y$, $q = \phi(p) = \phi'(p)$. Nach Lemma 4.13 (ii) kann jedes $f \in \mathcal{O}_X(X)$ dargestellt werden als Summe eines Polynoms in den x_i''s und den ξ_j''s und eines Elements $g \in I_q(X)^{N+1}$. Somit ist

$$(\psi_X - \psi'_X)(f) = (\psi_X - \psi'_X)(g) \in I_p(Y)^{N+1}$$

für beliebiges $p \in Y$. Nach Korollar 4.16 ergibt sich daraus $(\psi_X - \psi'_X)(f) = 0$. Die Morphismen (ϕ, ψ) und (ϕ', ψ') sind also gleich.

Für den Beweis der Existenz nehmen wir zunächst an, daß ein globaler Funktionenfaktor $C(Y) \subseteq \mathcal{O}_Y(Y)_0$ existiert. Sei

$$\gamma : C^\infty(Y) \longrightarrow C(Y)$$

das zugehörige Rechtsinverse von β. Die Abbildungsbedingung liefert uns eine Abbildung

$$\begin{aligned} \phi : Y &\longrightarrow X \\ y &\longmapsto \big(\beta(x_1^\#)(y), \ldots, \beta(x_m^\#)(y)\big) \,. \end{aligned}$$

Da $(X, \mathcal{O}_X)$ ein Supergebiet ist, können wir $C^\infty(X)$ als Unteralgebra von $\mathcal{O}_X(X)$ betrachten. Für $g \in C^\infty(X)$ sei

$$\sigma(g) := \sum_{\mu \in \mathbb{Z}_+^m} \frac{1}{\mu!} \gamma\phi^* \left(\partial^{(\mu)} g\right) \left(x^\# - \gamma\beta(x^\#)\right)^\mu , \tag{4.3}$$

wobei

$$\begin{aligned} \mu! &= \mu_1! \cdots \mu_m! , \\ \partial^{(\mu)} g &= \frac{\partial^{\mu_1 + \cdots + \mu_m}}{\partial x_1^{\mu_1} \cdots \partial x_m^{\mu_m}} g \end{aligned}$$

und $\left(x^\# - \gamma\beta(x^\#)\right)^\mu = \prod_{i=1}^m \left(x_i^\# - \gamma\beta(x_i^\#)\right)^{\mu_i}$ ist. Da γ rechtsinvers zu β ist, gilt

$$\beta\left(x_i^\# - \gamma\beta(x_i^\#)\right) = 0 ,$$

die $x_i^\# - \gamma\beta(x_i^\#)$ sind also nilpotent. Somit ist die rechte Seite von (4.3) eine endliche Summe (die Anzahl der Summanden ist höchstens $\# \left\{\mu \in \mathbb{Z}_+^m \mid |\mu| \le N\right\} = \binom{m+N}{m}$). Die Leibniz–Regel für die Differentiation eines Produktes von Funktionen,

$$\partial^{(\mu)}(fg) = \sum_{\alpha+\beta=\mu} \frac{\mu!}{\alpha!\beta!} \left(\partial^{(\alpha)} f\right) \left(\partial^{(\beta)} g\right) ,$$

zeigt, daß σ ein Algebrenhomomorphismus

$$\sigma : C^\infty(X) \longrightarrow \mathcal{O}_Y(Y)$$

ist. Da $(X, \mathcal{O}_X)$ ein Supergebiet ist, können wir diesen Homomorphismus sehr einfach zu einem Homomorphismus

$$\sigma : \mathcal{O}_X(X) \longrightarrow \mathcal{O}_Y(Y)$$

erweitern, indem wir

$$\sigma\left(\sum_{\nu \in \mathbb{Z}_2^n} f_\nu\, \xi^\nu\right) := \sum_{\nu \in \mathbb{Z}_2^n} \sigma(f_\nu)(\xi^\#)^\mu$$

setzen. σ hat nach Konstruktion die geforderten Eigenschaften: Wegen

$$\phi^*(x_i) = \beta(x_i^\#) \quad \text{ist} \quad \gamma\phi^*(x_i) = \gamma\beta(x_i^\#)$$

und somit $\sigma(x_i) = x_i^\#$ $(i = 1, \ldots, m)$. Die Eigenschaft $\sigma(\xi_j) = \xi_j^\#$ ist klar.

Wir müssen uns jetzt noch von der Voraussetzung befreien, daß die Supermannigfaltigkeit $(Y, \mathcal{O}_Y)$ einen globalen Funktionenfaktor besitzt. (In der Tat werden wir den hier zu beweisenden Satz 4.18 später dazu benutzen, die Existenz globaler Funktionenfaktoren nachzuweisen.) Dazu sei $(U_i)_{i \in I}$ eine offene Überdeckung von Y, so daß jedes $\left(U_i, \mathcal{O}_Y|_{U_i}\right)$ isomorph zu einem Supergebiet ist. $\left(U_i, \mathcal{O}_Y|_{U_i}\right)$ besitzt dann einen globalen Funktionenfaktor, und nach dem zuvor Bewiesenen erhalten wir Morphismen

$$(\phi^i, \psi^i) : \left(U_i, \mathcal{O}_Y|_{U_i}\right) \longrightarrow (X, \mathcal{O}_X)$$

mit $\psi^i_X(x; \xi) = (x^\#; \xi^\#)|_{U_i}$. Diese Morphismen kann man nach Lemma 3.29 zu einem Morphismus $(\phi, \psi) : (Y, \mathcal{O}_Y) \to (X, \mathcal{O}_X)$ zusammenkleben, der die geforderten Eigenschaften erfüllt. □

Satz 4.18 gestattet es, die Elemente $f \in \mathcal{O}_Y(Y)_0$ als Morphismen $(Y, \mathcal{O}_Y) \to \mathbb{R}$ aufzufassen. Ist nämlich t die kanonische Koordinate auf $\mathbb{R}$, so wird durch

$$\psi_{\mathbb{R}}(t) := f$$

ein Morphismus

$$(\phi, \psi) : (Y, \mathcal{O}_Y) \longrightarrow \mathbb{R}$$

definiert, so daß $\phi = \beta(f) \in C^\infty(Y)$ die zugrundeliegende Funktion auf der Mannigfaltigkeit Y ist.

In analoger Weise können auch die ungeraden Elemente $f \in \mathcal{O}_Y(Y)_1$ interpretiert werden. Sei $V = V_0 \oplus V_1$ ein endlichdimensionaler Supervektorraum. Wir definieren eine Supermannigfaltigkeit

$$\mathcal{L}(V) = \left(\widetilde{\mathcal{L}(V)}, \mathcal{O}_{\mathcal{L}(V)}\right)$$

durch

$$\begin{aligned} \widetilde{\mathcal{L}(V)} &:= V_0 , \\ \mathcal{O}_{\mathcal{L}(V)}(U) &:= C^\infty(U) \otimes \Lambda(V_1^*) \quad (U \subseteq V_0 \text{ offen}) . \end{aligned}$$

Definition 4.19 *$\mathcal{L}(V)$ heißt die zu dem Superverktorraum V gehörige* **lineare Supermannigfaltigkeit**.

Die Dimension von $\mathcal{L}(V)$ ist nach Konstruktion die Dimension des Supervektorraumes V. Ist (m,n) die Dimension von V, so schreibt man auch $\mathcal{L}(m,n)$ für $\mathcal{L}(V)$.

Sei nun $f \in \mathcal{O}_Y(Y)_1$ und ξ die ungerade Koordinate von $\mathcal{L}(0,1)$. Durch

$$\psi_0(\xi) := f$$

wird ein eindeutig bestimmter Homomorphismus

$$(\phi, \psi) : (Y, \mathcal{O}_Y) \longrightarrow \mathcal{L}(0,1)$$

definiert. Die zugrundeliegende Punktabbildung ϕ ist die Nullabbildung.

Eine weitere Anwendung von Satz 4.18 besteht in der Möglichkeit, differenzierbare Funktionen von *geraden* Elementen einer Supermannigfaltigkeit zu definieren.

Sei $(Y, \mathcal{O})$ eine Supermannigfaltigkeit, und seien *gerade* Elemente $r_1, \ldots, r_k \in \mathcal{O}(Y)_0$ gegeben. Diese Elemente definieren eine Abbildung

$$\begin{aligned} Y &\xrightarrow{\phi} \mathbb{R}^k \\ y &\longmapsto (\beta(r_1)(y), \ldots, \beta(r_k)(y)) . \end{aligned}$$

Sei $U \subseteq \mathbb{R}^k$ eine offene Umgebung des Bildes von ϕ. Nach Satz 4.18 gibt es genau einen Homomorphismus

$$\psi_U : C^\infty(U) \longrightarrow \mathcal{O}(Y) ,$$

der die kanonischen Koordinaten u_i auf U in die vorgegebenen r_i überführt. Ist $g = g(u_1, \ldots, u_k) \in C^\infty(U)$ gegeben, so definieren wir

$$g(r_1, \ldots, r_k) := \psi_U(g) .$$

Definition 4.20 *$g(r_1, \ldots, r_k)$ heißt der durch $r_1, \ldots, r_k$* **induzierte Lift** *von $g \in C^\infty(U)$ auf Y.*

Im folgenden behandeln wir einige elementare Eigenschaften induzierter Lifts.

(I.1) $\beta(g(r_1,\ldots,r_k)) = g(\beta(r_1),\ldots,\beta(r_k))$ für alle $g \in C^\infty(U)$. Dabei ist die Funktion $g(\beta(r_1),\ldots,\beta(r_k))$ auf U definiert durch

$$g(\beta(r_1),\ldots,\beta(r_k))(y) := g(\beta(r_1)(y),\ldots,\beta(r_k)(y)) .$$

[Nach Definition ist nämlich

$$g(\beta(r_1),\ldots,\beta(r_k)) = g \circ \phi = \phi^*(g) ,$$

und nach Satz 4.5 (v) ist das Diagramm

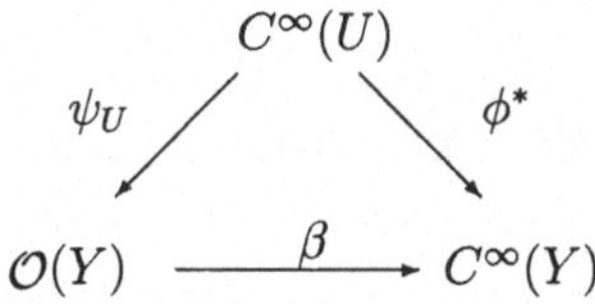

kommutativ. Also ist für alle $g \in C^\infty(U)$

$$\phi^*(g) = \beta\psi_U(g) = \beta(g(r_1,\ldots,r_k)) .]$$

(I.2) Für jede offene Teilmenge $V \subseteq Y$ ist

$$g\left(r_1|_V,\ldots,r_k|_V\right) = g(r_1,\ldots,r_k)|_V .$$

[Dies ist offensichtlich, da der Ringhomomorphismus ψ_U durch einen Morphismus geringter Räume induziert wird.]

(I.3) Ist $g = g(u_1,\ldots,u_k) = \sum_\mu c_\mu\, u^\mu$ ein Polynom in $u_1,\ldots,u_k$ (wobei $u^{\underline{\mu}}$ für $u_1^{\mu_1}\cdots u_k^{\mu_k}$ steht), so ist

$$g(r_1,\ldots,r_k) = \sum_\mu c_\mu\, r^\mu .$$

[Auch dies ist offensichtlich, weil $\psi_U(u_i) = r_i$ $(i = 1,\ldots,k)$ gilt und ψ_U ein Homomorphismus von Algebren ist.]

In der klassischen Theorie partieller Differentialoperatoren führt man eine Topologie auf $C^\infty(U)$ ein, so daß $C^\infty(U)$ ein vollständiger lokal konvexer Raum ist und jeder Differentialoperator ein stetiger linearer Operator wird. In analoger Weise definieren wir eine Topologie auf $\mathcal{O}(Y)$, die es gestattet, die Eigenschaft (I.3) auf absolut konvergente Potenzreihen in $u_1, \ldots, u_k$ zu verallgemeinern. Dazu ist zunächst der Begriff des Differentialoperators auf Supermannigfaltigkeiten zu übertragen. Dies gelingt am einfachsten durch die folgende rekursive Konstruktion [36], die im klassischen Fall zu der gewöhnlichen Definition äquivalent ist [28].

Sei $U \subseteq Y$ eine offene Menge. Man definiert auf $\mathcal{O}_Y(U)$ den Raum $\mathrm{Diff}_k\, \mathcal{O}_Y(U)$ der Differentialoperatoren k–ten Grades auf rekursive Weise:

$$\mathrm{Diff}_0\, \mathcal{O}_Y(U) \cong \mathcal{O}_Y(U)\ ,$$

wobei die Elemente von $\mathcal{O}_Y(U)$ als Multiplikationsoperatoren aufgefaßt werden.

Ist $\mathrm{Diff}_{k-1}\, \mathcal{O}_Y(U) \subseteq \mathrm{End}\, \mathcal{O}_Y(U)$ für $k \geq 1$ bereits definiert, so sei

$$\mathrm{Diff}_k\, \mathcal{O}_Y(U) = \{\partial \in \mathrm{End}\, \mathcal{O}_Y(U) | [\partial, f] \in \mathrm{Diff}_{k-1}\, \mathcal{O}_Y(U) \quad \text{für alle } f \in \mathcal{O}_Y(U)\}\,.$$

In dieser Definition ist $[\partial, f]$ der Superkommutator in der Superalgebra $\mathrm{End}\, \mathcal{O}_Y(U)$. Offensichtlich ist

$$\mathrm{Diff}_{k-1}\, \mathcal{O}_Y(U) \subseteq \mathrm{Diff}_k\, \mathcal{O}_Y(U)\ ,$$

und es ist leicht zu sehen, daß das Produkt eines Differentialoperators k–ten Grades mit einem Differentialoperator ℓ–ten Grades ein Differentialoperator vom Grad $k + \ell$ ist. Damit ist

$$\mathrm{Diff}\, \mathcal{O}_Y(U) := \bigcup_{k=0}^{\infty} \mathrm{Diff}_k\, \mathcal{O}_Y(U)$$

eine graduierte Unteralgebra der Superalgebra $\mathrm{End}\, \mathcal{O}_Y(U)$.

$\mathrm{Diff}\, \mathcal{O}_Y(U)$ heißt die *Superalgebra der Differentialoperatoren auf* $\mathcal{O}_Y(U)$.

Ist $U \subseteq Y$ eine offene Menge, so daß $\left(U, \mathcal{O}_Y|_U\right)$ ein Supergebiet ist, also

$$\mathcal{O}_Y|_U \cong C^\infty(U) \otimes \Lambda(\mathbb{R}^N)$$

gilt, und ist $(u_1, \ldots, u_m)$ ein gerades, $(\xi_1, \ldots, \xi_N)$ ein ungerades Koordinatensystem für dieses Supergebiet, so kann jeder Differentialoperator $\partial \in \operatorname{Diff} \mathcal{O}_Y(U)$ in eindeutiger Weise geschrieben werden als endliche Summe

$$\partial = \sum_{\mu,\nu} f_{\mu\nu} \frac{\partial^\mu}{\partial u} \frac{\partial}{\partial \xi_\nu}$$

mit $f_{\mu\nu} \in \mathcal{O}_Y(U)$ und $\dfrac{\partial^\mu}{\partial u} = \dfrac{\partial^{\mu_1}}{\partial u_1^{\mu_1}} \cdots \dfrac{\partial^{\mu_m}}{\partial u_m^{\mu_m}}, \; \dfrac{\partial}{\partial \xi_\nu} = \dfrac{\partial}{\partial \xi_{\nu_1}} \cdots \dfrac{\partial}{\partial \xi_{\nu_N}}$.
Dabei sind die „partiellen Ableitungen“ $\dfrac{\partial}{\partial u_i}, \; \dfrac{\partial}{\partial \xi_j}$ als **Derivationen** $\dfrac{\partial}{\partial u_i} \in (\operatorname{End} \mathcal{O}_Y(U))_0, \; \dfrac{\partial}{\partial \xi_j} \in (\operatorname{End} \mathcal{O}_Y(U))_1$ zu verstehen. Sie sind definiert durch

$$\begin{aligned} \frac{\partial}{\partial u_i} u_k &= \beta_{ik} \mathbf{1}_U , & \frac{\partial}{\partial u_i} \xi_\ell &= 0 , \\ \frac{\partial}{\partial \xi_j} u_k &= 0 , & \frac{\partial}{\partial \xi_j} \xi_\ell &= \beta_{j\ell} \mathbf{1}_U . \end{aligned}$$

Wir überlassen dem Leser den Beweis dieser Aussagen als Übungsaufgabe.

In Analogie zum Vorgehen in der Distributionentheorie [13], [59] definieren wir für jede kompakte Teilmenge $K \subseteq U$ und jeden Differentialoperator $\partial \in \operatorname{Diff} \mathcal{O}_Y(U)$ eine Halbnorm $|\;|_{K,\partial}$ auf $\mathcal{O}_Y(U)$ durch

$$|f|_{K,\partial} := \sup_{p \in K} |\beta(\partial f)(p)| \,. \tag{4.4}$$

Versehen mit der durch diese Halbnormen definierten Topologie, ist dann $\mathcal{O}_Y(U)$ ein vollständiger lokal konvexer reeller Vektorraum, und jeder Differentialoperator $\partial \in \operatorname{Diff} \mathcal{O}_Y(U)$ ist ein bezüglich dieser Topologie *stetiger* linearer Operator von $\mathcal{O}_Y(U)$.

Betrachten wir nun statt eines Polynoms eine (absolut konvergente) Potenzreihe $g \in C^\infty(U)$ in $u_1, \ldots, u_k$. Dann ist g der Limes der Abschnittspolynome in der durch die zu (4.4) analogen Halbnormen definierten Topologie, und der Operator $\psi_U : C^\infty(U) \to \mathcal{O}(Y)$ ist stetig bezüglich der oben definierten Topologien. Also gilt

$$g(r_1, \ldots, r_k) = \sum_\alpha c_\alpha \, r^\alpha$$

für jede Potenzreihe $g(u_1, \ldots, u_k)$ in $C^\infty(U)$.

Ist insbesondere $r \in \mathcal{O}(Y)_0$, so definiert

$$\exp u = \sum_{k \geq 0} \frac{u^k}{k!} \in C^\infty(U) \qquad (U \subseteq \mathbb{R} \text{ offen })$$

ein Element $\exp(r) \in \mathcal{O}(Y)$. Diese supersymmetrische Exponentialfunktion erfüllt wie die gewöhnliche Exponentialfunktion die Funktionalgleichung

$$\exp(r + s) = \exp(r)\exp(s)$$

und $\exp(0) = 1$. $\exp(r)$ ist somit eine Einheit in $\mathcal{O}(Y)$.

(I.4) Wir erwähnen noch den folgenden *Spezialfall der Taylorschen Formel*: Es seien $r_1, \ldots, r_k, s_1, \ldots, s_k \in \mathcal{O}(Y)_0$, so daß $\beta(r_i) = \beta(s_i)$ gilt für alle $i = 1, \ldots, k$, und sei N die ungerade Dimension von $(Y, \mathcal{O}_Y)$. Dann ist

$$\begin{aligned} g(s) &= g(r + (s - r)) \\ &= \sum_{|\mu| \leq N} \frac{1}{\mu!} (\partial^{(\mu)} g)(r) \cdot (s - r)^\mu . \end{aligned}$$

Man beachte dabei, daß $s - r$ wegen $\beta(r_i - s_i) = 0$ nilpotent ist.

Wir wollen nun die Existenz von globalen Funktionenfaktoren für beliebige Supermannigfaltigkeiten beweisen. Wir erinnern noch einmal daran, daß eine Unteralgebra $C(X) \subseteq \mathcal{O}_X(X)_0$ ein *globaler Funktionenfaktor* heißt, wenn $\beta|_{C(X)} : C(X) \to C^\infty(X)$ ein Isomorphismus von Algebren ist.

Satz 4.21 *Jede Supermannigfaltigkeit* $(X, \mathcal{O}_X)$ *besitzt einen globalen Funktionenfaktor.*

Beweis. Wir benutzen wieder den Whitneyschen Einbettungssatz und betrachten X als Teilmenge eines geeigneten $\mathbb{R}^p$. Dann gibt es eine offene Umgebung $U \subseteq \mathbb{R}^p$ von X und eine *differenzierbare Retraktion* von U auf X, d.h. eine C^∞–Abbildung $r : U \to X$ mit $r|_X = \mathrm{id}_X$. ([29], p. 110 ff). Sei E das Bild von $C^\infty(X)$ bei der Pullback–Abbildung

$$r^* : C^\infty(X) \longrightarrow C^\infty(U).$$

Die Einschränkung der Restriktionsabbildung

$$\begin{aligned} \rho_{X,U} : C^\infty(U) &\longrightarrow C^\infty(X) \\ h &\longmapsto h|_X \end{aligned}$$

auf E ist dann invers zu $r^* : C^\infty(X) \to E$. Dies folgt unmittelbar aus der Retraktionseigenschaft von r: für jedes $f \in C^\infty(X)$ ist $r^*(f) = f$ auf X. Es seien nun $u_1, \ldots, u_p$ die kanonischen Koordinaten des $\mathbb{R}^p$. Nach Satz 4.5 (iii) gibt es Elemente $f_1, \ldots, f_p \in \mathcal{O}(X)_0$ mit $\beta(f_i) = \rho_{X,U}(u_i) \in C^\infty(X)$. Die Elemente f_i erfüllen nach Konstruktion die Abbildungsbedingung 4.17. Also gibt es nach Satz 4.18 einen Homomorphismus

$$\sigma : C^\infty(U) \longrightarrow \mathcal{O}(X)$$

mit $\sigma(u_i) = f_i \quad (i = 1, \ldots, p)$.

$C(X) := \sigma(E)$ ist dann ein globaler Funktionenfaktor, denn aus der Kommutativität des Diagramms

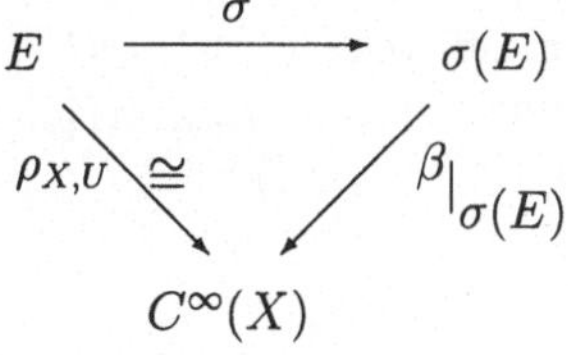

ergibt sich unmittelbar, daß $\beta|_{\sigma(E)}$ ein Isomorphismus ist. □

Bis jetzt haben wir nur Standard–Koordinatensysteme auf Supergebieten betrachtet. Im folgenden behandeln wir allgemein lokale Koordinatensysteme auf Supermannigfaltigkeiten und zeigen, durch welche algebraischen Eigenschaften sie charakterisiert werden können.

Im folgenden sei $(X, \mathcal{O}_X)$ eine Supermannigfaltigkeit und $U \subseteq X$ eine nicht–leere offene Menge.

Definition 4.22 *Ein m–Tupel $r = (r_1, \ldots, r_m)$ von geraden Elementen $r_i \in \mathcal{O}(U)_0$ heißt ein* **gerades Koordinatensystem**, *wenn die Funktionen $\beta(r_1), \ldots, \beta(r_m)$ ein gewöhnliches Koordinatensystem auf U bilden, d.h. wenn*

$$\beta(r) = (\beta(r_1), \ldots, \beta(r_m)) : U \to \mathbb{R}^m$$

ein Diffeomorphismus von U auf eine offene Teilmenge des $\mathbb{R}^m$ ist.

Satz 4.23 *Ist $(r_1, \ldots, r_m)$ ein gerades Koordinatensystem auf U, so gibt es genau einen Funktionenfaktor $C(U)$, der $r_1, \ldots, r_m$ enthält. Dieser Funktionenfaktor ist gegeben durch*

$$C(U) = C_{r_1,\ldots,r_m}(U) = \{g(r_1, \ldots, r_m) \,|\, g\,(\beta(r_1), \ldots, \beta(r_m)) \in C^\infty(U)\} \; .$$

Beweis. $C_{r_1,\ldots,r_m}(U)$ ist das Bild des Homomorphismus $\gamma_U : C^\infty(U) \to \mathcal{O}_X(U)$, der durch $\gamma_U(\beta(r_i)) = r_i$ definiert ist. Wegen $\beta\gamma_U(\beta(r_i)) = \beta(r_i)$ ist $\beta\gamma_U = \mathrm{id}_{C^\infty(U)}$, d.h. $C_{r_1,\ldots,r_m}(U)$ ist ein Funktionenfaktor für U. Sei $C'(U)$ ein Funktionenfaktor für U, der $r_1, \ldots, r_m$ enthält, und sei $\gamma' : C^\infty(U) \to C'(U)$ die Inverse von $\beta|_{C'(U)}$. Dann ist $\gamma'(\beta(r_i)) = r_i = \gamma_U(\beta(r_i))$, also ist nach Satz 4.18 $\gamma' = \gamma_U$, und damit auch $C(U) = C'(U)$. □

Sei $U \subseteq X$ eine offene Menge mit einem fest gewählten klassischen Koordinatensystem $\varphi = (x_1, \ldots, x_m)$. Satz 4.23 liefert uns eine vollständige Übersicht über alle Funktionenfaktoren auf (U, φ). Sei $\mathcal{O}(U)_0^1$ das Ideal der nilpotenten Elemente von $\mathcal{O}(U)_0$. Sind $(r_1, \ldots, r_m)$, $(r'_1, \ldots, r'_m)$ gerade Koordinatensysteme auf (U, φ) mit $\beta(r_i) = \beta(r'_i) = x_i$ $(i = 1, \ldots, m)$, so gilt

$$h_i := r_i - r'_i \in \mathcal{O}(U)_0^1 \; .$$

Also erhalten wir nach Satz 4.23 eine bijektive Abbildung vom m–fachen cartesischen Produkt von $\mathcal{O}(U)_0^1$ auf die Menge $\mathcal{C}(U, \varphi)$ aller Funktionenfaktoren auf (U, φ):

$$\begin{array}{ccc} \prod_1^m \mathcal{O}(U)_0^1 & \longrightarrow & \mathcal{C}(U, \varphi) \\ (h_1, \ldots, h_m) & \longmapsto & C_{r_1+h_1,\ldots,r_m+h_m}(U) \; . \end{array}$$

Die Definition *ungerader Koordinatensysteme* auf einer offenen Menge $U \subseteq X$ wird durch den folgenden Satz vorbereitet:

Satz 4.24 *Sei* $(X, \mathcal{O}_X)$ *eine Supermannigfaltigkeit der Dimension* (m, n), $\rho := (\rho_1, \ldots, \rho_n)$ *ein* n*-Tupel* ungerader *Elemente von* $\mathcal{O}(U)$. *Dann sind die folgenden Aussagen äquivalent:*

(1) *Der* $\mathcal{O}(U)$*-Modul* $\mathcal{O}^1(U)/_{\mathcal{O}^2(U)}$ *wird durch die Restklassen* $\rho_1 + \mathcal{O}^2(U), \ldots, \rho_n + \mathcal{O}^2(U)$ *erzeugt. (*$\mathcal{O}^k(U)$ *bezeichnet die* k*-te Potenz des Ideals* $\mathcal{O}^1(U)$ *der nilpotenten Elemente von* $\mathcal{O}(U)$*.)*

(2) *Das Ideal* $\mathcal{O}^1(U)$ *wird durch* $\rho_1, \ldots, \rho_n$ *erzeugt.*

(3) *Das Ideal* $\mathcal{O}^n(U)$ *wird durch das Produkt* $\rho_1 \ldots \rho_n$ *erzeugt.*

(4) *Es gibt einen Funktionenfaktor* $C(U)$ *auf* U *mit der folgenden Eigenschaft* (**EF**)*:*

Jedes $f \in \mathcal{O}(U)$ *kann geschrieben werden als*

$$(\mathbf{EF}) \qquad f = \sum_{\mu \in \mathbb{Z}_2^n} f_\mu \, \rho^\mu$$

mit eindeutig bestimmten Elementen $f_\mu \in C(U)$*. (Wie üblich steht* ρ^μ *abkürzend für* $\rho_1^{\mu_1} \cdots \rho_n^{\mu_n}$*.)*

(5) *Jeder Funktionenfaktor auf* U *hat die Eigenschaft* (**EF**).

Beweis. Die Eigenschaften (1) — (5) sind lokaler Natur, d.h. für jede dieser Eigenschaften gilt: Ist $(V_i)_{i \in I}$ eine offene Überdeckung von U, so ist die Eigenschaft (j) von ρ genau dann auf U erfüllt, wenn sie für jedes $i \in I$ für $\rho|_{V_i}$ auf V_i erfüllt ist. Der Beweis gelingt leicht mit Hilfe des Fortsetzbarkeitslemmas für Superfunktionen (Lemma 4.7), differenzierbarer Zerlegungen der Eins (Satz 4.11) und der Existenz globaler Funktionenfaktoren (Satz 4.21). Wir beweisen hier exemplarisch die lokale Natur der Eigenschaften (1), (4) und (5). Die lokale Natur der Eigenschaften (2) und (3) kann völlig analog bewiesen werden. Wir überlassen dies dem Leser.

(1) $\mathcal{O}^1(U)/\mathcal{O}^2(U)$ werde als $\mathcal{O}(U)$-Modul von den Restklassen $\rho_i + \mathcal{O}^2(U)$ $(i = 1, \dots, n)$ erzeugt, d.h. zu jedem $h \in \mathcal{O}^1(U)$ gibt es Elemente $f_1, \dots, f_n \in \mathcal{O}(U)$ und $g \in \mathcal{O}^2(U)$, so daß

$$h = \sum_{j=1}^{n} f_j \, \rho_j + g$$

ist. Sei V eine nicht-leere offene Teilmenge von U, $h_V \in \mathcal{O}^1(V)$. Zu jedem $x \in V$ gibt es eine offene Umgebung $W_x \subseteq V$ und ein Element $g_x \in \mathcal{O}^1(U)$ mit $g_x|_{W_x} = h_V|_{W_x}$. Sei $(W_v)_{v \in N}$ eine lokal endliche Verfeinerung dieser offenen Überdeckung und $(\varphi_v)_{v \in N}$ eine differenzierbare Zerlegung der Eins mit $\operatorname{supp} \varphi_v \subseteq W_v$ für alle $v \in N$. Da der Träger von φ_v in V enthalten ist, können wir die φ_v als Elemente in $\mathcal{O}(U)$ auffassen. Jedes W_v ist in einem geeigneten W_x enthalten. Wir wählen aus den damit zur Verfügung stehenden g_x eines aus und bezeichnen es mit g_v. Da der Träger von φ_v in W_v enthalten ist, folgt mit den Garbenaxiomen leicht, daß $\varphi_v g_v = \varphi_v h_V$ ist. Also ist

$$h_V = \sum_{v \in N} \varphi_v g_v|_V \, .$$

Für $h := \sum_{v \in N} \varphi_v g_v \in \mathcal{O}^1(U)$ gibt es $f_1, \dots, f_n \in \mathcal{O}(U)$ und $g \in \mathcal{O}^2(U)$ mit

$$h = \sum_{j=1}^{n} f_j \, \rho_j + g \, .$$

Also ist

$$h_V = h|_V \equiv \sum_{j=1}^{n} f_j|_V \, \rho_j|_V \bmod \mathcal{O}^2(U) \, ,$$

d.h. (1) gilt auch für die offene Teilmenge V von U.

Umgekehrt gelte die Eigenschaft (1) auf den Elementen V_i einer offenen Überdeckung $(V_i)_{i \in I}$ von U. Ohne Einschränkung der Allgemeinheit können wir annehmen, daß $(V_i)_{i \in I}$ eine lokal endliche Überdeckung ist, der eine differenzierbare Zerlegung $(\varphi_i)_{i \in I}$ der Eins mit $\operatorname{supp} \varphi_i \subseteq V_i$ untergeordnet ist. Sei $h \in \mathcal{O}^1(U)$. Dann ist $h = \sum_{i \in I} \varphi_i h$. Wegen $\operatorname{supp}(\varphi_i h) \subseteq V_i$ ist $\varphi_i h$ durch $\varphi_i h|_{V_i}$ bereits eindeutig bestimmt.

Nach Voraussetzung gibt es zu jedem $i \in I$ Elemente $f_{ij} \in \mathcal{O}(V_i)$ $(j = 1, \ldots, n)$ und $g_i \in \mathcal{O}^2(V_i)$ mit

$$h|_{V_i} = \sum_{j=1}^{n} f_{ij} \, \rho_j|_{V_i} + g_i \, .$$

Also ist

$$(\varphi_i h)|_{V_i} = \sum_{j} \varphi_i \, f_{ij} \, \rho_j|_{V_i} + \varphi_i g_i \, .$$

Wie üblich können wir die Elemente $\varphi_i \, f_{ij}$ als Elemente von $\mathcal{O}(U)$ ansehen. Für

$$h' := \sum_{j=1}^{n} \left(\sum_{i \in I} \varphi_i \, f_{ij} \right) \rho_j$$

gilt dann

$$\begin{aligned}
h'|_{V_{i_0}} &= \sum_{j} \sum_{i} (\varphi_i \, f_{ij})|_{V_{i_0}} \, \rho_j|_{V_{i_0}} \\
&= \sum_{i \in I} \left(\sum_{j=1}^{n} \varphi_i \, f_{ij} \, \rho_j \right)\Bigg|_{V_{i_0}} \\
&= \sum_{i \in I} \left(\sum_{j=1}^{n} \varphi_i \, f_{ij} \, \rho_j \right)\Bigg|_{V_i \cap V_{i_0}} \\
&= \sum_{i \in I} \varphi_i|_{V_i \cap V_{i_0}} \left(\sum_{j=1}^{n} f_{ij} \, \rho_j|_{V_i} \right)\Bigg|_{V_{i_0}} \\
&= \sum_{i \in I} \varphi_i|_{V_i \cap V_{i_0}} \left(h|_{V_i} - g_i \right)\Big|_{V_{i_0}} \\
&= \sum_{i \in I} (\varphi_i \, h)|_{V_i \cap V_{i_0}} - \sum_{i \in I} (\varphi_i \, g_i)|_{V_i \cap V_{i_0}} \\
&= \left(\sum_{i \in I} \varphi_i \, h \right)\Bigg|_{V_{i_0}} - \left(\sum_{i \in I} \varphi_i \, g_i \right)\Bigg|_{V_{i_0}} \\
&= h|_{V_{i_0}} - \left(\sum_{i \in I} \varphi_i \, g_i \right)\Bigg|_{V_{i_0}} \, .
\end{aligned}$$

Also ist $h \equiv \sum_j \left(\sum_{i \in I} \varphi_i \, f_{ij} \right) \rho_j \bmod \mathcal{O}^2(U)$.

Damit ist gezeigt, daß (1) eine lokale Eigenschaft ist.

Sei nun $C(U)$ ein Funktionenfaktor auf U mit der Eigenschaft (**EF**), V sei eine nichtleere offene Teilmenge von U und $f \in \mathcal{O}(V)$. Sei $(W_\nu)_{\nu \in N}$ eine lokal endliche offene Überdeckung von V, so daß jedes $f|_{W_\nu}$ fortgesetzt werden kann auf U, und sei $(\varphi_\nu)_{\nu \in N}$ eine differenzierbare Zerlegung der Eins mit $\operatorname{supp} \varphi_\nu \subseteq W_\nu$.

Für jedes $\nu \in N$ sei $g_\nu \in \mathcal{O}(U)$ so gewählt, daß $g_\nu|_{W_\nu} = f|_{W_\nu}$ ist. Wie im Beweis von (1) folgt dann

$$f = \sum_{\nu \in N} \varphi_\nu \, g_\nu|_V \, .$$

Nach Voraussetzung gibt es eindeutig bestimmte Elemente $f_\mu \in C(U)$ mit

$$\sum_{\nu \in N} \varphi_\nu \, g_\nu \;=\; \sum_{\mu \in \mathbb{Z}_2^n} f_\mu \, \rho^\mu \, ,$$

woraus sich

$$f = \sum_{\nu \in N} \varphi_\nu \, g_\nu|_V \;=\; \sum_{\mu \in \mathbb{Z}_2^n} f_\mu|_V \, \left(\rho|_V \right)^\mu$$

ergibt. Die Eindeutigkeit der Koeffizienten in dieser Darstellung von f ergibt sich leicht aus der Eindeutigkeit der f_μ und einem einfachen garbentheoretischen Argument. Nach Satz 4.10 gibt es genau einen Funktionenfaktor $C(V)$ auf V mit

$$\rho_{V,U} \, C(U) \;\subseteq\; C(V) \, .$$

Somit gilt (4) auch auf jeder offenen Teilmenge V von U.

Wir setzen nun voraus, was wir weiter unten beweisen werden, daß (4) und (5) äquivalent sind, falls $\left(U, \mathcal{O}|_U\right)$ ein Supergebiet ist.

Sei nun $U \subseteq X$ eine offene Menge, so daß es einen Funktionenfaktor $C_0(U)$ auf U gibt, für den die Eigenschaft (**EF**) gilt. Sei $(V_i)_{i \in I}$ eine offene Überdeckung von U, so daß die $\left(V_i, \mathcal{O}|_{V_i}\right)$ Supergebiete sind. Dann gibt es eindeutig bestimmte Funktionenfaktoren $C_0(V_i)$ auf V_i mit

$$\rho_{V_i,U} \, C_0(U) \;\subseteq\; C_0(V_i) \, .$$

Da für $C_0(U)$ die Eigenschaft (**EF**) gilt, gilt sie nach dem zuvor Bewiesenen auch für $C_0(V_i)$ $(i \in I)$, und somit gilt sie auch für jeden anderen Funktionenfaktor auf V_i.

Sei nun $C(U)$ ein beliebiger Funktionenfaktor auf U. Für die eindeutig bestimmten Funktionenfaktoren $C(V_i)$ auf V_i mit $\rho_{V_i,U}\, C(U) \subseteq C(V_i)$ gilt dann die Eigenschaft (**EF**) . Wir zeigen, daß sie dann auch für $C(U)$ gilt:

Sei $f \in \mathcal{O}(U)$. Für jedes $i \in I$ gibt es eindeutig bestimmte $f_{i\mu} \in C(V_i)$ mit

$$f|_{V_i} = \sum_{\mu \in \mathbb{Z}_2^n} f_{i\mu} \left(\rho|_{V_i} \right)^{\mu} .$$

Nun ist

$$\begin{aligned} \sum_{\mu} f_{i\mu}|_{V_i \cap V_j} \left(\rho|_{V_i \cap V_j} \right)^{\mu} &= \rho_{V_i \cap V_j, V_i}\, f|_{V_i} \\ &= \rho_{V_i \cap V_j, V_j}\, f|_{V_j} \\ &= \sum_{\mu} f_{j\mu}|_{V_i \cap V_j} \left(\rho|_{V_i \cap V_j} \right)^{\mu} , \end{aligned}$$

woraus wegen der Eindeutigkeit der Darstellung sofort

$$f_{i\mu}|_{V_i \cap V_j} = f_{j\mu}|_{V_i \cap V_j}$$

für alle i, j mit $V_i \cap V_j \neq \emptyset$ folgt $(\mu \in \mathbb{Z}_2^n)$. Also gibt es zu jedem $\mu \in \mathbb{Z}_2^n$ genau ein $f_\mu \in \mathcal{O}(U)$ mit $f_\mu|_{V_i} = f_{i\mu}$ für alle $i \in I$.

Sei $f' := \sum_\mu f_\mu\, \rho^\mu$. Dann ist

$$f'|_{V_i} = \sum_{\mu} f_\mu|_{V_i} \left(\rho_\mu|_{V_i} \right)^{\mu} = f|_{V_i}$$

für alle $i \in I$, und somit ist $f = f'$. Nach der Definition von Funktionenfaktoren hat man für jedes $i \in I$ ein kommutatives Diagramm

$$\begin{array}{ccc} C(U) & \xrightarrow[\cong]{\beta_U} & C^\infty(U) \\ \rho_{V_i,U} \Big\downarrow & & \Big\downarrow \rho_{V_i,U} \\ C(V_i) & \xrightarrow[\cong]{\beta_{V_i}} & C^\infty(V_i) . \end{array}$$

Da die Abbildungen β_U, β_{V_i} Isomorphismen sind, liest man daraus unmittelbar ab, daß die Elemente f_μ aus $C(U)$ sind.

Damit ist gezeigt, daß die Eigenschaften (4) und (5) lokaler Natur sind.

Wir nehmen also jetzt an, daß $\left(U, \mathcal{O}|_U\right)$ ein Supergebiet ist, d.h.

$$\mathcal{O}|_U = \mathcal{C}^\infty(U) \otimes \Lambda(\xi_1, \ldots, \xi_n) .$$

Die Äquivalenz der Eigenschaften (1) bis (4) ergibt sich aus einem Resultat, das die folgende allgemeine Situation behandelt:

Sei $\mathcal{A}$ eine kommutative Superalgebra, $\mathcal{B} := \mathcal{A} \otimes_{\mathbb{R}} \Lambda(\xi_1, \ldots, \xi_n)$ sei die Graßmann–Algebra der ungeraden Dimension n mit Koeffizienten in $\mathcal{A}$, $\mathcal{B}^1$ sei das von $\xi_1, \ldots, \xi_n$ erzeugte Ideal von $\mathcal{B}$, und für $i \geq 1$ sei $\mathcal{B}^i := (\mathcal{B}^1)^i$. Für jedes ungerade Element $\rho \in \mathcal{B}^1$ gilt dann

$$\rho \equiv \sum_{j=1}^{n} a_j \, \xi_j \mod \mathcal{B}^2$$

mit geeigneten Elementen $a_j \in \mathcal{A}_0$.

Lemma 4.25 *Sei $\mathcal{A}$ eine kommutative Superalgebra,*

$$\mathcal{B} := \mathcal{A} \otimes_{\mathbb{R}} \Lambda(\xi_1, \ldots, \xi_n), \; \rho_1, \ldots, \rho_n \in \mathcal{B}^1 .$$

Dann sind die folgenden Eigenschaften äquivalent:

(1) *Die Determinante der durch die Kongruenzen*

$$(*) \qquad \rho_i \equiv \sum_{j=1}^{n} a_{ij} \, \xi_j \mod \mathcal{B}^2 \quad (i = 1, \ldots, n)$$

definierten Matrix $(a_{ij}) \in \mathbb{M}_n(\mathcal{A}_0)$ ist eine Einheit in $\mathcal{A}_0$.

(2) *Der $\mathcal{A}$–Modul $\mathcal{B}^1/\mathcal{B}^2$ wird von den Restklassen $\rho_i + \mathcal{B}^2$ $(i = 1, \ldots, n)$ erzeugt.*

(3) *Das Ideal $\mathcal{B}^1$ wird von $\rho_1, \ldots, \rho_n$ erzeugt.*

(4) *$\mathcal{B}^n$ wird von $\rho_1 \cdots \rho_n$ erzeugt.*

(5) *Die Elemente* $\rho_1, \ldots, \rho_n$ *erzeugen* $\mathcal{B}$ *als* $\mathcal{A}$*–Algebra, d.h. der Homomorphismus*

$$\begin{aligned} \varphi : \mathcal{A} \otimes_{\mathbb{R}} \Lambda(\xi_1, \ldots, \xi_n) &\longrightarrow \mathcal{B} \\ a \otimes \xi^\mu &\longmapsto a\rho^\mu \end{aligned}$$

ist surjektiv.

(6) *Die Elemente* $\rho_1, \ldots, \rho_n$ *erzeugen* $\mathcal{B}$ *über* $\mathcal{A}$ *als Graßmann–Algebra, d.h. der Homomorphismus* φ *in (5) ist ein Isomorphismus.*

Beweis des Lemmas. Aus den Kongruenzen (*) für die ρ_i und der Antikommutativität der ξ_i folgt

$$\rho_1 \cdots \rho_n = \det(a_{ij})\, \xi_1 \cdots \xi_n \,.$$

Diese Beziehung zeigt die Äquivalenz von (1) und (4).

Wir beweisen nun das Lemma durch den Implikationszyklus

$$(6) \Longrightarrow (5) \Longrightarrow (3) \Longrightarrow (2) \Longrightarrow (1) \Longrightarrow (6)\,.$$

(6) $\Longrightarrow$ (5) ist natürlich trival. Ist (5) erfüllt, so kann jedes ξ_k dargestellt werden als

$$\xi_k = \sum_{\mu \in \mathbb{Z}_2^n} a_{k\mu}\, \rho^\mu \qquad (k = 1, \ldots, n)$$

mit geeigneten Elementen $a_{k\mu} \in \mathcal{A}$. Ersetzen wir darin ρ_i durch

$$\rho_i = \sum_{j=1}^n a_{ij}\, \xi_j + b_i$$

mit $b_i \in \mathcal{B}^2$ und beachten, daß die ξ^μ ($\mu \in \mathbb{Z}_2^n$) eine Basis des $\mathcal{A}$–Moduls $\mathcal{B}$ bilden, so erkennt man sofort, daß $a_{k0} = 0$ ist für alle $k = 1, \ldots, n$. Also liegen $\xi_1, \ldots, \xi_n$ in dem von $\rho_1, \ldots, \rho_n$ erzeugten Ideal von $\mathcal{B}$. Damit ist (5) $\Rightarrow$ (3) gezeigt.

Aus (3) folgt, daß jedes ξ_i in der Form

$$\xi_i = \sum_{j=1}^n b_{ij}\, \rho_j + c_i$$

mit $b_{ij} \in \mathcal{A}$, $c_i \in \mathcal{B}^2$ geschrieben werden kann. Daraus ergibt sich unmittelbar die Eigenschaft (2). Ist (2) erfüllt, so ergibt sich aus der obigen Darstellung für die ξ_i, daß

$$\xi_1 \cdots \xi_n = \det(b_{ij})\, \rho_1 \cdots \rho_n$$

ist. Andererseits ist

$$\rho_1 \cdots \rho_n = \det(a_{ij})\, \xi_1 \cdots \xi_n ,$$

also ist $\det(a_{ij}) \det(b_{ij}) = 1$, und somit ist $\det(a_{ij})$ eine Einheit in $\mathcal{A}_0$.

Sei nun (1) erfüllt. Wir zeigen zunächst, daß die Abbildung φ in (5) injektiv ist. Angenommen, $b \in \mathcal{B}$ ist ein von Null verschiedenes Element des Kerns von φ. b besitzt eine Darstellung

$$b = \sum_{|\mu| \geq |\mu_0|} a_\mu \otimes \xi^\mu$$

mit $a_\mu \in \mathcal{A}$ und $a_{\mu_0} \neq 0$ für einen fest gewählten Multiindex $\mu_0 \in \mathbb{Z}_2^n$. Sei

$$\overline{\mu}_0 := (1, \ldots, 1) + \mu_0 \in \mathbb{Z}_2^n$$

der zu μ_0 komplementäre Multiindex. Wegen

$$0 = \varphi(b) = \sum_{|\mu| \geq |\mu_0|} a_\mu\, \rho^\mu$$

ist dann auch

$$\begin{aligned} 0 &= \rho^{\overline{\mu}_0} \sum_{|\mu| \geq |\mu_0|} a_\mu\, \rho^\mu = \pm a_{\mu_0}\, \rho_1 \cdots \rho_n \\ &= \pm\, a_{\mu_0} \det(a_{ij})\, \xi_1 \cdots \xi_n , \end{aligned}$$

und aus der Invertierbarkeit von $\det(a_{ij})$ ergibt sich der Widerspruch $a_{\mu_0} = 0$. Um die Surjektivität von φ zu beweisen, zeigen wir:

(**) Zu jedem $j = 1, \ldots, n$ gibt es Elemente $b_{j\mu}$ *in* $\mathcal{A}$ $(\mu \in \mathbb{Z}_2^n)$, so daß

$$\xi_j \equiv \sum_{|\mu| \leq k} b_{j\mu}\, \rho^\mu \mod \mathcal{B}^{k+1}$$

ist für alle $k \geq 1$.

Aus (∗∗) ergibt sich die Surjektivität von φ, da für $k \geq n$ die Kongruenz eine Gleichheit ist. Der Vorteil der Formulierung (∗∗) besteht darin, daß sich dafür ein einfacher Induktionsbeweis anbietet: Der Fall $k = 1$ folgt unmittelbar aus der Invertierbarkeit der Matrix (a_{ij}). (∗∗) sei richtig für ein $k \geq 1$. Dann können wir ξ_j schreiben als

$$\xi_j = \sum_{|\mu| \leq k} b_{j\mu}\, \rho^\mu + \sum_{|\nu| \geq k+1} c_{j\nu}\, \xi^\nu$$

mit geeigneten Elementen $c_{j\nu} \in \mathcal{A}$. Setzen wir diese Darstellung von ξ_j in die Summe $\sum_{|\nu| \geq k+1} c_{j\nu}\, \xi^\nu$ ein, so erhalten wir eine Kongruenz

$$\xi_j \equiv \sum_{|\mu| \leq k'} b'_{j\mu}\, \rho^\mu \mod \mathcal{B}^{k'+1}$$

für $k' = (k+1)^2 - 1 > k$. Damit ist (∗∗) für alle $k \geq 1$ bewiesen. □

Es bleibt die Äquivalenz der Eigenschaften (4) und (5) im Satz für ein Supergebiet $\left(U, \mathcal{O}|_U\right)$ zu beweisen. Trivialerweise folgt (4) aus (5), so daß nur noch zu zeigen ist, daß (5) aus (4) folgt.

Sei $C_0(U)$ ein Funktionenfaktor auf U, für den die Eigenschaft (**EF**) erfüllt ist, und sei

$$\gamma_0 : C^\infty(U) \longrightarrow C_0(U)$$

die Inverse des Isomorphismus' $\beta|_{C_0(U)}$. Sei $C(U)$ irgendein Funktionenfaktor auf U, und $\gamma : C^\infty(U) \to C(U)$ sei die Inverse des Isomorphismus' $\beta|_{C_0(U)}$. Es ist zu zeigen, daß die Abbildung

$$\begin{aligned} i : C^\infty(U) \otimes \Lambda(\xi_1, \ldots, \psi_n) &\longrightarrow \mathcal{O}(U) \\ f \otimes \xi^\mu &\longmapsto \gamma(f)\rho^\mu \end{aligned}$$

ein Isomorphismus ist. Offensichtlich ist i ein Algebren–Homomorphismus. Die Injektivität von i beweist man mit demselben Schluß, der für (1) ⇒ (6) in Lemma 4.25 verwendet wurde. Sei nun $f \in C^\infty(U) \subseteq \mathcal{O}(U)$. Wir wollen zeigen, daß f ein Urbild bei der Abbildung i besitzt. Dies ergibt sich (in Analogie zur Argumentation in Lemma 4.25) aus der folgenden Aussage:

(∗∗∗) Es gibt Elemente $f_\nu \in C^\infty(U)$ mit

$$i\left(\sum_{|\nu| \leq k} f_\nu \otimes \xi^\nu\right) \equiv f \mod \mathcal{O}^{k+1}(U)\,.$$

Wir beweisen dies mit vollständiger Induktion nach k.
Wegen $\gamma(f) \equiv f \bmod \mathcal{O}^2(U)$ ist die Behauptung für $k = 0$ klar, da man hier einfach $f_0 = f$ setzen kann. Die Behauptung gelte nun für ein $k \geq 0$, d.h. es ist

$$i\left(\sum_{|\nu|\leq k} f_\nu \otimes \xi^\nu\right) - f = g \in \mathcal{O}^{k+1}(U)$$

für geeignete $f_\nu \in C^\infty(U)$. Das Element g kann man nach Voraussetzung schreiben als

$$g = \sum_{|\nu|\geq k+1} g_\nu \, \rho^\nu$$

mit eindeutig bestimmten $g_\nu \in C_0(U)$. Zu diesen g_ν gibt es eindeutig bestimmte $h_\nu \in C^\infty(U)$ mit $g_\nu = \gamma_0(h_\nu)$. Nun ist

$$g_\nu \equiv h_\nu \bmod \mathcal{O}^2(U) \equiv \gamma(h_\nu) \bmod \mathcal{O}^2(U) \; ,$$

also ist

$$g \equiv \sum_{|\nu|=k+1} \gamma(h_\nu)\rho^\nu \bmod \mathcal{O}^{k+2}(U) \; .$$

Setzt man jetzt $f_\nu := h_\nu$ für $|\nu| = k+1$, so erhält man $(***)$ für $k+1$ an Stelle von k.

Sei nun $f \in \mathcal{O}(U)$ beliebig. Nach Voraussetzung hat f eine eindeutige Darstellung

$$f = \sum_{\mu\in\mathbb{Z}_2^n} \gamma_0(f_\mu)\rho^\mu \quad \text{mit } f_\mu \in C^\infty(U) \; .$$

Wegen $\gamma_0(f_\mu) \equiv f_\mu \bmod \mathcal{O}^2(U)$ erhalten wir daraus eine Darstellung

$$f = \sum_\mu g_\mu \, \rho^\mu \quad \text{mit } g_\mu \in C^\infty(U) \; .$$

Da jedes g_μ im Bild von i ist, ist somit auch f im Bild von i.

Damit ist Satz 4.24 vollständig bewiesen. □

Definition 4.26 *Hat ein n-Tupel $\rho = (\rho_1, \ldots, \rho_n)$ aus $\mathcal{O}(U)_1^n$ eine (und damit alle) Eigenschaften in* Satz 4.24, *so heißt ρ ein* **ungerades Koordinatensystem auf** U.

Satz 4.27 *Sei* $(X, \mathcal{O}_X)$ *eine Supermannigfaltigkeit der Dimension* (m, n), $U \subseteq X$ *eine offene Menge. Gegeben seien Elemente* $r_1, \ldots, r_m \in \mathcal{O}(U)_0$ *und* $\rho_1, \ldots, \rho_n \in \mathcal{O}(U)_1$. *Dann sind die beiden folgenden Eigenschaften äquivalent:*

(i) $(r_1, \ldots, r_m)$ *ist ein gerades und* $(\rho_1, \ldots, \rho_n)$ *ist ein ungerades Koordinatensystem auf* U.

(ii) *Es gibt eine Superkarte* $(\varphi, \psi) : \left(U, \mathcal{O}|_U\right) \to (V, \mathcal{O}_V)$ *mit* $\psi(x_i) = r_i$, $\psi(\xi_j) = \rho_j$ *für alle* i, j, *wobei* $(V, \mathcal{O}_V)$ *ein Supergebiet mit Standardkoordinaten* $x_1, \ldots, x_m$, $\xi_1, \ldots, \xi_n$ *ist.*

Beweis. (ii) $\Longrightarrow$ (i) ist offensichtlich, und die umgekehrte Implikation ergibt sich mit Satz 4.8 aus den Sätzen 4.23 und 4.24. □

Definition 4.28 *Erfüllt das* $(m+n)$*-Tupel*

$$(r; \rho) = (r_1, \ldots, r_m; \rho_1, \ldots, \rho_n) \in \mathcal{O}(U)_0^m \times \mathcal{O}(U)_1^n$$

die Bedingung von Satz 4.27, *so heißt* $(r; \rho)$ *ein (***Super***-)* **Koordinatensystem auf** U.

4.4 Der Satz von M. Batchelor

Wie wir schon früher gesehen haben, ist die Struktur einer Supermannigfaltigkeit $(X, \mathcal{O}_X)$ durch die zugrundeliegende gewöhnliche Mannigfaltigkeit X nicht festgelegt. Der Satz von Batchelor zeigt jedoch, daß die Strukturgarbe $\mathcal{O}_X$ durch "klassische" differentialgeometrische Objekte beschrieben werden kann, nämlich durch die Garbe der Schnitte eines passenden Vektorbündels über X.

Wir werden dieses Resultat im fünften Kapitel bei der Konstruktion von Produkten allgemeiner Supermannigfaltigkeiten verwenden. Aus Platzgründen und da Produkte von Supergebieten im Gegensatz zum allgemeinen Fall sehr einfach zu definieren sind, verzichten wir auf eine nähere Erläuterung der in diesem Abschnitt verwendeten bündeltheoretischen Begriffe und Resultate und verweisen den interessierten Leser auf die Literatur [35], [42], [65].

Sei X eine differenzierbare Mannigfaltigkeit und $E \to X$ ein reelles Vektorbündel vom Rang n über X. ΛE bezeichne das zugehörige äußere Bündel, d.h. es ist

$$\Lambda E = \sum_{i=1}^{n}{}^{\oplus} \Lambda^i E .$$

ΛE ist ein Bündel von Superalgebren über X mit Faser Λ_n. Sei $\Gamma_{\Lambda E}$ die Garbe der Schnitte des Bündels ΛE. Mit Hilfe der lokalen Trivialisierbarkeit des Bündels ΛE zeigt man leicht, daß $(X, \Gamma_{\Lambda E})$ eine Supermannigfaltigkeit ist. Der Satz von Batchelor besagt nun, daß alle Supermannigfaltigkeiten auf diese Weise entstehen:

Satz 4.29 ([2]) *Sei $(X, \mathcal{O}_X)$ eine Supermannigfaltigkeit. Dann gibt es ein Vektorbündel E über X, so daß die Garben $\mathcal{O}_X$ und $\Gamma_{\Lambda E}$ isomorph sind. Das Vektorbündel E ist bis auf Isomorphie eindeutig bestimmt.*

Der Beweis beruht wesentlich auf dem folgenden

Lemma 4.30 *Sei $(X, \mathcal{O}_X)$ eine Supermannigfaltigkeit und $C(X) \subseteq \mathcal{O}(X)$ ein globaler Funktionenfaktor. Dann gibt es ein Vektorbündel E über X und einen Isomorphismus von $\mathcal{O}_X$ auf die Garbe der Schnitte $\Gamma_{\Lambda E}$, der den Funktionenfaktor $C(X)$ auf $\Gamma(X, \Lambda^0 E) \cong C^\infty(X)$ abbildet.*

Beweis. Für jede offene Teilmenge $U \subseteq X$ sei $\mathcal{O}^j(U) := (\mathcal{O}^1(U))^j$. Die Zuordnung $U \mapsto \mathcal{O}^j(U)$ ($U \subseteq X$ offen) definiert eine Prägarbe auf X. Im allgemeinen ist dies keine Garbe. Wir erhalten allerdings eine Garbe, wenn wir auf U diejenigen Elemente aus $\mathcal{O}(U)$ betrachten, die *lokal* in $\mathcal{O}^j(U)$ liegen.

$$\mathcal{O}^{(j)}(U) := \left\{ f \in \mathcal{O}(U) \;\middle|\; \begin{array}{l} \text{Zu jedem } x \in U \text{ gibt es eine offene Umgebung} \\ W_x \subseteq U \text{ von } x \text{ mit } f|_{W_x} \in \mathcal{O}^j(W_x) \end{array} \right\}.$$

Für hinreichend kleine U stimmen $\mathcal{O}^j(U)$ und $\mathcal{O}^{(j)}(U)$ überein. Existiert nämlich auf $(U, \mathcal{O}_U)$ ein ungerades Koordinatensystem $\rho = (\rho_1, \ldots, \rho_n)$, so ist $\mathcal{O}^j(U) = \mathcal{O}^{(j)}(U)$: Bezüglich ρ kann jedes $f \in \mathcal{O}(U)$ eindeutig dargestellt werden als

$$f = \sum_{\mu \in \mathbb{Z}_2^n} f_\mu \, \rho^\mu \qquad (f_\mu \in C(U)) ,$$

wobei z.B. $C(U)$ der eindeutig bestimmte Funktionenfaktor auf U ist, für den $\rho_{U,X}\ C(X) \subseteq C(U)$ gilt. Trivialerweise ist $\mathcal{O}^j(U)$ enthalten in $\mathcal{O}^{(j)}(U)$. Sei umgekehrt $f \in \mathcal{O}^{(j)}(U)$, $x \in U$ und $W_x \subseteq U$ eine offene Umgebung von x mit $f|_{W_x} \in \mathcal{O}^j(W_x)$. Dann ist

$$f|_{W_x} = \sum_{\mu \in \mathbb{Z}_2^n} f_\mu|_{W_x} \left(\rho|_{W_x}\right)^\mu ,$$

und für $f_\mu|_{W_x} \neq 0$ muß $|\mu| \geq j$ sein.

Mit Hilfe der Garbenaxiome folgt daraus unmittelbar, daß $f \in \mathcal{O}^j(U)$ ist.

Nach Satz 4.10 ist die Abbildung $U \mapsto C(U)$, die jeder offenen Menge $U \subseteq X$ den durch $\rho_{U,X}\ C(X) \subseteq C(U)$ eindeutig bestimmten Funktionenfaktor $C(U)$ auf U zuordnet, eine Untergarbe von $\mathcal{O}_X$. Diese Untergarbe können wir in natürlicher Weise mit der Garbe $\mathcal{C}_X^\infty : U \mapsto C^\infty(U)$ identifizieren. Damit können wir $\mathcal{O}_X$ als $\mathcal{C}_X^\infty$–Modulgarbe betrachten. $\mathcal{O}^{(2)} : U \mapsto \mathcal{O}^{(2)}(U)$ und $\mathcal{O}_1 : U \mapsto \mathcal{O}(U)_1$ sind nach Satz 4.24 lokal freie $\mathcal{C}_X^\infty$–Modulgarben, und $\mathcal{O}^{(2)} \subseteq \mathcal{O}_1$ ist eine Inklusion solcher Garben. Nun gibt es eine umkehrbar eindeutige Beziehung zwischen den (Isomorphieklassen von) Vektorbündeln über X und den lokal freien $\mathcal{C}_X^\infty$–Modulgarben über X, wobei jede lokal freie $\mathcal{C}_X^\infty$–Modulgarbe als Garbe der Schnitte eines Vektorbündels über X auftritt (siehe z.B. [65], Chap. II.1). Weiterhin ist bekannt, daß jede kurze exakte Sequenz von C^∞–Vektorbündeln über X zerfällt (siehe z.B. [1], § 1.4). Damit folgt die Existenz eines Vektorbündels E über X mit

$$\mathcal{O}^{(2)} \oplus \Gamma_E = \mathcal{O}_1 .$$

Aus der universellen Eigenschaft äußerer Algebren ergibt sich sofort, daß die Inklusion

$$\Gamma_E \subseteq \mathcal{O}_1$$

zu einem Garbenhomomorphismus

$$\alpha : \Gamma_{\Lambda E} \longrightarrow \mathcal{O}$$

fortgesetzt werden kann, so daß

$$\alpha(s_1 \wedge \cdots \wedge s_j) = s_1 \cdots s_j$$

gilt für alle $s_1, \ldots, s_j \in \Gamma_{\Lambda E}$.

Wir zeigen, daß α ein Isomorphismus ist. Zunächst ist klar, daß dies nur lokal nachgewiesen werden muß. Wir können also annehmen, daß das Bündel E trivial ist, d.h. daß $E = X \times \mathbb{R}^n$ ist, und daß X ein Supergebiet, d.h. daß $\mathcal{O}_X = \mathcal{C}_X^\infty \otimes \Lambda(\xi_1, \ldots, \xi_n)$ ist. In dieser Situation ist aber klar, daß

$$\Gamma_{\Lambda E} \cong \mathcal{C}_X^\infty \otimes \Lambda(\xi_1, \ldots, \xi_n)$$

ist. Damit ist das Lemma bewiesen. □

Wir kommen nun zum Beweis von Satz 4.29. Da jede Supermannigfaltigkeit einen globalen Funktionenfaktor besitzt, folgt die Existenzaussage des Satzes aus Lemma 4.30.

Sei $(X, \mathcal{O}_X)$ eine Supermannigfaltigkeit. Dann wird die Quotientengarbe $\mathcal{O}^1/_{\mathcal{O}^{(2)}}$ durch $\mathcal{O}^1$ annulliert. Somit besitzt $\mathcal{O}^1/_{\mathcal{O}^{(2)}}$ in natürlicher Weise die Struktur einer $\mathcal{O}/_{\mathcal{O}^1}$–Modulgarbe. Nun ist $\mathcal{O}/_{\mathcal{O}^1} \cong \mathcal{C}_X^\infty$, und ist $\mathcal{O} = \Gamma_{\Lambda E}$ für ein C^∞–Vektorbündel E über X, so ist $\mathcal{O}^1/_{\mathcal{O}^{(2)}} = \Gamma_E$ als $\mathcal{C}_X^\infty$–Modulgarbe. Ein C^∞–Vektorbündel über X ist aber durch die Garbe seiner Schnitte (als $\mathcal{C}_X^\infty$–Modulgarbe) bis auf Isomorphie eindeutig bestimmt. Daraus ergibt sich die Eindeutigkeitsaussage des Satzes. □

Zum Satz von Batchelor sei abschließend bemerkt, daß die durch Satz 4.29 gegebene Korrespondenz zwischen Supermannigfaltigkeiten und Vektorbündeln *keine Äquivalenz* zwischen der Kategorie der Supermannigfaltigkeiten und der Kategorie der C^∞–Vektorbündel ist.

4.5 Vektorfelder auf Supermannigfaltigkeiten

Wir haben bereits mehrfach gesehen, daß es leicht ist, einen Begriff der klassischen Differentialgeometrie auf den $\mathbb{Z}_2$–graduierten Fall zu übertragen, wenn die klassische Begriffsbildung vorher angemessen algebraisiert wurde. Dies ist auch für Vektorfelder auf einer differenzierbaren Mannigfaltigkeit der Fall. Bekanntlich kann man Vektorfelder auf einer differenzierbaren Mannigfaltigkeit X beschreiben als die *Derivationen* der Algebra $C^\infty(X)$, d.h. als die $\mathbb{R}$–linearen Abbildungen

$$\delta : C^\infty(X) \longrightarrow C^\infty(X) ,$$

die die Leibniz–Regel

$$\delta(fg) = \delta(f)g + f\delta(g)$$

erfüllen.

Definition 4.31 *Sei* $(X, \mathcal{O}_X)$ *eine Supermannigfaltigkeit,* $U \subseteq X$ *eine offene Menge. Eine homogene* $\mathbb{R}$*–lineare Abbildung*

$$\delta_U : \mathcal{O}(U) \longrightarrow \mathcal{O}(U)$$

heißt eine **homogene Superderivation auf** U*, wenn*

$$\delta_U(fg) = \delta_U(f)g + (-1)^{p(\delta_U)p(f)} f\delta_U(g)$$

für alle homogenen Elemente $f, g \in \mathcal{O}(U)$ *gilt.*

$\delta_U \in \operatorname{End}_{\mathbb{R}} \mathcal{O}(U)$ *heißt eine* **Superderivation auf** U*, wenn der gerade und der ungerade Anteil von* δ_U *homogene Superderivationen sind. Wir bezeichnen den reellen Vektorraum der Superderivationen auf* U *mit* $\operatorname{Der}(U)$.

Bemerkung 4.32 $\operatorname{Der}(U)$ *ist ein* $\mathcal{O}(U)$*–Modul.*

Beweis . Wir müssen zeigen, daß die durch

$$(h\delta)(f) := h\delta(f)$$

definierte lineare Abbildung $h\delta : \mathcal{O}(U) \to \mathcal{O}(U)$ wieder eine Superderivation ist. Dazu können wir annehmen, daß $\delta \in \operatorname{Der}(U)$ eine homogene Superderivation und $h \in \mathcal{O}(U)$ ein homogenes Element ist. Für homogene $f, g \in \mathcal{O}(U)$ gilt dann

$$\begin{aligned}(h\delta)(fg) &= h\delta(fg) = h\delta(f)g + (-1)^{p(\delta)p(f)} hf\delta(g) \\ &= h\delta(f)g + (-1)^{p(\delta)p(f)}(-1)^{p(h)p(f)} fh\delta(g) \\ &= h\delta(f)g + (-1)^{p(h\delta)p(f)} fh\delta(g) \\ &= (h\delta)(f)g + (-1)^{p(h\delta)p(f)} f(h\delta)(g)\ .\end{aligned}$$

□

Vektorfelder auf gewöhnlichen differenzierbaren Mannigfaltigkeiten bilden mit dem Kommutator $(X,Y) \longmapsto XY - YX$ eine Lie–Algebra. Superderivationen auf offenen Teilen einer Supermannigfaltigkeit bilden eine ähnliche Struktur:

Definition 4.33 *Sei* $\mathcal{L}$ *ein Supervektorraum mit einer geraden bilinearen Abbildung* $[,] : \mathcal{L} \times \mathcal{L} \to \mathcal{L}$, $(x,y) \mapsto [x,y]$. $\mathcal{L}$ *zusammen mit* $[,]$ *heißt eine* Super–Lie–Algebra, *wenn für alle homogenen Elemente* $x, y, z \in \mathcal{L}$ *gilt:*

(i) $[x,y] = -(-1)^{p(x)p(y)}[y,x]$,

(ii) $(-1)^{p(x)p(z)}[[x,y],z] + (-1)^{p(y)p(x)}[[y,z],x] + (-1)^{p(z)p(y)}[[z,x],y] = 0$
(Super–Jacobi–Identität).

Sind γ und δ homogene Superderivationen auf einer offenen Teilmenge U einer Supermannigfaltigkeit $(X, \mathcal{O}_x)$, so ist ihr Superkommutator

$$[\gamma, \delta] := \gamma\delta - (-1)^{p(\gamma)p(\delta)}\delta\gamma$$

wieder eine homogene Superderivation auf U mit Parität

$$p([\gamma,\delta]) = p(\gamma) + p(\delta) .$$

Es ist einfach nachzurechnen, daß $\mathrm{Der}(U)$ zusammen mit dem Superkommutator die Axiome einer Super–Lie–Algebra erfüllt.

Wir wollen als nächstes zeigen, daß die Zuordnung $U \mapsto \mathrm{Der}(U)$ eine Garbe definiert. Dazu müssen wir zunächst zeigen, daß Superderivationen *lokale Operatoren* sind:

Lemma 4.34 *Seien* $U, V \subseteq X$ *offene Mengen,* $V \subseteq U$, $g \in \mathcal{O}(U)$, $\delta \in \mathrm{Der}(U)$. *Dann gilt: Ist* $\rho_{V,U}(g) = 0$, *so ist auch* $\rho_{V,U}(\delta(g)) = 0$.

Beweis . Sei $p \in V$ ein beliebig vorgegebenes Element. Man wähle offene Umgebungen W_1, W_2 von p, so daß $W_1 \subseteq W_2$ und $\overline{W}_2 \subseteq V$ ist. $\{W_2, U \backslash \overline{W}_1\}$ ist eine offene Überdeckung von U. Sei $\{\varphi_1, \varphi_2\}$ eine dieser Überdeckung untergeordnete differenzierbare Zerlegung der Eins mit

$$\operatorname{supp}\varphi_2 \subseteq W_2, \quad \operatorname{supp}\varphi_1 \subseteq U \backslash \overline{W}_1 .$$

Insbesondere ist dann

$$\rho_{W_1,U}(\varphi_1) = 0 \quad \text{und} \quad \rho_{U\setminus\overline{W}_2,U}(\varphi_1) = \mathbf{1}_{U\setminus\overline{W}_2} \,.$$

Daraus ergibt sich

$$\rho_{U\setminus\overline{W}_2,U}(g\varphi_1) = \rho_{U\setminus\overline{W}_2,U}(g) \,,$$

und da $\rho_{V,U}(g) = 0$ ist, ist auch

$$\rho_{V,U}(g\varphi_1) = \rho_{V,U}(g) \,.$$

Da $\{V, U\setminus\overline{W}_2\}$ eine offene Überdeckung von U ist, folgt damit $g\varphi_1 = g$. Nun ist

$$\begin{aligned} \delta(g) &= \delta(g\varphi_1) \\ &= \delta(g)\varphi_1 + (-1)^{p(\delta)p(g)} g\delta(\varphi_1) \end{aligned}$$

(wir können natürlich voraussetzen, daß δ homogen ist), also

$$\begin{aligned} \rho_{W_1,U}(\delta(g)) &= \rho_{W_1,U}(\delta(g))\rho_{W_1,U}(\varphi_1) + (-1)^{p(\delta)p(g)}\rho_{W_1,U}(g)\rho_{W_1,U}(\delta(\varphi_1)) \\ &= 0 \,. \end{aligned}$$

Da dies für jedes $p \in V$ gilt, erhält man aus den Garbenaxiomen $\rho_{V,U}(\delta(g)) = 0$. □

Korollar 4.35 *Sind $f, g \in \mathcal{O}(U)$, ist $V \subseteq U$ eine offene Teilmenge, so daß $\rho_{V,U}(f) = \rho_{V,U}(g)$ ist, und ist $\delta \in \mathrm{Der}(U)$, so ist auch*

$$\rho_{V,U}(\delta(f)) = \rho_{V,U}(\delta(g)) \,.$$

Aus dem Korollar ergibt sich unmittelbar, daß jede Superderivation auf U auch auf den Halmen $\mathcal{O}_p$ $(p \in U)$ der Garbe $\mathcal{O}_X$ als Superderivation operiert.

Wir wollen als nächstes Einschränkungsmorphismen für Superderivationen definieren.

Seien V, U offene Teilmengen von X, $V \subseteq U$. Zu $\delta \in \mathrm{Der}(U)$ und $f \in \mathcal{O}(V)$ wollen wir ein Element $\rho'_{V,U}(\delta)(f) \in \mathcal{O}(V)$ so definieren, daß $f \mapsto \rho_{V,U}(\delta)(f)$ eine Superderivation auf V ist.

Zu jedem $p \in V$ gibt es eine offene Umgebung $W_p \subseteq V$ von p und ein $f_p \in \mathcal{O}(U)$, so daß

$$\rho_{W_p,U}(f_p) = \rho_{W_p,V}(f)$$

ist. Für $p_1, p_2 \in V$ mit $W_{p_1} \cap W_{p_2} \neq \emptyset$ folgt dann

$$\begin{aligned} \rho_{W_{p_1} \cap W_{p_2}, U}(f_{p_1}) &= \rho_{W_{p_1} \cap W_{p_2}, V}(f) \\ &= \rho_{W_{p_1} \cap W_{p_2}, U}(f_{p_2}) \,. \end{aligned}$$

Mit Korollar 4.35 erhält man somit

$$\rho_{W_{p_1} \cap W_{p_2}, U}(\delta(f_{p_1})) = \rho_{W_{p_1} \cap W_{p_2}, U}(\delta(f_{p_2})) \,.$$

Da die offenen Mengen W_p $(p \in V)$ eine Überdeckung von V bilden, folgt aus den Garbenaxiomen die Existenz genau eines $h \in \mathcal{O}(V)$ mit

$$\rho_{W_p, V}(h) = \rho_{W_p, U}\ \delta(f_p)$$

für alle $p \in V$. Wir setzen dann

$$\rho'_{V,U}(\delta)(f) := h$$

und zeigen zuerst, daß damit $\rho'_{V,U}(\delta)$ wohldefiniert ist: Wählt man andere Daten $W'_p \subseteq V$, $f'_p \in \mathcal{O}(U)$ so, daß

$$\rho_{W'_p, U}(f'_p) = \rho_{W'_p, V}(f) \qquad \text{für alle } p \in V$$

ist, so definieren diese ein Element $h' \in \mathcal{O}(V)$ mit $\rho'_{W_p, V}(h') = \rho'_{W_p, U}(\delta(f'_p))$ für alle $p \in V$. Wir müssen zeigen, daß $h' = h$ ist. Nun ist für $W'_{p_1} \cap W_{p_2} \neq \emptyset$

$$\begin{aligned} \rho_{W'_{p_1} \cap W_{p_2}, U}(f_{p_2}) &= \rho_{W'_{p_1} \cap W_{p_2}, V}(f) \\ &= \rho_{W'_{p_1} \cap W_{p_2}, U}(f'_{p_1}) \end{aligned}$$

und damit nach Korollar 4.35

$$\rho_{W'_{p_1} \cap W_{p_2}, U}(\delta(f_{p_2})) = \rho_{W'_{p_1} \cap W_{p_2}, U}(\delta(f'_{p_1})) \,.$$

Also folgt

$$\rho_{W'_{p_1} \cap W_{p_2}, V}(h') = \rho_{W'_{p_1} \cap W_{p_2}, V}(h)$$

und somit $h = h'$.

Aus diesen Überlegungen folgt auch unmittelbar, daß für offene Mengen $W \subseteq V \subseteq U$

$$\rho'_{W,U} = \rho'_{W,V} \circ \rho'_{V,U}$$

gilt. Es bleibt zu zeigen, daß $\rho'_{V,U}(\delta) \in \mathrm{Der}(V)$ ist. Wir beweisen dabei nur die Leibniz–Regel. Der Nachweis der Linearität von $\rho'_{V,U}(\delta)$ verläuft ganz analog. Wir können annehmen, daß δ eine homogene Superderivation auf U ist. Seien $f, g \in \mathcal{O}(V)$ homogene Elemente. Als Fortsetzung von fg kann man $(fg)_p := f_p g_p$ nehmen. Man beachte, daß f_p und g_p dieselbe Parität wie f bzw. g haben. Wir erhalten dann für alle $p \in V$:

$$\begin{aligned}
&\rho_{W_p,V}(\rho'_{V,U}(\delta)(fg)) = \rho_{W_p,V}(\delta(f_p g_p)) \\
&= \rho_{W_p,V}(\delta(f_p)g_p + (-1)^{p(\delta)p(f_p)} f_p\, \delta(g_p)) \\
&= \rho_{W_p,V}(\rho'_{V,U}(\delta)(f))\rho_{W_p,V}(g_p) + (-1)^{p(\delta)p(f)} \rho_{W_p,V}(f_p)\rho_{W_p,V}(\rho'_{V,U}(\delta)(g)) \\
&= \rho_{W_p,V}(\rho'_{V,U}(\delta)(f)g + (-1)^{p(\delta)p(f)} f \rho'_{V,U}(\delta(g)) .
\end{aligned}$$

Somit ist

$$\rho'_{V,U}(\delta)(fg) = \rho'_{V,U}(\delta)(f)g + (-1)^{p(\delta)p(f)} f \rho'_{V,U}(\delta)(g) .$$

$\rho'_{V,U}(\delta)$ ist also wieder eine homogene Superderivation mit derselben Parität wie δ. Wir haben damit gezeigt, daß

$$\mathrm{Der}\, \mathcal{O}_X := (\mathrm{Der}(U), \rho'_{V,U})$$

eine Prägarbe auf X ist. Wir überlassen dem Leser den einfachen Nachweis, daß diese Prägarbe sogar vollständig ist:

Satz 4.36 *Sei* $(X, \mathcal{O}_X)$ *eine Supermannigfaltigkeit. Dann ist* $\mathrm{Der}\, \mathcal{O}_X$ *eine* $\mathcal{O}_X$*-Modulgarbe.* $\mathrm{Der}\, \mathcal{O}_X$ *heißt die Garbe der* **Supervektorfelder** *auf* $(X, \mathcal{O}_X)$.

Ist M eine gewöhnliche differenzierbare Mannigfaltigkeit der Dimension m, $U \subseteq M$ eine offene Menge, auf der ein Koordinatensystem $(x_1, \ldots, x_m)$ existiert, so kann jedes Vektorfeld δ_U auf U eindeutig als $C^\infty(U)$-Linearkombination der *Basisfelder* $\frac{\partial}{\partial x_1}, \ldots, \frac{\partial}{\partial x_m}$ dargestellt werden,

$$\delta_U = \sum_{i=1}^{m} f_i \frac{\partial}{\partial x_i} .$$

Dabei sind die $f_i \in C^\infty(U)$ durch $f_i = \delta_U(x_i)$ gegeben. Es ist nicht überraschend, daß wir im Fall einer Supermannigfaltigkeit ein analoges Resultat für die Elemente von $\mathrm{Der}(U)$ bekommen, falls auf U ein Superkoordinatensystem existiert.

Sei $(r_1, \ldots, r_m; \rho_1, \ldots, \rho_n)$ ein Superkoordinatensystem auf der offenen Teilmenge U der Supermannigfaltigkeit $(X, \mathcal{O})$, und $C(U) \subseteq \mathcal{O}(U)_0$ sei ein Funktionenfaktor auf U. Für $i = 1, \ldots, m$ sei $\tilde{r}_i := \beta_U(r_i)$. $(\tilde{r}_1, \ldots, \tilde{r}_m)$ ist dann ein gewöhnliches Koordinatensystem auf U. $\frac{\partial}{\partial \tilde{r}_1}, \ldots, \frac{\partial}{\partial \tilde{r}_m}$ seien die zugehörigen Basisfelder auf U. Wir definieren dann lineare Abbildungen

$$\frac{\partial}{\partial r_i} : C(U) \longrightarrow C(U) ,$$

die das Diagramm

$$\begin{array}{ccc} C(U) & \xrightarrow{\frac{\partial}{\partial r_i}} & C(U) \\ \beta_U \Big\downarrow & & \Big\downarrow \beta_U \\ C^\infty(U) & \xrightarrow{\frac{\partial}{\partial \tilde{r}_i}} & C^\infty(U) . \end{array}$$

kommutativ ergänzen:

$$\frac{\partial}{\partial r_i} = \left(\beta_U|_{C(U)}\right)^{-1} \circ \frac{\partial}{\partial \tilde{r}_i} \circ \beta_U .$$

Da wir jedes Element $f \in \mathcal{O}(U)$ eindeutig darstellen können als

$$f = \sum_{\mu \in \mathbb{Z}_2^n} f_\mu \, \rho^\mu ,$$

wobei die f_μ Elemente von $C(U)$ sind, können wir $\frac{\partial}{\partial r_i}$ auf ganz $\mathcal{O}(U)$ fortsetzen durch

$$\frac{\partial}{\partial r_i} f := \sum_{\mu \in \mathbb{Z}_2^n} \left(\frac{\partial}{\partial r_i} f_\mu\right) \rho^\mu .$$

Damit wird $\frac{\partial}{\partial r_i} : \mathcal{O}(U) \to \mathcal{O}(U)$ eine lineare Abbildung, deren Parität Null ist. Wir haben damit partielle Ableitungen nach den geraden Koordinaten erklärt. Die $\frac{\partial}{\partial r_i}$ sind Superderivationen. Dies kann man ohne Schwierigkeit nachrechnen. Wie bei den gewöhnlichen partiellen Ableitungen gilt

$$\frac{\partial}{\partial r_i} r_j = \delta_{ij}$$

für alle $i, j = 1, \ldots, m$. Ferner gilt nach Definition

$$\frac{\partial}{\partial r_i}\, \rho_j = 0$$

für alle $i = 1, \ldots, m$ und alle $j = 1, \ldots, n$.

Die Definition partieller Ableitungen nach den ungeraden Koordinaten $\rho_1, \ldots, \rho_n$ ist ebenfalls naheliegend. Da die ρ_i's antikommutieren, setzt man

$$\frac{\partial}{\partial \rho_j}\,(\rho_1^{\mu_1} \cdots \rho_n^{\mu_n}) := \mu_j(-1)^{\sum_{k=1}^{j-1} \mu_k} \rho_1^{\mu_1} \cdots \widehat{\rho_j^{\mu_j}} \cdots \rho_n^{\mu_n}$$

für alle $(\mu_1, \ldots, \mu_n) \in \mathbb{Z}_2^n$, und für allgemeines $f = \sum_\mu f_\mu\, \rho^\mu \in \mathcal{O}(U)$

$$\frac{\partial}{\partial \rho_j}\, f := \sum_\mu f_\mu\, \frac{\partial}{\partial \rho_j}\, \rho^\mu\ .$$

$\frac{\partial}{\partial \rho_j} : \mathcal{O}(U) \to \mathcal{O}(U)$ wird damit eine *ungerade* lineare Abbildung. Auch für die $\frac{\partial}{\partial \rho_j}$ gilt

$$\frac{\partial}{\partial \rho_j}\, \rho_k = \delta_{jk} \qquad (j, k = 1, \ldots, n)$$

und ferner

$$\frac{\partial}{\partial \rho_j}\, r_i = 0 \qquad (j = 1, \ldots, n\ ;\ i = 1, \ldots, m)\ .$$

Wie für die partiellen Ableitungen nach den geraden Koordinaten rechnet man auch hier sehr einfach nach, daß die partiellen Ableitungen nach den ungeraden Koordinaten Superderivationen sind.

Bemerkung 4.37 *Sei* $(x_1, \ldots, x_{m+n}) := (r_1, \ldots, r_m; \rho_1, \ldots, \rho_n)$ *ein Superkoordinatensystem auf* U. *Dann sind die partiellen Ableitungen* $\frac{\partial}{\partial x_i}, \ldots, \frac{\partial}{\partial x_{m+n}}$ superkommutativ, *d.h. für alle* $i, j = 1, \ldots, m+n$ *gilt*

$$\frac{\partial}{\partial x_i}\, \frac{\partial}{\partial x_j} = (-1)^{p(x_i)p(x_j)}\, \frac{\partial}{\partial x_j}\, \frac{\partial}{\partial x_i}\ .$$

Insbesondere ist $\left(\frac{\partial}{\partial \rho_j}\right)^2 = 0$ *für alle* $j = 1, \ldots, n$.

Der Beweis ist nur eine triviale Rechnung, auf die wir hier verzichten können.

Satz 4.38 *Sei* $(X, \mathcal{O})$ *eine Supermannigfaltigkeit der Dimension* (m,n), $U \subseteq X$ *eine offene Menge, auf der ein Superkoordinatensystem* $(x_1, \ldots, x_{m+n}) = (r_1, \ldots, r_m; \rho_1, \ldots, \rho_n)$ *existiert. Dann ist* $\mathrm{Der}(U)$ *ein freier* $\mathcal{O}(U)$*-Modul mit Basis*

$$\left\{ \frac{\partial}{\partial x_1}, \ldots, \frac{\partial}{\partial x_{m+n}} \right\} .$$

Beweis . Die Situation ist wie im klassischen Fall: Sei $\delta \in \mathrm{Der}(U)$, und für $i = 1, \ldots, m+n$ sei

$$\delta_i := \delta(x_i)$$

sowie

$$\delta' := \delta - \sum_{i=1}^{m+n} \delta_i \frac{\partial}{\partial x_i} .$$

Dann ist

$$\delta'(x_j) = \delta(x_j) - \delta_j = 0 ,$$

und mit Hilfe der Leibniz–Regel folgt $\delta'(P) = 0$ für jedes Polynom $P \in \mathbb{R}[x_1, \ldots, x_{m+n}]$. Da der $\mathcal{O}(U)$–Modul $\mathcal{O}(U)$ n–separiert ist (Korollar 4.16), reicht es zu zeigen, daß $\delta'(f) \in I_p^{n+1}$ ist für alle $p \in U$ und alle $f \in \mathcal{O}(U)$. Dann folgt nämlich $\delta'(f) = 0$ für alle $f \in \mathcal{O}(U)$, d.h. $\delta' = 0$. Nun folgt aber aus Lemma 4.13 unmittelbar, daß es zu jedem $f \in \mathcal{O}(U)$ ein Polynom $P \in \mathbb{R}[x_1, \ldots, x_{m+n}]$ gibt, so daß $f - P \in I_p^{n+2}$ ist. Also gilt

$$\delta'(f) = \delta'(f) - \delta'(P) = \delta'(f - P) \in I_p^{n+1} ,$$

denn I_p wird von $x_1 - \beta_p(x_1), \ldots, x_m - \beta_p(x_m)$, $\rho_1, \ldots, \rho_n$ erzeugt (Lemma 4.13), und somit folgt $\delta'(I_p^{n+2}) \subseteq I_p^{n+1}$ aus der Leibniz–Regel für Superderivationen.

Damit ist gezeigt, daß $\mathrm{Der}(U)$ als $\mathcal{O}(U)$–Modul von $\frac{\partial}{\partial x_1}, \ldots, \frac{\partial}{\partial x_{m+n}}$ erzeugt wird.

Die lineare Unabhängigkeit dieser partiellen Ableitungen ist klar: aus $0 = \sum_{k=1}^{m+n} f_k \frac{\partial}{\partial x_k}$ folgt $f_j = 0$ durch Anwendung auf x_j. □

Auf einer gewöhnlichen differenzierbaren Mannigfaltigkeit M kann man Tangentenvektoren an einen Punkt $p \in M$ definieren als (Äquivalenzklassen von) Geschwindigkeitsvektoren differenzierbarer Kurven in M, die durch diesen Punkt laufen. Die algebraisierte Version davon ist der Begriff der *Derivation im Punkt* p: eine Derivation im Punkt p ist eine lineare Abbildung $v : C^\infty(M) \to \mathbb{R}$, die die *Leibniz-Regel im Punkt* p erfüllt:

$$v(fg) = v(f)g(p) + f(p)v(g) .$$

Eine Übertragung auf Supermannigfaltigkeiten $(X, \mathcal{O})$ ist naheliegend:

> Eine *Superderivation im Punkt* $p \in X$ ist eine lineare Abbildung $v : \mathcal{O}(X) \to \mathbb{R}$, so daß für ihre homogenen Teile und alle homogenen $f, g \in \mathcal{O}(X)$
>
> $$v(fg) = v(f)\beta(g)(p) + (-1)^{p(v)p(f)}\beta(f)(p)v(g)$$
>
> gilt.

Mit den üblichen Methoden zeigt man dann:

> Ist v eine Superderivation im Punkt $p \in X$, $U \subseteq X$ eine offene Umgebung von p und $f \in \mathcal{O}(U)$, so daß $\rho_{U,X}(f) = 0$ ist, so ist auch $v(f) = 0$.

Superderivationen im Punkt p definieren also lineare Abbildungen auf dem Halm $\mathcal{O}_p$ von $\mathcal{O}$ im Punkt p.

Bei einer gewöhnlichen Mannigfaltigkeit ist der Tangentialraum im Punkt p ein „infinitesimales“ Modell der Mannigfaltigkeit. Dies leistet der Raum $T_p(X, \mathcal{O})$ der Superderivationen im Punkt p leider nicht: In der Definition einer Superderivation im Punkt p verstehen wir $\mathbb{R}$ als Superraum mit der trivialen Graduierung, d.h. wir setzen

$$\mathbb{R}_0 = \mathbb{R} , \quad \mathbb{R}_1 = 0 .$$

Eine gerade Superderivation im Punkt p verschwindet also auf $\mathcal{O}(U)_1$, eine ungerade Superderivation im Punkt p verschwindet auf $\mathcal{O}(U)_0$ (U ist hier irgendeine offene Umgebung von p). Sei $(U, \mathcal{O}|_U)$ ein Supergebiet. Wir setzen der Einfachheit halber gleich

$$\mathcal{O}(U) = C^\infty(U) \otimes_{\mathbb{R}} \Lambda(\xi_1, \ldots, \xi_n) .$$

Wegen $\beta(\xi^\mu) = 0$ für $|\mu| \geq 1$ folgt mit der Leibniz–Regel im Punkt p sofort, daß eine gerade Superderivation v im Punkt p auf $\sum_{k\geq 1} \Lambda^k(\xi_1, \ldots, \xi_n)$ verschwindet. v ist also durch die Einschränkung $v|_{C^\infty(U)}$ eindeutig festgelegt und entspricht somit einem gewöhnlichen Tangentenvektor im Punkt p. Die Leibniz–Regel im Punkt p zeigt ferner, daß eine ungerade Superderivation v im Punkt p auf $\sum_{k\geq 2} \Lambda^k(\xi_1, \ldots, \xi_n)$ verschwindet.

Also ist v durch die Einschränkung auf $\mathrm{lin}_{\mathbb{R}}\{\xi_1, \ldots, \xi_n\}$ eindeutig bestimmt. Damit haben wir gezeigt, daß

$$T_p(X, \mathcal{O}) \cong T_p(X) \oplus \mathbb{R}^n$$

ist. Dieser Raum legt aber die Struktur einer Supermannigfaltigkeit auch infinitesimal nicht fest: man betrachte den einfachsten Fall $X = \{p\}$. Somit ist auch ein mit den $T_p(X, \mathcal{O})$ als Fasern konstruiertes „Supertangentialbündel" keine aussagekräftige Linearisierung einer Supermannigfaltigkeit.

Trotzdem läßt sich ein Supertangentialbündel für eine Supermannigfaltigkeit konstruieren. Beachten wir, daß nach Satz 4.38 die Garbe $\mathrm{Der}\,\mathcal{O}$ *lokal frei* über $\mathcal{O}$ ist. In Analogie zu dem im Beweis des Satzes von Batchelor benutzten Resultat ist dann $\mathrm{Der}\,\mathcal{O}$ isomorph zur Garbe der Schnitte eines **Supervektorbündels**.

Wir wollen dies aber hier nicht weiter ausführen und verweisen den interessierten Leser auf [50].

5. Analysis auf Supergebieten

In diesem Kapitel bringen wir eine Einführung in die lokale Analysis auf Supermannigfaltigkeiten, d.h. die Analysis auf offenen Untermannigfaltigkeiten, die ein Superkoordinatensystem besitzen.

5.1 Die Ableitung eines Morphismus von Supermannigfaltigkeiten

Wir erinnern auch hier zunächst wieder an den klassischen, d.h. trivialgraduierten Fall. Seien M, N differenzierbare Mannigfaltigkeiten der Dimension m bzw. n, und sei

$$\phi : M \longrightarrow N$$

eine (beliebig oft) differenzierbare Abbildung. Ferner seien (U, φ_U), (V, ψ_V) zulässige lokale Karten von M bzw. N mit zugehörigen Koordinatensystemen $(x_1, \ldots, x_m)$ bzw. $(y_1, \ldots, y_n)$. Wir setzen voraus, daß $\phi(U) \subseteq V$ ist. Die Ableitung von ϕ im Punkt $p \in U$ ist dann eine lineare Abbildung

$$D\phi(p) : T_p(M) \longrightarrow T_{\phi(p)}(N) ,$$

die durch

$$(D\phi(p) \,.\, v)(f) = v(f \circ \phi)$$

$(f \in C^\infty(V),\ v \in T_p(M))$ definiert ist.

Mit Hilfe der Abbildung

$$\begin{array}{rcl} \phi^* : C^\infty(V) & \longrightarrow & C^\infty(\phi^{-1}(V)) \\ f & \longmapsto & f \circ \phi \end{array}$$

können wir dies schreiben als

$$D\phi(p).v = v \circ \phi^* .$$

Eine Matrixdarstellung der Ableitung $D\phi(p)$ erhalten wir aus der Wirkung von $D\phi(p)$ auf die Basis $\left\{\frac{\partial}{\partial x_1}\Big|_p, \ldots, \frac{\partial}{\partial x_m}\Big|_p\right\}$ von $T_p(M)$:

$$\begin{aligned} D\phi(p) \cdot \frac{\partial}{\partial x_i}\Big|_p &= \frac{\partial}{\partial x_i}\Big|_p \circ \phi^* \\ &= \sum_{j=1}^n b_j(p) \frac{\partial}{\partial y_j}\Big|_{\phi(p)} . \end{aligned}$$

Dabei sind die Koeffizienten $b_j(p)$ durch

$$b_j(p) = \frac{\partial}{\partial x_i}\Big|_p \cdot \phi^*(y_j)$$

gegeben. Wir erhalten also

$$D\phi(p) \cdot \frac{\partial}{\partial x_i}\Big|_p = \sum_{j=1}^n \left(\frac{\partial}{\partial x_i} \phi^*(y_j) \left(\frac{\partial}{\partial y_j} \circ \phi \right) \right)(p) .$$

Dies erlaubt uns, vom Punkt p zu abstrahieren und die Abbildung $D\phi : TU \to TV$ der Tangentialbündel über U bzw. V zu beschreiben durch

$$D\phi \cdot \frac{\partial}{\partial x_i} = \frac{\partial}{\partial x_i} \circ \phi^* = \sum_{j=1}^n \frac{\partial}{\partial x_i} \phi^*(y_j) \left(\frac{\partial}{\partial y_j} \circ \phi \right) \quad (i = 1, \ldots, m) .$$

Nun ist $\phi^*(y_j) = y_j \circ \phi$ die j–te Koordinatenfunktion von ϕ. Also wird bezüglich der Basen $\left\{\frac{\partial}{\partial x_1}\Big|_p, \ldots, \frac{\partial}{\partial x_m}\Big|_p\right\}$, $\left\{\frac{\partial}{\partial y_1}\Big|_{\phi(p)}, \ldots, \frac{\partial}{\partial y_n}\Big|_{\phi(p)}\right\}$ die Matrix der Ableitung $D\phi(p)$ durch den Wert der Transponierten der Jacobi–Matrix

$$J_\phi^t = \begin{pmatrix} \frac{\partial}{\partial x_1}\phi^*(y_1) & \cdots & \frac{\partial}{\partial x_1}\phi^*(y_n) \\ \vdots & & \vdots \\ \frac{\partial}{\partial x_m}\phi^*(y_1) & \cdots & \frac{\partial}{\partial x_m}\phi^*(y_n) \end{pmatrix}$$

im Punkt p beschrieben:

$$\begin{pmatrix} \frac{\partial}{\partial x_1} \circ \phi^* \\ \vdots \\ \frac{\partial}{\partial x_m} \circ \phi^* \end{pmatrix} = J_\phi^t \begin{pmatrix} \frac{\partial}{\partial y_1} \circ \phi \\ \vdots \\ \frac{\partial}{\partial y_n} \circ \phi \end{pmatrix} .$$

Dies können wir nun auf offene Teile $(U, \mathcal{O}_U)$, $(V, \mathcal{O}_V)$ von Supermannigfaltigkeiten der Dimension (m,n) bzw. (p,q) übertragen, die Superkoordinatensysteme $x = (x_1, \dots, x_{m+n}) = (r_1, \dots, r_m; \rho_1, \dots, \rho_n)$ bzw. $y = (y_1, \dots, y_{p+q}) = (s_1, \dots, s_p; \sigma_1, \dots, \sigma_q)$ tragen: Ist $(\phi, \psi) : (U, \mathcal{O}_U) \to (V, \mathcal{O}_V)$ ein Morphismus von Supermannigfaltigkeiten, so sei

$$\mathcal{J}_{(x,y)}^{(\phi,\psi)} := \left(\frac{\partial}{\partial x_i} \, \psi(y_k) \right)_{\substack{1 \le i \le m+n \\ 1 \le k \le p+q}} . \tag{5.1}$$

Diese Matrix leistet dasselbe wie die Transponierte der gewöhnlichen Jacobi–Matrix. Es gilt nämlich:

Satz 5.1 *Für jedes* $f \in \mathcal{O}(V)$ *ist*

$$\left(\frac{\partial}{\partial x_1} \, \psi(f), \dots, \frac{\partial}{\partial x_{m+n}} \, \psi(f) \right)^t = \mathcal{J}_{(x,y)}^{(\phi,\psi)} \left(\psi\left(\frac{\partial f}{\partial y_1} \right), \dots, \psi\left(\frac{\partial f}{\partial y_{p+q}} \right) \right)^t .$$

Beweis . Wir zeigen mit der im Beweis von Satz 4.38 benutzten Methode, daß die Differenz

$$D_i := \frac{\partial}{\partial x_i} \circ \psi - \sum_{k=1}^{p+q} \frac{\partial \psi(y_k)}{\partial x_i} \left(\psi \circ \frac{\partial}{\partial y_k} \right)$$

für alle $i = 1, \dots, m+n$ verschwindet. Da D_i die gleiche Parität wie x_i hat, gilt für alle homogenen Elemente $f, g \in \mathcal{O}(V)$:

$$\begin{aligned}
D_i(fg) &= \frac{\partial}{\partial x_i} \, \psi(fg) - \sum_{k=1}^{p+q} \frac{\partial \psi(y_k)}{\partial x_i} \, \psi \left(\frac{\partial}{\partial y_k} \, (fg) \right) \\
&= \frac{\partial}{\partial x_i} \, (\psi(f)\psi(g)) - \sum_{k=1}^{p+q} \frac{\partial \psi(y_k)}{\partial x_i} \, \psi \left(\frac{\partial f}{\partial y_k} \, g + (-1)^{p(f)p(y_k)} \, f \, \frac{\partial g}{\partial y_k} \right) \\
&= \left(\frac{\partial}{\partial x_i} \, \psi(f) \right) \psi(g) + (-1)^{p(f)p(x_i)} \, \psi(f) \, \frac{\partial}{\partial x_i} \, \psi(g) \\
&\quad - \sum_{k=1}^{p+q} \frac{\partial \psi(y_k)}{\partial x_i} \, \psi \left(\frac{\partial f}{\partial y_k} \right) \psi(g) \\
&\quad - \sum_{k=1}^{p+q} (-1)^{p(f)p(y_k)} \, \frac{\partial \psi(y_k)}{\partial x_i} \, \psi(f) \, \psi \left(\frac{\partial g}{\partial y_k} \right)
\end{aligned}$$

$$
\begin{aligned}
&= \left(\frac{\partial}{\partial x_i}\,\psi(f)\right)\psi(g) + (-1)^{p(f)p(x_i)}\,\psi(f)\,\frac{\partial}{\partial x_i}\,\psi(g) \\
&\quad - \sum_{k=1}^{p+q} \frac{\partial \psi(y_k)}{\partial x_i}\,\psi\left(\frac{\partial f}{\partial y_k}\right)\psi(g) \\
&\quad - \sum_{k=1}^{p+q} (-1)^{p(f)p(y_k)+p(f)(p(y_k)+p(x_i))}\,\psi(f)\,\frac{\partial \psi(y_k)}{\partial x_i}\psi\left(\frac{\partial g}{\partial y_k}\right) \\
&= \left(\frac{\partial}{\partial x_i}\,\psi(f) - \sum_{k=1}^{p+q} \frac{\partial \psi(y_k)}{\partial x_i}\,\psi\left(\frac{\partial f}{\partial y_k}\right)\right)\,\psi(g) \\
&\quad + (-1)^{p(f)p(x_i)}\,\psi(f)\left(\frac{\partial}{\partial x_i}\,\psi(g) - \sum_{k=1}^{p+q} \frac{\partial \psi(y_k)}{\partial x_i}\,\psi\left(\frac{\partial g}{\partial y_k}\right)\right) \\
&= D_i(f)\,\psi(g) + (-1)^{p(f)p(D_i)}\,\psi(f)\,D_i(g)\,.
\end{aligned}
$$

D_i erfüllt also eine Derivationsregel, die wir eine „*Leibniz–Regel längs* ψ“ nennen wollen. Weiterhin gilt für alle $\ell = 1, \ldots, p+q$:

$$
\begin{aligned}
D_i(y_\ell) &= \frac{\partial}{\partial x_i}\,\psi(y_\ell) - \sum_{k=1}^{p+q} \frac{\partial \psi(y_k)}{\partial x_i}\,\psi\left(\frac{\partial y_\ell}{\partial y_k}\right) \\
&= \frac{\partial \psi(y_\ell)}{\partial x_i} - \frac{\partial \psi(y_\ell)}{\partial x_i} = 0
\end{aligned}
$$

sowie $D_i(c) = 0$ für alle Konstanten $c \in \mathbb{R}$. Damit haben wir gezeigt, daß für jedes Polynom $P \in \mathbb{R}[y_1, \ldots, y_{p+q}]$ $D_i(P) = 0$ ist. Es bleibt also noch zu zeigen, daß $D_i(f) \in I_z^{n+1}$ gilt für alle $f \in \mathcal{O}(V)$ und alle $z \in U$. Daraus können wir dann wie im Beweis von Satz 4.38 auf $D_i = 0$ schließen. Sei $z \in U$. Dann entspricht $(\beta(\psi(y_1))(z), \ldots, \beta(\psi(y_p))(z))$ einem Punkt $z' \in V$. Nach Lemma 4.13 gibt es ein Polynom $P \in \mathbb{R}[y_1, \ldots, y_{p+q}]$, so daß $f - P \in I_{z'}^{n+2}$ gilt. Offensichtlich gilt

$$
\psi(I_{z'}^{n+2}) \subseteq I_z^{n+2}\,,
$$

und aus der Leibniz–Regel ergeben sich die Inklusionen

$$
\frac{\partial}{\partial x_i}\left(I_z^{n+2}\right) \subseteq I_z^{n+1} \quad \text{und} \quad \frac{\partial}{\partial y_k}\left(I_{z'}^{n+2}\right) \subseteq I_{z'}^{n+1}\,.
$$

Damit folgt

$$
\left(\frac{\partial}{\partial x_i} \circ \psi\right)\left(I_{z'}^{n+2}\right) \subseteq I_z^{n+1}
$$

und

$$\left(\psi \circ \frac{\partial}{\partial y_k}\right)\left(I_{z'}^{n+2}\right) \subseteq I_z^{n+1} ,$$

also auch $D_i\left(I_{z'}^{n+2}\right) \subseteq I_z^{n+1}$. Wir erhalten somit die gewünschte Beziehung

$$D_i(f) = D_i(f - P) \in I_z^{n+1} . \qquad \square$$

Aus diesem Satz folgt jetzt leicht das Analogon zur *Kettenregel*:

Korollar 5.2 *Sind $(U, \mathcal{O}_U), (V, \mathcal{O}_V), (W, \mathcal{O}_W)$ Supermannigfaltigkeiten mit Superkoordinatensystemen $\underline{x}, \underline{y}, \underline{z}$ auf U, V bzw. W, $(\phi_1, \psi_1) : (U, \mathcal{O}_U) \to (V, \mathcal{O}_V)$ und $(\phi_2, \psi_2) : (V, \mathcal{O}_V) \to (W, \mathcal{O}_W)$ Morphismen von Supermannigfaltigkeiten, und ist $(\phi_3, \psi_3) : (U, \mathcal{O}_U) \to (W, \mathcal{O}_W)$ ihre Zusammensetzung, so gilt*

$$I_{\underline{x}\,\underline{y}}^{(\phi_1,\psi_1)} \cdot \psi_1\left(I_{\underline{y}\,\underline{z}}^{(\phi_2,\psi_2)}\right) = I_{\underline{x}\,\underline{z}}^{(\phi_3,\psi_3)} .$$

Beweis . $\left(I_{\underline{x}\,\underline{y}}^{(\phi_1,\psi_1)} \cdot \psi_1\left(I_{\underline{y}\,\underline{z}}^{(\phi_2,\psi_2)}\right)\right)_{ik} = \sum_{j=1}^{p+q} \frac{\partial \psi_1(y_j)}{\partial x_i}\, \psi_1\left(\frac{\partial \psi_2(z_k)}{\partial y_j}\right)$

$$= \frac{\partial}{\partial x_i}\left(\psi_1(\psi_2(z_k))\right) = \frac{\partial}{\partial x_i}\, \psi_3(z_k) = \left(I_{\underline{x}\,\underline{z}}^{(\phi_3,\psi_3)}\right)_{ik} . \qquad \square$$

Als weiteres Korollar erhalten wir das Analogon der bekannten Transformationsformel für Koordinatensysteme:

Korollar 5.3 *Sei $(U, \mathcal{O}_u)$ eine Supermannigfaltigkeit mit Superkoordinatensystemen $\underline{x}, \underline{y}$ auf $(U, \mathcal{O}_U)$. Dann gilt für alle $i = 1, \ldots, m+n$:*

$$\frac{\partial}{\partial x_i} = \sum_{j=1}^{m+n} \frac{\partial y_j}{\partial x_i} \frac{\partial}{\partial y_j} .$$

Beweis . Man wende Satz 5.1 auf den identischen Morphismus

$$\mathrm{id}_{(U,\mathcal{O}_U)} : (U, \mathcal{O}_U) \longrightarrow (U, \mathcal{O}_U)$$

an. $\square$

Unsere Überlegungen zeigen, daß die folgende Definition sinnvoll (und naheliegend) ist:

Definition 5.4 *Seien* $(U,\mathcal{O}_U),(V,\mathcal{O}_V)$ *Supermannigfaltigkeiten mit Koordinatensystemen* $\underline{x}$ *auf* $(U,\mathcal{O}_U)$ *und* $\underline{y}$ *auf* $(V,\mathcal{O}_V)$, $(\phi,\psi):(U,\mathcal{O}_U)\to(V,\mathcal{O}_V)$ *sei ein Morphismus von Supermannigfaltigkeiten. Dann nennt man die* Supertransponierte

$$J^{(\phi,\psi)}_{\underline{x}\,\underline{y}} := \left(\mathcal{J}^{(\phi,\psi)}_{\underline{x}\,\underline{y}}\right)^{st}$$

die **Jacobi–Matrix** *des Morphismus* (ϕ,ψ).

Sind die Koordinatensysteme $\underline{x}$ und $\underline{y}$ gegeben durch

$$\begin{aligned}\underline{x} &= (r_1,\ldots,r_m;\rho_1,\ldots,\rho_n)\ ,\\ \underline{y} &= (s_1,\ldots,s_p;\sigma_1,\ldots,\sigma_q)\ ,\end{aligned}$$

so schreiben wir abkürzend

$$\frac{\partial s}{\partial r} := \left(\frac{\partial}{\partial r_i}\,\psi(s_j)\right)_{\substack{1\le i\le m\\ 1\le j\le p}}\ ,\quad \frac{\partial s}{\partial \rho} := \left(\frac{\partial}{\partial \rho_k}\,\psi(s_j)\right)_{\substack{1\le k\le n\\ 1\le j\le p}}\ ,$$

$$\frac{\partial \sigma}{\partial r} := \left(\frac{\partial}{\partial r_i}\,\psi(\sigma_\ell)\right)_{\substack{1\le i\le m\\ 1\le \ell\le q}}\ ,\quad \frac{\partial \sigma}{\partial \rho} := \left(\frac{\partial}{\partial \rho_k}\,\psi(\sigma_\ell)\right)_{\substack{1\le k\le n\\ 1\le \ell\le q}}\ .$$

$\mathcal{J}^{(\phi,\psi)}_{\underline{x}\,\underline{y}}$ kann dann als Blockmatrix

$$\mathcal{J}^{(\phi,\psi)}_{\underline{x}\,\underline{y}} = \begin{pmatrix} \dfrac{\partial s}{\partial r} & \dfrac{\partial \sigma}{\partial r}\\[2mm] \dfrac{\partial s}{\partial \rho} & \dfrac{\partial \sigma}{\partial \rho}\end{pmatrix}$$

geschrieben werden. Da dies eine gerade Supermatrix ist, ergibt sich ihre Supertransponierte zu

$$J^{(\phi,\psi)}_{\underline{x}\,\underline{y}} = \begin{pmatrix} \left(\dfrac{\partial s}{\partial r}\right)^t & \left(\dfrac{\partial s}{\partial \rho}\right)^t\\[2mm] -\left(\dfrac{\partial \sigma}{\partial r}\right)^t & \left(\dfrac{\partial \sigma}{\partial \rho}\right)^t\end{pmatrix}. \tag{5.2}$$

Für die Jacobi–Matrix der Zusammensetzung von Morphismen erhalten wir schließlich

Korollar 5.5 (Kettenregel)
Seien $(\phi_1,\psi_1):(U,\mathcal{O}_U)\to(V,\mathcal{O}_V)$, $(\phi_2,\psi_2):(V,\mathcal{O}_V)\to(W,\mathcal{O}_W)$, (ϕ_3,ψ_3), $\underline{x},\underline{y},\underline{z}$, *wie in* Korollar 5.2. *Dann gilt*

$$J^{(\phi_3,\psi_3)}_{\underline{x}\,\underline{z}}=\psi_1\left(J^{(\phi_2,\psi_2)}_{\underline{y}\,\underline{z}}\right)\cdot J^{(\phi_1,\psi_1)}_{\underline{x}\,\underline{y}}\ .$$

Beweis . Dies ergibt sich unmittelbar aus der Definition von J, Korollar 5.2 und der Eigenschaft, daß das Supertransponieren gerader Supermatrizen ein Antiautomorphismus ist. □

Die Jacobi–Matrix eines Morphismus $\pi=(\phi,\psi)$ von Supergebieten ist das Analogon zur Matrixdarstellung der Ableitung einer differenzierbaren Abbildung zwischen differenzierbaren Mannigfaltigkeiten relativ zu fest gewählten lokalen Koordinaten.

Wir wollen nun die Frage behandeln, wie die Ableitung eines Morphismus

$$\pi=(\phi,\psi):(X,\mathcal{O}_X)\longrightarrow(Y,\mathcal{O}_Y)$$

zwischen beliebigen Supermannigfaltigkeiten zu definieren ist. Die naheliegende Übertragung des klassischen Begriffs ist nicht ohne weiteres möglich, da wir im Fall von Supermannigfaltigkeiten keine vernünftigen Tangentialräume haben. Hier führt ein Weg zum Ziel, der allerdings einen höheren begrifflichen Aufwand erfordert.

Ungeduldige Leser können gleich zum nächsten Paragraphen übergehen, da die folgenden Ausführungen an späterer Stelle nicht benötigt werden.

Wir beginnen mit der Diskussion einiger weiterer garbentheoretischer Begriffe.

Sei $\mathcal{G}$ eine $\mathcal{O}_Y$–Modulgarbe über Y. Wir definieren zunächst die Urbildgarbe $\pi^*(\mathcal{G})$ von $\mathcal{G}$ als $\mathcal{O}_X$–Modulgarbe über X. Dazu benutzen wir allerdings eine Variante des gewöhnlichen Urbildes $\phi^*\mathcal{G}$, deren Konstruktion auch für beliebige *Prägarben* $\mathcal{G}$ funktioniert. Sei also $\mathcal{G}$ eine Prägarbe über Y, $\phi:X\to Y$ eine stetige Abbildung. Für eine offene Teilmenge $U\subseteq X$ definieren wir $(\phi^{-1}\mathcal{G})(U)$ als den induktiven Limes der $\mathcal{G}(V)$, wobei $V\subseteq Y$ eine offene Menge ist, die $\phi(U)$ enthält:

$$\left(\phi^{-1}\mathcal{G}\right)(U):=\varinjlim_{V\supseteq\phi(U)}\mathcal{G}(V)\ .$$

Die Einschränkungsabbildungen $\rho^{\phi}_{U_2,U_1}$ sind in naheliegender Weise definiert: Sind $U_1, U_2 \subseteq X$ offene Mengen mit $U_2 \subseteq U_1$ und ist f ein Element von $(\phi^{-1}\mathcal{G})(U_1)$, so wähle man einen Repräsentanten h von f, bilde die Äquivalenzklasse $\tilde{h}$ von h bezüglich der $\varinjlim_{V \supseteq \phi(U_2)} \mathcal{G}(V)$ definierenden Äquivalenzrelation und setze $\rho^{\phi}_{U_2,U_1} f := \tilde{h}$. Offensichtlich hängt diese Definition nicht von der Wahl des Repräsentanten h von f ab, und das System $((\phi^{-1}\mathcal{G})(U), \rho^{\phi}_{V,U})$ erfüllt die Axiome einer Prägarbe. Die Prägarbe $\phi^{-1}\mathcal{G}$ ist im allgemeinen nicht vollständig. Wir bezeichnen ihre Vervollständigung wieder mit $\phi^{-1}\mathcal{G}$ und nennen sie das **Urbild von $\mathcal{G}$** bei der Abbildung ϕ. Es ist leicht zu sehen, daß der Halm $(\phi^{-1}\mathcal{G})_x$ von $\phi^{-1}\mathcal{G}$ im Punkt $x \in X$ auf kanonische Weise mit dem Halm $(\phi^*\mathcal{G})_x = (x, \mathcal{G}_{\phi(x)})$ der im dritten Kapitel definierten Urbildgarbe $\phi^*\mathcal{G}$ identifiziert werden kann. Unsere neue Definition des Urbilds ist also nur eine Umformulierung der früheren; sie ist allerdings für die Überlegungen in diesem Abschnitt angemessener.

Es sei nun

$$\pi = (\phi, \psi) : (X, \mathcal{O}_X) \longrightarrow (Y, \mathcal{O}_Y)$$

ein Morphismus von geringten Räumen.

Der Garbenhomomorphismus $\psi : \mathcal{O}_Y \to \phi_* \mathcal{O}_X$ induziert dann einen Garbenhomomorphismus

$$\psi^* : \phi^{-1}\mathcal{O}_Y \longrightarrow \mathcal{O}_X \ .$$

Es sei nämlich $U \subseteq X$ eine offene Menge und f ein Element von $(\phi^{-1}\mathcal{O}_Y)(U) = \varinjlim_{V \supseteq \phi(U)} \mathcal{O}_Y(V)$. f werde repräsentiert durch ein $f_V \in \mathcal{O}_Y(V)$, wobei V eine offene Umgebung von $\phi(U)$ ist. Dann ist

$$\psi_V(f_V) \in \mathcal{O}_X(\phi^{-1}(V)) \ ,$$

und wegen $U \subseteq \phi^{-1}(V)$ ist somit

$$\rho_{U,\phi^{-1}(V)}\, \psi_V(f_V) \in \mathcal{O}_X(U) \ .$$

Wir zeigen als nächstes, daß $\rho_{U,\phi^{-1}(V)}\, \psi_V(f_V)$ unabhängig ist von der Wahl des Repräsentanten von f. Sind nämlich f_{V_1}, f_{V_2} Repräsentanten von f, so gibt es eine offene Umgebung V von $\phi(U)$, so daß $V \subseteq V_1 \cap V_2$ und

$$\rho_{V,V_1}\, f_{V_1} = \rho_{V,V_2}\, f_{V_2}$$

gilt. Da ψ ein Garbenhomomorphismus ist, folgt damit

$$\begin{aligned}
\rho_{U,\phi^{-1}(V_1)}\ \psi_{V_1}(f_{V_1}) &= \rho_{U,\phi^{-1}(V)}\ \rho_{\phi^{-1}(V),\phi^{-1}(V_1)}\ \psi_{V_1}(f_{V_1}) \\
&= \rho_{U,\phi^{-1}(V)}\ \psi_V(\rho_{V,V_1} f_{V_1}) \\
&= \rho_{U,\phi^{-1}(V)}\ \psi_V(\rho_{V,V_2} f_{V_2}) \\
&= \rho_{U,\phi^{-1}(V_2)}\ \psi_{V_2}(f_{V_2})\ .
\end{aligned}$$

Also ist

$$\psi^*(f) := \rho_{U,\phi^{-1}(V)}\ \psi_V(f_V) \in \mathcal{O}_X(U)$$

wohldefiniert. Man kann ohne Mühe nachrechnen, daß wir damit einen Homomorphismus

$$\psi^* : \phi^{-1}\mathcal{O}_Y \longrightarrow \mathcal{O}_X$$

von Ringgarben über X definiert haben. Durch diesen Garbenhomomorphismus wird $\mathcal{O}_X$ zu einer $\phi^{-1}\mathcal{O}_Y$–*Modulgarbe*:

$$h\,.\,f := \psi^*(h)f$$

für alle $h \in (\phi^{-1}\mathcal{O}_Y)(U)$ und alle $f \in \mathcal{O}_X(U)$.
Sei $\mathcal{G}$ eine $\mathcal{O}_Y$–Modulgarbe über Y. Dann ist $\phi^{-1}\mathcal{G}$ eine $\phi^{-1}\mathcal{O}_Y$–Modulgarbe über X, und wir können damit das Tensorprodukt

$$\pi^*\mathcal{G} := \phi^{-1}\mathcal{G} \otimes_{\phi^{-1}\mathcal{O}_Y} \mathcal{O}_X$$

definieren. (Wir betrachten dabei $\phi^{-1}\mathcal{G}$ als eine $\phi^{-1}\mathcal{O}_Y$–Rechtsmodulgarbe. Da in den hier betrachteten Fällen $\mathcal{G}$ eine Garbe von Supermoduln über superkommutativen Superalgebren ist, ist $\phi^{-1}\mathcal{G}$ eine Garbe von $\phi^{-1}\mathcal{O}_Y$–Bimoduln. $\mathcal{O}_X$ wird als Garbe von $\phi^{-1}\mathcal{O}_Y$–Linksmoduln betrachtet.) Der Halm von $\pi^*\mathcal{G}$ an der Stelle $x \in X$ ist kanonisch isomorph zu $(\phi^{-1}\mathcal{G})_x \otimes_{(\phi^{-1}\mathcal{G})_x} \mathcal{O}_{X,x}$ und ist somit ein $\mathcal{O}_{X,x}$–Rechtsmodul. $\pi^*\mathcal{G}$ ist somit eine $\mathcal{O}_X$–*Modulgarbe über* X. Man nennt $\pi^*\mathcal{G}$ das **Urbild** der $\mathcal{O}_Y$–Modulgarbe $\mathcal{G}$ bezüglich des Morphismus π.

Wir wollen im folgenden zeigen, daß jeder Morphismus

$$\pi = (\phi, \psi) : (X, \mathcal{O}_X) \to (Y, \mathcal{O}_Y)$$

von Supermannigfaltigkeiten einen Homomorphismus

$$d\pi : \mathrm{Der}\,\mathcal{O}_X \longrightarrow \pi^*(\mathrm{Der}\,\mathcal{O}_Y)$$

von $\mathcal{O}_X$–Modulgarben induziert, der in lokalen Superkoordinaten durch die Jacobi–Matrix beschrieben wird.

Für den Beweis dieses Satzes benötigen wir noch einige weitere garbentheoretische Resultate.

Lemma 5.6 *Sei* $\pi = (\phi, \psi) : (X, \mathcal{O}_X) \to (Y, \mathcal{O}_Y)$ *ein Morphismus von geringten Räumen und* $\mathcal{M}$ *eine* $\mathcal{O}_Y$*-Modulgarbe über* Y. *Dann sind die abelschen Gruppen* $\operatorname{Hom}_{\mathcal{O}_X}(\pi^* \mathcal{M}, \mathcal{O}_X)$ *und* $\operatorname{Hom}_{\mathcal{O}_Y}(\mathcal{M}, \phi_* \mathcal{O}_X)$ *kanonisch isomorph.*

Beweis . Wir konstruieren zunächst natürliche Garbenhomomorphismen

$$\phi^{-1}\phi_* \mathcal{O}_X \longrightarrow \mathcal{O}_X \quad \text{und} \quad \mathcal{M} \longrightarrow \phi_*\phi^{-1} \mathcal{M} \, .$$

Nach Definition ist für jede offene Menge $U \subseteq X$

$$\begin{aligned} \left(\phi^{-1}\phi_* \mathcal{O}_X\right)(U) &= \varinjlim_{V \supseteq \phi(U)} (\phi_* \mathcal{O}_X)(V) \\ &= \varinjlim_{V \supseteq \phi(U)} \mathcal{O}_X\left(\phi^{-1}(V)\right) \\ &= \varinjlim_{\phi^{-1}(V) \supseteq U} \mathcal{O}_X\left(\phi^{-1}(V)\right) . \end{aligned}$$

Sei $f \in (\phi^{-1}\phi_* \mathcal{O}_X)(U)$ repräsentiert durch $f_V \in \mathcal{O}_X(\phi^{-1}(V))$, wobei $V \subseteq Y$ offen und $\phi^{-1}(V)$ eine offene Umgebung von U ist. Dann ist $\rho_{U,\phi^{-1}(V)} f_V \in \mathcal{O}_X(U)$, und der bei der Definition von ψ^* vorgeführte Schluß zeigt, daß $\rho_{U,\phi^{-1}(V)} f_V$ nicht von der Wahl der Repräsentanten f_V von f abhängt. Damit erhalten wir eine wohldefinierte Abbildung

$$\begin{aligned} \left(\phi^{-1}\phi_* \mathcal{O}_X\right)(U) &\longrightarrow \mathcal{O}_X(U) \\ f &\longmapsto \rho_{U,\phi^{-1}(V)}\, f_V \, , \end{aligned}$$

und man prüft leicht nach, daß dadurch ein Garbenhomomorphismus definiert wird. Ist $V \subseteq Y$ eine offene Menge, so ist

$$\begin{aligned} \left(\phi_*\phi^{-1} \mathcal{M}\right)(V) &= (\phi^{-1} \mathcal{M})(\phi^{-1}(V)) \\ &= \varinjlim_{W \supseteq \phi(\phi^{-1}(V))} \mathcal{M}(W) \\ &= \varinjlim_{\phi^{-1}(W) \supseteq \phi^{-1}(V)} \mathcal{M}(W) \, . \end{aligned}$$

Wir erhalten eine Abbildung

$$\mathcal{M}(V) \longrightarrow \varinjlim_{\phi^{-1}(W) \supseteq \phi^{-1}(V)} \mathcal{M}(W) \, ,$$

die einfach durch die Äquivalenzklassenbildung im induktiven Limes definiert ist. Auch hier kann man leicht nachprüfen, daß damit ein Garbenhomomorphismus

$$\mathcal{M} \longrightarrow \phi_*\phi^{-1}\mathcal{M}$$

definiert ist. Dieser Homomorphismus ist ein Homomorphismus von $\mathcal{O}_Y$–Modulgarben. Es sei nun

$$\varphi : \pi^*\mathcal{M} \longrightarrow \mathcal{O}_X$$

ein Homomorphismus von $\mathcal{O}_X$–Modulgarben. φ induziert einen eindeutig bestimmten Morphismus

$$\varphi_0 : \phi^{-1}\mathcal{M} \longrightarrow \mathcal{O}_X ,$$

der durch $\varphi_0(\omega) = \varphi(\omega \otimes 1)$ gegeben ist. Die Definition des Tensorprodukts über $\phi^{-1}\mathcal{O}_Y$ zeigt, daß φ_0 $\phi^{-1}\mathcal{O}_Y$–linear ist. φ_0 ist also ein $\phi^{-1}\mathcal{O}_Y$–Modulgarben–Homomorphismus. Der durch φ_0 auf den Bildgarben induzierte Homomorphismus

$$\varphi_{0,*} : \phi_*\phi^{-1}\mathcal{M} \longrightarrow \phi_*\mathcal{O}_X$$

ist dann ein $\mathcal{O}_Y$–Modulgarben–Homomorphismus. Durch Zusammensetzung mit dem kanonischen Homomorphismus $\mathcal{M} \to \phi_*\phi^{-1}\mathcal{M}$ erhalten wir schließlich einen $\mathcal{O}_Y$–Modulgarben–Homomorphismus

$$\mathcal{M} \longrightarrow \phi_*\phi^{-1}\mathcal{M} \stackrel{\varphi_{0,*}}{\longrightarrow} \phi_*\mathcal{O}_X$$

von $\mathcal{M}$ nach $\phi_*\mathcal{O}_X$, den wir mit φ^Y bezeichnen. Sei umgekehrt

$$\chi : \mathcal{M} \longrightarrow \phi_*\mathcal{O}_X$$

ein $\mathcal{O}_Y$–Modulgarben–Homomorphismus. χ induziert einen Homomorphismus

$$\chi_{\phi^{-1}} : \phi^{-1}\mathcal{M} \longrightarrow \phi^{-1}\phi_*\mathcal{O}_X$$

von $\phi^{-1}\mathcal{O}_Y$–Modulgarben. (Man bildet Repräsentanten von Elementen des induktiven Limes mit χ ab, bildet davon die Äquivalenzklasse im induktiven Limes des Bildes und zeigt mit dem Routine–Argument die Unabhängigkeit von der Auswahl des Repräsentanten.) Die Zusammensetzung

$$\phi^{-1}\mathcal{M} \longrightarrow \phi^{-1}\phi_*\mathcal{O}_X \longrightarrow \mathcal{O}_X$$

mit dem kanonischen Homomorphismus $\phi^{-1}\phi_* \mathcal{O}_X \to \mathcal{O}_X$ ($\phi_* \mathcal{O}_X$ ist eine $\mathcal{O}_Y$–Modulgarbe, also ist $\phi^{-1}\phi_* \mathcal{O}_X$ eine $\phi^{-1}\mathcal{O}_Y$–Modulgarbe) liefert einen Homomorphismus von $\phi^{-1}\mathcal{O}_Y$–Modulgarben, den wir wieder mit $\chi_{\phi^{-1}}$ bezeichnen. Die $\phi^{-1}\mathcal{O}_Y$–Linearität von $\chi_{\phi^{-1}}$ zeigt, daß durch

$$\chi_X(\omega \otimes f) := \chi_{\phi^{-1}}(\omega) f$$

ein Garbenhomomorphismus

$$\chi_X : \phi^{-1}\mathcal{M} \otimes_{\phi^{-1}\mathcal{O}_Y} \mathcal{O}_X \longrightarrow \mathcal{O}_X$$

definiert wird, der nach Definition ein Homomorphismus von $\mathcal{O}_X$–Modulgarben ist.

Diese Konstruktionen zeigen unmittelbar, daß die Zuordnungen $\varphi \mapsto \varphi^Y$, $\chi \mapsto \chi_X$ Homomorphismen abelscher Gruppen sind. Es ist nicht schwierig zu sehen, daß die Zuordnungen $\varphi \mapsto \varphi^Y$ und $\chi \mapsto \chi_X$ invers zueinander sind. Wir überlassen die Einzelheiten dem Leser. □

Es seien $\mathcal{M}$ und $\mathcal{N}$ Modulgarben über einer Ringgarbe $\mathcal{R}$ über X. $\mathrm{Hom}_{\mathcal{R}}(\mathcal{M},\mathcal{N})$ ist die abelsche Gruppe der $\mathcal{R}$–Modul–Homomorphismen $\mathcal{M} \longrightarrow \mathcal{N}$. Wenn wir dies lokalisieren, erhalten wir die *Garbe der lokalen Morphismen von* $\mathcal{M}$ *nach* $\mathcal{N}$: Ordnet man jeder offenen Menge $U \subseteq X$ die abelsche Gruppe $\mathrm{Hom}_{\mathcal{R}|_U}\left(\mathcal{M}|_U, \mathcal{N}|_U\right)$ zu, so erhält man (zusammen mit den offensichtlichen Einschränkungsabbildungen) eine Prägarbe, die man mit $\mathcal{H}om_{\mathcal{R}}(\mathcal{M},\mathcal{N})$ bezeichnet. Es ist leicht zu sehen, daß diese Prägarbe vollständig ist. $\mathcal{H}om_{\mathcal{R}}(\mathcal{M},\mathcal{N})$ ist eine $\mathcal{R}$–Modulgarbe über X.

Wir nennen einen $\mathcal{R}$–Modul $\mathcal{M}$ über X einen **lokal freien $\mathcal{R}$–Modul vom Rang** n, wenn es zu jedem Punkt $x \in X$ eine offene Umgebung U von x gibt, so daß eine Isomorphie

$$\mathcal{M}|_U \cong \underbrace{\mathcal{R}|_U \oplus \cdots \oplus \mathcal{R}|_U}_{n\text{–fach}}$$

von $\mathcal{R}|_U$–Moduln besteht.

Ist $\mathcal{M}$ die Garbe der Schnitte eines Vektorbündels, so ist $\mathcal{M}$ lokal frei, wobei der Rang von $\mathcal{M}$ der Rang des Vektorbündels ist. Dies entspricht gerade der lokalen Trivialisierbarkeit des Vektorbündels. Es ist nicht schwer zu zeigen, daß lokal freie Modulgarben stets als Schnittgarben von Vektorbündeln auftreten ([65], p. 40).

Lemma 5.7 *Sei* $(X, \mathcal{O}_X)$ *eine Supermannigfaltigkeit und* $\mathcal{M}$ *eine* $\mathcal{O}_X$*–Modulgarbe. Ist* $\mathcal{M}$ *lokal frei und von endlichem Rang über* $\mathcal{O}_X$*, so ist in kanonischer Weise*

$$\mathcal{H}om_{\mathcal{O}_X}(\mathcal{H}om_{\mathcal{O}_X}(\mathcal{M}, \mathcal{O}_X), \mathcal{O}_X) \cong \mathcal{M} .$$

Beweis . Ist $\mathcal{M}$ lokal frei vom Rang n über $\mathcal{O}_X$, so gilt dies auch für die Garben $\mathcal{H}om_{\mathcal{O}_X}(\mathcal{M}, \mathcal{O}_X)$ und $\mathcal{H}om_{\mathcal{O}_X}(\mathcal{H}om_{\mathcal{O}_X}(\mathcal{M}, \mathcal{O}_X), \mathcal{O}_X)$. Analog zur gewöhnlichen linearen Algebra erhalten wir einen $\mathcal{O}_X$–Modulhomomorphismus

$$\mathcal{M} \xrightarrow{\phi} \mathcal{H}om_{\mathcal{O}_X}(\mathcal{H}om_{\mathcal{O}_X}(\mathcal{M}, \mathcal{O}_X), \mathcal{O}_X)$$

als eine Familie $(\phi_V^U \mid V \subseteq U \subseteq X \text{ offen})$ von Modulhomomorphismen

$$\begin{aligned} \phi_V^U : {} & \mathcal{M}|_U(V) \\ & \longrightarrow \mathrm{Hom}_{\mathcal{O}_X|_U(V)}\left(\mathrm{Hom}_{\mathcal{O}_X|_U(V)}\left(\mathcal{M}|_U(V), \mathcal{O}_X|_U(V)\right), \mathcal{O}_X|_U(V)\right) \end{aligned}$$

$$m_V \longmapsto \widehat{m}_V ,$$

definiert für homogene Elemente $m_V \in \mathcal{M}|_U(V)$,
$\varphi_V \in \mathrm{Hom}_{\mathcal{O}_X|_U(V)}\left(\mathcal{M}|_U(V), \mathcal{O}_X|_U(V)\right)$ durch

$$\widehat{m}_V(\varphi_V) := (-1)^{p(m_V)q(\varphi_V)}\, \varphi_V(m_V) .$$

Da φ_V graduiert–linear ist, ist auch $\widehat{m}_V$ eine graduiert–lineare Abbildung:

$$\widehat{m}_V(f\varphi_V) = (-1)^{p(f)p(m_V)}\, f\, \widehat{m}_V(\varphi_V) ,$$

für alle homogenen $f \in \mathcal{O}_X(V)$ $(= \mathcal{O}_X|_U(V))$.

Wir müssen nur zeigen, daß dieser Homomorphismus lokal eine Inverse besitzt. Dazu sei $U \subseteq X$ eine hinreichend kleine offene Menge, so daß $\mathcal{M}|_U$ ein freier $\mathcal{O}_X|_U$–Modul vom Rang n ist. Dann ist auch $\mathcal{H}om_{\mathcal{O}_X}(\mathcal{M}, \mathcal{O}_X)|_U$ ein freier $\mathcal{O}_X|_U$–Modul vom Rang n. Sei $(a_U^1, \ldots, a_U^n)$ eine $\mathcal{O}_X|_U$–Superbasis von

$\mathcal{M}|_U$ und $(\omega_U^1, \ldots, \omega_U^n)$, die dazu duale Superbasis von $\mathcal{H}om_{\mathcal{O}_X}(\mathcal{M}, \mathcal{O}_X)|_U$. Durch

$$\gamma_V \longmapsto \check{\gamma}_V := \sum_{i=1}^{m} (-1)^{p(a_U^i)p(\omega_U^i)} \gamma_V \left(\omega_U^i|_V\right) a_U^i|_V$$

wird dann ein Homomorphismus $\gamma^U \longmapsto \check{\gamma}^U$

$$\mathcal{H}om_{\mathcal{O}_X} (\mathcal{H}om_{\mathcal{O}_X}(\mathcal{M}, \mathcal{O}_X), \mathcal{O}_X)|_U \longrightarrow \mathcal{M}|_U$$

definiert, der, wie man leicht nachrechnet, zu dem Homomorphismus ϕ^U invers ist. □

Lemma 5.8 *Seien $\mathcal{M}$ und $\mathcal{N}$ $\mathcal{O}_X$-Modulgarben. Ist $\mathcal{M}$ lokal frei und von endlichem Rang über $\mathcal{O}_X$, so gibt es einen kanonischen Isomorphismus*

$$\mathcal{H}om_{\mathcal{O}_X} (\mathcal{M}, \mathcal{N}) \cong \mathcal{H}om_{\mathcal{O}_X} (\mathcal{M}, \mathcal{O}_X) \otimes_{\mathcal{O}_X} \mathcal{N}$$

von $\mathcal{O}_X$-Modulgarben.

Beweis . Wie im vorangegangenen Lemma ist der Beweis eine naheliegende Modifikation des Beweises des entsprechenden Resultats in der linearen Algebra. Wir verzichten deshalb auf die Einzelheiten. □

Wir benötigen schließlich noch ein Resultat, das in der Theorie der Modulgarben unter dem Namen „*Projektionsformel*“ bekannt ist:

Lemma 5.9 *Sei $\pi = (\phi, \psi) : (X, \mathcal{O}_X) \to (Y, \mathcal{O}_Y)$ ein Morphismus geringter Räume, $\mathcal{M}$ sei eine $\mathcal{O}_X$-Modulgarbe, und $\mathcal{N}$ sei eine lokal freie $\mathcal{O}_Y$-Modulgarbe endlichen Ranges über $\mathcal{O}_Y$. Dann gibt es eine natürliche Isomorphie*

$$\phi_* (\pi^* \mathcal{N} \otimes_{\mathcal{O}_X} \mathcal{M}) \cong \mathcal{N} \otimes_{\mathcal{O}_Y} \phi_* \mathcal{M}$$

von $\mathcal{O}_Y$-Modulgarben.

Beweis . Wir bringen nur eine Beweisskizze und überlassen die Einzelheiten dem Leser als Übungsaufgabe. Zunächst gilt

$$\begin{aligned}\phi_*(\pi^*\mathcal{N}\otimes_{\mathcal{O}_X}\mathcal{M}) &= \phi_*(\pi^*\mathcal{N})\otimes_{\phi_*\mathcal{O}_X}\phi_*\mathcal{M}\\ &= \left(\phi_*\phi^{-1}\mathcal{N}\otimes_{\phi_*\phi^{-1}\mathcal{O}_X}\phi_*\mathcal{O}_X\right)\otimes_{\phi_*\mathcal{O}_X}\phi_*\mathcal{M}\,.\end{aligned}$$

Da $\mathcal{N}$ lokal frei und von endlichem Rang über $\mathcal{O}_Y$ ist, ist auch $\phi_*\phi^{-1}\mathcal{N}$ lokal frei und von endlichem Rang über $\phi_*\phi^{-1}\mathcal{O}_Y$, und die natürliche Abbildung

$$\alpha:\mathcal{N}\longrightarrow\phi_*\phi^{-1}\mathcal{N}$$

ist ein Isomorphismus. Beachten wir, daß $\phi_*\mathcal{O}_X$ ein $\phi_*\phi^{-1}\mathcal{O}_Y$–Modul ist, so erhalten wir eine natürliche Abbildung

$$\begin{aligned}\mathcal{N}\otimes_{\mathcal{O}_Y}\phi_*\mathcal{M} &\longrightarrow \left(\phi_*\phi^{-1}\mathcal{N}\otimes_{\phi_*\phi^{-1}\mathcal{O}_Y}\phi_*\mathcal{O}_X\right)\otimes_{\phi_*\mathcal{O}_X}\phi_*\mathcal{M}\\ a\otimes_{\mathcal{O}_Y}b &\longmapsto (\alpha(a)\otimes_{\phi_*\phi^{-1}\mathcal{O}_Y}1)\otimes_{\phi_*\mathcal{O}_X}b\,.\end{aligned}$$

Man rechnet leicht nach, daß diese Abbildung der behauptete Isomorphismus ist. □

Nach diesen Vorbereitungen kommen wir jetzt zu dem bereits angekündigten Hauptresultat dieses Abschnitts:

Satz 5.10 *Sei $\pi=(\phi,\psi):(X,\mathcal{O}_X)\to(Y,\mathcal{O}_Y)$ ein Morphismus von Supermannigfaltigkeiten. Dann induziert π einen Homomorphismus*

$$d\pi:\operatorname{Der}\mathcal{O}_X\longrightarrow\pi^*\operatorname{Der}\mathcal{O}_Y$$

von $\mathcal{O}_X$–Modulgarben. $d\pi$ heißt die **Ableitung** *des Morphismus π.*

Beweis . Wir zerlegen die Konstruktion von $d\pi$ in drei Schritte:

1. Schritt: *Jede Superderivation $\delta\in\operatorname{Der}\mathcal{O}_X$ induziert eine Superderivation δ^ψ auf Y mit Werten in $\mathcal{O}_X$.*

Sei $U\subseteq X$ offen und $\delta_U:\mathcal{O}_X(U)\to\mathcal{O}_X(U)$ eine Superderivation von $\mathcal{O}_X(U)$. Wir definieren eine lineare Abbildung

$$\delta_U^\psi:\left(\phi^{-1}\mathcal{O}_Y\right)(U)\longrightarrow\mathcal{O}_X(U)$$

durch

$$\delta_U^\psi(f) := \delta_U(\psi^*(f)) \ .$$

Eine einfache Rechnung zeigt, daß damit eine Superderivation mit Werten in $\mathcal{O}_X$ gegeben ist: Seien f und g homogene Elemente von $(\phi^{-1}\mathcal{O}_Y)(U)$, $V \subseteq Y$ eine offene Umgebung von $\phi(U)$, und $f_V, g_V \in \mathcal{O}_Y(V)$ seien Repräsentanten von f bzw. g. Dann gilt:

$$\begin{aligned}
\delta_U^\psi(fg) &= \delta_U\left(\rho_{U,\phi^{-1}(V)}\ \psi_V(f_V g_V)\right) \\
&= \delta_U\left(\rho_{U,\phi^{-1}(V)}\ \psi_V(f_V)\cdot\rho_{U,\phi^{-1}(V)}\ \psi_V(g_V)\right) \\
&= \delta_U(\rho_{U,\phi^{-1}(V)}\ \psi_V(f_V))\cdot\rho_{U,\phi^{-1}(V)}\ \psi_V(g_V) \\
&\quad + (-1)^{p(\rho_{U,\phi^{-1}(V)}\ \psi_V(f_V))p(\delta_U)}\ \rho_{U,\phi^{-1}(V)}\ \psi_V(f_V)\ \delta_U\left(\rho_{U,\phi^{-1}(V)}\ \psi_V(g_V)\right) \\
&= \delta_U^\psi(f)\psi^*(g) + (-1)^{p(f)p(\delta_U)}\ \psi^*(f)\delta_U^\psi(g) \ .
\end{aligned}$$

Sei $\mathrm{Der}(\phi^{-1}\mathcal{O}_Y, \mathcal{O}_X)$ die Menge aller $\mathbb{R}$–linearen Abbildungen

$$\partial_U^\psi : (\phi^{-1}\mathcal{O}_Y)(U) \longrightarrow \mathcal{O}_X(U)$$

($U \subseteq X$ offen), deren homogene Teile die *Derivationseigenschaft längs* ψ^* erfüllen:

$$\partial_U^\psi(fg) = \partial_U^\psi(f)\psi^*(g) + (-1)^{p(f)p(\partial_U^\psi)}\ \psi^*(f)\partial_U^\psi(g) \ .$$

Wie im Fall von $\mathrm{Der}\,\mathcal{O}_X$ kann man zeigen, daß $\mathrm{Der}(\phi^{-1}\mathcal{O}_Y, \mathcal{O}_X)$ eine Garbe über X ist. Ebenso wie $\mathrm{Der}\,\mathcal{O}_X$ ist $\mathrm{Der}(\phi^{-1}\mathcal{O}_Y, \mathcal{O}_X)$ eine Modulgarbe sowohl über $\mathcal{O}_X$ als auch über $\phi^{-1}\mathcal{O}_Y$:

$$\begin{aligned}
(f\partial^\psi)(g) &:= f\partial^\psi(g) && \text{für } f \in \mathcal{O}_X \ , \\
(f\partial^\psi)(g) &:= \psi^*(f)\partial^\psi(g) && \text{für } f \in \phi^{-1}\mathcal{O}_Y \ .
\end{aligned}$$

Die Zuordnung

$$\begin{aligned}
\mathcal{D}_U : \mathrm{Der}\,\mathcal{O}_X(U) &\longrightarrow \mathrm{Der}\left((\phi^{-1}\mathcal{O}_Y)(U),\ \mathcal{O}_X(U)\right) \\
\delta_U &\longmapsto \delta_U^\psi
\end{aligned}$$

($U \subseteq X$ offen) ist offensichtlich $\mathbb{R}$–linear. Ferner gilt

$$\mathcal{D}_U(f\delta) = f\,\mathcal{D}_U(\delta)$$

für $f \in \mathcal{O}_X(U)$, $\delta \in \operatorname{Der} \mathcal{O}_X(U)$ (bzw.

$$\mathcal{D}_U(\psi^*(f)\delta) = \psi^*(f)\,\mathcal{D}_U(\delta)$$

für $f \in (\phi^{-1}\,\mathcal{O}_Y)(U)$, $\delta \in \operatorname{Der} \mathcal{O}_X(U)$).
$\mathcal{D}_U$ ist also sowohl ein $\mathcal{O}_X(U)$– als auch ein $(\phi^{-1}\,\mathcal{O}_Y)(U)$–Modulhomomorphismus.

Man sieht nun leicht, daß ein kommutatives Diagramm

$$\begin{array}{ccc} \mathcal{O}_X(U) & \xrightarrow{\delta_U} & \mathcal{O}_X(U) \\ \downarrow{\scriptstyle \rho_{V,U}} & & \downarrow{\scriptstyle \rho_{V,U}} \\ \mathcal{O}_X(V) & \xrightarrow{\delta_V} & \mathcal{O}_X(V) \end{array}$$

in $\operatorname{Der} \mathcal{O}_X$ ein kommutatives Diagramm

$$\begin{array}{ccc} (\phi^{-1}\,\mathcal{O}_Y)(U) & \xrightarrow{\delta_U^\psi} & \mathcal{O}_X(U) \\ \downarrow{\scriptstyle \rho_{V,U}} & & \downarrow{\scriptstyle \rho_{V,U}} \\ (\phi^{-1}\,\mathcal{O}_Y)(V) & \xrightarrow{\delta_V^\psi} & \mathcal{O}_X(V) \end{array}$$

in $\operatorname{Der}(\phi^{-1}\,\mathcal{O}_Y, \mathcal{O}_X)$ induziert: für $f \in (\phi^{-1}\,\mathcal{O}_Y)(U)$ ist

$$\begin{aligned} \delta_V^\psi(\rho_{V,U} f) &= \delta_V(\psi^*(\rho_{V,U} f)) = \delta_V(\rho_{V,U}\psi^*(f)) \\ &= \rho_{V,U}\,\delta_U(\psi^*(f)) = \rho_{V,U}\,\delta_U^\psi(f)\,. \end{aligned}$$

Damit haben wir gezeigt, daß $\mathcal{D} = (\mathcal{D}_U \mid U \subseteq X \text{ offen })$ ein Homomorphismus

$$\mathcal{D} : \operatorname{Der} \mathcal{O}_X \longrightarrow \operatorname{Der}(\phi^{-1}\,\mathcal{O}_Y, \mathcal{O}_X)$$

von $\mathcal{O}_X$–Modulgarben (und ebenso von $\phi^{-1}\,\mathcal{O}_Y$–Modulgarben) ist.

Wir bemerken schließlich noch, daß im Fall gewöhnlicher Mannigfaltigkeiten der Keim $\mathcal{D}_x$ von $\mathcal{D}$ im Punkt x gerade die gewöhnliche Ableitung von ϕ im Punkt x ist.

2. Schritt: δ^ψ *induziert einen Homomorphismus*

$$\widehat{\delta^\psi} : \pi^*\Omega^1(Y, \mathcal{O}_Y) \longrightarrow \mathcal{O}_X$$

von $\mathcal{O}_X$*-Modulgarben, wobei* $\Omega^1(Y\, \mathcal{O}_Y) := \mathcal{H}om_{\mathcal{O}_Y}(\mathrm{Der}\,\mathcal{O}_Y, \mathcal{O}_Y)$ *ist.*

Wir konstruieren zunächst einen Homomorphismus $\phi^{-1}\Omega^1(Y, \mathcal{O}_Y) \to \mathcal{O}_X$ von $\phi^{-1}\,\mathcal{O}_Y$–Modulgarben. Dabei nutzen wir wesentlich aus, daß die Garbe $\mathrm{Der}\,\mathcal{O}_Y$ lokal frei und von endlichem Rang über $\mathcal{O}_X$ ist. Wir betrachten zunächst eine offene Menge $U \subseteq X$, so daß es eine offene Umgebung V von $\phi(U)$ gibt, auf der ein Superkoordinatensystem $(y_1, \ldots, y_{p+q})$ existiert. $\left(\frac{\partial}{\partial y_1}, \ldots, \frac{\partial}{\partial y_{p+q}}\right)$ ist dann eine Basis des $\mathcal{O}_Y(V)$–Moduls $\mathrm{Der}\,\mathcal{O}_Y(V)$. Man definiert ein *Differential*

$$d_V : \mathcal{O}_Y(V) \longrightarrow \mathrm{Hom}_{\mathcal{O}_Y(V)}(\mathrm{Der}\,\mathcal{O}_Y(V), \mathcal{O}_Y(V))$$

durch

$$(d_V g)(\delta') := \delta'(g) \qquad (\delta' \in \mathrm{Der}\,\mathcal{O}_Y(V)) .$$

Dann ist $(d_V y_1, \ldots, d_V y_{p+q})$ eine Basis des $\mathcal{O}_Y(V)$–Moduls

$$\Omega^1(Y, \mathcal{O}_Y)(V) = \mathrm{Hom}_{\mathcal{O}_Y(V)}(\mathrm{Der}\,\mathcal{O}_Y(V), \mathcal{O}_Y(V)) ,$$

die zu $\left(\frac{\partial}{\partial y_1}, \ldots, \frac{\partial}{\partial y_{p+q}}\right)$ dual ist:

$$d_V y_i \left(\frac{\partial}{\partial y_j}\right) = \delta_{ij} .$$

Auf dem Bild von d_V definieren wir $\widehat{\delta^\psi}$ durch

$$\widehat{\delta^\psi}(d_V g) := \delta^\psi(g) .$$

Sei $\omega_V \in \Omega^1(Y, \mathcal{O}_Y)(V)$. Dann ist

$$\omega_V = \sum_{i=1}^{p+q} g_i^Y\, d_V y_i$$

mit eindeutig bestimmten Elementen $g_i^Y \in \mathcal{O}_Y(V)$. Sei

$$\widehat{\delta\psi}(\omega_V) := \sum_{i=1}^{p+q} \rho_{U,\phi^{-1}(V)}\psi(g_i^y)\widehat{\delta\psi}(d_V y_i) ,$$

d.h. es ist

$$\widehat{\delta\psi}(\omega_V) = \sum_{i=1}^{p+q} (\rho_{U,\phi^{-1}(V)}\psi(g_i^y))\widehat{\delta\psi}(y_i) .$$

Da $\rho_{U,\phi^{-1}(V)}\psi$ ein Algebrenhomomorphismus ist, ist

$$\widehat{\delta\psi} : \Omega^1(Y, \mathcal{O}_Y)(V) \longrightarrow \mathcal{O}_X(U)$$

ein Homomorphismus von $\mathcal{O}_Y(V)$–Moduln.

Wir zeigen als nächstes, daß der so definierte Homomorphismus nicht von der Wahl des Superkoordinatensystems auf V abhängt.

Sei nämlich $(z_1, \ldots, z_{p+q})$ ein weiteres Superkoordinatensystem auf V. In diesem Superkoordinatensystem sei ω_V dargestellt durch

$$\omega_V = \sum_{j=1}^{p+q} g_j^z \, d_V z_j .$$

Aus Korollar 5.2 folgt unmittelbar, daß

$$d_V z_j = \sum_{k=1}^{p+1} \frac{\partial z_j}{\partial y_k} \, d_V y_k$$

ist. Damit können wir die Koeffizientenfunktionen g_j^z in der Form

$$g_j^z = \sum_{i=1}^{p+q} g_i^y \, \frac{\partial y_i}{\partial z_j}$$

schreiben. Also ist

$$\sum_{j=1}^{p+q} \rho_{U,\phi^{-1}(V)}\psi_V(g_j^z)\widehat{\delta\psi}(d_V z_j)$$

$$= \sum_{j=1}^{p+q} \rho_{U,\phi^{-1}(V)}\psi_V\left(\sum_{i=1}^{p+q} g_i^y \, \frac{\partial y_i}{\partial z_j}\right) \widehat{\delta\psi}\left(\sum_{k=1}^{p+q} \frac{\partial z_j}{\partial y_k} \, d_V y_k\right)$$

$$\begin{aligned}
&= \sum_{i,j,k=1}^{p+q} \rho_{U,\phi^{-1}(V)}\psi_V(g_i^y)\rho_{U,\phi^{-1}(V)}\psi_V\left(\frac{\partial y_i}{\partial z_j}\frac{\partial z_j}{\partial y_k}\right)\delta^\psi(y_k) \\
&= \sum_{i,k=1}^{p+q} \rho_{U,\phi^{-1}(V)}\psi_V(g_i^y)\rho_{U,\phi^{-1}(V)}\psi_V\left(\sum_{j=1}^{p+q}\frac{\partial y_i}{\partial z_j}\frac{\partial z_j}{\partial y_k}\right)\delta^\psi(y_k) \\
&= \sum_{k=1}^{p+q} \rho_{U,\phi^{-1}(V)}\psi_V(g_k^y)\delta^\psi(y_k)\ ,
\end{aligned}$$

wobei wir im letzten Schritt wieder Korollar 5.2 benutzt haben.

Weiterhin zeigen wir, daß $\widehat{\delta^\psi}$ einen Homomorphismus $\phi^{-1}\Omega^1(Y,\mathcal{O}_Y)(U) \to \mathcal{O}_X(U)$ von $\phi^{-1}\mathcal{O}_Y(U)$–Moduln induziert, den wir wieder mit $\widehat{\delta^\psi}$ bezeichnen werden. Es seien V_1 und V_2 offene Umgebungen von $\phi(U)$, so daß auf V_1 bzw. V_2 Superkoordinatensysteme $(y_1,\ldots y_{p+q})$ bzw. $(z_1,\ldots,z_{p+q})$ existieren. Sei $\omega \in \phi^{-1}\Omega^1(Y,\mathcal{O}_Y)(U)$ repräsentiert durch $\omega_{V_1} \in \Omega^1(Y,\mathcal{O}_Y)(V_1)$ bzw. $\omega_{V_2} \in \Omega^1(Y,\mathcal{O}_Y)(V_2)$. Dann gibt es eine offene Umgebung W von $\phi(U)$, so daß $W \subseteq V_1 \cap V_2$ ist und

$$\rho_{W,V_1}\,\omega_{V_1} = \rho_{W,V_2}\,\omega_{V_2}$$

gilt. Sei ω_{V_1} bezüglich des Superkoordinatensystems $(y_1,\ldots,y_{p+q})$ durch

$$\omega_{V_1} = \sum_i g_i^y\, d_{V_1} y_i$$

dargestellt. Dann gilt

$$\begin{aligned}
\rho_{W,V_1}\,\omega_{V_1} &= \sum_i \rho_{W,V_1}\,(g_i^y)\,\rho_{W,V_1}(d_{V_1}y_i) \\
&= \sum_i \rho_{W,V_1}\,(g_i^y)\,d_W(\rho_{W,V_1}y_i)\ ,
\end{aligned}$$

denn für jede Superderivation $\delta'_{V_1} \in \operatorname{Der}\mathcal{O}_Y(V_1)$ ist

$$\begin{aligned}
\rho_{W,V_1}(d_{V_1}y_i)\left(\rho'_{W,V_1}(\delta'_{V_1})\right) &= \rho_{W,V_1}(\delta'_{V_1}(y_i)) \\
&= \left(\rho'_{W,V_1}\delta'_{V_1}\right)(\rho_{W,V_1}y_i) \\
&= d_W\,(\rho_{W,V_1}y_i)\left(\rho'_{W,V_1}\delta'_{V_1}\right)\ .
\end{aligned}$$

In analoger Weise erhalten wir

$$\rho_{W,V_2}\,\omega_{V_2} = \sum_i \rho_{W,V_2}(g_i^z)d_W(\rho_{W,V_2}z_i)\ .$$

Die Einschränkungen $(\rho_{W,V_1}y_1,\ldots,\rho_{W,V_1}y_{p+q})$, $(\rho_{W,V_2}z_1,\ldots,\rho_{W,V_2}z_{p+q})$ der Superkoordinatensysteme $(y_1,\ldots,y_{p+q})$ bzw. $(z_1,\ldots,z_{p+q})$ sind Superkoordinatensysteme auf W. Dies ergibt sich unmittelbar aus Satz 4.27. Da $\widehat{\delta^\psi}$ nicht von der Wahl des Koordinatensystems auf W abhängt, ergibt sich aus $\rho_{W,V_2}\omega_{V_2}=\rho_{W,V_1}\omega_{V_1}$, daß

$$\widehat{\delta^\psi}(\rho_{W,V_2}\omega_{V_2})=\widehat{\delta^\psi}(\rho_{W,V_1}\omega_{V_1})$$

ist. Mit der Homomorphieeigenschaft von ψ und der Definition von $\widehat{\delta^\psi}$ folgt nun

$$\begin{aligned}\widehat{\delta^\psi}(\rho_{W,V_j}\omega_{V_j}) &= \sum_i \rho_{U,\phi^{-1}(W)}\psi_W(\rho_{W,V_j}g_i^y)\delta_U(\rho_{U,\phi^{-1}(W)}\psi_W(\rho_{W,V_j}y_i))\\ &= \sum_i \rho_{U,\phi^{-1}(W)}\rho_{\phi^{-1}(W),\phi^{-1}(V_j)}\psi_{V_j}(g_i^y)\delta_U\left(\rho_{U,\phi^{-1}(W)}\rho_{\phi^{-1}(W),\phi^{-1}(V_j)}\psi_{V_j}(y_i)\right)\\ &= \sum_i \rho_{U,\phi^{-1}(V_j)}\psi_{V_j}(g_i^y)\delta_U\left(\rho_{U,\phi^{-1}(V_j)}\psi_{V_j}(y_i)\right)\\ &= \widehat{\delta^\psi}(\omega_{V_2}) \qquad \text{für } j=1,2.\end{aligned}$$

Somit ist

$$\widehat{\delta^\psi}(\omega_{V_1})=\widehat{\delta^\psi}(\omega_{V_2})\ .$$

$\widehat{\delta^\psi}$ induziert also einen Homomorphismus

$$\widehat{\delta^\psi}:\phi^{-1}\Omega^1(Y,\mathcal{O}_Y)(U)\longrightarrow\mathcal{O}_X(U)$$

von $\phi^{-1}\mathcal{O}_Y(U)$–Moduln.

Wir betrachten schließlich eine beliebige offene Teilmenge U von X. U besitzt eine Überdeckung $(U_\iota)_{\iota\in I}$ durch offene Teilmengen $U_\iota\subseteq U$, so daß es für jedes $\iota\in I$ eine offene Umgebung $V_\iota\subseteq Y$ von $\phi(U_\iota)$ gibt, auf der ein Superkoordinatensystem $(y_1^\iota,\ldots,y_{p+q}^\iota)$ existiert.
Sei $\omega\in\phi^{-1}\Omega^1(Y,\mathcal{O}_Y)(U)$ und $V:=\bigcup_{\iota\in I}V_\iota$. Dann ist V eine offene Umgebung von $\phi(U)=\bigcup_{\iota\in I}\phi(U_\iota)$. Sei $\omega_V\in\Omega^1(Y,\mathcal{O}_Y)(V)$ ein Repräsentant von ω. ω_V ist durch die Einschränkungen $\omega_{V_\iota}:=\rho_{V_\iota,V}\omega_V$ $(\iota\in I)$ eindeutig bestimmt, und diese Einschränkungen sind Repräsentanten von $\rho_{U_\iota,U}\omega$. Wir zeigen, daß die Familie $(\widehat{\delta^\psi}(\omega_{V_\iota}))_{\iota\in I}$ genau ein Element aus $\mathcal{O}_X(U)$ definiert, das wir dann als den Wert $\widehat{\delta^\psi}(\omega_V)$ definieren. Daß die Zuordnung $\omega_V\mapsto\widehat{\delta^\psi}(\omega_V)$ einen Morphismus

$$\phi^{-1}\Omega^1(Y,\mathcal{O}_Y)(U)\longrightarrow\mathcal{O}_X(U)$$

induziert, folgt dann genauso wie in den vorangegangenen Überlegungen.

Wir betrachten zwei Elemente U_{ι_1}, U_{ι_2} unserer offenen Überdeckung, für die $U_{\iota_1} \cap U_{\iota_2} \neq \emptyset$ ist. Dann gilt

$$\begin{aligned}
&\rho_{U_{\iota_1}\cap U_{\iota_2},U_{\iota_1}} \widehat{\delta^\psi}_{U_{\iota_1}}(\omega_{V_{\iota_1}}) \\
&= \rho_{U_{\iota_1}\cap U_{\iota_2},U_{\iota_1}} \sum_k \rho_{U_{\iota_1},\phi^{-1}(V_{\iota_1})}\psi_{V_{\iota_1}}(g_k^{\iota_1})\, \delta^\psi_{U_{\iota_1}} \left(\rho_{U_{\iota_1},\phi^{-1}(V_{\iota_1})}\, \psi_{V_{\iota_1}}(y_k^{\iota_1})\right) \\
&= \sum_k \rho_{U_{\iota_1}\cap U_{\iota_2},\phi^{-1}(V_{\iota_1})}\psi_{V_{\iota_1}}(g_k^{\iota_1})\, \delta^\psi_{U_{\iota_1}\cap U_{\iota_2}} \left(\rho_{U_{\iota_1}\cap U_{\iota_2},\phi^{-1}(V_{\iota_1})}\, \psi_{V_{\iota_1}}(y_k^{\iota_1})\right) \\
&= \widehat{\delta^\psi}_{U_{\iota_1}\cap U_{\iota_2}} \left(\rho_{V_{\iota_1}\cap V_{\iota_2},V_{\iota_1}}\, \omega_{V_{\iota_1}}\right) \\
&= \widehat{\delta^\psi}_{U_{\iota_1}\cap U_{\iota_2}} \left(\rho_{V_{\iota_1}\cap V_{\iota_2},V}\, \omega_V\right) .
\end{aligned}$$

Damit gilt nun aber auch

$$\rho_{U_{\iota_1}\cap U_{\iota_2},U_{\iota_1}} \widehat{\delta^\psi}_{U_{\iota_1}} \left(\omega_{V_{\iota_1}}\right) = \rho_{U_{\iota_1}\cap U_{\iota_2},U_{\iota_2}} \widehat{\delta^\psi}_{U_{\iota_2}} \left(\omega_{V_{\iota_2}}\right) ,$$

und aus den Garbenaxiomen folgt, daß es genau ein Element $\widehat{\delta^\psi}(\omega) \in \mathcal{O}_X(U)$ gibt, so daß

$$\rho_{U_\iota,U} \widehat{\delta^\psi}(\omega) = \widehat{\delta^\psi}(\omega_{V_\iota})$$

für alle $\iota \in I$ gilt. Der Nachweis, daß

$$\widehat{\delta^\psi} : \phi^{-1}\Omega^1(Y,\mathcal{O}_Y) \longrightarrow \mathcal{O}_X$$

ein Homomorphismus von $\phi^{-1}\,\mathcal{O}_Y$–Modulgarben ist, ergibt sich mit den gleichen Schlüssen, die wir schon dargestellt haben. Wir übergehen deshalb diese technischen Einzelheiten. Wir können den $\phi^{-1}\,\mathcal{O}_Y$–Linksmodul $\phi^{-1}\Omega^1(Y,\mathcal{O}_Y)$ vermöge

$$\omega\ .\ g := (-1)^{|g||\omega|} g\omega$$

auch als $\phi^{-1}\,\mathcal{O}_Y$–Rechtsmodul betrachten und somit das Tensorprodukt

$$\pi^*\Omega^1(Y,\mathcal{O}_Y) = \phi^{-1}\Omega^1(Y,\mathcal{O}_Y) \otimes_{\phi^{-1}\mathcal{O}_Y} \mathcal{O}_X$$

über $\phi^{-1}\,\mathcal{O}_Y$ bilden. $\pi^*\Omega^1(Y,\mathcal{O}_Y)$ ist dann in natürlicher Weise ein $\mathcal{O}_X$–Rechtsmodul, und wir erhalten einen Homomorphismus

$$\widehat{\delta^\psi} : \pi^*\Omega^1(Y,\mathcal{O}_Y) \longrightarrow \mathcal{O}_X$$

von $\mathcal{O}_X$–Modulgarben, der durch

$$\omega \otimes f \longmapsto \widehat{\delta^\psi}(\omega) f$$

eindeutig bestimmt ist.

Die Konstruktion des Homomorphismus' $\widetilde{\delta^\psi} : \phi^{-1}(Y, \mathcal{O}_Y) \longrightarrow \mathcal{O}_X$ beinhaltet im Grunde genommen den Nachweis, daß $\Omega^1(Y, \mathcal{O}_Y)$ ein (Super–) Differentialmodul ist. Die Existenz (und Eindeutigkeit) von $\widetilde{\delta^\psi}$ ist somit eine Folge der universellen Eigenschaft solcher Differentialmoduln.

3. Schritt: *Der Homomorphismus* $\widehat{\delta^\psi} : \pi^*\Omega^1(Y, \mathcal{O}_Y) \to \mathcal{O}_X$ *induziert einen Homorphismus*

$$d\pi : \operatorname{Der} \mathcal{O}_X \longrightarrow \pi^* \operatorname{Der} \mathcal{O}_Y$$

von $\mathcal{O}_X$*-Modulgarben.*

Nach Lemma 5.6 haben wir einen natürlichen Isomorphismus von *abelschen Gruppen*

$$\mathcal{H}om_{\mathcal{O}_X}(\pi^*\Omega^1(Y, \mathcal{O}_Y), \mathcal{O}_X) \cong \operatorname{Hom}_{\mathcal{O}_Y}(\Omega^1(Y, \mathcal{O}_Y), \phi_* \mathcal{O}_X) \; .$$

Da mit $\operatorname{Der} \mathcal{O}_Y$ auch $\Omega^1(Y, \mathcal{O}_Y)$ lokal frei und von endlichem Rang ist, gilt nach Lemma 5.7:

$$\mathcal{H}om_{\mathcal{O}_Y}(\Omega^1(Y, \mathcal{O}_Y), \mathcal{O}_Y) \cong \operatorname{Der} \mathcal{O}_Y \; .$$

Mit Lemma 5.8 und Lemma 5.9 erhalten wir damit die folgende Kette von Isomorphien von $\mathcal{O}_Y$–Modulgarben:

$$\begin{aligned}
\mathcal{H}om_{\mathcal{O}_Y}(\Omega^1(Y, \mathcal{O}_Y), \phi_* \mathcal{O}_X) &\cong \mathcal{H}om_{\mathcal{O}_Y}(\Omega^1(Y, \mathcal{O}_Y), \mathcal{O}_Y) \otimes_{\mathcal{O}_Y} \phi_* \mathcal{O}_X \\
&\cong \operatorname{Der} \mathcal{O}_Y \otimes_{\mathcal{O}_Y} \phi_* \mathcal{O}_X \\
&\cong \phi_* (\pi^* \operatorname{Der} \mathcal{O}_Y \otimes_{\mathcal{O}_X} \mathcal{O}_X) \\
&\cong \phi_* (\pi^* \operatorname{Der} \mathcal{O}_Y) \; .
\end{aligned}$$

Zu $\varphi = (\varphi_U \,|\, U \subseteq X$ offen $) \in \mathcal{H}om_{\mathcal{O}_X}(\pi^*\Omega^1(Y, \mathcal{O}_Y), \mathcal{O}_X)$ gehört also genau ein Element $\varphi^Y \in \phi_*(\pi^* \operatorname{Der} \mathcal{O}_Y)$. Wir ordnen nun dem Element φ_U $(U \subseteq X$ offen) die Familie $(\varphi_V^Y \,|\, V \subseteq Y$ offen, $U \subseteq \phi^{-1}(V))$ zu. Die Elemente φ_V^Y

dieser Familie liegen in $(\pi^* \operatorname{Der} \mathcal{O}_Y)(\phi^{-1}(V))$. Es ist nun naheliegend, den induktiven Limes der Familie $((\pi^* \operatorname{Der} \mathcal{O}_Y)(\phi^{-1}(V)) \mid V \subseteq Y$ offen, $U \subseteq \phi^{-1}(V))$ zu bilden. Wir erhalten:

$$\begin{aligned}
&\varinjlim_{\phi^{-1}(V)\supseteq U} (\pi^* \operatorname{Der} \mathcal{O}_Y)(\phi^{-1}(V)) \\
&= \varinjlim_{\phi^{-1}(V)\supseteq U} \Big((\phi^{-1} \operatorname{Der} \mathcal{O}_Y)(\phi^{-1}(V)) \otimes_{(\phi^{-1}\mathcal{O}_Y)(\phi^{-1}(V))} \mathcal{O}_X(\phi^{-1}(V)) \Big) \\
&= \left(\varinjlim_{\phi^{-1}(V)\supseteq U} (\phi^{-1} \operatorname{Der} \mathcal{O}_Y)(\phi^{-1}(V)) \right) \\
&\qquad \otimes_{\varinjlim_{\phi^{-1}(V)\supseteq U} (\phi^{-1}\mathcal{O}_Y)(\phi^{-1}(V))} \varinjlim_{\phi^{-1}(V)\supseteq U} \mathcal{O}_X(\phi^{-1}(V)) .
\end{aligned}$$

Den Beweis der Vertauschbarkeit des induktiven Limes mit Tensorprodukten überlassen wir dem Leser als Übungsaufgabe; man vergleiche aber auch ([37], p.16).

Nun ist

$$\begin{aligned}
\varinjlim_{\phi^{-1}(V)\supseteq U} (\phi^{-1} \operatorname{Der} \mathcal{O}_Y)(\phi^{-1}(V)) &= \varinjlim_{\phi^{-1}(V)\supseteq U} \; \varinjlim_{\phi^{-1}(W)\supseteq \phi^{-1}(V)} \operatorname{Der} \mathcal{O}_Y(W) \\
&= (\phi^{-1} \operatorname{Der} \mathcal{O}_Y)(U)
\end{aligned}$$

und ebenso

$$\varinjlim_{\phi^{-1}(V)\supseteq U} (\phi^{-1}\mathcal{O}_Y)(\phi^{-1}\mathcal{O}_Y)(V) = (\phi^{-1}\mathcal{O}_Y)(U) .$$

Weiterhin ist

$$\begin{aligned}
\varinjlim_{\phi^{-1}(V)\supseteq U} \mathcal{O}_X(\phi^{-1}(V)) &= \varinjlim_{\phi^{-1}(V)\supseteq U} \phi_* \mathcal{O}_X(V) \\
&= \phi^{-1}\phi_* \mathcal{O}_X(U) ,
\end{aligned}$$

und wir haben damit gezeigt, daß

$$\begin{aligned}
&\varinjlim_{\phi^{-1}(V)\supseteq U} (\pi^* \operatorname{Der} \mathcal{O}_Y)(\phi^{-1}(V)) \\
&= (\phi^{-1} \operatorname{Der} \mathcal{O}_Y)(U) \otimes_{\phi^{-1}\mathcal{O}_Y(U)} \phi^{-1}\phi_* \mathcal{O}_X(U)
\end{aligned}$$

gilt. Im Beweis von Lemma 5.6 haben wir einen natürlichen Garbenhomomorphismus $\phi^{-1}\phi_* \mathcal{O}_X \to \mathcal{O}_X$ konstruiert. Wenden wir diesen Garbenhomomorphismus auf den zweiten Faktor im obigen Tensorprodukt an, so sehen wir, daß φ_U ein Element

$$\varphi_U' \in \phi^{-1} \operatorname{Der} \mathcal{O}_Y(U) \otimes_{\phi^{-1}\mathcal{O}_Y(U)} \mathcal{O}_X(U) = (\pi^* \operatorname{Der} \mathcal{O}_Y)(U)$$

bestimmt.

Wir definieren nun den gesuchten Homomorphismus $d\pi$, indem wir der Superderivation $\delta_U \in \operatorname{Der}\mathcal{O}_X(U)$ das Element

$$\left(\widehat{\delta^{\psi}}_U\right)' \in (\pi^* \operatorname{Der}\mathcal{O}_Y)(U)$$

zuordnen. Es ist nicht schwer, schließlich nachzurechnen, daß die Abbildung

$$d\pi_U : \delta_U \longmapsto \left(\widehat{\delta^{\psi}}_U\right)' \quad (U \subseteq X \text{ offen })$$

ein Homomorphismus

$$d\pi : \operatorname{Der}\mathcal{O}_X \longrightarrow \pi^* \operatorname{Der}\mathcal{O}_Y$$

von $\mathcal{O}_X$–Modulgarben ist. □

Wir wollen noch die Rolle der Super–Jacobi–Matrix bei dieser Konstruktion von $d\pi$ untersuchen. Sei $U \subseteq X$ eine offene Menge und $V \subseteq Y$ eine offene Menge, so daß $U \subseteq \phi^{-1}(V)$ ist und auf V bzw. $\phi^{-1}(V)$ Superkoordinatensysteme $(y_1, \ldots, y_{p+q})$ bzw. $(x_1, \ldots, x_{m+n})$ existieren. $\left(\frac{\partial}{\partial y_1}, \ldots, \frac{\partial}{\partial y_{p+q}}\right)$ ist dann eine Basis von $\operatorname{Der}\mathcal{O}_Y(V)$ und $\left(\frac{\partial}{\partial x_1}, \ldots, \frac{\partial}{\partial x_{m+n}}\right)$ bzw. $\left(\rho'_{U,\phi^{-1}(V)}\frac{\partial}{\partial x_1}, \ldots, \rho'_{U,\phi^{-1}(V)}\frac{\partial}{\partial x_{m+n}}\right)$ sind Basen von $\operatorname{Der}\mathcal{O}_X(\phi^{-1}(V))$ bzw. von $\operatorname{Der}\mathcal{O}_X(U)$. Betrachten wir nun die Superderivation

$$\delta_U := \rho'_{U,\phi^{-1}(V)} \frac{\partial}{\partial x_i} .$$

Dann ist für $f \in \phi^{-1}\mathcal{O}_Y(U)$

$$\begin{aligned}
\delta^{\psi}_U(f) &= \delta_U(\psi^*(f)) \\
&= \delta_U\left(\rho_{U,\phi^{-1}(V)}\, \psi_V(f_V)\right) \\
&= \left(\rho'_{U,\phi^{-1}(V)} \frac{\partial}{\partial x_i}\right)\left(\rho_{U,\phi^{-1}(V)}\, \psi_V(f_V)\right) \\
&= \rho_{U,\phi^{-1}(V)}\left(\frac{\partial}{\partial x_i}\,(\psi_V(f_V))\right) \\
&= \rho_{U,\phi^{-1}(V)} \sum_{k=1}^{p+q} \frac{\partial \psi_V(y_k)}{\partial x_i}\, \psi_V\left(\frac{\partial f_V}{\partial y_k}\right) \qquad \text{(nach Satz 5.1)} \\
&= \sum_{k=1}^{p+q}\left(\rho_{U,\phi^{-1}(V)} \frac{\partial \psi_V(y_k)}{\partial x_i}\right)\left(\rho_{U,\phi^{-1}(V)}\, \psi_V\left(\frac{\partial f_V}{\partial y_k}\right)\right) \\
&= \sum_{k=1}^{p+q} \frac{\partial \psi^*_U(y_k)}{\partial x_i}\, \psi^*_U\left(\frac{\partial f}{\partial y_k}\right) .
\end{aligned}$$

Dabei bezeichnet $\frac{\partial\psi_U^*(y_k)}{\partial x_i}$ bzw. $\psi_U^*\left(\frac{\partial f}{\partial y_k}\right)$ das Bild der Äquivalenzklasse von y_k bzw. f_V im induktiven Limes. Die Abbildung $\delta_U \mapsto \delta_U^\psi$ wird somit durch die Jacobi–Matrix von π beschrieben. In der Konstruktion des Homomorphismus $\widehat{\delta^\psi}$ ist $\widehat{\delta^\psi}_U(dy_j) = \frac{\partial\psi_U^*(y_j)}{\partial x_i}$. Die weiteren Konstruktionsschritte für $d\pi$ sind im wesentlichen rein garbentheoretischer Natur. $d\pi$ wird also in Superkoordinaten durch die Jacobi–Matrix beschrieben.

5.2 Der Umkehrsatz und der Satz über implizit definierte Abbildungen in der Superanalysis

Einer der grundlegenden Sätze der Analysis ist der **Umkehrsatz**, den wir in folgender Weise formulieren wollen:

> Ist $\phi : X \to Y$ eine C^∞–Abbildung von differenzierbaren Mannigfaltigkeiten X, Y und ist die Ableitung $D\phi(x_0)$ von ϕ im Punkt $x_0 \in X$ invertierbar, so gibt es eine Umgebung von x_0, auf der ϕ ein Diffeomorphismus ist.

Wir werden in diesem Abschnitt, einer Arbeit von D.A. Leites [39] folgend, zeigen, daß man diesen Satz in naheliegender Weise auf Supermannigfaltigkeiten verallgemeinern kann. Da die Aussage des Satzes lokaler Natur ist, können wir uns bei der Diskussion auf Supergebiete beschränken.

Sei $(U, \mathcal{O}_U)$ ein Supergebiet. Dann ist $\mathcal{O}(U) := \mathcal{O}_U(U)$ in natürlicher Weise eine $\mathbb{Z}_+$–graduierte Algebra:

$$\mathcal{O}(U) = \sum_{k\geq 0} \mathcal{O}(U)^{(k)} ,$$

wobei

$$\mathcal{O}(U)^{(k)} = \left\{ \sum_{|\mu|=k} f_\mu \xi^\mu \,\middle|\, f_\mu \in C^\infty(U) \right\}$$

ist. Diese Graduierung ist verträglich mit der $\mathbb{Z}_2$–Graduierung von $\mathcal{O}(U)$, denn für $i = 0, 1$ ist

$$\mathcal{O}(U)_i = \sum_{k\equiv i \bmod 2} \mathcal{O}(U)^{(k)} ,$$

und die Elemente von $\mathcal{O}(U)^{(k)}$ sind für $k \geq 1$ nilpotent. Insbesondere ist $\mathcal{O}(U)^{(k)} = 0$, falls k größer ist als die ungerade Dimension von $(U, \mathcal{O}_U)$. Sei allgemeiner $\mathcal{A}$ eine $\mathbb{Z}_+$–graduierte Algebra, $\mathcal{A} = \sum_{k\geq 0}^{\oplus} \mathcal{A}^{(k)}$, so daß es ein $n \in \mathbb{N}$ gibt mit $\mathcal{A}^{(k)} = 0$ für alle $k > n$. Ein Beispiel für eine solche Algebra ist die Algebra der geraden $(m|n)$–Supermatrizen mit Einträgen aus $\mathcal{O}(U)$. Die $\mathbb{Z}_+$–Graduierung dieser Algebra wird durch die $\mathbb{Z}_+$–Graduierung von $\mathcal{O}(U)$ induziert. Die Projektion

$$\beta : \mathcal{A} \to \mathcal{A}^{(0)}$$

ist ein Algebrenhomomorphismus.

Lemma 5.11 *Sei $\mathcal{A} = \sum_{k\geq 0}^{\oplus} \mathcal{A}^{(k)}$ eine $\mathbb{Z}_+$-graduierte Algebra mit Einselement, so daß es ein $n \in \mathbb{N}$ gibt mit $\mathcal{A}^{(k)} = 0$ für alle $k > n$. Genau dann ist $a \in \mathcal{A}$ eine Einheit in $\mathcal{A}$, wenn $a_0 := \beta(a)$ eine Einheit in $\mathcal{A}^{(0)}$ ist.*

Beweis . Da $\beta : \mathcal{A} \to \mathcal{A}^{(0)}$ ein Algebrenhomorphismus ist, folgt aus $ab = \mathbf{1}$:

$$\mathbf{1} = \beta(\mathbf{1}) = \beta(ab) = \beta(a)\beta(b) .$$

Also ist $\beta(a)$ eine Einheit in $\mathcal{A}^{(0)}$. Ist umgekehrt a_0 eine Einheit in $\mathcal{A}^{(0)}$, so besitzt die Gleichung

$$\mathbf{1} = (a_0 + a_1 + a_2 + \ldots)(b_0 + b_1 + b_2 + \ldots) \tag{5.3}$$

eine eindeutig bestimmte Lösung $b = b_0 + b_1 + \ldots$ in $\mathcal{A}$. Denn (5.3) ist gleichwertig mit dem Gleichungssystem

$$\left\{ \begin{array}{rcl} a_0 b_0 &=& \mathbf{1} \\ a_0 b_1 + a_1 b_0 &=& 0 \\ \multicolumn{3}{c}{\dots\dots\dots\dots\dots\dots} \\ a_0 b_k + a_1 b_{k-1} + \ldots + a_k b_0 &=& 0 \\ \multicolumn{3}{c}{\dots\dots\dots\dots\dots\dots\quad .} \end{array} \right. \tag{5.4}$$

(5.4) läßt sich rekursiv lösen durch

$$\begin{aligned} b_0 &= a_0^{-1} , \\ b_k &= -a_0^{-1}(a_1 b_{k-1} + \ldots + a_k b_0) \end{aligned}$$

für $k \geq 1$. Da $\mathcal{A}^{(\ell)} = 0$ ist für alle $\ell > n$, sind nur endlichviele der b_k von Null verschieden. Also ist $b = b_0 + b_1 + \ldots \in \mathcal{A}$ wohldefiniert. □

Korollar 5.12 *Sei* $\pi = (\phi, \psi) : (U, \mathcal{O}_U) \to (V, \mathcal{O}_V)$ *ein Morphismus von Supergebieten. Die Jacobi–Matix* $\mathcal{J}^{\pi}_{\underline{x},\underline{y}}$ *von* π *bezüglich fest gewählter Superkoordinatensysteme* $\underline{x}, \underline{y}$ *auf* U *bzw.* V *ist genau dann invertierbar im Punkt* $p_0 \in U$, *wenn die Matrix* $\beta\left(\mathcal{J}^{\pi}_{\underline{x},\underline{y}}\right)(p_0) \in \mathrm{Mat}_{C^\infty(U)}(r+s)$ *invertierbar ist.*

Es ist somit nicht überraschend, daß in der Superanalysis ein direktes Analogon des klassischen Umkehrsatzes gilt:

Theorem 5.13 **(Umkehrsatz)**
Ein Morphismus

$$\pi = (\phi, \psi) : (U, \mathcal{O}_U) \longrightarrow (V, \mathcal{O}_V)$$

von Supergebieten ist genau dann ein Isomorphismus in einer Umgebung von $p_0 \in U$, *wenn die Jacobi–Matrix* $\mathcal{J}^{\pi}_{\underline{x},\underline{y}}(p_0)$ *invertierbar ist im Punkt* p_0.

Dabei sind $\underline{x}, \underline{y}$ Superkoordinatensysteme auf U bzw. V. Die Invertierbarkeit der Jacobi–Matrix hängt nicht von der Wahl der Superkoordinatensysteme ab: wählt man andere Superkoordinatensysteme, so entsteht die zugehörige Jacobi–Matrix durch Multiplikation der ursprünglichen Jacobi–Matrix mit invertierbaren Matrizen von links und von rechts.

***Beweis*.** Es seien $\underline{x}$ und $\underline{y}$ Superkoordinatensysteme auf U bzw. V, und es sei

$$\pi = (\phi, \psi) : (U, \mathcal{O}_U) \longrightarrow (V, \mathcal{O}_V)$$

ein Morphismus von Supergebieten. $p_0 \in U$ sei ein Punkt, für den es Umgebungen $U' \subseteq U$ von p_0 und $V' \subseteq V$ von $\phi(p_0)$ gibt, so daß

$$\pi|_{U'} = \left(\phi|_{U'},\ \psi|_{\mathcal{O}_U|_{U'}}\right) : \left(U',\ \mathcal{O}_U|_{U'}\right) \longrightarrow \left(V',\ \mathcal{O}_V|_{V'}\right)$$

ein Isomorphismus von Supergebieten ist. Der zu $\pi|_{U'}$ inverse Morphismus werde mit $\pi' = (\phi', \psi')$ bezeichnet. Aus der Kettenregel 5.5 folgt dann

$$\psi\left(\mathcal{J}^{\pi'}_{\underline{y},\underline{x}}\right)\mathcal{J}^{\pi|_{U'}}_{\underline{x},\underline{y}} = \mathcal{J}^{\pi' \circ \pi|_{U'}}_{\underline{x},\underline{x}} = I\ . \tag{5.5}$$

Also besitzt $\mathcal{J}^{\pi|_{U'}}_{\underline{x},\underline{y}}$ ein Linksinverses und damit auch ein Rechtsinverses.

Sei umgekehrt $\mathcal{J}^{\pi}_{\underline{x},\underline{y}}(p_0)$ invertierbar. Wir zeigen zunächst, daß dann $\phi : U \to V$ ein lokaler Diffeomorphismus im Punkt p_0 ist.

Aus der Invertierbarkeit von $\mathcal{J}^{\pi}_{\underline{x},\underline{y}}(p_0)$ folgt die Invertierbarkeit von

$$\beta\left(\mathcal{J}^{\pi}_{\underline{x},\underline{y}}\right)(p_0) = \begin{pmatrix} \beta\left(\frac{\partial s}{\partial r}\right)^t & 0 \\ 0 & \beta\left(\frac{\partial \sigma}{\partial \rho}\right)^t \end{pmatrix} \tag{5.6}$$

(wir verwenden weiter die Bezeichnungen von (5.2)), also auch die Invertierbarkeit von $\beta\left(\frac{\partial s}{\partial r}\right)^t$. Für alle $i = 1, \ldots, m$ können wir

$$\psi(s_i) = \sum_{\mu} s^i_{\mu}\rho^{\mu} \tag{5.7}$$

mit $s^i_{\mu} \in C^{\infty}(U)$ schreiben. Dabei ist m die gerade Dimension von U (und damit auch von V); n sei die ungerade Dimension von U (und von V).

Sei

$$\begin{aligned} \underline{x} &= (x_1, \ldots, x_{m+n}) = (r_1, \ldots, r_m; \rho_1, \ldots, \rho_n)\,, \\ \underline{y} &= (y_1, \ldots, y_{m+n}) = (s_1, \ldots, s_m; \sigma_1, \ldots, \sigma_n)\,. \end{aligned}$$

Dann erhalten wir mit der abkürzenden Schreibweise $\widetilde{f} := \beta(f)$ aus (5.7)

$$\begin{aligned} \left(\frac{\partial}{\partial r_j}\,\psi(s_i)\right)^{\sim} &= \left(\sum_{\mu}\left(\frac{\partial}{\partial r_j}\,s^i_{\mu}\right)\rho^{\mu}\right)^{\sim} \\ &= \left(\frac{\partial}{\partial r_j}\,s^i_0\right)^{\sim} = \left(\frac{\partial}{\partial r_j}\right)^{\sim}\left(s^i_0\right)^{\sim} \\ &= \frac{\partial}{\partial \widetilde{r}_j}\left(s^i_0\right)^{\sim} = \frac{\partial}{\partial \widetilde{r}_j}\left(\psi(s_i)\right)^{\sim}\,, \end{aligned}$$

also

$$\left(\frac{\partial}{\partial r_j}\,\psi(s_i)\right)^{\sim} = \frac{\partial}{\partial \widetilde{r}_j}\left(\psi(s_i)\right)^{\sim}\,. \tag{5.8}$$

Nach Satz 4.5 ist

$$\psi(s_i)^{\sim} = \phi^* \widetilde{s}_i = \widetilde{s}_i \circ \phi \,,$$

und somit hat ϕ die invertierbare Matrix $\beta\left(\frac{\partial s}{\partial r}\right)^t$ als Jacobi–Matrix (vergl. Abschnitt 5.1).

Der klassische Umkehrsatz zeigt dann, daß die Einschränkung von ϕ auf eine passende Umgebung von p_0 ein Diffeomorphismus ist. Diese Überlegungen sind natürlich unabhängig von der Wahl der Koordinatensysteme, da ein Koordinatenwechsel einem Isomorphismus von Supergebieten entspricht.

Im folgenden können wir ohne Einschränkung der Allgemeinheit annehmen, daß $\phi : U \to V$ bereits ein Diffeomorphismus ist. Andernfalls verkleinert man U und V passend. Die Koordinatenfunktionen $\psi(s_i)^{\sim}$ $(i = 1, \ldots, m)$ bilden also ein gewöhnliches Koordinatensystem auf U. Sei $C(U)$ ein fest gewählter Funktionenfaktor für $\mathcal{O}(U) := \mathcal{O}_U(U)$. (Im Fall von Supergebieten kann man z.B. $C(U) = C^{\infty}(U) \otimes \mathbf{1}$ wählen.) Dann bilden die Elemente

$$r_i' := \left(\beta|_{C(U)}\right)^{-1} (\psi(s_i))^{\sim} \quad (i = 1, \ldots, m)$$

ein gerades Koordinatensystem für $(U, \mathcal{O}_U)$, für das

$$r_i' \equiv \psi(s_i) \bmod \mathcal{O}^1(U) \quad (i = 1, \ldots, m)$$

gilt.

Nach Voraussetzung ist $\beta\left(\frac{\partial \sigma}{\partial \rho}\right)$ invertierbar auf einer offenen Teilmenge U' von U. Auch hier können wir nach passender Einschränkung wieder $U' = U$ voraussetzen.

Aus der Invertierbarkeit von $\beta\left(\frac{\partial \sigma}{\partial \rho}\right)$ folgt, daß die Matrix

$$(f_{jk})_{1 \le j,k \le n} := \left(\left(\beta|_{C(U)}\right)^{-1} \left(\left(\frac{\partial}{\partial \rho_k} \psi(\sigma_j) \right)^{\sim} \right) \right)_{1 \le j,k \le n}$$

in $C(U)$ invertierbar ist. Die Elemente

$$\rho_j' := \sum_{k=1}^{n} f_{jk} \rho_k \in \mathcal{O}(U) \quad (j = 1, \ldots, n)$$

bilden dann ein ungerades Koordinatensystem für $\mathcal{O}(U)$: es ist

$$\rho'_1 \dots \rho'_n = \det(f_{jk})\rho_1 \dots \rho_n ,$$

und $(\det(f_{jk}))^{\sim}$ verschwindet in keinem Punkt von U. Somit ist $(\rho'_1, \dots, \rho'_n)$ nach Satz 4.24 (3) ein ungerades Koordinatensystem für $\mathcal{O}(U)$. Andererseits besitzen die $\psi(\sigma_j)$ bezüglich des Funktionenfaktors $C(U)$ die eindeutige Darstellung

$$\psi(\sigma_j) = \sum_{|\nu| \equiv 1 \bmod 2} \eta^j_\nu \rho^\nu$$

mit Koeffizienten $\eta^j_\nu \in C(U)$ für alle j und ν. Damit folgt

$$\begin{aligned}
\rho'_j &= \sum_k f_{jk}\rho_k \\
&= \sum_k \left(\beta|_{C(U)}\right)^{-1} \left(\frac{\partial}{\partial \rho_k} \psi(\sigma_j)\right)^{\sim} \rho_k \\
&= \sum_k \left(\beta|_{C(U)}\right)^{-1} \left(\frac{\partial}{\partial \rho_k} \left(\sum_{|\nu| \equiv 1 \bmod 2} \eta^i_\nu \rho^\nu\right)\right)^{\sim} \rho^k \\
&= \sum_k \eta^j_k \rho_k \equiv \psi(\sigma_j) \bmod \mathcal{O}^2(U) ,
\end{aligned}$$

wobei $\eta^j_k = \eta^j_{e_k}$, e_k der k–te kanonische Einheitsvektor, ist. Wir erhalten also ein neues Superkoordinatensystem

$$x' = (r'_1, \dots, r'_m; \rho'_1, \dots, \rho'_n)$$

mit den Eigenschaften

$$r'_i \equiv \psi(s_i) \bmod \mathcal{O}^1(U) \qquad (i = 1, \dots, m) , \tag{5.9}$$

$$\rho'_i \equiv \psi(\sigma_j) \bmod \mathcal{O}^2(U) \qquad (j = 1, \dots, n) . \tag{5.10}$$

Für $p \in U$ ist

$$\begin{aligned}
\beta(r'_i)(p) &= \beta(\psi(s_i))(p) \\
&= \phi^*\beta(s_i)(p) = \beta(s_i)(\phi(p)) .
\end{aligned}$$

Also entspricht

$$(\beta(r'_1)(p), \dots, \beta(r'_m)(p)) = (\beta(s_1)(\phi(p)), \dots, \beta(s_m)(\phi(p)))$$

dem Punkt $\phi(p) \in V$, d.h. die Elemente $r'_1, \ldots, r'_m \in \mathcal{O}(U)_0$ erfüllen die **Abbildungsbedingung** 4.17 von Seite 136. Nach Satz 4.18 gibt es genau einen Morphismus

$$\pi_0 = (\phi_o, \psi_0) : (V, \mathcal{O}_V) \longrightarrow (U, \mathcal{O}_U)$$

von Supergebieten, so daß

$$\psi_0(r'_i) = s_i \qquad (i = 1, \ldots, m) , \tag{5.11}$$

$$\psi_0(\rho'_j) = \sigma_j \qquad (j = 1, \ldots, n) \tag{5.12}$$

gilt. Nach Konstruktion eines solchen Morphismus' ist dabei ϕ_0 invers zu ϕ. Allerdings können wir an dieser Stelle noch nicht erwarten, daß ψ_0 invers zu ψ ist, da nach (5.9) und (5.10) r'_i und $\psi(\psi_0(r'_i))$ bzw. ρ'_j und $\psi(\psi_0(\rho'_j))$ nur bis auf Elemente von $\mathcal{O}^1(U)$ übereinstimmen.

Wir werden zeigen, wie man diesen Mangel iterativ beheben kann. Zur Vereinheitlichung der Notation schreiben wir wieder r_i und ρ_j an Stelle von r'_i und ρ'_j. Dies bedeutet nichts weiter, als daß wir eine Koordinatentransformation durchführen, die wir aber in den Bezeichnungen nicht mitschleppen wollen.

Für $k \geq 0$ definieren wir nun eine Abbildung

$$\psi_{k+1} : \mathcal{O}_U(U) \longrightarrow \mathcal{O}_V(V)$$

durch

$$\psi_{k+1}(x_i) := \psi_k(x_i) + \psi_0(x_i - (\psi\psi_k)(x_i)) . \tag{5.13}$$

Setzen wir voraus, daß

$$\pi_k = (\phi_k, \psi_k) : (V, \mathcal{O}_v) \longrightarrow (U, \mathcal{O}_U)$$

ein Morphismus mit $\phi_k = \phi^{-1}$ ist, so zeigen wir, daß durch (5.13) ein Morphismus $\pi_{k+1} = (\phi_{k+1}, \psi_{k+1}) : (V, \mathcal{O}_V) \longrightarrow (U, \mathcal{O}_U)$ definiert wird, indem wir nachweisen, daß die rechte Seite von (5.13) die Abbildungsbedingung 4.17 erfüllt: Für $q \in V$ gilt

$$\begin{aligned}
&(\psi_{k+1}(x_1)^{\sim}(q), \ldots, \psi_{k+1}(x_m)^{\sim}(q)) \\
&= (\psi_k(x_i)^{\sim}(q))_{1\le i\le m} + (\psi_0(x_i)^{\sim}(q))_{1\le i\le m} - ((\psi_0\psi\psi_k)(x_i)^{\sim}(q))_{1\le i\le m} \\
&= \phi_k(q) + \phi_0(q) - ((\pi_k\pi\pi_0)^*(x_i)^{\sim}(q))_{1\le i\le m} \\
&= \phi_k(q) + \phi_0(q) - (\phi_k\phi\phi_0)(q) \\
&= \phi_k(q) + \phi_0(q) - (\phi_k\phi\phi^{-1})(q) \\
&= \phi_0(q) = \phi^{-1}(q) = p \in U .
\end{aligned}$$

Dabei steht $(\pi_k\pi\pi_0)^*$ für den Garbenhomomorphismus, der durch den zusammengesetzten Morphismus

$$\pi_k\pi\pi_0 : (V, \mathcal{O}_V) \longrightarrow (U, \mathcal{O}_U)$$

definiert wird.

(5.13) liefert uns also einen Morphismus

$$\pi_{k+1} = (\phi_{k+1}, \psi_{k+1}) : (V, \mathcal{O}_V) \longrightarrow (U, \mathcal{O}_U) ,$$

für den $\phi_{k+1} = \phi^{-1}$ gilt.

Wir zeigen nun, daß für $k > n$ der Morphismus π_k invers zu π ist, d.h. nach Konstruktion, daß der Garbenhomomorphismus ψ_k invers zu ψ ist. Dazu betrachten wir die Abbildung

$$\begin{aligned}
\Delta_k : \mathcal{O}_U(U) &\longrightarrow \mathcal{O}_U(U) \\
f &\longmapsto (\psi\psi_k)(f) - f .
\end{aligned}$$

Eine einfache Rechnung zeigt dann, daß für alle $i = 1, \ldots, m+n$

$$\Delta_{k+1}(x_i) = -\Delta_0(\Delta_k(x_i)) \tag{5.14}$$

gilt. Mit (5.9) und (5.10) erhalten wir

$$(\psi\psi_0)(r_i) \equiv r_i \mod \mathcal{O}^1(U) , \tag{5.15}$$

$$(\psi\psi_0)(\rho_j) \equiv \rho_j \mod \mathcal{O}^2(U) . \tag{5.16}$$

Da das Ideal $\mathcal{O}^1(U)$ von $\rho_1, \ldots, \rho_n$ erzeugt wird, ergibt sich aus (5.15), (5.16) und (5.14):

$$\Delta_0(\mathcal{O}_U(U)) \subseteq \mathcal{O}^1(U) , \tag{5.17}$$

$$\Delta_0(\mathcal{O}^k(U)) \subseteq \mathcal{O}^k(U) , \tag{5.18}$$

$$\Delta_k(\mathcal{O}_U(U)) \subseteq \mathcal{O}^k(U) .$$

Da aber $\mathcal{O}^k(U) = 0$ ist für $k > n$, erhalten wir

$$\psi\psi_k = \mathrm{id}_{\mathcal{O}_U} \tag{5.19}$$

für $k > n$. Damit haben wir ein Rechtsinverses für π gefunden. Die Kettenregel liefert für die Jacobi–Matrizen

$$\psi\left(\mathcal{J}^{\pi_k}_{\underline{y},\underline{x}}\right)\mathcal{J}^{\pi}_{\underline{x},\underline{y}} = \mathcal{J}^{\pi\circ\pi_k}_{\underline{x},\underline{x}} = I .$$

Also ist $\mathcal{J}^{\pi_k}_{\underline{y},\underline{x}}$ invertierbar, und aus dem zuvor Bewiesenen folgt, daß π_k ein Rechtsinverses π' hat. Das bedeutet aber, daß π_k auch ein Linksinverses von π ist.

Damit ist der ganze Satz bewiesen. □

Im folgenden werden wir bei den auftretenden Jacobi–Matrizen die Angabe der definierenden Superkoordinatensysteme unterdrücken, da die Nicht–Singularität der Jacobi–Matrix unabhängig von der Wahl der Koordinatensysteme ist.

Korollar 5.14 *Sei $\pi = (\phi, \psi) : (U, \mathcal{O}_U) \to (V, \mathcal{O}_V)$ ein Morphismus von Supergebieten, so daß $\phi : U \to V$ bijektiv und die Jacobi–Matrix $\mathcal{J}^{\pi}$ invertierbar in jedem Punkt $p \in U$ ist. Dann ist π ein Isomorphismus von Supergebieten.*

Beweis . Nach dem Umkehrsatz ist ϕ in jedem Punkt von U ein lokaler Diffeomorphismus, und da ϕ nach Voraussetzung bijektiv ist, ist ϕ ein Diffeomorphismus von U auf V. Weiterhin erhalten wir nach dem Umkehrsatz in jedem Punkt $p \in U$ eine lokale Inverse

$$\chi_{U_p} : \mathcal{O}_U(U_p) \longrightarrow \mathcal{O}_V(V_p)$$

von ψ, wobei $p \in U_p$ und $V_p = \phi(U_p)$ ist. Die Homomorphismen χ_{U_p} $(p \in U)$ lassen sich zu einem Garbenhomomorphismus $\chi : \mathcal{O}_U \to \mathcal{O}_V$ zusammenkleben, da die χ_{U_p} lokale Inverse ein und desselben Garbenhomomorphismus ψ sind. χ ist nach Konstruktion invers zu ψ. Also ist $\pi = (\phi, \psi)$ ein Isomorphismus von Supergebieten. □

Korollar 5.15 *Sei* $\pi = (\phi, \psi) : (U, \mathcal{O}_U) \to (V, \mathcal{O}_V)$ *ein Morphismus von Supergebieten, so daß die Jacobi–Matrix* $\mathcal{J}^\pi$ *in jedem Punkt von* U *invertierbar ist. Ist* ϕ *injektiv, so gibt es ein offenes Unter–Supergebiet* $\left(V', \mathcal{O}_V|_{V'}\right)$ *von* $(V, \mathcal{O}_V)$, *so daß* π *ein Isomorphismus*

$$\pi : (U, \mathcal{O}_U) \longrightarrow \left(V', \mathcal{O}_V|_{V'}\right)$$

ist.

Beweis . Sei $V' := \phi(U)$. Für $q \in V'$ und $p := \phi^{-1}(q)$ gibt es nach dem Umkehrsatz offene Umgebungen $U'' \subseteq U$ von p und $V'' \subseteq V$ von q, so daß $\phi|_{U''} : U'' \to V''$ ein Diffeomorphismus ist. Dies zeigt, daß V' eine offene Teilmenge von V ist. Zusammen mit der Einschränkung der Garbe $\mathcal{O}_V$ auf V' erhalten wir also ein offenes Unter–Supergebiet $(V', \mathcal{O}_V|_{V'})$ von $(V, \mathcal{O}_V)$. Schränken wir ψ auf die Untergarbe $\mathcal{O}_V|_{V'}$ ein, so können wir π als Morphismus von $(U, \mathcal{O}_U)$ nach $(V', \mathcal{O}_V|_{V'})$ auffassen, für den ϕ jetzt bijektiv und die Jacobi–Matrix nach wie vor in jedem Punkt von U invertierbar ist.

Damit folgt die Behauptung aus Korollar 5.14. □

Bemerkung 5.16 In den Korollaren 5.14 und 5.15 werden lokale Aussagen über Morphismen von Supermannigfaltigkeiten gemacht. Mit Hilfe der Begriffsbildungen in Abschnitt 5.1 lassen sich diese Korollare unmittelbar auf den Fall von Morphismen von beliebigen Supermannigfaltigkeiten übertragen. Wir überlassen dies dem Leser als Übungsaufgabe.

Sei $(U, \mathcal{O}_U)$ ein Supergebiet der Dimension (m, n) mit einem vorgegebenen Superkoordinatensystem $\underline{x} = (\underline{r}; \underline{\rho})$. Der Umkehrsatz liefert ein Kriterium dafür, wann ein System von $(m+n)$–vielen Superfunktionen auf U ein Superkoordinatensystem auf U ist:

Korollar 5.17 *Sei* $(U, \mathcal{O}_U)$ *ein Supergebiet der Dimension* (m, n), *und sei* $\underline{x} = (r_1, \ldots, r_m; \rho_1, \ldots, \rho_n)$ *ein Superkoordinatensystem auf* U. *Sei ferner* $\underline{y} = (s_1, \ldots, s_m; \sigma_1, \ldots, \sigma_n)$ *ein* $(m+n)$*–Tupel von Superfunktionen auf* U. *Genau dann ist* $\underline{y}$ *ein Superkoordinatensystem auf* U, *wenn folgende Eigenschaften erfüllt sind:*

(i) $s_1, \ldots, s_m \in \mathcal{O}(U)_0, \quad \sigma_1, \ldots, \sigma_n \in \mathcal{O}(U)_1$.

(ii) *Die Matrizen* $\left(\frac{\partial s_i}{\partial r_j}\right)_{i,j}$ *und* $\left(\frac{\partial \sigma_i}{\partial \rho_j}\right)_{i,j}$ *sind in jedem Punkt von* U *invertierbar.*

(iii) $\{\beta(s_1), \ldots, \beta(s_m)\}$ *trennt die Punkte von* U, *d.h. für* $p, p' \in U$ *mit* $p \neq p'$ *gibt es ein* i, *so daß* $\beta(s_i)(p) \neq \beta(s_i)(p')$ *ist.*

Beweis . Die Notwendigkeit der drei Bedingungen ist offensichtlich. Zum Beweis der Umkehrung betrachten wir das Standard–Supergebiet $(\mathbb{R}^m, \mathcal{O}_{\mathbb{R}^m})$ der Dimension (m, n)

$$\mathcal{O}_{\mathbb{R}^m} = \mathcal{C}^\infty_{\mathbb{R}^m} \otimes \Lambda^n ,$$

mit dem Standard–Koordinatensystem

$$\underline{u} = (u_1, \ldots, u_m; \xi_1, \ldots, \xi_n) ,$$

wobei $(u_1, \ldots, u_m)$ ein gewöhnliches Koordinatensystem auf $\mathbb{R}^m$ und $(\xi_1, \ldots, \xi_n)$ ein Standard–Erzeugendensystem der Graßmann–Algebra Λ^n ist. Die vorgegebenen Elemente $s_1, \ldots, s_m \in \mathcal{O}(U)_0$ erfüllen in trivialer Weise die Abbildungsbedingung 4.17:

$$(\beta(s_1)(p), \ldots, \beta(s_m)(p)) \in \mathbb{R}^m$$

für alle $p \in U$. Somit gibt es genau einen Morphismus von Supergebieten

$$\pi = (\phi, \psi) : (U, \mathcal{O}_U) \longrightarrow (\mathbb{R}^m, \mathcal{O}_{\mathbb{R}^m}) ,$$

der

$$\begin{aligned} \psi(u_i) &= s_i \qquad (i = 1, \ldots, m) , \\ \psi(\xi_j) &= \sigma_j \qquad (j = 1, \ldots, n) \end{aligned}$$

erfüllt. (Dabei haben wir die Bedingung (i) verwendet.) Die induzierte Abbildung

$$\phi : U \longrightarrow \mathbb{R}^m$$

ist durch

$$\phi(p) = (\beta(s_1)(p), \ldots, \beta(s_m)(p))$$

gegeben. Die Bedingung (iii) besagt gerade, daß ϕ injektiv ist. Nach (ii) ist die Jacobi–Matrix $\mathcal{J}^{\pi}_{\underline{x},\underline{u}}$ in jedem Punkt von U invertierbar. Somit ist π nach Korollar 5.15 ein Isomorphismus von $(U, \mathcal{O}_U)$ auf ein Unter–Supergebiet $(V, \mathcal{O}_V)$ von $(\mathbb{R}^m, \mathcal{O}_{\mathbb{R}^m})$. Bei diesem Isomorphismus wird das Standard–Superkoordinatensystem $\underline{u}$ auf das System $\underline{y}$ abgebildet. Also ist $\underline{y}$ ein Superkoordinatensystem auf U. □

Für die Übertragung des Satzes über implizite Funktionen auf Supermannigfaltigkeiten brauchen wir den Begriff des Produktes von zwei Supermannigfaltigkeiten.

5.18 Produkte in einer Kategorie
Wir erinnern zunächst daran, daß das Produkt von topologischen Räumen bis auf Homöomorphie durch folgende universelle Eigenschaft eindeutig bestimmt ist: Seien X_1, X_2 topologische Räume. Ein Produkt von X_1 und X_2 ist ein topologischer Raum Y zusammen mit stetigen Abbildungen $pr_{X_i} : Y \to X_i$ $(i = 1, 2)$, so daß folgendes gilt:

(P) Zu jedem topologischen Raum Z und stetigen Abbildungen $f_i : Z \to X_i$ $(i = 1, 2)$ gibt es genau eine stetige Abbildung $g : Z \to Y$ mit $f_i = pr_{X_i} \circ g$ $(i = 1, 2)$.

Der naheliegende Beweis der Eindeutigkeit bis auf Homöomorphismus ist derselbe wie bei allen vorher behandelten universellen Eigenschaften. Zur Existenz ist nur zu bemerken, daß $Y = X_1 \times X_2$ (cartesisches Produkt mit der Produkttopologie) und $g = f_1 \times f_2 : z \longmapsto (f_1(z), f_2(z))$ genommen werden kann.

Man sieht unmittelbar, daß diese Definition eines Produktes für beliebige Kategorien formuliert werden kann (die X_i, Y, Z sind dann **Objekte**, die pr_{X_i}, f_i, g **Morphismen** der Kategorie). Allerdings ist eine beliebige Kategorie nicht notwending abgeschlossen gegenüber der Bildung von Produkten (man denke etwa an die Kategorie der zyklischen Gruppen), so daß die Existenz von Produkten in einer Kategorie eine zu beweisende Eigenschaft ist.

Produkte existieren in der Kategorie der gewöhnlichen differenzierbaren Mannigfaltigkeiten, und wir werden im folgenden nachweisen, daß dies auch für die Kategorie der Supermannigfaltigkeiten gilt.

Die übliche Schreibweise für das Produkt von X_1 und X_2 ist $X_1 \times X_2$, obwohl diese Analogie zur mengentheoretischen Situation nicht in allen Fällen zutreffend ist.

5.19 Wir notieren noch einige **elementare Eigenschaften von Produkten**, deren einfache Beweise wir dem Leser überlassen:

(1) In naheliegender Weise kann ein Produkt von endlichvielen Objekten $X_1, \ldots, X_n$ definiert werden. Die Formulierung der entsprechenden universellen Eigenschaft liegt auf der Hand.

(2) Die Produktbildung ist bis auf Isomorphie **assoziativ**:
$(X_1 \times X_2) \times X_3 = X_1 \times (X_2 \times X_3)$, so daß dafür einfach $X_1 \times X_2 \times X_3$ geschrieben werden kann. Daraus ergibt sich insbesondere: existiert für je zwei Objekte einer Kategorie ein Produkt, so existiert auch ein Produkt für je endlichviele Objekte.

(3) Die Produktbildung ist **funktoriell**:
Sind $\varphi_i : X_i \to Y_i$ Morphismen $(i = 1, \ldots, n)$, so gibt es genau einen Morphismus

$$\varphi : X_1 \times \cdots \times X_n \longrightarrow Y_1 \times \cdots \times Y_n$$

mit $pr_{Y_i} \circ \varphi = \varphi_i \circ pr_{X_i} \quad (i = 1, \ldots, n)$.
Der Morphismus φ wird üblicherweise mit $\varphi_1 \times \cdots \times \varphi_n$ bezeichnet.

Es seien nun $(X_1, \mathcal{O}_1), (X_2, \mathcal{O}_2)$ Supergebiete mit

$$\mathcal{O}_{X_i} = \mathcal{C}^\infty_{X_i} \otimes \Lambda_{n_i} \quad (i = 1, 2)$$

und Standard–Superkoordinatensystemen

$$\begin{aligned} \left(\underline{x}^{(1)}; \underline{\xi}^{(1)}\right) &= \left(x_1^{(1)}, \ldots, x_{m_1}^{(1)}; \xi_1^{(1)}, \ldots, \xi_{n_1}^{(1)}\right) , \\ \left(\underline{x}^{(2)}; \underline{\xi}^{(2)}\right) &= \left(x_1^{(2)}, \ldots, x_{m_2}^{(2)}; \xi_1^{(2)}, \ldots, \xi_{n_2}^{(2)}\right) \end{aligned}$$

auf X_1 bzw. X_2. Wir definieren ein Supergebiet

$$(X, \mathcal{O}_X) := (X_1, \mathcal{O}_{X_1}) \times (X_2, \mathcal{O}_{X_2})$$

durch

$$X := X_1 \times X_2$$

und

$$\mathcal{O} := \mathcal{C}^\infty_X \otimes \Lambda_{n_1+n_2} \, .$$

Ferner definieren wir Projektionen

$$pr_i : (X, \mathcal{O}) \longrightarrow (X_i, \mathcal{O}_{X_i}) \quad (i = 1, 2)$$

durch

$$pr_i = (\phi_i, \psi_i)$$

mit

$$\phi_i = pr_{X_i} : X_1 \times X_2 \longrightarrow X_i$$

(kanonische Projektion auf den i–ten Faktor) und

$$\begin{aligned} \psi_i\left(x_k^{(i)}\right) &= x_k^{(i)} \qquad (k = 1, \ldots, m_i)\,, \\ \psi_i\left(\xi_j^{(i)}\right) &= \xi_j^{(i)} \qquad (j = 1, \ldots, n_i)\,. \end{aligned}$$

(Die Abbildungsbedingung ist in trivialer Weise erfüllt.)

Satz 5.20 *Das Supergebiet* $(X, \mathcal{O})$ *zusammen mit den Projektionen* pr_1, pr_2 *ist ein Produkt der Supergebiete* $(X_1, \mathcal{O}_{X_1})$ *und* $(X_2, \mathcal{O}_{X_2})$.

Beweis . Ist $(Z, \mathcal{O}_Z)$ eine beliebige Supermannigfaltigkeit und sind

$$\pi_i = (\varphi_i, \chi_i) : (Z, \mathcal{O}_Z) \longrightarrow (X_i, \mathcal{O}_{X_i})$$

$(i = 1, 2)$ beliebige Morphismen, so ist zu zeigen, daß es genau einen Morphismus

$$\pi = (\phi, \psi) : (Z, \mathcal{O}_Z) \longrightarrow (X, \mathcal{O}_X)$$

mit

$$\pi_i = pr_i \circ \pi \qquad (i = 1, 2)$$

gibt. Dies ist aber nach Satz 4.18 offensichtlich. Man setze

$$\begin{aligned} \psi\left(x_k^{(i)}\right) &:= \chi_i\left(x_k^{(i)}\right)\,, \\ \psi\left(\xi_j^{(i)}\right) &:= \chi_i\left(\xi_j^{(i)}\right) \end{aligned}$$

für $1 \leq k \leq m_i,\ 1 \leq j \leq n_i,\ i = 1, 2$. □

Wir wollen schließlich noch die Konstruktion eines Produktes beliebiger Supermannigfaltigkeiten behandeln. Nach dem Satz von M. Batchelor 4.29 entspricht jeder Supermannigfaltigkeit $(X, \mathcal{O}_X)$ bis auf Isomorphie umkehrbar eindeutig ein Vektorbündel E_X über X, so daß die Strukturgarbe $\mathcal{O}_X$ isomorph ist zur Garbe $\Gamma(X, \Lambda E_X)$ der Schnitte des äußeren Bündels ΛE_X über X. Ferner ist für jedes Vektorbündel E_X über einer differenzierbaren

Mannigfaltigkeit X der geringte Raum $(X, \Gamma(X, \Lambda E_X))$ eine Supermannigfaltigkeit, deren ungerade Dimension der Rang des Vektorbündels E_X ist. Für die Definition eines Produktes von zwei Supermannigfaltigkeiten $(X_1, \mathcal{O}_{X_1})$ und $(X_2, \mathcal{O}_{X_2})$ können wir also von vornherein annehmen, daß für $i = 1, 2$

$$\mathcal{O}_{X_i} = \Gamma(X_i, \Lambda E_{X_i})$$

mit geeigneten Vektorbündeln E_{X_i} über X_i ist. Es seien wieder $pr_{X_i} : X_1 \times X_2 \to X_i \quad (i = 1, 2)$ die kanonischen Projektionen. Wir definieren ein Vektorbündel $E_{X_1 \times X_2}$ über $X_1 \times X_2$ durch die direkte Summe der Pullbacks $pr_i^* E_{X_i}$:

$$E_{X_1 \times X_2} := pr_{X_1}^* E_{X_1} \oplus pr_{X_2}^* E_{X_2} .$$

An dieser Stelle muß daran erinnert werden, was man unter einem Morphismus von Vektorbündeln $\pi_E : E \to X$ und $\pi_F : F \to Y$ über verschiedenen Basisräumen X, Y versteht. Ein Morphismus von (E, π_E, X) nach (F, π_F, Y) ist ein Paar (φ, ψ), bestehend aus einer stetigen (bzw. differenzierbaren oder holomorphen) Abbildung $\varphi : Y \to X$ und einem Morphismus $\psi : \varphi^* E \to F$ von Vektorbündeln über Y. Bezeichnet π_Y die Projektion des Pullbacks $\varphi^* E$ auf Y, so erhält man insgesamt ein kommutatives Diagramm

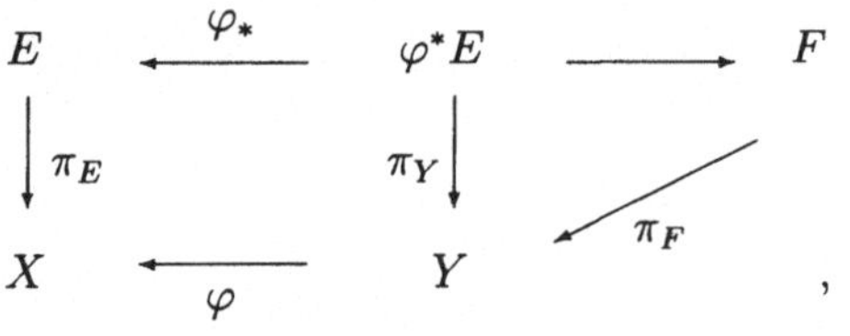

$$\begin{array}{ccccc}
E & \xleftarrow{\varphi_*} & \varphi^* E & \longrightarrow & F \\
\downarrow{\scriptstyle \pi_E} & & {\scriptstyle \pi_Y}\downarrow & \swarrow{\scriptstyle \pi_F} & \\
X & \xleftarrow[\varphi]{} & Y & &
\end{array} ,$$

wobei die Abbildung φ_* gegeben ist durch

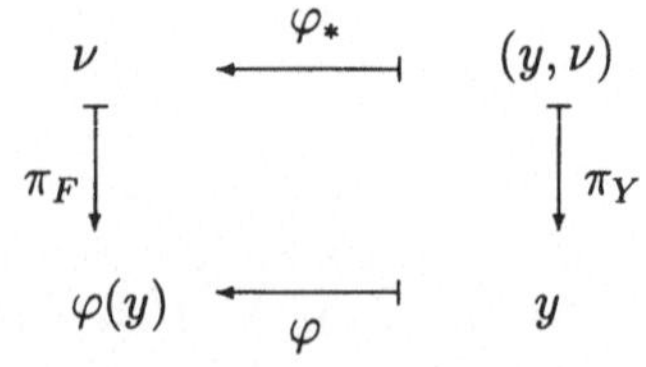

$$\begin{array}{ccc}
\nu & \xleftarrow{\varphi_*} & (y, \nu) \\
{\scriptstyle \pi_F}\downarrow & & \downarrow{\scriptstyle \pi_Y} \\
\varphi(y) & \xleftarrow[\varphi]{} & y
\end{array} .$$

In unserer Situation liefern die kanonischen Einbettungen $pr_i^* E_{X_i} \hookrightarrow pr_1^* E_{X_1} \oplus pr_2^* E_{X_2}$ Vektorbündelmorphismen $E_{X_i} \to E_{X_1 \times X_2}$:

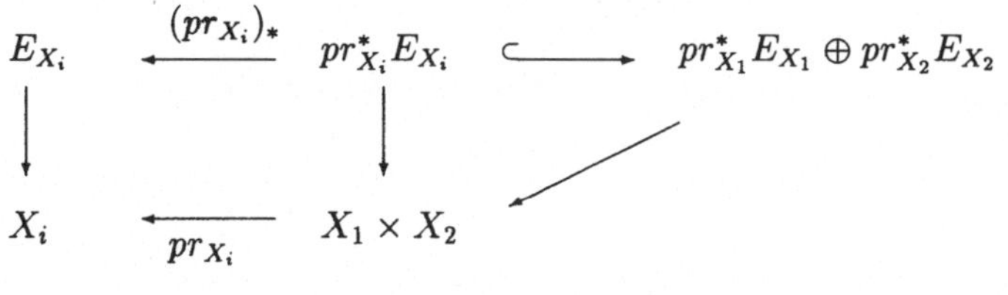

$$\begin{array}{ccccc} E_{X_i} & \xleftarrow{(pr_{X_i})_*} & pr^*_{X_i}E_{X_i} & \hookrightarrow & pr^*_{X_1}E_{X_1} \oplus pr^*_{X_2}E_{X_2} \\ \downarrow & & \downarrow & \swarrow & \\ X_i & \xleftarrow[pr_{X_i}]{} & X_1 \times X_2 & & \end{array}$$

Der so definierte Vektorbündelmorphismus $E_{X_i} \to E_{X_1 \times X_2}$ induziert einen Vektorbündelmorphismus

$$\Lambda E_{X_i} \longrightarrow \Lambda E_{X_1 \times X_2}$$

der äußeren Bündel und damit einen Garbenhomomorphismus

$$\left(\Gamma(U, \Lambda E_{X_i}) \longrightarrow \Gamma\left(pr_{X_i}^{-1}(U), \Lambda E_{X_1 \times X_2}\right)\right) \qquad (U \subseteq X_i \text{ offen }) .$$

Damit erhalten wir Morphismen

$$pr_i : (X_1 \times X_2, \Gamma(X_1 \times X_2, \Lambda E_{X_1 \times X_2})) \longrightarrow (X_i, \mathcal{O}_{X_i})$$

von Supermannigfaltigkeiten $(i = 1, 2)$.

Satz 5.21 $(X_1 \times X_2, \Gamma(X_1 \times X_2, \Lambda E_{X_1 \times X_2}))$ *ist ein Produkt der Supermannigfaltigkeiten* $(X_1, \mathcal{O}_{X_1})$ *und* $(X_2, \mathcal{O}_{X_2})$.

Beweis . Sei $(Z, \mathcal{O}_Z)$ eine beliebige Supermannigfaltigkeit, und seien

$$\pi_i = (\phi_i, \psi_i) : (Z, \mathcal{O}_Z) \longrightarrow (X_i, \mathcal{O}_{X_i}) \quad (i = 1, 2)$$

Morphismen von Supermannigfaltigkeiten.
Seien $\left(U_j^{(1)}\right)_{j \in I_1}$, $\left(U_k^{(2)}\right)_{k \in I_2}$ offene Überdeckungen von X_1 bzw. X_2, so daß die Vektorbündel $E_{X_i}|_{U_k^{(i)}}$ trivial sind. Dann ist $\left(U_k^{(i)}, \mathcal{O}_{X_i}|_{U_k^{(i)}}\right)$ ein Supergebiet, und wir wissen somit nach Satz 5.20, daß das Supergebiet $\left(U_j^{(1)} \times U_k^{(2)}, \Gamma\left(U_j^{(1)} \times U_k^{(2)}, \Lambda E_{U_j^{(1)} \times U_k^{(2)}}\right)\right)$ ein Produkt der Supergebiete $\left(U_j^{(1)}, \mathcal{O}_{X_1}|_{U_j^{(1)}}\right)$ und $\left(U_k^{(2)}, \mathcal{O}_{X_2}|_{U_k^{(2)}}\right)$ ist. Nach Definition des Produktes gibt es genau einen Morphismus

$$\pi|_{W_{jk}} : \left(W_{jk}, \mathcal{O}_Z|_{W_{jk}}\right) \longrightarrow \left(U_j^{(1)} \times U_k^{(2)}, \Gamma\left(U_j^{(1)} \times U_k^{(2)}, \Lambda E_{U_j^{(1)} \times U_K^{(1)}}\right)\right)$$

mit

$$pr_i|_{U_j^{(1)} \times U_k^{(2)}} \circ \pi|_{W_{jk}} = \pi_i|_{W_{jk}} \quad (i = 1, 2) .$$

Dabei ist

$$W_{jk} := \phi_1^{-1}\left(U_j^{(1)}\right) \cap \phi_2^{-1}\left(U_k^{(2)}\right) \subseteq Z .$$

Offensichtlich bilden die W_{jk} eine offene Überdeckung von Z. Wegen der Eindeutigkeit dieser Morphismen kann man die $\pi|_{W_{jk}}$ zu einem Morphismus

$$\pi : (Z, \mathcal{O}_Z) \longrightarrow (X_1 \times X_2, \Lambda(X_1 \times X_2, \Lambda E_{X_1 \times X_2}))$$

zusammenkleben (man beachte, daß

$$\Lambda E_{U_j^{(1)} \times U_k^{(2)}} = (\Lambda E_{X_1 \times X_2})|_{U_j^{(1)} \times U_k^{(2)}}$$

ist für alle j, k), so daß für $i = 1, 2$

$$\pi_i = pr_i \circ \pi$$

gilt. □

Satz 5.22 *Es seien* $(X, \mathcal{O}_X)$, $(Y, \mathcal{O}_Y)$ *Supermannigfaltigkeiten,* $(X \times Y, \mathcal{O}_{X \times Y})$ *ihr Produkt,* $(pr_X, \psi_X) : (X \times Y, \mathcal{O}_{X \times Y}) \longrightarrow (X, \mathcal{O}_X)$, $(pr_Y, \psi_Y) : (X \times Y, \mathcal{O}_{X \times Y}) \longrightarrow (Y, \mathcal{O}_Y)$ *seien die Projektionen des Produkts. Dann sind die Homomorphismen*

$$\begin{array}{rcl} \mathcal{O}_X(X) & \longrightarrow & \mathcal{O}_X(X) \otimes \mathcal{O}_Y(Y) \\ f & \longmapsto & f \otimes 1 \end{array}$$

und

$$\begin{array}{rcl} \mathcal{O}_X(X) \otimes \mathcal{O}_Y(Y) & \stackrel{\sigma}{\longrightarrow} & \mathcal{O}_{X \times Y}(X \times Y) \\ f \otimes g & \longmapsto & \psi_X(f)\psi_Y(g) \end{array}$$

injektiv.
Insbesondere kann also $\mathcal{O}_X(X) \otimes \mathcal{O}_Y(Y)$ *als Unteralgebra von* $\mathcal{O}_{X \times Y}(X \times Y)$ *aufgefaßt werden.*

Beweis . Die Injektivität des Homomorphismus' $f \longmapsto f \otimes 1$ ist klar. Angenommen, es gibt ein von Null verschiedenes

$$h = \sum_i f_i \otimes g_i \in \mathcal{O}_X(X) \otimes \mathcal{O}_Y(Y) \quad \text{mit} \quad \sigma(h) = 0 \; .$$

Dabei können wir ohne Beschränkung der Allgemeinheit annehmen, daß die g_i's linear unabhängig über $\mathbb{R}$ sind. Die Elemente f_i können wir als Schnitte des durch $(X, \mathcal{O}_X)$ induzierten Vektorbündels ΛE_X ansehen. Da h von Null verschieden ist, gibt es ein $p \in X$ und ein f_{i_0} mit $f_{i_0}(p) \neq 0$. Sei $e_1, \ldots, e_n$ eine Basis lokaler Schnitte von E_X in einer Umgebung von p (dies entspricht einer lokalen Trivialisierung von E_X über einer Umgebung von p). Dann lassen sich die f_i, betrachtet als Schnitte von ΛE_X, im Punkt p als reelle Linearkombinationen der $e_{\underline{\mu}} = e_{\mu_1} \wedge \cdots \wedge e_{\mu_k}$ $(|\mu| \leq n)$ darstellen:

$$f_i = \sum_{|\mu| \leq n} c_{i\underline{\mu}} \, e_{\underline{\mu}} \; .$$

Für $q \in Y$ ist dann

$$0 = \sigma(h)(p,q) = \sum_i f_i(p) g_i(q)$$

(wir verwenden dabei die übliche Identifizierung

$$(\Lambda E_{X \times Y})_{(p,q)} = (\Lambda E_X)_p \otimes (\Lambda E_Y)_q \;),$$

und somit gilt

$$0 = \sum_{\underline{\mu}} \left(\sum_i c_{i\underline{\mu}} \, g_i(q) \right) e_{\underline{\mu}} \; .$$

Wegen $f_{i_0}(p) \neq 0$ erhalten wir daraus wenigstens eine nicht–triviale $\mathbb{R}$–lineare Relation für die g_i's. Dies widerspricht der linearen Unabhängigkeit der g_i's über $\mathbb{R}$. □

Wir kommen nun zu der Superversion des Satzes über implizit definierte Abbildungen.

Theorem 5.23 **(Satz über implizite Funktionen für Supergebiete)** *Es seien* $(U, \mathcal{O}_U)$, $(V, \mathcal{O}_V)$, $(W, \mathcal{O}_W)$ *Supergebiete mit Superkoordinatensystemen* $\underline{x}, \underline{y}$ *bzw.* $\underline{z}$. *Sei* $\pi = (\phi, \psi) : (U, \mathcal{O}_U) \times (V, \mathcal{O}_V) \longrightarrow (W, \mathcal{O}_W)$

ein Morphismus von Supergebieten, und sei $(u_0, v_0) \in U \times V$, *so daß die Super–Jacobimatrix* $\mathcal{J}^{\pi}|_U = \dfrac{\partial \underline{z}}{\partial \underline{x}}$ *invertierbar ist im Punkt* (u_0, v_0). *Ferner sei* $w_0 := \phi(u_0, v_0)$. *Dann gibt es ein offenes Unter–Supergebiet* $(A, \mathcal{O}_A)$ *von* $(W, \mathcal{O}_W) \times (V, \mathcal{O}_V)$ *und genau einen Morphismus*

$$\omega = (\chi, \theta) : (A, \mathcal{O}_A) \longrightarrow (U, \mathcal{O}_U) ,$$

so daß

(i) $(w_0, v_0) \in A$,

(ii) $\chi(w_0, v_0) = u_0$ *und*

(iii) *die Zusammensetzung*

$$(A, \mathcal{O}_A) \xrightarrow{\omega \times pr_{(V, \mathcal{O}_V)}} (U, \mathcal{O}_U) \times (V, \mathcal{O}_V) \xrightarrow{\pi} (W, \mathcal{O}_W)$$

gleich der Projektion

$$pr_{(W, \mathcal{O}_W)} : (W, \mathcal{O}_W) \times (V, \mathcal{O}_V) \longrightarrow (W, \mathcal{O}_W)$$

ist.

Insbesondere ist also

$$\phi(\chi(w, v), v) = w$$

für alle $(w, v) \in A$.

Beweis . Der hier dargestellte Beweis ist eine naheliegende Übertragung des üblichen Beweises für den klassischen Satz über implizit definierte Abbildungen:

Man betrachte den Morphismus

$$\pi' := \pi \times pr_{(V, \mathcal{O}_V)} : (U, \mathcal{O}_U) \times (V, \mathcal{O}_V) \longrightarrow (W, \mathcal{O}_W) \times (V, \mathcal{O}_V) .$$

Da $\dfrac{\partial \underline{z}}{\partial \underline{x}}$ invertierbar ist im Punkt (u_0, v_0), ist die Super–Jacobimatrix von π' im Punkt (u_0, v_0) invertierbar. Also gibt es nach dem Umkehrsatz in einer Umgebung A von (w_0, v_0) einen zu π' inversen Morphismus

$$\omega' : (A, \mathcal{O}_A) \longrightarrow (U, \mathcal{O}_U) \times (V, \mathcal{O}_V) .$$

Der Morphismus

$$\omega := pr_{(U,\mathcal{O}_U)} \circ \omega'$$

erfüllt dann die Behauptung des Theorems.

Die Eindeutigkeit von ω folgt sofort aus der Beobachtung, daß der Morphismus $\omega \times pr_{(V,\mathcal{O}_V)}$ auf einem offenen Unter–Supergebiet von $(W,\mathcal{O}_W)\times(V,\mathcal{O}_V)$ invers zu π' ist. □

Da der Satz über implizite Funktionen lokaler Natur ist, erhält man eine unmittelbare Übertragung für Morphismen von Supermannigfaltigkeiten. Wir überlassen die Einzelheiten dem Leser.

Eine unmittelbare Anwendung des klassischen Satzes über implizit definierte Funktionen zeigt, daß die gemeinsame Nullstellenmenge X von m–vielen auf einer offenen Menge $U \subseteq \mathbb{R}^n$ $(n \geq m)$ definierten differenzierbaren Funktionen $f_1, \ldots, f_m$ eine differenzierbare Mannigfaltigkeit der Dimension $n - m$ ist, falls die Ableitung der durch $f_1, \ldots, f_m$ gegebenen Abbildung $U \to \mathbb{R}^m$ in jedem Punkt von X den maximalen Rang m hat. X heißt dann auch eine **gleichungsdefinierte Mannigfaltigkeit**.

Dieses Resultat soll auf den Fall gleichungsdefinierter Supermannigfaltigkeiten verallgemeinert werden. Damit erhält man eine Fülle von Beispielen von Supermannigfaltigkeiten, die keine Supergebiete sind.

Wir gehen aus von einem Supergebiet $(U, \mathcal{O}_U^{p,q})$ der Dimension (p,q) mit Standard–Superkoordinatensystem $(x_1, \ldots, x_p; \xi_1, \ldots, \xi_q)$.

Es seien $f_1, \ldots, f_{p'} \in \mathcal{O}_U^{p,q}(U)_0$, $\varphi_1, \ldots, \varphi_{q'} \in \mathcal{O}_U^{p,q}(U)_1$ $(p' \leq p, q' \leq q)$ gegeben. Fassen wir die Garbe $\mathcal{O}_U^{p,q}$ als etalen Raum über U auf, so sind $f_1, \ldots, f_{p'}$ **gerade**, $\varphi_1, \ldots, \varphi_{q'}$ **ungerade Schnitte** dieses Raumes.

Für $x \in U$ sei $\mathcal{I}_x$ das von den Keimen $[f_1]_x, \ldots, [f_{p'}]_x$, $[\varphi_1]_x, \ldots, [\varphi_{q'}]_x$ im Halm $\mathcal{O}_{U,x}^{p,q}$ erzeugte zweiseitige Ideal. $\mathcal{I} := \bigcup_{x \in U} \mathcal{I}_x$ ist dann eine offene Teilmenge von $\mathcal{O}_U^{p,q}$ (man vergleiche etwa die Konstruktion des zu einer Prägarbe gehörigen etalen Raumes und seiner Topologie in Abschnitt 3.1). $\mathcal{I}$ ist also eine Idealgarbe in $\mathcal{O}_U^{p,q}$. Sei X die Menge der Nullstellen von $\mathcal{I}$, d.h.

$$X = \left\{ x \in U \;\middle|\; \mathcal{I}_x \neq \mathcal{O}_{U,x}^{p,q} \right\} .$$

Dieses Nullstellengebilde von $\mathcal{I}$ ist nach Satz 3.32 eine abgeschlossene Teilmenge von U, und es gilt

$$X = \left\{ x \in U \mid \beta_x\big|_{\mathcal{I}_x} = 0 \right\} ,$$

wobei β_x die Zusammensetzung von β_U und der Auswertungsabbildung im Punkt x ist. Also kann man X beschreiben als die Lösungsmenge der Gleichungen

$$\beta(f_i)(x) = 0 \qquad (i = 1, \ldots, p') \; .$$

An jedem Punkt $x \in X$ induziert die Abbildung β_x einen Homomorphismus

$$\widetilde{\beta}_x : \left(\mathcal{O}_U^{p,q} / \mathcal{I} \right)_x \longrightarrow \mathbb{R}$$

des Halms im Punkt x der Quotientengarbe $\mathcal{O}_U^{p,q} / \mathcal{I}$ auf $\mathbb{R}$ (man beachte die kanonische Isomorphie $\mathcal{O}_{U,x}^{p,q} / \mathcal{I}_x \cong \left(\mathcal{O}_U^{p,q} / \mathcal{I} \right)_x$). Damit wird $\left(X, \mathcal{O}_U^{p,q} / \mathcal{I} \,\Big|_X \right)$ ein $\mathbb{R}$–geringter Unterraum des geringten Raumes $(U, \mathcal{O}_U^{p,q})$.

Als nächstes zeigen wir, daß die Quotientengarbe $\mathcal{O}_U^{p,q} / \mathcal{I}$ in kanonischer Weise $\mathbb{Z}_2$–graduiert ist. Ein naheliegender Ansatz ist der folgende: Ein Element von $\left(\mathcal{O}_U^{p,q} / \mathcal{I} \right)_x$ heißt *gerade* (bzw. *ungerade*), wenn es einen geraden (bzw. ungeraden) Repräsentanten in $\mathcal{O}_U^{p,q}$ besitzt.

Natürlich ist zu zeigen, daß damit eine Parität wohldefiniert ist:

Sei $c \in \mathcal{O}_{U,x}^{p,q} / \mathcal{I}_x$ ein Element, das einen geraden und einen ungeraden Repräsentanten in $\mathcal{O}_{U,x}^{p,q}$ besitzt. Es gibt also Elemente $a, b, \in \mathcal{O}_{U,x}^{p,q}$ von unterschiedlicher Parität, so daß

$$a + \mathcal{I}_x = c = b + \mathcal{I}_x$$

ist, also $a - b \in \mathcal{I}_x$ gilt. Nach Definition von $\mathcal{I}_x$ kann man $a - b$ schreiben als

$$a - b = \sum_i \alpha_i [f_i]_x + \sum_j \beta_j [\varphi_j]_x \; .$$

Zerlegt man die Koeffizienten α_i, β_j in gerade und ungerade Anteile, so erhält man

$$a = \sum_i \alpha_i'[f_i]_x + \sum_j \beta_j'[\varphi_j]_x \in \mathcal{I}_x$$

und damit $c = 0$.

Damit haben wir gezeigt, daß $\left.\mathcal{O}_U^{p,q}/_{\mathcal{I}}\right|_X$ eine Garbe $\mathbb{Z}_2$–graduierter Algebren mit Einselement ist. Im allgemeinen folgt jetzt aber noch nicht, daß $\mathcal{O}_X := \left.\mathcal{O}_U^{p,q}/_{\mathcal{I}}\right|_X$ die Strukturgarbe einer Supermannigfaltigkeit ist. Eine hinreichende Bedingung dafür ist, daß die Matrizen

$$\left(\frac{\partial f_i}{\partial x_k}\right)_{1\le i,k\le p'} \quad \text{und} \quad \left(\frac{\partial \varphi_j}{\partial \xi_\ell}\right)_{1\le j,\ell\le q'}$$

in jedem Punkt von X invertierbar sind. Wie wir sehen werden, induzieren die Elemente $f_1, \ldots, f_{p'}$, $\varphi_1, \ldots, \varphi_{q'}$ einen Morphismus

$$(U, \mathcal{O}_U^{p,q}) \longrightarrow (\mathbb{R}^{p'}, \mathcal{O}^{p',q'})$$

von Supergebieten. Obige Bedingung besagt dann gerade, daß die Super–Jacobi–Matrix dieses Morphismus' in jedem Punkt von X maximalen Rang besitzt. Dies entspricht also vollständig der Bedingung im klassischen Fall.

Wir betrachten im folgenden die kanonische Produktzerlegung

$$\mathbb{R}^p = \mathbb{R}^{p'} \oplus \mathbb{R}^{\widetilde{p}}$$

des $\mathbb{R}^p$ $(\widetilde{p} := p - p')$. Zu jedem Punkt $x_0 \in U$ gibt es ein Produkt–Supergebiet $\left(U_1, \mathcal{O}_{U_1}^{p',q'}\right) \times \left(U_2, \mathcal{O}_{U_2}^{\widetilde{p},\widetilde{q}}\right)$ $(\widetilde{q} := q - q')$, das in $(U, \mathcal{O}_U^{p,q})$ enthalten ist, so daß $U_1 \times U_2$ eine offene Umgebung von x_0 ist und $(x_1, \ldots, x_{p'}; \xi_1, \ldots, \xi_{q'})$ bzw. $(x_{p'+1}, \ldots, x_p; \xi_{q'+1}, \ldots, \xi_q)$ Standard–Superkoordinatensysteme für $\left(U_1, \mathcal{O}_{U_1}^{p',q'}\right)$ bzw. $\left(U_2, \mathcal{O}_{U_2}^{\widetilde{p},\widetilde{q}}\right)$ sind. Um nachzuweisen, daß $(X, \mathcal{O}_X)$ unter den angegebenen Voraussetzungen eine Supermannigfaltigkeit ist, können wir ohne Einschränkung der Allgemeinheit annehmen, daß $(U, \mathcal{O}_U^{p,q})$ mit diesem Produkt–Supergebiet übereinstimmt, insbesondere also X in $U_1 \times U_2$ enthalten ist.

Lemma 5.24 *Die angegebenen Elemente* $f_1, \ldots, f_{p'} \in \mathcal{O}_U^{p,q}(U)_0$, $\varphi_1, \ldots, \varphi_{q'} \in \mathcal{O}_U^{p,q}(U)_1$ *induzieren einen Morphismus*

$$\pi = (\phi, \psi) : \left(U_1, \mathcal{O}_{U_1}^{p',q'}\right) \times \left(U_2, \mathcal{O}_{U_2}^{\widetilde{p},\widetilde{q}}\right) \longrightarrow \left(\mathbb{R}^{p'}, \mathcal{O}_{\mathbb{R}^{p'}}^{p',q'}\right) .$$

Ist die Funktionalmatrix $\left(\dfrac{\partial f_i}{\partial x_k}\right)_{1\leq i,k\leq p'}$ *invertierbar in jedem Punkt von* U, *so ist das Bild von* ϕ *eine offene Teilmenge* V *von* $\mathbb{R}^{p'}$.

Beweis . Die Elemente $\beta(f_1), \ldots, \beta(f_{p'}) \in C^\infty(U)$ definieren eine Abbildung

$$\phi := \beta(f_1) \times \cdots \times \beta(f_{p'}) : U \longrightarrow \mathbb{R}^{p'} .$$

Ist die Funktionalmatrix $\left(\dfrac{\partial f_i}{\partial x_k}\right)_{1\leq i,k\leq p'}$ invertierbar, so hat die Jacobi–Matrix von ϕ den maximal möglichen Rang p' in jedem Punkt von $U = U_1 \times U_2$. ϕ ist somit eine offene Abbildung, insbesondere ist $V := \phi(U)$ eine offene Teilmenge des $\mathbb{R}^{p'}$.
$\left(V, \mathcal{O}_V^{p',q'}\right)$ ist ein Supergebiet der Dimension (p', q'). Die Abbildungsbedingung

$$\underset{x\in U_1\times U_2}{\forall} (\beta(f_1)(x), \ldots, \beta(f_{p'})(x)) \in V$$

ist nach Konstruktion von V erfüllt. Nach Satz 4.18 existiert somit genau ein Morphismus

$$\pi = (\phi, \psi) : \left(U_1, \mathcal{O}_{U_1}^{p',q'}\right) \times \left(U_2, \mathcal{O}_{U_2}^{\widetilde{p},\widetilde{q}}\right) \longrightarrow \left(V, \mathcal{O}_V^{p',q'}\right)$$

mit

$$\psi(x_i) = f_i \quad (1 \leq i \leq p')$$

und

$$\psi(\xi_j) = \varphi_j \quad (1 \leq j \leq q') .$$

□

Bemerkung 5.25 Die Supertransponierte der Supermatrix $\begin{pmatrix} \dfrac{\partial f}{\partial x} & \dfrac{\partial \varphi}{\partial x} \\ \dfrac{\partial f}{\partial \xi} & \dfrac{\partial \varphi}{\partial \xi} \end{pmatrix}$ ist die Super–Jacobi–Matrix des Morphismus' π.

Satz 5.26 *Sei* $(U, \mathcal{O}_U^{p,q})$ *ein Supergebiet der Dimension* (p,q) *mit Standard-Superkoordinatensystem* $(x_1, \ldots, x_p; \xi_1, \ldots, \xi_q)$, $p' \le p, q' \le q$, *und seien* $f_1, \ldots, f_{p'} \in \mathcal{O}_U^{p,q}(U)_0$, $\varphi_1, \ldots, \varphi_{q'} \in \mathcal{O}_U^{p,q}(U)_1$, *gegeben. Sei* $\mathcal{I}$ *die von* $f_1, \ldots, f_{p'}$, $\varphi_1, \ldots, \varphi_{q'}$ *erzeugte Idealgarbe in* $\mathcal{O}_U^{p,q}$, $X \subseteq U$ *die Nullstellenmenge von* $\mathcal{I}$. *Sind die Matrizen* $\left(\frac{\partial f_i}{\partial x_k}\right)_{1 \le i,k \le p'}$ *und* $\left(\frac{\partial \varphi_j}{\partial \xi_\ell}\right)_{1 \le j,\ell \le q'}$ *in jedem Punkt von* U *invertierbar, so ist der geringte Raum* $\left(X, \left.\mathcal{O}_U^{p,q}\big/_{\mathcal{I}}\right|_X\right)$ *eine Supermannigfaltigkeit der Dimension* $(\tilde{p} \,|\, \tilde{q}) = (p - p', q - q')$.

Beweis . Es sei $x_0 = (u_0, v_0) \in X \cap (U_1 \times U_2)$, $\pi = (\phi, \psi) : \left(U_1, \mathcal{O}_{U_1}^{p',q'}\right) \times \left(U_2, \mathcal{O}_{U_2}^{\tilde{p},\tilde{q}}\right) \longrightarrow \left(V, \mathcal{O}_V^{p',q'}\right)$ der in Lemma 5.24 konstruierte Morphismus und

$$\mathrm{pr}_2 : \left(V, \mathcal{O}_V^{p',q'}\right) \times \left(U_2, \mathcal{O}_{U_2}^{\tilde{p},\tilde{q}}\right) \longrightarrow \left(U_2, \mathcal{O}_{U_2}^{\tilde{q},\tilde{q}}\right)$$

die kanonische Projektion des Produktes auf den zweiten Faktor. Nach Voraussetzung hat der Morphismus $\pi \times \mathrm{pr}_2$ im Punkt x_0 eine invertierbare Super-Jacobi-Matrix, und somit gibt es nach dem Umkehrsatz offene Umgebungen $W \subseteq U_1 \times U_2$ von x_0, $U_1' \subseteq V$ von 0 und $U_2' \subseteq U_2$ von v_0, so daß

$$\pi \times \mathrm{pr}_2 : (W, \mathcal{O}_W^{p,q}) \longrightarrow \left(U_1', \mathcal{O}_{U_1'}^{p'q'}\right) \times \left(U_2', \mathcal{O}_{U_2'}^{\tilde{p},\tilde{q}}\right)$$

ein Isomorphismus von Supergebieten ist. Die Zusammensetzung mit pr_2 ergibt dann einen Morphismus

$$\mathrm{pr}_2 \circ (\pi \times \mathrm{pr}_2) : (W, \mathcal{O}_W^{p,q}) \longrightarrow \left(U_2', \mathcal{O}_{U_2'}^{\tilde{p},\tilde{q}}\right) .$$

Die diesem Morphismus zugrundeliegende Mengenabbildung ist gegeben durch

$$(u,v) \overset{\phi \times \mathrm{pr}_2}{\longmapsto} (\phi(u,v), v) \overset{\mathrm{pr}_2}{\longmapsto} v ,$$

also durch die Einschränkung der kanonischen Koordinatenprojektion $\mathbb{R}^p \to \mathbb{R}^{\tilde{p}}$, $(u,v) \mapsto v$. Auf $W \cap X$ ist diese Abbildung wegen

$$(u,v) \overset{\phi \times \mathrm{pr}_2}{\longmapsto} (0, v) \longmapsto v$$

ein Homöomorphismus von $W \cap X$ auf U_2'. Wir definieren nun in naheliegender Weise einen Schnitt des Morphismus' $\mathrm{pr}_2 \circ (\pi \times \mathrm{pr}_2)$, indem wir den durch

$$\begin{aligned} \kappa(x_i) &= \begin{cases} 0 & \text{für } 1 \le i \le p' \\ x_i & \text{für } p' + 1 \le i \le p , \end{cases} \\ \kappa(\xi_j) &= \begin{cases} 0 & \text{für } 1 \le j \le q' \\ \xi_j & \text{für } q' + 1 \le j \le q \end{cases} \end{aligned}$$

definierten Schnitt

$$\sigma = (\imath, \kappa) : \left(U_2', \mathcal{O}_{U_2'}^{\widetilde{p},\widetilde{q}}\right) \longrightarrow \left(U_1', \mathcal{O}_{U_1'}^{p',q'}\right) \times \left(U_2', \mathcal{O}_{U_2'}^{\widetilde{p},\widetilde{q}}\right)$$

der Projektion pr_2 mit dem Inversen $\omega = (\chi, \theta)$ des Morphismus $(\pi \times \mathrm{pr}_2)\big|_W$ zusammensetzen:

$$\omega \circ \sigma : \left(U_2', \mathcal{O}_{U_2'}^{\widetilde{p},\widetilde{q}}\right) \longrightarrow (W, \mathcal{O}_W^{p,q}) \ .$$

Nach Definition ist die dem Morphismus σ zugrundeliegende Mengenabbildung die kanonische Einbettung $\imath : v \longmapsto (0, v)$. Die Abbildung $\chi \circ \imath$ ist also der durch $v \longmapsto (\chi(0,v), v)$ gegebene *Homöomorphismus* von U_2' auf $X \cap W$. Im klassischen Fall wären wir damit fertig: wir hätten zu jedem Punkt $x_0 \in X$ eine Karte der Dimension $\widetilde{p}$ gefunden, und es ist unmittelbar einsichtig, daß diese Karten miteinander verträglich sind. In unserem Fall müssen wir noch nachweisen, daß die Garben $\mathcal{O}_U^{p,q}\big/_{\mathcal{I}}\Big|_{X \cap W}$ und $(\chi \circ \imath)_* \ \mathcal{O}_{U_2'}^{\widetilde{p},\widetilde{q}}$ isomorph sind. Dazu zeigen wir zunächst, daß der Garbenhomomorphismus $\kappa \circ \theta$ über die Quotientengarbe $\mathcal{O}_W^{p,q}\big/_{\mathcal{I}}\Big|_W$ faktorisiert. Der inverse Morphismus ω erfüllt nach Konstruktion

$$\theta(f_i) = x_i \quad (1 \le i \le p') \ , \qquad \theta(\varphi_j) = \xi_j \quad (1 \le j \le q') \ ,$$

und damit erhalten wir

$$(\kappa \circ \theta)(f_i) = 0 \quad (1 \le i \le p') \ , \qquad (\kappa \circ \theta)(\varphi_j) = 0 \quad (1 \le j \le q') \ .$$

Die Erzeugenden $f_1, \dots, f_{p'}, \ \varphi_1, \dots, \varphi_{q'}$ der Idealgarbe $\mathcal{I}$ liegen also im Kern von $\kappa \circ \theta$, und somit faktorisiert $\kappa \circ \theta$ über den Quotienten $\mathcal{O}_U^{p,q}\big/_{\mathcal{I}}\Big|_W$. Es bleibt noch zu zeigen, daß der induzierte Homomorphismus

$$\mathcal{O}_W^{p,q}\big/_{\mathcal{I}}\big|_W\Big|_X \longrightarrow (\chi \circ \imath)_* \ \mathcal{O}_{U_2'}^{\widetilde{p},\widetilde{q}}$$

ein Isomorphismus ist. Die Surjektivität ist offensichtlich. Für die Injektivität haben wir zu zeigen: Ist $g \in \mathcal{O}_W^{p,q}\big|_X$, so daß $(\kappa \circ \theta)(g) = 0$ ist, so ist $g \in \mathcal{I}\big|_{W \cap X}$. Aus $\kappa(\theta(g)) = 0$ folgt mit der Definition von κ zunächst, daß $\theta(g)$ nur von $x_1, \ldots, x_{p'}$ und $\xi_1, \ldots, \xi_{q'}$ abhängt. (Wir betrachten g und $\theta(g)$ als Superfunktionen.) Also können wir $\theta(g)$ schreiben als

$$\begin{aligned} \theta(g) &= \sum_{\mu=(\mu_1,\ldots,\mu_{q'})} a_\mu(x_1, \ldots, x_{p'}) \xi_1^{\mu_1} \cdots \xi_{q'}^{\mu_{q'}} \\ &= \sum_\mu a_\mu(\theta(f_1), \ldots, \theta(f_{p'})) \theta(\varphi_1)^{\mu_1} \cdots \theta(\varphi_{q'})^{\mu_{q'}} . \end{aligned}$$

Dabei ist $a_\mu(\theta(f_1), \ldots, \theta(f_{p'}))$ der durch die geraden Elemente $\theta(f_1), \ldots, \theta(f_{p'})$ induzierte Lift der C^∞–Funktion a_μ. Nun folgt aus der Definition induzierter Lifts (vergl. 4.20) unmittelbar, daß

$$a_\mu(\theta(f_1), \ldots, \theta(f_{p'})) = \theta(a_\mu(f_1, \ldots, f_{p'}))$$

ist. Also gilt

$$\theta(g) = \theta\left(\sum_\mu a_\mu(f_1, \ldots, f_{p'}) \varphi_1^{\mu_1} \cdots \varphi_{q'}^{\mu_{q'}}\right) ,$$

und da θ ein Isomorphismus ist, gilt sogar

$$g = \sum_\mu a_\mu(f_1, \ldots, f_{p'}) \varphi_1^{\mu_1} \cdots \varphi_{q'}^{\mu_{q'}} .$$

Insbesondere ist also

$$g \equiv a_0(f_1, \ldots, f_{p'}) \bmod \mathcal{I} .$$

Nun haben induzierte Lifts die Eigenschaft

$$\beta(a_0(f_1, \ldots, f_{p'})) = a_0(\beta(f_1), \ldots, \beta(f_{p'})) ,$$

also ist $\beta(a_0(f_1, \ldots, f_{p'}))$ auf $X \cap W$ die konstante Funktion $a_0(0, \ldots, 0)$. Da dies durch κ in Null abgebildet werden soll, muß $a_0(0, \ldots, 0) = 0$ sein. Approximiert man nun $a_0(f_1, \ldots, f_{p'})$ im Sinne von Lemma 4.13 durch Taylorpolynome, d.h. insbesondere durch Polynome in $f_1, \ldots, f_{p'}$, so ergibt sich wegen $\beta(a_0(f_1, \ldots, f_{p'}))\big|_{X \cap W} = 0$ sofort, daß $g \in \mathcal{I}\big|_{X \cap W}$ ist.

Damit ist die Monomorphie des induzierten Homomorphismus' bewiesen. □

Wir geben zum Schluß dieses Abschnitts noch ein elementares Beispiel:

Beispiel 5.27 Sei $U \subseteq \mathbb{R}^4$ die offene Menge aller $(x, y, u, v,)$ mit $x > 0$, $(U, \mathcal{O}_U)$ das Supergebiet der Dimension $(4, 2)$ mit

$$\mathcal{O}_U = \mathcal{C}^\infty(U) \otimes \Lambda(\xi, \eta) .$$

Es seien $f_1 = x^2 - y^2 + u^2 - v^2 - 1$, $f_2 = xy + uv \in \mathcal{O}_U(U)_0$, $\varphi = x\xi + y\eta \in \mathcal{O}_U(U)_1$. Dann ist

$$\begin{pmatrix} \frac{\partial f_1}{\partial x} & \frac{\partial f_1}{\partial y} \\ \frac{\partial f_2}{\partial x} & \frac{\partial f_2}{\partial y} \end{pmatrix} = \begin{pmatrix} 2x & -2y \\ y & x \end{pmatrix}$$

und $\frac{\partial \varphi}{\partial \xi} = x$.

Wegen $x > 0$ ist die Regularitätsbedingung für die Ableitungen erfüllt, und somit definieren f_1, f_2, φ eine Supermannigfaltigkeit $(X, \mathcal{O}_X)$ der Dimension $(2, 1)$. Der Träger X dieser Supermannigfaltigkeit ist $U \cap Y$, wobei Y der komplexe Einheitskreis $z^2 + w^2 = 1$ $(z = x + iy,\ w = u + iv)$ ist, der ja gerade durch $f_1 = f_2 = 0$ beschrieben wird.

5.3 Das Berezin–Integral auf Supergebieten

Sei $(U, \mathcal{O}_U)$ ein Supergebiet der Dimension (p, q). Wir wollen im folgenden Supervolumenformen auf $(U, \mathcal{O}_U)$ definieren und ihre Integration so einführen, daß ein Analogon zum klassischen Transformationssatz für mehrfache Integrale gilt. Der wesentliche Unterschied zum klassischen Transformationssatz besteht darin, daß an die Stelle der Funktionaldeterminante die Superdeterminante der Super–Jacobi–Matrix des Koordinatenwechsels tritt. Dieser zunächst harmlos erscheinende Unterschied hat in manchen Anwendungen erstaunliche Konsequenzen gezeigt. In der Kern– und Festkörperphysik z.B. kann man damit exakte Lösungen in der Theorie ungeordneter Systeme gewinnen. Dies ist in der physikalischen Literatur als „supersymmetrischer Trick“ bekannt geworden. Auf eine mathematische Anwendung werden wir im nächsten Kapitel eingehen.

Definition 5.28 *Seien* $\underline{x}$ *und* $\underline{y}$ *Super–Koordinatensysteme auf dem Supergebiet* $(U, \mathcal{O}_U)$. *Die Superdeterminante der Super–Jacobi–Matrix* $\mathcal{J}_{\underline{x},\underline{y}}$ *heißt der* **Berezinian** *des Koordinatenwechsels* $\underline{x} \rightsquigarrow \underline{y}$ *und wird mit* $\operatorname{Ber} \mathcal{J}_{\underline{x},\underline{y}}$ *bezeichnet.*

Da die Superdeterminante einer geraden Supermatrix gleich der Superdeterminante der Supertransponierten dieser Matrix ist, ist $\operatorname{Ber} \mathcal{J}_{\underline{x},\underline{y}}$ gleich der Superdeterminante der Matrix der partiellen Ableitungen $\frac{\partial y_i}{\partial x_j}$.

Um Supervolumenformen auf $(U, \mathcal{O}_U)$ zu definieren, führen wir zunächst den Begriff des *Berezinians* eines freien Supermoduls ein:

Sei A eine Superalgebra, S ein freier Super–Linksmodul endlichen Ranges (p, q) über A.

Der *Berezinian* $\operatorname{Ber} S$ von S ist ein freier Super–Linksmodul über A vom Rang $(1,0)$, falls q gerade, und vom Rang $(0,1)$, falls q ungerade ist.

Wir nennen eine Basis $\mathbf{s}$ von S eine **Basis in Standardanordnung**, wenn

$$\mathbf{s} = (s_1, \dots, s_p, s_{p+1}, \dots, s_{p+q})$$

mit $s_1, \dots, s_p \in S_0$, $s_{p+1}, \dots, s_{p+q} \in S_1$ ist.

$\operatorname{Ber} S$ ist zusammen mit einer ausgezeichneten Klasse von Basen von S definiert: jeder Basis $\mathbf{s}$ von S in Standardanordnung ist eine Basis $\Delta_{\mathbf{s}}$ (ein einzelnes Element) von $\operatorname{Ber} S$ so zugeordnet, daß folgende Relationen gelten:

Sind $\mathbf{s}, \mathbf{s}'$ Basen von S in Standardanordung und ist $\mathbf{s}' = B\,\mathbf{s}$ mit einer geraden Supermatrix $B \in GL_A(p|q)$, so ist

$$\Delta_{\mathbf{s}'} = (s\det B)\Delta_{\mathbf{s}} \; .$$

Aus dieser Konstruktion wird klar, daß für den Fall $q = 0$ $\operatorname{Ber} S = \Lambda^p S$ ist.

Da $\operatorname{Der} \mathcal{O}_U$ ein freier Super–Linksmodul über $\mathcal{O}_U$ ist, gilt dies auch für

$$\Omega^1_{(U,\mathcal{O}_U)}(U) := \operatorname{Hom}_{\mathcal{O}_U}(\operatorname{Der} \mathcal{O}_U, \mathcal{O}_U) \; .$$

Wir setzen

$$\operatorname{Ber}(U, \mathcal{O}_U) := \operatorname{Ber}\left(\Omega^1_{(U,\mathcal{O}_U)}(U)\right) \; .$$

Definition 5.29 *Eine* **Supervolumenform** ρ *auf dem Supergebiet* $(U, \mathcal{O}_U)$ *ist ein Element des Berezinians* $\operatorname{Ber}(U, \mathcal{O}_U)$.

Im klassischen Fall $q = 0$ ist $\operatorname{Ber}(U, \mathcal{O}_U) = \Lambda^p \Omega^1(U) = \Omega^p(U)$ der Raum der p–Formen auf U. Definition 5.29 erscheint damit als sinnvolle Verallgemeinerung der klassischen Situation.

Jedes Superkoordinatensystem $\underline{x}$ von $(U, \mathcal{O}_U)$ induziert eine Basis $\left(\frac{\partial}{\partial x_1}, \dots, \frac{\partial}{\partial x_{p+q}}\right)$ von $\operatorname{Der}\mathcal{O}_U$ und damit eine Basis von $\Omega^1_{(U,\mathcal{O}_U)}(U)$ (in Standardanordnung). Eine Supervolumenform ρ auf $(U, \mathcal{O}_U)$ kann also bezüglich $\underline{x}$ geschrieben werden als

$$\rho = f\Delta_{\underline{x}}$$

mit einer geeigneten Superfunktion $f \in \mathcal{O}_U$. Bezüglich eines anderen Superkoordinatensystems $\underline{y}$ von $(U, \mathcal{O}_U)$ ist

$$\rho = g\Delta_{\underline{y}} = (g \operatorname{Ber} \mathcal{J}_{\underline{x},\underline{y}})\Delta_{\underline{x}} \,.$$

Nach Konstruktion haben die $\Delta_{\underline{x}}$ die Parität $q \bmod 2$.

Bemerkung 5.30 Die Kettenregel und die Multiplikativität der Superdeterminante zeigen, daß die Funktionen $\operatorname{Ber}\mathcal{J}_{\underline{x},\underline{z}}$ die 1–Cozykelbedingung

$$\operatorname{Ber}\mathcal{J}_{\underline{x},\underline{y}} \cdot \operatorname{Ber}\mathcal{J}_{\underline{y},\underline{z}} \cdot \operatorname{Ber}\mathcal{J}_{\underline{z},\underline{x}} = 1$$

erfüllen. Die Funktionen $\operatorname{Ber}\mathcal{J}_{\underline{x},\underline{y}}$ sind somit die Übergangsfunktionen eines bis auf Isomorphie eindeutig bestimmten **Super–Linienbündels** über $(U, \mathcal{O}_U)$. Supervolumenformen können damit auch als Schnitte dieses Super–Linienbündels betrachtet werden. Da wir auf die Theorie der Super–Vektorbündel nicht näher eingegangen sind, wollen wir diesen geometrischen Aspekt hier nicht weiter verfolgen.

Wir wollen nun die Definition des Integrals einer Supervolumenform ρ auf $(U, \mathcal{O}_U)$ durch eine heuristische Betrachtung motivieren.

Um die Supervolumenform ρ auf $(U, \mathcal{O}_U)$, die bezüglich eines Superkoordinatensystems $\underline{x}$, $\underline{x} = (u_1, \dots, u_p, \xi_1, \dots, \xi_q)$, durch $\rho = f\Delta_{\underline{x}}$ gegeben ist, zu integrieren, haben wir die Superfunktion

$$f = \sum_{\mu \in \{0,1\}^q} f_\mu\,(u_1, \dots, u_p)\, \xi^\mu$$

nach den geraden und den ungeraden Variablen zu integrieren. Berezins Idee für die Integration nach den ungeraden Variablen war es, von den Regeln

$$\int 1 \; d\xi = 0 \,, \qquad \int \xi \; d\xi = 1$$

auszugehen. Manipulieren wir nun

$$\int f\,(u_1,\ldots,u_p,\ \xi_1,\ldots,\xi_q)\ du_1\ldots du_p\ d\xi_1\ldots d\xi_q$$

formal unter Verwendung der Berezinschen Regeln, des Fubinischen Satzes und der Vertauschungsrelationen

$$\xi_i\ d\xi_j = -d\xi_j\ \xi_i\ , \qquad \xi_i\ dx_j = -dx_j\ \xi_i\ ,$$

so erhalten wir

$$\begin{aligned}&\int f_{(1,\ldots,1)}\ (u_1,\ldots,u_p)\ \xi_1\ldots\xi_q\ du_1\ldots du_p\ d\xi_1\ldots d\xi_q\\ &= \ (-1)^{pq}\Big(\int f_{(1,\ldots,1)}\ (u_1,\ldots,u_p)\ du_1\ldots du_p\Big)\Big(\int \xi_1\ldots\xi_q\ d\xi_1\ldots d\xi_q\Big)\end{aligned}$$

sowie

$$\int \xi_1\ldots\xi_q\ d\xi_1\ldots d\xi_q = (-1)^{q-1}\Big(\int \xi_1\ d\xi_1\Big)\Big(\int \xi_2\ldots\xi_q\ d\xi_2\ldots d\xi_q\Big)\ ,$$

d.h.

$$\int \xi_1\ldots\xi_q\ d\xi_1\ldots d\xi_q = (-1)^{\frac{q(q-1)}{2}}\ .$$

Analog dazu erhalten wir

$$\int f_\mu(u_1,\ldots,u_p)\ \xi^\mu\ du_1\ldots du_p\ d\xi_1\ldots d\xi_q = 0$$

für $\mu \neq (1,\ldots,1)$.

Diese formale Manipulation erklärt die folgende

Definition 5.31 *Sei* ρ *eine Supervolumenform auf dem Supergebiet* $(U,\mathcal{O}_U)$ *der Dimension* (p,q), $\underline{x} = (u_1,\ldots,u_p;\ \xi_1,\ldots,\xi_q)$ *ein Superkoordinatensystem von* $(U,\mathcal{O}_U)$. *Bezüglich* $\underline{x}$ *sei* ρ *dargestellt durch* $\rho = f\Delta_{\underline{x}}$. *Ferner sei* $x_i = \beta(u_i)$ $(i = 1,\ldots,p)$. *Dann heißt*

$$\int\limits_{(U,\mathcal{O}_U;\underline{x})} \rho := (-1)^{pq+\frac{q(q-1)}{2}} \int\limits_U f_{(1,\ldots,1)}\ (x_1,\ldots,x_p)\ dx_1\ldots dx_p$$

das **Berezin–Integral von** ρ **bezüglich des Superkoordinatensystems** $\underline{x}$.

Wir werden im folgenden zeigen, daß für Supervolumenformen ρ mit *kompaktem Träger* $\int_{(U,\mathcal{O}_U;\underline{x})} \rho$ bis auf ein Vorzeichen unabhängig ist von der Wahl des Superkoordinatensystems $\underline{x}$. Dies ist gerade der Inhalt des Transformationssatzes für die Berezin–Integration. Unsere Darstellung folgt auch hier im wesentlichen [39].

Wir beginnen mit den für die Formulierung des Satzes notwendigen Definitionen.

Definition 5.32 *ρ heißt eine* **Supervolumenform mit kompaktem Träger**, *wenn in einem Superkoordinatensystem $\underline{x}$ von $(U,\mathcal{O}_U)$ die durch $\rho = f\Delta_{\underline{x}}$ definierte Superfunktion f kompakten Träger hat.*

Auf Grund des Transformationsverhaltens von Supervolumenformen ist diese Definition unabhängig von der Wahl des Superkoordinatensystems.

Definition 5.33 *Eine* **Orientierung** *eines Supergebietes $(U,\mathcal{O}_U)$ ist eine Orientierung des zugrundeliegenden Gebietes $U \subseteq \mathbb{R}^p$. Jedes Superkoordinatensystem $\underline{x} = (u_1,\ldots,u_p;\xi_1,\ldots,\xi_q)$ von $(U,\mathcal{O}_U)$ liefert eine Orientierung von $(U,\mathcal{O}_U)$, indem man die von $(x_1,\ldots,x_p)$ definierte Orientierung von U nimmt $(x_i = \beta(u_i))$.*

Theorem 5.34 (Transformationssatz der Berezin–Integration)
Sei ρ eine Supervolumenform mit kompaktem Träger auf dem Supergebiet $(U,\mathcal{O}_U)$, und seien $\underline{x},\underline{y}$ Superkoordinatensysteme von $(U,\mathcal{O}_U)$. Dann ist

$$\int_{(U,\mathcal{O}_U;\underline{x})} \rho = \pm \int_{(U,\mathcal{O}_U;\underline{y})} \rho\,,$$

wobei das negative Vorzeichen genau dann gilt, wenn $\underline{x}$ und $\underline{y}$ verschiedene Orientierungen von $(U,\mathcal{O}_U)$ definieren.

Lemma 5.35 *Für $A \in GL_{\mathcal{O}_U(U)}(p|q)$ und $D \in \operatorname{Der}\mathcal{O}_U(U)$ sei*

$$D(A)_{ij} := (-1)^{p(D)p(Z_i)} DA_{ij}\,,$$

wobei die Zeilenparität $p(Z_i)$ definiert ist als

$$p(Z_i) := \begin{cases} 0 & \text{für } 1 \le i \le p \\ 1 & \text{für } p < i \le p+q\,. \end{cases}$$

Dann ist

$$D(s\det A)s\det A^{-1} = \operatorname{str}(D(A)A^{-1})\,.$$

Beweis . Jede Superderivation D von $\mathcal{O}_U(U)$ kann bezüglich des Koordinatensystems $\underline{x}$ geschrieben werden als

$$D = \sum_k D_k \frac{\partial}{\partial x_k} ,$$

so daß man den Beweis auf den Fall $D = \frac{\partial}{\partial x_k}$ reduzieren kann.

Sei $(R, \mathcal{O}_R)$ ein $(1,0)$– oder $(0,1)$–Supergebiet mit Koordinate t, die die gleiche Parität wie x_k hat. Diese Parität legt die Dimension fest: $(1,0)$ bei $p(x_k) = 0$, $(0,1)$ bei $p(x_k) = 1$.

In $(U, \mathcal{O}_U) \times (R, \mathcal{O}_R)$ betrachte man ein offenes Untergebiet $(V, \mathcal{O}_V)$, so daß V eine offene Umgebung von $U \times \{0\}$ ist. Wir definieren einen Morphismus

$$(\phi, \psi) : (V, \mathcal{O}_V) \longrightarrow (U, \mathcal{O}_U)$$

durch

$$\begin{aligned} \psi(x_i) &= x_i \qquad \text{für } i \neq k , \\ \psi(x_k) &= x_k + t . \end{aligned}$$

In unserer speziellen Situation können wir eine Taylorentwicklung erster Ordnung für Superfunktionen f schreiben als

$$\psi(f) \equiv f + \frac{\partial}{\partial x_k} f \bmod t^2 .$$

Im Falle $p(t) = 0$ ist V eine offene Menge in $U \times \mathbb{R}$, die $U \times \{0\}$ enthält; im Falle $p(t) = 1$ nimmt man zu den ungeraden Erzeugenden von Λ_q eine neue Erzeugende t hinzu und erhält als neues $\mathcal{O}_V$ die Garbe $\mathcal{C}^\infty(U) \otimes \Lambda_{q+1}(\mathbb{R})$. Im Falle $p(t) = 1$ ist es klar, daß man

$$\psi(f) = f + t \frac{\partial}{\partial x_k} f$$

erhält, indem man die neue ungerade Variable t von den alten Variablen trennt. Im Falle $p(t) = 0$ hat man eine gewöhnliche Taylorentwicklung bis zur ersten Ordnung um den Punkt $t = 0$ zu untersuchen, und hier kann man dann einfach Lemma 4.13 anwenden.

Wenden wir dies auf die Einträge A_{ij} der Supermatrix A an, so können wir zusammenfassend schreiben:

$$\psi(A) \equiv A + t \frac{\partial}{\partial x_k} A \bmod t^2 .$$

Ferner gilt für jede Supermatrix X, die die gleiche Parität wie t hat, daß

$$s\det(I+tX) \equiv 1 + t\operatorname{str} X \mod t^2$$

ist. Sei nämlich

$$tX = \begin{pmatrix} A & B \\ C & D \end{pmatrix} .$$

Dann ist

$$\begin{aligned} s\det(I_{p,q}+tX) &= s\det\begin{pmatrix} I_p + A & B \\ C & I_q + D \end{pmatrix} \\ &= \det(I_p + A - B(I_q+D)^{-1}C)\ \det(I_q+D)^{-1} \\ &\equiv \det(I_p+A)\ \det(I_q+D)^{-1} , \end{aligned}$$

weil $B(I_q+D)^{-1}C \equiv 0 \mod t^2$ ist. Ebenso ist

$$(I_q+D)^{-1} \equiv I_q - D \mod t^2 ,$$

weil $D^2 \equiv 0 \mod t^2$ ist. Eine triviale Rechnung zeigt

$$\det(I_p+A) \equiv 1 + \operatorname{tr} A \mod t^2 .$$

Insgesamt erhalten wir somit

$$\begin{aligned} s\det(I_{p,q}+tX) &\equiv (1+\operatorname{tr} A)(1-\operatorname{tr} D) \mod t^2 \\ &\equiv 1 + \operatorname{tr} A - \operatorname{tr} D \mod t^2 \\ &\equiv 1 + \operatorname{str}(tX) \mod t^2 \\ &\equiv 1 + t\operatorname{str} X \mod t^2 . \end{aligned}$$

Also folgt

$$\begin{aligned} s\det\psi(A) &\equiv s\det\left(A\left(I_{p,q} + tA^{-1}\frac{\partial}{\partial x_k}A\right)\right) \mod t^2 \\ &\equiv s\det A \cdot s\det\left(I_{p,q} + tA^{-1}\frac{\partial}{\partial x_k}A\right) \mod t^2 \\ &\equiv s\det A\left(1 + t\operatorname{str}\left(A^{-1}\frac{\partial}{\partial x_k}A\right)\right) \mod t^2 . \end{aligned}$$

Taylorentwicklung bis zur ersten Ordnung zeigt

$$\psi(s\det A) \equiv s\det A + t\frac{\partial}{\partial x_k} s\det A \mod t^2 .$$

Da ψ ein Algebrenhomomorphismus ist, folgt weiter

$$\begin{aligned} s\det A + t\,\frac{\partial}{\partial x_k}\, s\det A &\equiv \psi(s\det A) = s\det\psi(A) \\ &\equiv s\det A + t\; s\det A \operatorname{str}\left(A^{-1}\frac{\partial}{\partial x_k}\,A\right) \bmod t^2 . \end{aligned}$$

Koeffizientenvergleich bei t liefert

$$s\det A \operatorname{str}\left(A^{-1}\,\frac{\partial}{\partial x_k}\,A\right) = \frac{\partial}{\partial x_k}\, s\det A ,$$

und da A und $s\det A$ gerade sind, ergibt sich schließlich

$$\frac{\partial}{\partial x_k}\, s\det A \cdot s\det A^{-1} = \operatorname{str}\left(\left(\frac{\partial}{\partial x_k}\,A\right)A^{-1}\right) . \qquad \square$$

Lemma 5.36 *Es gibt genau eine Operation der Lie–Superalgebra* $\operatorname{Der}\mathcal{O}_U(U)$ *auf* $\operatorname{Ber}(U,\mathcal{O}_U)$, *so daß folgendes gilt:*

(i) $D(f\rho) = (Df)\rho + (-1)^{p(D)p(f)}\, f\, D\rho$,

(ii) $(fD)\rho = (-1)^{p(D)p(f)}\, D(f\rho)$
für alle $\rho \in \operatorname{Ber}(U,\mathcal{O}_U)$ *und alle homogenen Superfunktionen* f *und Superderivationen* D.

(iii) $\frac{\partial}{\partial x_i}\,\Delta_{\underline{x}} = 0 \quad (i = 1,\ldots,p+q)$ *für jedes Superkoordinatensystem* $\underline{x}$ *von* $(U,\mathcal{O}_U)$.

Beweis . Sei $\underline{x} = (x_1,\ldots,x_p;\xi_1,\ldots,\xi_q) =: (x_1,\ldots,x_{p+q})$. $\left(\frac{\partial}{\partial x_1},\ldots,\frac{\partial}{\partial x_{p+q}}\right)$ ist dann eine Basis von $\operatorname{Der}\mathcal{O}_U(U)$ über $\mathcal{O}_U(U)$. Nach (i), (ii) und (iii) gilt für alle (homogenen) $f \in \mathcal{O}_U(U)$:

$$\begin{aligned} \left(f\,\frac{\partial}{\partial x_i}\right)(g\Delta_{\underline{x}}) &= (-1)^{p(x_i)p(f)}\,\frac{\partial}{\partial x_i}\,(fg\Delta_{\underline{x}}) \\ &= \left\{(-1)^{p(x_i)p(f)}\,\frac{\partial f}{\partial x_i}\,g + f\,\frac{\partial g}{\partial x_i}\right\}\Delta_{\underline{x}} . \end{aligned} \tag{5.20}$$

Dies zeigt, daß die Operation von $\operatorname{Der}\mathcal{O}_U(U)$ durch die Eigenschaften (i) – (iii) eindeutig bestimmt ist. Umgekehrt definiert (5.20) für jedes Superkoordinatensystem $\underline{x}$ eine bilineare Abbildung

$$\operatorname{Der}\mathcal{O}_U(U) \times \operatorname{Ber}(U,\mathcal{O}_U) \longrightarrow \operatorname{Ber}(U,\mathcal{O}_U) :$$

für $D = \sum_i f_i \frac{\partial}{\partial x_i}$ setzt man

$$D(g\Delta_{\underline{x}}) := \left(\sum_i (-1)^{p(x_i)p(f_i)} \frac{\partial f_i}{\partial x_i}\right) g\Delta_{\underline{x}} + \left(\sum_i f_i \frac{\partial g}{\partial x_i}\right) \Delta_{\underline{x}} \,. \tag{5.21}$$

Es ist jetzt zu zeigen, daß durch (5.21) die Operation einer Lie–Superalgebra beschrieben wird, d.h. es ist zu zeigen, daß

$$(D_1 D_2)(g\Delta_{\underline{x}}) - (-1)^{p(D_1)p(D_2)}(D_2 D_1)(g\Delta_{\underline{x}}) = [D_1, D_2](g\Delta_x)$$

für alle homogenen Superderivationen D_1, D_2 gilt. Wegen (i) und (ii) reicht es, dies für $D_1 = \frac{\partial}{\partial x_i}$, $D_2 = \frac{\partial}{\partial x_j}$ nachzuprüfen. Dafür ist es aber trivial.

Wir müssen nun noch zeigen, daß die durch (5.21) definierte Operation unabhängig vom Koordinatensystem ist. Seien $\underline{x}$ und $\underline{y}$ Superkoordinatensysteme für das Supergebiet $(U, \mathcal{O}_U)$. Ferner seien

$$A_{ij} := \frac{\partial y_j}{\partial x_i}\,, \quad B_{kr} := \frac{\partial x_r}{\partial y_k}\,, \quad C_{ij}^m := \left[\frac{\partial}{\partial x_m} A\right]_{ij} \,.$$

Dann ist nach Definition $AB = I_{p,q}$, und man kann die homogenen Superderivationen $\frac{\partial}{\partial x_i}$ und $\frac{\partial}{\partial y_r}$ darstellen als

$$\frac{\partial}{\partial x_i} = \sum_j A_{ij} \frac{\partial}{\partial y_j}\,, \quad \frac{\partial}{\partial y_r} = \sum_k B_{rk} \frac{\partial}{\partial x_k} \,.$$

Wir zeigen, daß die bezüglich $\underline{x}$ bzw. $\underline{y}$ realisierten Operationen von $\operatorname{Der} \mathcal{O}_U(U)$ auf $\operatorname{Ber}(U, \mathcal{O}_U)$ übereinstimmen. Dazu reicht es zu zeigen, daß bezüglich der beiden Realisierungen der Operation von $\operatorname{Der} \mathcal{O}_U(U)$ die Supervolumenformen $\frac{\partial}{\partial x_i} \Delta_{\underline{y}}$ übereinstimmen. Einerseits gilt

$$\begin{aligned}
\frac{\partial}{\partial x_i} \Delta_{\underline{y}} &= \frac{\partial}{\partial x_i}(s\det A \cdot \Delta_{\underline{x}}) = \left(\frac{\partial}{\partial x_i} s\det A\right) \Delta_{\underline{x}} \\
&= \left[\left(\frac{\partial}{\partial x_i} s\det A\right) s\det A^{-1}\right] \Delta_{\underline{y}} \,.
\end{aligned}$$

Für die Realisierung bezüglich des Koordinatensystems $\underline{y}$ gilt

$$\begin{aligned}
\frac{\partial}{\partial x_i} \Delta_{\underline{y}} &= \sum_j \left(A_{ij} \frac{\partial}{\partial y_j}\right) \Delta_{\underline{y}} = \sum_j (-1)^{p(y_j)p(A_{ij})} \frac{\partial A_{ij}}{\partial y_j} \Delta_{\underline{y}} \\
&= \sum_{j,k} (-1)^{p(y_j)p(A_{ij})} B_{jk}\, C_{kj}^i\, \Delta_{\underline{y}} \\
&= \sum_j (-1)^{p(y_j)(p(x_i)+p(y_j))} (BC^i)_{jj}\, \Delta_{\underline{y}} \\
&= \operatorname{str}(BC^i)\, \Delta_{\underline{y}} \,.
\end{aligned}$$

Da A gerade ist, ist

$$\operatorname{str}\left(A^{-1}\,\frac{\partial}{\partial x_i}\,A\right)=\operatorname{str}\left(\left(\frac{\partial}{\partial x_i}\,A\right)A^{-1}\right).$$

Also gilt nach Lemma 5.35:

$$\operatorname{str}(BC^i)=\operatorname{str}\left(A^{-1}\,\frac{\partial}{\partial x_i}\,A\right)=\left(\frac{\partial}{\partial x_i}\,s\det A\right)\,s\det A^{-1}\,.$$

Damit ist das Lemma bewiesen. □

Lemma 5.37 *Sei ρ eine Supervolumenform mit kompaktem Träger auf einem Supergebiet $(U,\mathcal{O}_U)$ und D eine Superderivation von $\mathcal{O}_U(U)$. Dann gilt für jedes Superkoordinatensystem $\underline{x}$ von $(U,\mathcal{O}_U)$:*

$$\int\limits_{(U,\mathcal{O}_U;\underline{x})} D\rho=0\,.$$

Beweis . Es reicht, dies für $D=h\,\frac{\partial}{\partial x_i}$ zu beweisen. Wegen

$$D\rho=\pm\,\frac{\partial}{\partial x_i}\,(h\rho)$$

können wir uns überdies auf den Fall $D=\frac{\partial}{\partial x_i}$ beschränken. Im Superkoordinatensystem $\underline{x}$ sei $\rho=f\Delta_{\underline{x}}$ mit $f=\sum_\mu f_\mu\,\xi^\mu$.

Ist $x_i=\xi_k$ eine ungerade Koordinate, so verschwindet der Koeffizient $\left(\frac{\partial f}{\partial \xi_k}\right)_{(1,\dots,1)}$ von $\frac{\partial f}{\partial \xi_k}$, und somit ist trivialerweise $\int\limits_{(U,\mathcal{O}_U;\underline{x})} D\rho=0$.

Ist x_i eine gerade Koordinate, so ist $\left(\frac{\partial f}{\partial x_i}\right)_{(1,\dots,1)}=\frac{\partial}{\partial x_i}\,f_{(1,\dots,1)}$, und somit ist

$$\int\limits_{(U,\mathcal{O}_U;\underline{x})} D\rho=\int\limits_U \frac{\partial g}{\partial u_i}\,du_1\dots du_p\,,$$

wobei $g=f_{(1,\dots,1)}$ kompakten Träger in U hat.

Also kann man $U=\mathbb{R}^p$ setzen, und der Standardschluß im Beweis des klassischen Satzes von Stokes zeigt, daß $\int\limits_U \frac{\partial g}{\partial u_i}\,du_1\dots du_p=0$ ist. □

Beweis des Transformationssatzes . Im Superkoordinatensystem $\underline{x} = (x_1, \ldots, x_p;\ \xi_1, \ldots, \xi_q)$ sei $\rho = f\ \Delta_{\underline{x}}$. Wir zerlegen f gemäß $f = f_0 + f_1$ mit $f_1 := f_{(1,\ldots,1)}\ \xi_1 \ldots \xi_q$, $f_0 :=$ Summe der übrigen Terme, die in f auftreten, und setzen

$$\rho_0 := f_0\ \Delta_{\underline{x}}\ , \qquad \rho_1 := f_1\ \Delta_{\underline{x}}\ .$$

f_0 kann man in der Form

$$f_0 = \sum_{i=1}^{q} \frac{\partial}{\partial \xi_i}\ f_i'$$

schreiben, wobei alle f_i' kompakten Träger in U haben. Damit ist

$$\begin{aligned} \rho_0 &= \sum_i \left(\frac{\partial}{\partial \xi_i}\ f_i' \right)\ \Delta_{\underline{x}} = \sum_i \frac{\partial}{\partial \xi_i}\ (f_i'\ \Delta_{\underline{x}}) \\ &= \sum_i \frac{\partial}{\partial \xi_i}\ \rho_i'\ , \end{aligned}$$

wobei die ρ_i' Supervolumenformen mit kompaktem Träger sind. Nach Lemma 5.37 gilt somit $\int_{(U,\mathcal{O}_U;\underline{y})} \rho_0 = 0$ in jedem Superkoordinatensystem $\underline{y}$ von $(U, \mathcal{O}_U)$. Wir können also von vornherein annehmen, daß

$$\rho = \rho_1 = f\ \Delta_{\underline{x}}$$

mit $f = g\ \xi_1 \ldots \xi_q$ ist, wobei $g \in C^\infty(U)$ kompakten Träger hat. Wir repräsentieren jetzt ρ in einem neuen Superkoordinatensystem $\underline{y} = (y_1, \ldots, y_p;\ \eta_1, \ldots, \eta_q)$.

Sei $\mathcal{I}_U$ das von $\xi_1, \ldots, \xi_q$ erzeugte Ideal in $\mathcal{O}_U(U)$. ($\mathcal{I}_U$ wird gleichermaßen von $\eta_1, \ldots, \eta_q$ erzeugt.) Dann ist

$$\rho \in \mathcal{I}_U^q\ \mathrm{Ber}_c(U, \mathcal{O}_U)\ ,$$

wobei $\mathrm{Ber}_c(U, \mathcal{O}_U)$ der Raum der Supervolumenformen mit kompaktem Träger ist. Bezüglich des Koordinatensystems $\underline{y}$ können wir also

$$\rho = (h\ \eta_1 \ldots \eta_q)\ \Delta_{\underline{y}}$$

schreiben. Es ist nun zu zeigen, daß

$$\int_U g\ du_1 \ldots du_q = \pm \int_U h\ dv_1 \ldots dv_p \tag{5.22}$$

gilt, wobei $v_i := \beta(y_i)$ für $i = 1, \ldots, p$ ist.

Nach dem klassischen Transformationssatz für Integrale auf U reicht es für den Beweis von (5.22), daß man

$$g = h \ \det\left(\frac{\partial v}{\partial u}\right) \tag{5.23}$$

nachweist, wobei $\det\left(\frac{\partial v}{\partial u}\right)$ die Funktionaldeterminante des Koordinatenwechsels $u \rightsquigarrow v$ auf U ist. Nun gilt:

$$\begin{aligned} \rho &= g\, \xi_1 \ldots \xi_q\, \Delta_{\underline{x}} = h\, \eta_1 \ldots \eta_q\, \Delta_{\underline{y}} \\ &= h \ \mathrm{Ber}\, \mathcal{J}_{\underline{x},\underline{y}}\ \eta_1 \ldots \eta_q\, \Delta_{\underline{x}} \,. \end{aligned}$$

Sei

$$(I_1)_{ik} = \frac{\partial y_k}{\partial x_i}\,, \qquad (I_2)_{j\ell} := \frac{\partial \eta_\ell}{\partial \xi_j}\,.$$

Dann ist

$$\mathrm{Ber}\, \mathcal{J}_{\underline{x},\underline{y}} \equiv \det I_1 \ \det I_2^{-1} \ \mathrm{mod}\, \mathcal{I}_U \,.$$

Ferner ist

$$\eta_\ell \equiv \sum_j \xi_j \frac{\partial \eta_\ell}{\partial \xi_i} \ \mathrm{mod}\, \mathcal{I}_U^2$$

und damit

$$\eta_1 \ldots \eta_q \equiv (\det I_2)\, \xi_1 \ldots \xi_q \ \mathrm{mod}\, \mathcal{I}_U^{q+1} \,.$$

Nun ist aber $\mathcal{I}_U^{q+1} = 0$, also gilt

$$\eta_1 \ldots \eta_q = (\det I_2)\, \xi_1 \ldots \xi_q \,.$$

Wir erhalten damit

$$\begin{aligned} g\, \xi_1 \ldots \xi_q &= h \ \mathrm{Ber}\, \mathcal{J}_{\underline{x},\underline{y}}\ \eta_1 \ldots \eta_q \\ &= h \ \mathrm{Ber}\, \mathcal{J}_{\underline{x},\underline{y}}\ (\det I_2)\, \xi_1 \ldots \xi_q \,, \end{aligned}$$

also

$$\begin{aligned} g &\equiv h \ \mathrm{Ber}\, \mathcal{J}_{\underline{x},\underline{y}}\ \det I_2 \ \mathrm{mod}\, \mathcal{I}_U \\ &\equiv h \ \det I_1 \ \det I_2^{-1} \det I_2 \ \mathrm{mod}\, \mathcal{I}_U \\ &\equiv h \ \det I_1 \ \mathrm{mod}\, \mathcal{I}_U \,. \end{aligned}$$

Nun ist aber $(\det I_1) \ \mathrm{mod}\, \mathcal{I}_U$ die gewöhnliche Funktionaldeterminante des Koordinatenwechsels $u \rightsquigarrow v$. Damit ist der Transformationssatz bewiesen. □

Bemerkung 5.38 Auf die Voraussetzung, daß ρ kompakten Träger hat, kann nicht verzichtet werden. Das Standardbeispiel dafür ist das folgende:

Sei $(U, \mathcal{O}_U)$ das Supergebiet der Dimension $(1,2)$ mit $U =]0,1[$, $\underline{x} = (x; \xi_1, \xi_2)$ das Standard–Superkoordinatensystem, $\underline{y} := (y; \eta_1, \eta_2)$ mit $y = x + \xi_1\xi_2$, $\eta_1 = \xi_1$, $\eta_2 = \xi_2$. Man rechnet leicht nach, daß $\operatorname{Ber} \mathcal{J}_{\underline{x},\underline{y}} = 1$ ist, so daß also die Supervolumenform $\rho := y\Delta_{\underline{y}}$ bezüglich des Superkoordinatensystems $\underline{x}$ dargestellt wird durch

$$\rho = y(\underline{x})\ \Delta_{\underline{x}}\ .$$

Dann ist einerseits

$$\int\limits_{(U,\mathcal{O}_U;\underline{x})} \rho = \int\limits_{(U,\mathcal{O}_U;\underline{x})} (x + \xi_1\xi_2)\ \Delta_{\underline{x}} = -\int\limits_0^1 dx = -1\ ,$$

aber andererseits

$$\int\limits_{(U,\mathcal{O}_U;\underline{x})} \rho = \int\limits_{(U,\mathcal{O}_U;\underline{x})} y\ \Delta_{\underline{y}} = 0\ .$$

Eine Theorie der Integration von beliebigen Supervolumenformen ist von M. Rothstein [48] entwickelt worden.

Eine Verallgemeinerung des Berezin–Integrals von Supergebieten auf orientierbare Supermannigfaltigkeiten gelingt wie im klassischen Fall mit Hilfe einer differenzierbaren Zerlegung der Eins. Der Transformationssatz sichert die Unabhängigkeit von der Wahl der Zerlegung der Eins. Dabei nennt man eine Supermannigfaltigkeit orientierbar, wenn die ihr zugrundeliegende Mannigfaltigkeit orientierbar ist.

6. Anwendungen

Wir behandeln in diesem Kapitel zwei Anwendungen der Superanalysis. Im ersten Abschnitt zeigen wir, einer Arbeit von Berezin und Marinov [3] folgend, wie sich die Dynamik eines klassischen Teilchens mit Spin durch Graßmannsche Variablen beschreiben läßt. Sicherlich wird man dies eher als Motivation denn als Anwendung verstehen; die wirklichen physikalischen Anwendungen in den Theorien (vorsichtiger gesagt: in den *Modellen*) der Super–Gravitation und der Super–Stringtheorie würden aber den Rahmen des Buches sprengen.

Im zweiten Abschnitt beschäftigen wir uns mit Superfunktionen, die bezüglich gewisser Supertransformationen invariant sind. Wir zeigen, daß es für diese „Superinvarianten" eine Integraldarstellung gibt, die kein Analogon in der gewöhnlichen Analysis besitzt [14].

6.1 Teilchen–Spin–Dynamik als die Graßmannsche Variante der klassischen Mechanik

Eine klassische Mechanik ist ein Paar $(\mathcal{M}, \omega)$, bestehend aus einer differenzierbaren Mannigfaltigkeit $\mathcal{M}$ und einer nicht–ausgearteten geschlossenen 2–Form ω auf $\mathcal{M}$. Wir identifizieren also die möglichen klassischen Mechaniken mit den endlichdimensionalen *symplektischen* Mannigfaltigkeiten. Die Mannigfaltigkeit $\mathcal{M}$ ist der *Phasenraum* des physikalischen Systems. Auf der Algebra $C^\infty(\mathcal{M}, \mathbb{C})$ der komplexwertigen C^∞–Funktionen auf $\mathcal{M}$ definieren wir eine Lie–Algebren–Struktur über die durch ω gegebene **Poisson–Klammer**:

Mittels ω kann man für $f \in C^\infty(\mathcal{M})$ (es reicht hier natürlich, reellwertige Funktionen auf $\mathcal{M}$ zu betrachten) das äußere Differential df mit einem Vektorfeld X_f auf $\mathcal{M}$ identifizieren:

$$df(Y) = \omega(X_f, Y) \qquad \text{für jedes Vektorfeld } Y \text{ auf } \mathcal{M}. \tag{6.1}$$

Da ω nicht–ausgeartet ist, ist X_f durch f eindeutig bestimmt. Dieses Vektorfeld X_f läßt sich in lokalen Koordinaten folgendermaßen darstellen.

Sei $\{x^1, \ldots, x^n\}$ ein lokales Koordinatensystem von $\mathcal{M}$. In diesem lokalen Koordinatensystem ist

$$df = \sum_i \frac{\partial f}{\partial x^i}\, dx^i$$

und

$$X_f = \sum_i \varphi_i \frac{\partial}{\partial x^i}$$

mit noch zu bestimmenden C^∞–Funktionen φ_i. In der lokalen Darstellung

$$\omega = \sum_{i,j} \omega^{ij}\, dx^i \wedge dx^j$$

sind die Koeffizientenfunktionen ω^{ij} gegeben durch

$$\omega^{ij} = \omega\left(\frac{\partial}{\partial x^i}, \frac{\partial}{\partial x^j}\right).$$

Ist nun $Y = \frac{\partial}{\partial x^j}$, so gilt einerseits

$$df(Y) = \sum_i \frac{\partial f}{\partial x_i}\, dx^i\left(\frac{\partial}{\partial x^j}\right) = \frac{\partial f}{\partial x^j}$$

und andererseits

$$\omega(X_f, Y) = \sum_i \varphi_i\, \omega\left(\frac{\partial}{\partial x^i}, \frac{\partial}{\partial x^j}\right) = \sum_i \omega^{ij}\, \varphi_i\,.$$

Da ω nicht–ausgeartet ist, besitzt die Matrix $(\omega^{ij})_{i,j\leq n}$ eine Inverse, deren Elemente wiederum C^∞–Funktionen sind. Die Elemente der inversen Matrix bezeichnen wir mit ω_{ij}.

$\dfrac{\partial f}{\partial x^j} = \sum_i \omega^{ij}\, \varphi_i \;\; (j \leq n)$ ist nun genau dann der Fall, wenn für alle $\ell \leq n$

$$\sum_j \omega_{j\ell} \frac{\partial f}{\partial x^j} = \sum_{i,j} \omega^{ij}\, \omega_{j\ell}\, \varphi_i = \sum_i \delta_{i\ell}\, \varphi_i = \varphi_\ell$$

gilt: Also können wir X_f in lokalen Koordinaten schreiben als

$$X_f = \sum_{i,j} \omega_{ij} \frac{\partial f}{\partial x^i} \frac{\partial}{\partial x^j}\,. \tag{6.2}$$

Wir definieren nun die Poisson–Klammer von $f, g \in C^\infty(\mathcal{M})$ als

$$[f,g]_{PK} := \omega(X_f, X_g) \,. \tag{6.3}$$

In den obigen lokalen Koordinaten kann man dies dann ausdrücken durch

$$\begin{aligned}
[f,g]_{PK} &= \omega\left(\sum_{i,j}\omega_{ij}\,\frac{\partial f}{\partial x^i}\,\frac{\partial}{\partial x^j}\,,\sum_{k,\ell}\omega_{k\ell}\,\frac{\partial f}{\partial x^k}\,\frac{\partial}{\partial x^\ell}\right)\\
&= \sum_{i,j,k,\ell}\frac{\partial f}{\partial x^i}\,\frac{\partial g}{\partial x^k}\,\omega_{ij}\,\omega^{j\ell}\,\omega_{k\ell}\,,
\end{aligned}$$

also

$$[f,g]_{PK} = \sum_{k,\ell}\omega_{k\ell}\,\frac{\partial f}{\partial x^\ell}\,\frac{\partial g}{\partial x^k}\,. \tag{6.4}$$

In *kanonischen Koordinaten*, d.h. wenn die Matrix (ω^{ij}) durch $\begin{pmatrix} 0 & I \\ -I & 0 \end{pmatrix}$ gegeben ist, ist dies gerade die übliche Koordinatenbeschreibung der Poisson–Klammer. Man kann nun leicht nachrechnen, daß die Geschlossenheit von ω, d.h. die Gültigkeit von $d\omega = 0$, äquivalent ist zu den folgenden Gleichungen für die Koeffizientenfunktionen von ω in lokalen Koordinaten:

$$\frac{\partial\omega^{ij}}{\partial x^k} + \frac{\partial\omega^{jk}}{\partial x^i} + \frac{\partial\omega^{ki}}{\partial x^j} = 0 \tag{6.5}$$

für alle $i, j, k \leq n$. (6.5) ist nun äquivalent zum Bestehen der folgenden Gleichungen:

$$\sum_k\left(\omega_{\gamma k}\,\frac{\partial\omega_{\alpha\beta}}{\partial x^k} + \omega_{\beta k}\,\frac{\partial\omega_{\gamma\alpha}}{\partial x^k} + \omega_{\alpha k}\,\frac{\partial\omega_{\beta\gamma}}{\partial x^k}\right) = 0 \tag{6.6}$$

für alle $\alpha, \beta, \gamma \leq n$.
((6.6) folgt aus (6.5), indem man (6.5) mit $\omega_{j\alpha}\omega_{i\beta}\omega_{k\gamma}$ multipliziert, über i, j, k summiert und beachtet, daß wegen

$$\sum_\beta \omega^{\alpha\beta}\omega_{\beta\gamma} = \delta_{\alpha\gamma}$$

durch Differentiation

$$\sum_\beta \omega^{\alpha\beta}\,\frac{\partial\omega_{\beta\gamma}}{\partial x^k} + \sum_\beta\frac{\partial\omega^{\alpha\beta}}{\partial x^k}\,\omega_{\beta\gamma} = 0$$

folgt. Mit einem ähnlichen Trick folgt (6.5) aus (6.6).) Eine weitere einfache Rechnung zeigt nun, daß (6.6) äquivalent ist zur Gültigkeit der Jacobi–Identität

$$\Big[[f,g]_{PK},\ h\Big]_{PK} + \Big[[g,h]_{PK},\ f\Big]_{PK} + \Big[[h,f]_{PK},\ g\Big]_{PK} = 0 \tag{6.7}$$

für die Poisson–Klammer. Die Voraussetzung, daß ω eine nicht–ausgeartete geschlossene 2–Form auf $\mathcal{M}$ ist, sorgt also dafür, daß $C^\infty(\mathcal{M})$ mit der Poisson–Klammer eine Lie–Algebra (unendlicher Dimension) ist. Es ist klar, daß dies dann auch für $C^\infty(\mathcal{M},\mathbb{C})$ gilt.

Die Elemente von $C^\infty(\mathcal{M})$ nennt man *physikalische Observable.*

In der Hamiltonschen Formulierung eines **autonomen** mechanischen Systems ist $\mathcal{M}$ das Cotangentialbündel einer differenzierbaren Mannigfaltigkeit M. Die Zeitentwicklung einer physikalischen Observablen f wird gegeben durch die Gleichung

$$\dot{f} := \frac{d}{dt}\, f = [H,f]_{PK}\ , \tag{6.8}$$

wobei $H \in C^\infty(\mathcal{M})$ die sogenannte *Hamiltonfunktion* des mechanischen Systems ist.

Im folgenden setzen wir die dazu äquivalenten Beschreibungen durch eine *Lagrangefunktion* bzw. durch ein *Wirkungsprinzip* als bekannt voraus (für eine genetische und mathematisch präzise Einführung sei dem Leser das erste Kapitel von [18] empfohlen).

Wir wollen nun das klassische Wirkungsprinzip und die Bewegungsgleichungen eines nicht–relativistischen Teilchens mit Spin behandeln.

Die dynamischen Variablen, die diese nicht–relativistische Spin–Dynamik beschreiben, werden als Elemente der von drei Elementen ξ_1,ξ_2,ξ_3 erzeugten Graßmann–Algebra Λ_3 gewählt. Dabei sollen die ξ_i aufgefaßt werden als Funktionen eines Zeitparameters t. Wir betrachten also differenzierbare Kurven in Λ_3. Die klassische Wirkung ist ein Funktional von $\xi(t)$ und wird als ein gerades Element von Λ_3 angenommen. In symmetrisierter Form kann man dieses Funktional ansetzen als

$$\mathcal{A}_\xi(t_o,t_1) = \int_{t_0}^{t_1} dt \left\{ \sum_{k,\ell} \frac{1}{2}\ \tilde{\omega}^{k\ell}\ \xi_k\ \dot{\xi}_\ell - H\xi) \right\}\ . \tag{6.9}$$

Dabei ist die Hamiltonfunktion H eine *gerade* reelle Funktion von ξ, und $\tilde{\omega}$ ist eine symmetrische Matrix mit rein imaginären Einträgen, von der wir der Einfachheit halber annehmen, daß

$$\tilde{\omega}^{k\ell} = i\delta_{k\ell} \tag{6.10}$$

ist. Man beachte, daß der erste Term in (6.9) kein vollständiges Differential ist, weil ξ_k und $\dot{\xi}_\ell$ antikommutieren. Da die Werte von H in Λ_3 liegen und $H(\xi)$ gerade ist, muß $H(\xi)$ ein Polynom vom Grade höchstens zwei sein. Nach Voraussetzung über H gilt also, wenn man den für die Dynamik unwesentlichen konstanten Term wegläßt:

$$H(\xi) = -\frac{i}{2} \sum_{k,\ell,m} \varepsilon_{k\ell m}\, b_k\, \xi_\ell\, \xi_m\,, \tag{6.11}$$

wobei die b_k reelle Zahlen sind, ε der vollständig antisymmetrische Tensor dritter Stufe ist (es ist $\varepsilon_{123} = 1$ und $\varepsilon_{\sigma(1)\sigma(2)\sigma(3)} = (-1)^\sigma$ für jede Permutation σ von $\{1,2,3\}$). Explizit ist also $H(\xi)$ gegeben durch

$$H(\xi) = -i\,\{b_1\xi_2\xi_3 + b_2\xi_3\xi_1 + b_3\xi_1\xi_2\}\ .$$

Die Lagrangefunktion

$$\mathcal{L} = \frac{i}{2}\left\{\sum_k \xi_k\dot{\xi}_k + \sum_{k,\ell,m} \varepsilon_{k\ell m}\, b_k\, \xi_\ell\, \xi_m\right\} \tag{6.12}$$

ergibt dann über die Euler–Lagrange–Gleichungen

$$\frac{\partial \mathcal{L}}{\partial \xi_k} = \frac{d}{dt}\frac{\partial \mathcal{L}}{\partial \dot{\xi}_k} \tag{6.13}$$

die Bewegungsgleichungen

$$\dot{\xi}_k = \sum_{\ell,m} \varepsilon_{k\ell m}\, b_\ell\, \xi_m\ . \tag{6.14}$$

In Matrix–Vektor–Schreibweise bedeutet dies

$$\dot{\xi} = \begin{pmatrix} \dot{\xi}_1 \\ \dot{\xi}_2 \\ \dot{\xi}_3 \end{pmatrix} = \begin{pmatrix} 0 & -b_3 & b_2 \\ b_3 & 0 & -b_1 \\ -b_2 & b_1 & 0 \end{pmatrix} \begin{pmatrix} \xi_1 \\ \xi_2 \\ \xi_3 \end{pmatrix}\ . \tag{6.15}$$

Mit

$$B := \begin{pmatrix} 0 & -b_3 & b_2 \\ b_3 & 0 & -b_1 \\ -b_2 & b_1 & 0 \end{pmatrix} \tag{6.16}$$

lautet die Differentialgleichung also

$$\dot{\xi}(t) = B\,\xi(t)\ . \tag{6.17}$$

Sie hat die einfache Lösung

$$\xi(t) = \exp(tB)\,\xi(0)\ , \tag{6.18}$$

und wegen $B \in \mathbf{so}(3)$ ist

$$R(t) = \exp(tB) \in \mathrm{SO}(3)\ . \tag{6.19}$$

Die Matrizen $R(t)$ sind Drehungen um den Nullpunkt, deren Winkelgeschwindigkeit zum Zeitpunkt $t = 0$ durch den Vektor

$$\mathbf{b} = (b_1, b_2, b_3) \tag{6.20}$$

gegeben ist.

Man beachte, daß die ganze Rechnung nur deshalb zu einem sinnvollen Ergebnis führt, weil wir *anti*kommutierende Variablen ξ_i verwendet haben.

Physikalisch können wir unsere Lösung interpretieren als die *Spin–Präzession* in einem äußeren Magnetfeld $\mathcal{B}$, wobei $\mathcal{B} = \kappa\mathbf{b}$ und κ das magnetische Moment ist.

Man kann die Bewegungsgleichungen (6.14) auch schreiben als

$$\dot{\xi}_k = iH(\xi)\ \overleftarrow{\partial_k}\ . \tag{6.21}$$

Darin bezeichnet $\overleftarrow{\partial_k}$ die partielle Ableitung *von rechts* nach der Variablen ξ_k. Sie ist analog zur gewöhnlichen Ableitung nach der ungeraden Variablen ξ_k definiert:

$$\left(\xi_1^{\lambda_1} \cdots \xi_n^{\lambda_n}\right) \overleftarrow{\partial_k} := \lambda_k(-1)^{\lambda_n + \ldots + \lambda_{k+1}}\ \xi_1^{\lambda_1} \cdots \widehat{\xi_k^{\lambda_k}} \cdots \xi_n^{\lambda_n}\ . \tag{6.22}$$

Die gewöhnliche partielle Ableitung nach ξ_k bezeichnen wir dann mit $\overrightarrow{\partial_k}$ und schreiben sie links von dem abzuleitenden Term. Es ist also

$$\overrightarrow{\partial_k}\left(\xi_1^{\lambda_1}\cdots\xi_n^{\lambda_n}\right)=\lambda_k(-1)^{\lambda_1+\ldots+\lambda_{k-1}}\,\xi_1^{\lambda_1}\cdots\widehat{\xi_k^{\lambda_k}}\cdots\xi_n^{\lambda_n}\,. \tag{6.23}$$

Um eine zu (6.8) analoge Bewegungsgleichung zu erhalten, definieren wir eine *Poisson–Klammer* für Funktionen, die von Graßmann–Variablen abhängen:

$$\{f(\xi),g(\xi)\}_{PK}:=\sum_k i\left(f\,\overleftarrow{\partial_k}\right)\left(\overrightarrow{\partial_k}\,g\right)\,. \tag{6.24}$$

(Man kann ohne Mühe nachrechnen, daß die Graßmann–Algebra mit dieser Poisson–Klammer eine Super–Lie–Algebra ist.) Die Bewegungsgleichung für eine beliebige Observable f lautet dann

$$\dot f=\{H,f\}_{PK}\,.$$

Für die ξ_k — die sogenannten kanonischen Variablen — gilt:

$$\{\xi_k,\xi_\ell\}_{PK}=i\delta_{k\ell}\,. \tag{6.25}$$

Die Drehgruppe im Graßmannschen Phasenraum wird „erzeugt“ durch den *Spin–Drehimpuls* $\mathbf{S}$ mit Komponenten

$$S_k:=-\,\frac{i}{2}\sum_{\ell,m}\varepsilon_{k\ell m}\,\xi_\ell\,\xi_m=-\,\frac{i}{2}\,(\boldsymbol{\xi}\times\boldsymbol{\xi})_k\,, \tag{6.26}$$

$(k=1,2,3)$, wobei dies im folgenden Sinne zu verstehen ist: Der vollständig antisymmetrische Tensor ε induziert drei Matrizen $\varepsilon_k=(\varepsilon_{k\ell m})_{\ell,m}$, nämlich

$$\varepsilon_1=\begin{pmatrix}0&0&0\\0&0&1\\0&-1&0\end{pmatrix},\;\varepsilon_2=\begin{pmatrix}0&0&-1\\0&0&0\\1&0&0\end{pmatrix},\;\varepsilon_3=\begin{pmatrix}0&1&0\\-1&0&0\\0&0&0\end{pmatrix}. \tag{6.27}$$

Diese drei Matrizen bilden eine Basis der Lie–Algebra $\mathbf{so}(3)$ und damit ein „infinitesimales Erzeugendensystem“ für die zugehörige Lie–Gruppe SO(3).

Eine klassische Mechanik für ein nichtrelativistisches Teilchen mit Spin wird dann in einem **Superphasenraum** konstruiert, der aus einem sechsdimensionalen **orbitalen Unterraum** mit Koordinaten $\{q_k,p_k\,|\,k=1,2,3\}$ und einem dreidimensionalen **Graßmannschen Spin–Unterraum** besteht.

Ein allgemeines Wirkungsfunktional, das ein Teilchen in einem lokalen äußeren Feld beschreibt, kann dann in folgender Form geschrieben werden:

$$\mathcal{A}(t_0,t_1) = \int_{t_0}^{t_1} \left\{ \mathbf{p}\dot{\mathbf{q}} + \frac{i}{2}\,\boldsymbol{\xi}\dot{\boldsymbol{\xi}} - \frac{\mathbf{p}^2}{2m} - V_0(\mathbf{q}) - (\mathbf{LS})V_1(\mathbf{q}) - \mathbf{SB}(\mathbf{q}) \right\} . \quad (6.28)$$

Dabei ist $\mathbf{L}$ der durch

$$L_k := \sum_{\ell,m} \varepsilon_{k\ell m}\, q_\ell\, p_m = (\mathbf{q}\times\mathbf{p})_k \quad (k=1,2,3) \qquad (6.29)$$

gegebene **orbitale Drehimpuls**, V_0 und V_1 sind Potentialfunktionen und $\mathbf{B}$ ist ein Vektorfeld. Der Term mit V_1 beschreibt die **Spin–Bahn–Wechselwirkung**. Die Bewegungsgleichungen, die durch die Variation des Wirkungsfunktionals entstehen, lauten dann

$$\left.\begin{aligned} \dot{\mathbf{q}} &= \tfrac{\mathbf{p}}{\mathbf{m}} + (\mathbf{S}\times\mathbf{q})V_1 , \\ \dot{\mathbf{p}} &= -\nabla V_0 - (\mathbf{LS})\nabla V_1 + (\mathbf{S}\times\mathbf{p})V_1 - \nabla(\mathbf{SB}) , \\ \dot{\boldsymbol{\xi}} &= (\mathbf{L}\times\boldsymbol{\xi})V_1 + (\mathbf{B}\times\boldsymbol{\xi}) . \end{aligned}\right\} \qquad (6.30)$$

Im Fall einer nicht verschwindenden Spin–Bahn–Wechselwirkung ist der orbitale Unterraum nicht invariant, d.h. die Koordinaten von p und q sind nicht einfach reelle Zahlen.

Die so entstehende „dynamische Algebra“ ist ein Ring, der von sechs kommutierenden und drei antikommutierenden Elementen erzeugt wird.

Der Zusammenhang zwischen einer allgemeinen klassischen Mechanik und den observablen Größen wird durch eine Verteilungsfunktion ρ auf dem Phasenraum hergestellt.

Wie in der gewöhnlichen Mechanik kann das dynamische Prinzip für die Graßmannsche Variante der Mechanik als Cauchy–Problem für die Verteilungsfunktion $\rho(\xi,t)$ formuliert werden.

Die Bewegungsgleichungen (6.21) sind die charakteristischen Gleichungen der Liouvilleschen Gleichung

$$\frac{\partial\rho}{\partial t} + \{H,\rho\}_{PK} = 0 . \qquad (6.31)$$

Für eine dynamische Variable $f(\xi)$ ist

$$\langle f\rangle := \int f(\xi)\ \rho(\xi,t)d\xi \tag{6.32}$$

ihr beobachteter Mittelwert. Dabei ist $d\xi := id\xi_3\ d\xi_2\ d\xi_1$, und das Integral ist das im vorangegangenen Kapitel behandelte Berezin–Integral. Die Eigenschaften des Berezin–Integrals führen dazu, die Verteilungsfunktion ρ als ein ungerades Element von Λ_3 anzusetzen:

$$\rho(\xi) = -\ \frac{i}{6}\sum_{k,\ell,m} \varepsilon_{k\ell m}\ \xi_k\ \xi_\ell\ \xi_m + \mathbf{c}\boldsymbol{\xi}\ . \tag{6.33}$$

Diese Verteilungsfunktion ist *normiert* ($\langle 1\rangle = 1$), die ξ_k haben Mittelwert Null ($\langle \xi_k\rangle = 0$), und $\mathbf{c}$ ist der mittlere Spin–Drehimpuls:

$$c_k = \langle S_k\rangle\ . \tag{6.34}$$

Dies ergibt sich durch eine einfache Rechnung. So ist z.B.

$$\begin{aligned}\langle S_1\rangle &= -\ \frac{i}{2}\int (\varepsilon_{123}\ \xi_2\ \xi_3 + \varepsilon_{132}\ \xi_3\ \xi_2)\, c_1\ \xi_1 i\ d\xi_3\ d\xi_2\ d\xi_1\\ &= c_1\int \xi_2\ \xi_3\ \xi_1\ d\xi_3\ d\xi_2\ d\xi_1\\ &= -c_1\int \xi_3\ \xi_2\ \xi_1\ d\xi_3\ d\xi_2\ d\xi_1\ =\ c_1\ .\end{aligned}$$

Eine weitere Forderung an eine physikalisch relevante Verteilungsfunktion ist ihre *Positivität*, d.h. daß

$$\int \rho\ f^* f\ d\xi \geq 0 \tag{6.35}$$

gilt für jede Funktion f, wobei f^* die zu f konjugiert–komplexe Funktion bezeichnet. Betrachtet man z.B.

$$f := \xi_1 + i\xi_2\ ,$$

so ist

$$f^* = \xi_1 - i\xi_2\ ,\quad f^* f = 2i\ \xi_1\ \xi_2\ ,$$

und es gilt

$$\int \rho\ f^* f\ d\xi = 2c_3\int \xi_3\ \xi_2\ \xi_1\ d\xi_3\ d\xi_2\ d\xi_1 = -2c_3\ .$$

Die Positivitätsforderung führt also auf $c_3 = 0$. Analog sieht man, daß auch die anderen Komponenten von $\mathbf{c}$ verschwinden müssen. Die Positivität ist also nur für den trivialen Fall $\mathbf{c} = 0$ gegeben. Dies zeigt, daß die Graßmannsche Variante der klassischen Mechanik kein vernünftiges Modell für die Realität liefert.

Allerdings erhalten wir ein vernünftiges Modell *nach Quantisierung* der Graßmann–Mechanik. Nach dem allgemein akzeptierten Rezept der *kanonischen Quantisierung* wird bei der gewöhnlichen Mechanik die Poisson–Klammer durch den Kommutator von Operatoren ersetzt.

Naheliegend genug, ersetzt man die Poisson–Klammer für die kanonischen Variablen im Graßmannschen Fall durch den *Antikommutator* für die zugehörigen Operatoren, dividiert durch $i\hbar$:

$$\left[\widehat{\xi}_k, \widehat{\xi}_\ell\right]_+ = \hbar\delta_{k\ell} . \tag{6.36}$$

Nach geeigneter Normierung erhält man die *Clifford–Algebra* mit drei Erzeugenden:

$$\widehat{\xi}_k = (\hbar/2)^{1/2}\,\widehat{\sigma}_k \tag{6.37}$$

mit

$$[\widehat{\sigma}_k, \widehat{\sigma}_\ell]_+ = 2\delta_{k\ell} . \tag{6.38}$$

Die einzige irreduzible Darstellung dieser Algebra ist zweidimensional und wird durch die *Pauli–Matrizen* realisiert ([38], p. 33 oder auch [9]). Damit erhalten wir für die Drehimpuls–Operatoren

$$\widehat{S}_k := -\frac{i}{2}\sum_{\ell,m}\varepsilon_{k\ell m}\;\widehat{\xi}_\ell\;\widehat{\xi}_m = \frac{1}{2}\,\hbar\,\widehat{\sigma}_k \tag{6.39}$$

die Vertauschungsrelationen

$$[\widehat{S}_k, \widehat{S}_\ell]_+ = i\hbar\sum_m \varepsilon_{k\ell m}\;\widehat{S}_m \; . \tag{6.40}$$

Der zur Phasenverteilung (6.33) gehörige Operator ist proportional zur gewöhnlichen Dichtematrix, denn man rechnet leicht nach, daß

$$\widehat{\rho} = 2\left(\frac{\hbar}{2}\right)^{3/2}\left(1 + \mathbf{c}\ {}^{\sigma}/_{\hbar}\right) \tag{6.41}$$

gilt. Das Integral über den Phasenraum wird durch Spurbildung ersetzt. Der Positivität der Verteilungsfunktion entspricht dann die Positiv–Semidefinitheit von $\widehat{\rho}$. Dies ist genau dann der Fall, wenn

$$|\mathbf{c}| \leq \hbar \tag{6.42}$$

ist. Dies zeigt wiederum die reine Quantennatur des Spins.

Man beachte, daß die herkömmliche Theorie des Drehimpulses von *Kommutatoren* ausgeht und die einfache Form des Antikommutators nur in der Spinordarstellung für den Spin $\frac{1}{2}$ auftritt. Der obige Zugang ist invers dazu: der Antikommutator wird postuliert, und deshalb kann *nur* die Spinordarstellung auftreten.

6.2 Supersymmetrische Invarianten

Eine der Besonderheiten der Superanalysis sind Integralsätze für supersymmetrische Invarianten, die an die Cauchysche Integralformel der klassischen Funktionentheorie erinnern. Das erste Ergebnis diese Art für den Fall von Funktionen von Supervektoren wurde von Parisi und Sourlas [43] im Rahmen der „Dimensionsreduktion des Ising–Modells mit zufälligen Spins“ angewandt. Weitere Ergebnisse dieses Typs wurden von Efetov [17] und Wegner [63] in der Theorie der ungeordneten Systeme verwendet. Anwendungen in der Kernphysik sind in [60] beschrieben.

Sei $U \subseteq \mathbb{R}^p$ eine nicht–leere offene Menge, wobei wir für die folgenden Überlegungen ohne Einschränkung der Allgemeinheit $U = \mathbb{R}^p$ annehmen können. Wir setzen zur Abkürzung

$$\Lambda_{p,q} := C^\infty(\mathbb{R}^p) \otimes \Lambda(\mathbb{R}^q) \ . \tag{6.43}$$

Im folgenden behandeln wir zwei Spezialfälle des Integralsatzes für invariante Superfunktionen. Sei $\Lambda_2 = \Lambda_2(\theta, \zeta)$ eine Graßmann–Algebra mit zwei kanonischen Erzeugenden θ, ζ. An Stelle von zwei reellen Variablen verwenden wir die konjugiert–komplexen Variablen $z, \overline{z}$ $(z = x + iy,\ \overline{z} = x - iy)$. Damit können wir eine Superfunktion $\widetilde{F} \in \Lambda_{2,2}$ als Funktion der Supervektoren

$$U = (z, \theta) \ , \quad V = \begin{pmatrix} \overline{z} \\ \zeta \end{pmatrix} \tag{6.44}$$

schreiben:

$$F(U,V) = \widetilde{F}(x,y,\theta,\zeta)\ . \tag{6.45}$$

Als Polynom in θ und ζ läßt sich $F(U,V)$ darstellen als

$$F(U,V) = F_0(z,\overline{z}) + F_1(z,\overline{z})\theta + F_2(z,\overline{z})\zeta + F_3(z,\overline{z})\theta\zeta \tag{6.46}$$

mit reellwertigen Funktionen F_i auf $\mathbb{R}^2$. Zum Beispiel erhält man für

$$F(U,V) := \exp(-\operatorname{str}(VU))\ , \tag{6.47}$$

$$F(U,V) = \exp(-z\,\overline{z}) - \exp(-z\,\overline{z})\theta\zeta\ , \tag{6.48}$$

d.h. $F_1 = F_2 = 0$, $\exp(-z\,\overline{z}) = F_0(z,\overline{z}) = -F_3(z,\overline{z})$. Sei

$$\Lambda_3 := \Lambda_3(\theta,\zeta,\xi).$$

Wir betrachten $\Lambda_{2,2}$ als eine kanonisch eingebettete Unteralgebra von $\Lambda_{2,3} = C^\infty(\mathbb{R}^2) \otimes \Lambda_3(\theta,\zeta,\xi)$. Die Supermatrix

$$S := \begin{pmatrix} 1 & \xi \\ 0 & 1 \end{pmatrix} \tag{6.49}$$

hat als Inverse die Supermatrix

$$S^{-1} = \begin{pmatrix} 1 & -\xi \\ 0 & 1 \end{pmatrix}\ . \tag{6.50}$$

Wir transformieren nun die Variablen U,V mittels S zu

$$U' := US^{-1}\ , \quad V' := SV\ . \tag{6.51}$$

Eine einfache Rechnung zeigt, daß die Koordinaten der neuen Variablen

$$U' = (u',\theta')\ , \qquad V' = \begin{pmatrix} v' \\ \zeta' \end{pmatrix} \tag{6.52}$$

gegeben sind durch

$$u' = z\ , \quad \theta' = \theta - z\xi\ , \quad v' = \overline{z} + \xi\zeta\ , \quad \zeta' = \zeta\ . \tag{6.53}$$

Beiläufig sei bemerkt, daß nach dieser Koordinatentransformation $v' \neq \overline{u}'$ ist, da $\xi\zeta \neq 0$ gilt. Wenn wir in

$$F(U',V') = F_0(u',v') + F_1(u',v')\theta' + F_2(u',v')\zeta' + F_3(u',v')\theta'\zeta' \quad (6.54)$$

die Taylorentwicklung der Koeffizientenfunktionen $F_i(u',v') = F_i(z,\overline{z}+\xi\zeta)$, d.h.

$$F_i(z,\overline{z}+\xi\zeta) = F_i(z,\overline{z}) + \frac{\partial F_i}{\partial \overline{z}}\,\xi\zeta\,, \quad (6.55)$$

einsetzen, so erhalten wir

$$\begin{aligned} F(U',V') &= F_0(z,\overline{z}) + \frac{\partial F_0}{\partial \overline{z}}\,\xi\zeta + F_1(z,\overline{z})\theta' + \frac{\partial F_1}{\partial \overline{z}}\,\xi\zeta\theta' \\ &\quad + F_2(z,\overline{z})\zeta + F_3(z,\overline{z})\theta'\zeta \\ &= F(U,V) - zF_1(z,\overline{z})\xi - zF_3(z,\overline{z})\xi\zeta \\ &\quad + \frac{\partial F_0}{\partial \overline{z}}\,\xi\zeta + \frac{\partial F_1}{\partial \overline{z}}\,\xi\zeta\theta\,. \end{aligned} \quad (6.56)$$

Definition 6.1 *Eine Superfunktion* $F = F(U,V) \in \Lambda_{2,2}$ *eines Paares* (U,V) *von Supervektoren heißt* S-**invariant**, *wenn*

$$F(US^{-1},SV) = F(U,V) \quad (6.57)$$

gilt. Dabei ist S *die durch* (6.49) *gegebene Supermatrix.*

Aus (6.56) entnehmen wir unmittelbar:

Lemma 6.2 *Genau dann ist eine Superfunktion* $F = F(U,V) \in \Lambda_{2,2}$ S*-invariant, wenn* $F_1 = 0$ *und*

$$F_3(z,\overline{z}) = \frac{1}{z}\,\frac{\partial F_0}{\partial \overline{z}} \qquad (z \neq 0) \quad (6.58)$$

gilt.

Definition 6.3 *Eine Superfunktion* $f = f(x,\xi) \in \Lambda_{p,q}$ *erfüllt die* **Verschwindungsbedingung im Unendlichen**, *wenn*

$$\int_{\mathbb{R}^p} |f(x,0)|dx < \infty$$

ist.

Im folgenden verwenden wir eine allgemeine Cauchy–Formel für differenzierbare Funktionen, deren Beweis man z.B. in ([26]; p. 2) findet:

Lemma 6.4 *Sei D eine offene Kreisscheibe in $\mathbb{C}$, ∂D ihr Rand, $f \in C^\infty(\overline{D})$ und $w \in D$. Dann ist*

$$f(w) = \frac{1}{2\pi i} \int\limits_{\partial D} \frac{f(z)dz}{z-w} + \frac{1}{2\pi i} \int\limits_{D} \frac{\partial f}{\partial \overline{z}} \cdot \frac{dz \wedge d\overline{z}}{z-w} \,. \tag{6.59}$$

Dabei ist $dz \wedge d\overline{z}$ die komplexe 2–Form

$$dz \wedge d\overline{z} = (dx + idy) \wedge (dx - idy) = -2i\ dx\ dy \,.$$

Ist f holomorph, d.h. $\frac{\partial f}{\partial \overline{z}} = 0$, so erhält man die klassische Cauchy–Formel als Spezialfall. Einen dazu gewissermaßen entgegengesetzten Spezialfall von (6.59) erhalten wir, wenn wir für f eine Funktion nehmen, die die Verschwindungsbedingung im Unendlichen erfüllt. Lassen wir für eine solche Funktion in (6.59) den Radius der Kreisscheibe gegen Unendlich gehen und wählen wir $w = 0$, so erhalten wir

Korollar 6.5 *Sei $f = f(z, \overline{z})$ eine differenzierbare Funktion auf $\mathbb{R}^2$, die die Verschwindungsbedingung im Unendlichen erfüllt. Dann gilt*

$$\int\limits_{\mathbb{R}^2} \frac{1}{z} \frac{\partial f}{\partial \overline{z}}\ dz \wedge d\overline{z} = 2\pi i f(0,0) \,. \tag{6.60}$$

Satz 6.6 *Sei $F = F(U, V) \in \Lambda_{2,2}$ eine S–invariante Superfunktion, die die Verschwindungsbedingung im Unendlichen erfüllt. Dann ist*

$$\int F(U,V)\ dU\ dV = F_0(0,0) = F(0,0) \,, \tag{6.61}$$

wobei

$$dU\ dV := \frac{1}{\pi}\ dx\ dy\ d\theta\ d\zeta = -\ \frac{1}{2\pi i}(dz \wedge d\overline{z}) d\theta\ d\zeta$$

ist.

Beweis . Nach Definition des Berezin–Integrals ist

$$\int F(U,V)\, dU\, dV = \frac{1}{2\pi i} \int F_3(z,\overline{z})\, dz \wedge d\overline{z}\,,$$

also folgt aus (6.58) und (6.60):

$$\int F(U,V)\, dU\, dV = \frac{1}{2\pi i} \int \frac{1}{z} \frac{\partial F_0}{\partial \overline{z}}\, dz \wedge d\overline{z} = F_0(0,0)\,.$$

□

Ein zu Lemma 6.2 analoges Resultat erhält man für Superfunktionen, die bezüglich $S^t = \begin{pmatrix} 1 & 0 \\ \xi & 1 \end{pmatrix}$ invariant sind. Diese Funktionen sind durch die Forderung $F_2(z,\overline{z}) = 0$ und $\frac{1}{\overline{z}} \frac{\partial F_0}{\partial z} = F_3$ charakterisiert. Ist eine Superfunktion F sowohl S– als auch S^t–invariant, so läßt sie sich in der Form

$$\begin{aligned} F(U,V) &= F_0(z,\overline{z}) + \frac{1}{z} \frac{\partial}{\partial \overline{z}} F_0(z,\overline{z})\, \theta\zeta \\ &= F_0(z,\overline{z}) + \frac{1}{\overline{z}} \frac{\partial}{\partial z} F_0(z,\overline{z})\, \theta\zeta \end{aligned} \tag{6.62}$$

schreiben. Dies impliziert

$$\frac{1}{z} \frac{\partial}{\partial \overline{z}} F_0(z,\overline{z}) = \frac{1}{\overline{z}} \frac{\partial}{\partial z} F_0(z,\overline{z})\,, \tag{6.63}$$

und aus dieser Beziehung folgt, daß F_0 nur von $|z|^2 = z\,\overline{z} = x^2 + y^2$ abhängt: Es ist nämlich

$$\frac{\partial}{\partial z} = \frac{1}{2}\left(\frac{\partial}{\partial x} - i\,\frac{\partial}{\partial y}\right), \quad \frac{\partial}{\partial \overline{z}} = \frac{1}{2}\left(\frac{\partial}{\partial x} - i\,\frac{\partial}{\partial y}\right), \tag{6.64}$$

und damit sieht man nach einer einfachen Rechnung, daß (6.63) äquivalent ist zu der Bedingung

$$x\,\frac{\partial F_0}{\partial y} = y\,\frac{\partial F_0}{\partial x}\,. \tag{6.65}$$

Führt man Polarkoordinaten $x = r\cos\varphi$, $y = r\sin\varphi$ ein, so folgt für $(x,y) \neq (0,0)$ nach (6.65):

$$\begin{aligned} \frac{\partial F_0}{\partial \varphi} &= \frac{\partial x}{\partial \varphi} \frac{\partial F_0}{\partial x} + \frac{\partial y}{\partial \varphi} \frac{\partial F_0}{\partial y} \\ &= -r\sin\varphi\, \frac{\partial F_0}{\partial x} + r\cos\varphi\, \frac{\partial F_0}{\partial y} \\ &= -y\,\frac{\partial F_0}{\partial x} + x\,\frac{\partial F_0}{\partial y} = 0\,. \end{aligned}$$

Also hängt F_0 nicht von φ ab, und man kann F_0 in der Form

$$F_0(z,\bar{z}) = f_0(|z|^2) \tag{6.66}$$

mit einer differenzierbaren Funktion f_0 auf $\mathbf{R}_+$ schreiben. Es ist somit

$$\begin{aligned} F(U,V) &= f_0(|z|^2) + f_0'(|z|^2)\theta\zeta \\ &= f_0(|z|^2 + \theta\zeta) = f_0(UV) . \end{aligned} \tag{6.67}$$

Wir kommen nun zu dem interessanteren Fall der *Matrix–Invarianten.* Auch hier behandeln wir nur den Spezialfall von $(2,2)$–Supermatrizen der Form

$$Q = \begin{pmatrix} a & \theta \\ \zeta & ib \end{pmatrix} \tag{6.68}$$

mit kanonischen Erzeugenden a, b, θ, ζ von $\Lambda_{2,2}$. Die imaginäre Einheit i bei b in (6.68) wird für unsere Überlegungen wesentlich sein. Wie im vorangegangenen Fall betrachten wir die Algebra $\Lambda_{2,2}$ in die Superalgebra $\Lambda_{2,q}$, $q > 2$, eingebettet. Sei $F = F(Q)$ eine Funktion von Q, die wir als

$$F(Q) = \tilde{F}(a, b, \theta, \zeta) \tag{6.69}$$

schreiben, wobei die Argumente von $\tilde{F}$ durch gerade bzw. ungerade Elemente der Algebra $\Lambda_{2,q}$ substituiert werden können.

Wir führen nun wie im vorigen Fall konjugiert–komplexe Variable $z = a + ib$, $\bar{z} = a - ib$ ein (wir gehen zunächst davon aus, daß a und b reelle Zahlen sind). Wie üblich schreiben wir dann

$$F(Q) = F_0(z,\bar{z}) + F_1(z,\bar{z})\theta + F_2(z,\bar{z})\zeta + F_3(z,\bar{z})\theta\zeta . \tag{6.70}$$

Es sei nun wieder $S = \begin{pmatrix} 1 & \xi \\ 0 & 1 \end{pmatrix}$ mit einer neuen ungeraden Variablen ξ, und es sei

$$Q' := S^{-1}QS . \tag{6.71}$$

Setzt man $Q' = \begin{pmatrix} a' & \theta' \\ \zeta' & ib' \end{pmatrix}$, so ist unmittelbar nachzurechnen, daß

$$a' = a + \zeta\xi , \quad ib' = ib + \zeta\xi , \quad \theta' = \theta + \bar{z}\xi , \quad \zeta' = \zeta \tag{6.72}$$

gilt. Schreiben wir $z' := a' + ib'$, so erhalten wir

$$z' = z + 2\zeta\xi \quad \text{und} \quad \overline{z}' = a' - ib' = \overline{z}\ .$$

Wie im Vektorfall ist dann

$$\begin{aligned} F(Q') &= F(S^{-1}QS) \\ &= F_0(z',\overline{z}') + F_1(z',\overline{z}')\theta' + F_2(z',\overline{z}')\zeta' + F_3(z',\overline{z}')\theta'\zeta'\ , \end{aligned}$$

und man erhält mit einer analogen Überlegung

$$F(Q') = F(Q) + \overline{z}\,F_1(z,\overline{z})\xi + \overline{z}\,F_3(z,\overline{z})\xi\zeta - 2\frac{\partial F_0}{\partial z}\,\xi\zeta - 2\,\frac{\partial F_1}{\partial z}\,\xi\zeta\theta\ . \qquad (6.73)$$

Definition 6.7 *Eine Superfunktion* $F = F(Q)$ *der Supermatrix* Q *heißt* S-**invariant**, *wenn* $F(S^{-1}QS) = F(Q)$ *ist.*

Aus (6.73) ergibt sich unmittelbar:

Lemma 6.8 *Eine Superfunktion* $F = F(Q)$ *ist genau dann* S*-invariant, wenn*

$$F_1 = 0 \quad \textit{und} \quad F_3(z,\overline{z}) = \frac{2}{\overline{z}}\,\frac{\partial}{\partial z}\,F_0(z,\overline{z}) \qquad (6.74)$$

ist.

Derselbe Schluß wie im Beweis von Satz 6.6 führt dann auf den folgenden Integralsatz für Matrix–Invarianten:

Satz 6.9 *Sei* $F = F(Q) \in \Lambda_{2,2}$ *eine Superfunktion von Supermatrizen des Typs* $Q = \begin{pmatrix} a & \theta \\ \zeta & ib \end{pmatrix}$. *Ist* F S*-invariant und erfüllt* F *die Verschwindungsbedingung im Unendlichen, so gilt*

$$\int F(Q)dQ = F_0(0) = F(0)\ , \qquad (6.75)$$

wobei $dQ = -\,\frac{1}{2\pi}\,dx\ dy\ d\theta\ d\zeta$ *ist.*

Einen analogen Satz erhalten wir, wenn wir statt der S–Invarianz die Invarianz bezüglich $S^t = \begin{pmatrix} 1 & 0 \\ \xi & 1 \end{pmatrix}$ fordern. Die Invarianz bezüglich S *und* S^t hat aber keine so wesentlichen Konsequenzen für die Funktion F wie im Vektorfall. F_0 ist hier nicht mehr nur eine Funktion von $|z|$, immerhin kann man aber F analog zum Vektorfall in der Form

$$F(Q) = F_0(z, \overline{z}) + \frac{2}{\overline{z}} \frac{\partial F_0(z, \overline{z})}{\partial z} \theta\zeta \tag{6.76}$$

schreiben. Ein Beispiel liefert die Superdeterminante, die invariant bezüglich *aller* Ähnlichkeitstransformationen ist. Die Superdeterminante von $Q = \begin{pmatrix} a & \theta \\ \zeta & ib \end{pmatrix}$ ist

$$\begin{aligned} s\det Q &= \left(a - (ib)^{-1}\theta\zeta\right)(ib)^{-1} \\ &= \frac{z + \overline{z}}{z - \overline{z}} \left(1 - \frac{4}{z^2 - \overline{z}^2}\, \theta\zeta\right) . \end{aligned}$$

Betrachten wir nun eine Supermatrix S der Form

$$S = \begin{pmatrix} 1 - \frac{1}{2}\,\xi\eta & -\xi \\ \eta & 1 - \frac{1}{2}\,\eta\xi \end{pmatrix} . \tag{6.77}$$

Diese Matrix ist eine $(1,1)$–**superunitäre Matrix**. Wie man leicht nachrechnen kann, hat die Invarianz einer Matrixfunktion $F(Q)$ bezüglich des durch (6.77) gegebenen S wiederum die Form (6.76) von F zur Folge.

Man kann diese Resultate noch verallgemeinern und Integralsätze für invariante Superfunktionen beweisen, die von mehreren Supervektoren und Supermatrizen abhängen. Einzelheiten findet der interessierte Leser in [14].

7. Lie–Algebren und Grundbegriffe der Darstellungstheorie

In diesem Kapitel bringen wir im wesentlichen einiges an begrifflicher Motivation für die nachfolgenden über die Darstellungstheorie der Virasoro–Algebra.

Eine (komplexe) **Lie–Algebra** ist bekanntlich ein $\mathbb{C}$–Vektorraum $\boldsymbol{g}$, auf dem eine $\mathbb{C}$–bilineare Abbildung

$$\begin{aligned} \boldsymbol{g} \times \boldsymbol{g} &\longrightarrow \boldsymbol{g} \\ (X, Y) &\longmapsto [X, Y] \end{aligned}$$

definiert ist, die folgende Eigenschaften hat:

(i) $[\,,]$ ist *alternierend*, d.h. $[X, X] = 0$ für alle $X \in \boldsymbol{g}$;

(ii) $[\,,]$ erfüllt die *Jacobi–Identität*, d.h. es gilt

$$[X, [Y, Z]] + [Y, [Z, X]] + [Z, [X, Y]] = 0$$

für alle $X, Y, Z \in \boldsymbol{g}$.

Man nennt eine Lie–Algebra **linear**, wenn sie ein Unterraum des Endomorphismenraumes eines komplexenVektorraumes V ist und ihre Multiplikation der Kommutator linearer Abbildungen ist:

$$[X, Y] = XY - YX \, .$$

Betrachtet man den Endomorphismenraum $\mathrm{End}(V)$ von V nicht als assoziative Algebra, sondern als Lie–Algebra (mit dem Kommutator als Multiplikation), so schreibt man $g\ell\,(V)$ an Stelle von $\mathrm{End}(V)$.

Sind $\boldsymbol{g}$ und $\boldsymbol{g}'$ Lie–Algebren, so heißt eine lineare Abbildung

$$\varphi : \boldsymbol{g} \longrightarrow \boldsymbol{g}'$$

ein **Homomorphismus**, wenn für alle $X, Y \in \boldsymbol{g}$

$$\varphi([X,Y]) = [\varphi(X), \varphi(Y)]$$

gilt. Ist speziell $\boldsymbol{g}' = g\ell\,(V)$ für einen komplexen Vektorraum V, so heißt φ eine **Darstellung von** g **auf** V.

Ein elementares, aber wichtiges Beispiel einer Darstellung ist die sogenannte **adjungierte Darstellung**

$$\begin{aligned} \mathrm{ad}\ : \boldsymbol{g} &\longrightarrow g\ell\,(\boldsymbol{g}) \\ X &\longmapsto \mathrm{ad}\,X\ , \end{aligned}$$

wobei $\mathrm{ad}X$ die Linksmultiplikation mit X in $\boldsymbol{g}$ ist:

$$\mathrm{ad}\ X(Y) := [X,Y]\ .$$

Wie man unmittelbar nachrechnet, ist die Jacobi–Identität (unter Verwendung der Antisymmetrie der Multiplikation) äquivalent zu

$$\mathrm{ad}\,[X,Y] = [\mathrm{ad}\ X, \mathrm{ad}\ Y] \qquad (X, Y \in \boldsymbol{g})\ ,$$

d.h. zu der Eigenschaft, daß ad eine Darstellung ist.

Ist eine Darstellung $\varphi : \boldsymbol{g} \longrightarrow g\ell\,(V)$ gegeben, so schreiben wir kurz

$$Xv := \varphi(X)(v) \tag{7.1}$$

mit $X \in \boldsymbol{g}$, $v \in V$. Die Homomorphieeigenschaft von φ lautet dann in dieser Schreibweise

$$[X,Y]v = X(Yv) - Y(Xv) \tag{7.2}$$

($X, Y \in \boldsymbol{g}$, $v \in V$). Man nennt V einen $\boldsymbol{g}$**–Modul**. Ein $\boldsymbol{g}$–Modul ist also ein komplexer Vektorraum V zusammen mit einer bilinearen Abbildung

$$\begin{aligned} \boldsymbol{g} \times V &\longrightarrow V \\ (X,v) &\longmapsto Xv\ , \end{aligned}$$

so daß (7.2) gilt. Umgekehrt definiert jede $\boldsymbol{g}$–Modulstruktur auf V mittels (7.1) eine Darstellung von $\boldsymbol{g}$ auf V. Die Sprache der Darstellungen der Lie–Algebra $\boldsymbol{g}$ ist also äquivalent zur Sprache der $\boldsymbol{g}$–Moduln. Letztere ist allerdings in vieler Hinsicht bequemer.

Sind V und W $\boldsymbol{g}$–Moduln, so ist die direkte Summe $V \oplus W$ wieder ein $\boldsymbol{g}$–Modul:

$$X(v \oplus w) := Xv \oplus Xw\ . \tag{7.3}$$

Ebenso ist das Tensorprodukt $V \otimes W$ ein $\boldsymbol{g}$–Modul:

$$X(v \otimes w) := (Xv) \otimes w + v \otimes Xw\ . \tag{7.4}$$

[Der naheliegend erscheinende Versuch, $X(v \otimes w) = Xv \otimes Xw$ zu setzen, funktioniert nur für Darstellungen von *Gruppen*. Da jede (endlichdimensionale) Lie–Algebra der Tangentialraum im neutralen Element einer Lie–Gruppe ist, erhält man (7.4) durch Differentiation (Leibniz–Regel!) aus dem Tensorproduktansatz für Darstellungen von Lie–Gruppen.]

Ein Unterraum U eines $\boldsymbol{g}$–Moduls V heißt ein **$\boldsymbol{g}$–Untermodul**, wenn $Xu \in U$ ist für alle $X \in \boldsymbol{g}$ und alle $u \in U$.

In der Sprache der Darstellungen ist U ein **invarianter Unterraum** für die gegebene Darstellung, und man erhält eine Darstellung von $\boldsymbol{g}$ auf dem Unterraum U von V.

Ein $\boldsymbol{g}$–Modul V heißt **irreduzibel**, wenn 0 und V die einzigen $\boldsymbol{g}$–Untermoduln von V sind. Die zugehörige Darstellung wird dann ebenfalls irreduzibel genannt.

Betrachten wir als Beispiel wieder die adjungierte Darstellung $\mathrm{ad} : \boldsymbol{g} \longrightarrow g\ell\,(\boldsymbol{g})$. Wir setzen $\dim \boldsymbol{g} > 1$ voraus, weil sonst $\mathrm{ad} = 0$ ist. Bezüglich der durch ad definierten $\boldsymbol{g}$–Modulstruktur auf $\boldsymbol{g}$ ist ein Unterraum $\boldsymbol{a} \subseteq \boldsymbol{g}$ genau dann ein $\boldsymbol{g}$–Untermodul, wenn $\boldsymbol{a}$ ein Ideal von $\boldsymbol{g}$ ist. Die adjungierte Darstellung ist also genau dann irreduzibel, wenn die Lie–Algebra $\boldsymbol{g}$ **einfach** ist, d.h. keine Ideale außer 0 und $\boldsymbol{g}$ hat.

Man nennt einen $\boldsymbol{g}$–Modul V **vollständig reduzibel**, wenn V direkte Summe irreduzibler $\boldsymbol{g}$–Untermoduln ist. Ist V endlichdimensional, so ist V genau dann vollständig reduzibel, wenn zu jedem $\boldsymbol{g}$–Untermodul U von V ein $\boldsymbol{g}$–Untermodul W von V existiert, so daß $U \oplus W = V$ ist.

Ein wichtiges Hilfsmittel in der Darstellungstheorie von Lie–Algebren ist die universelle einhüllende Algebra einer Lie–Algebra $\boldsymbol{g}$. Ihre Definition ist folgendermaßen motiviert: Betrachten wir einen $\boldsymbol{g}$–Modul V. Für jedes $v \in V$ und für alle $X_1, \ldots, X_n \in \boldsymbol{g}$ ist $X_1 \ldots X_n v$ wieder ein Element von V, wobei das Produkt $X_1 \ldots X_n$ als die Hintereinanderausführung der auf V definierten Operatoren $X_1, \ldots, X_n$ zu verstehen ist. Die lineare Hülle der Elemente $X_1 \ldots X_n v$, wobei n die nicht–negativen ganzen Zahlen durchläuft (für $n = 0$ ist $X_1 \ldots X_n$ das leere Produkt, also die identische Abbildung von V) und die $X_i \in \boldsymbol{g}$ sind, ist ein $\boldsymbol{g}$–Untermodul von V. Ist V ein einfacher $\boldsymbol{g}$–Modul, so ist für $v \neq 0$ diese lineare Hülle ganz V. Die Darstellung von $\boldsymbol{g}$ auf V ist dann *zyklisch*, und v ist ein zyklischer Vektor. Die Produkte $X_1 \ldots X_n$ gehören aber im allgemeinen nicht mehr zur Lie–Algebra $\boldsymbol{g}$ (z.B. hat ein Produkt von Spur 0–Matrizen im allgemeinen nicht mehr die

Spur 0). Sie erzeugen aber eine assoziative Algebra, deren Relationen durch die Darstellungsbedingung

$$[X,Y]v = XYv - YXv$$

gegeben sind. Diese assoziative Algebra kann man folgendermaßen konstruieren, ohne eine Darstellung von $\mathfrak{g}$ zu benutzen: Sei $\mathcal{T}(\mathfrak{g})$ die Tensoralgebra von $\mathfrak{g}$, d.h.

$$\mathcal{T}(g) = \sum_{n\in\mathbb{Z}_+}^{\oplus} g^{\otimes n} ,$$

wobei $\mathfrak{g}^{\otimes n} = \mathfrak{g} \otimes \cdots \otimes \mathfrak{g}$ das n–fache Tensorprodukt von $\mathfrak{g}$ mit sich selbst ist. In $\mathcal{T}(\mathfrak{g})$ betrachten wir das von den Elementen

$$X \otimes Y - Y \otimes X - [X,Y] \qquad (X, Y \in \mathfrak{g})$$

erzeugte zweiseitige Ideal $\mathcal{F}(\mathfrak{g})$. Die Quotientenalgebra

$$\mathrm{U}(\mathfrak{g}) := \mathcal{T}(\mathfrak{g}) / \mathcal{F}(\mathfrak{g})$$

ist eine *assoziative Algebra mit Einselement.* $\mathrm{U}(\mathfrak{g})$ heißt die **universelle einhüllende Algebra der Lie–Algebra** $\mathfrak{g}$. Dieser Name ist durch zwei wichtige Eigenschaften motiviert. Sei $\pi : \mathcal{T}(\mathfrak{g}) \longrightarrow \mathrm{U}(\mathfrak{g})$ die kanonische Projektion der Tensoralgebra $\mathcal{T}(\mathfrak{g})$ auf die Quotientenalgebra $\mathrm{U}(\mathfrak{g})$, j die kanonische Einbettung von $\mathfrak{g}$ in die Tensoralgebra $\mathcal{T}(\mathfrak{g})$. Die Zusammensetzung $\iota := \pi \circ j$ ist eine lineare Abbildung

$$\iota : \mathfrak{g} \longrightarrow \mathrm{U}(\mathfrak{g})$$

mit der Eigenschaft

$$\iota[X,Y] = \iota(X)\iota(Y) - \iota(Y)\iota(X) .$$

(Wir schreiben für das Produkt zweier Elemente $A, B \in \mathrm{U}(\mathfrak{g})$ einfach AB.)

Die Algebra $\mathrm{U}(\mathfrak{g})$ ist nun im folgenden Sinne *universell*: Ist A irgendeine assoziative Algebra und bezeichnen wir mit $\mathcal{L}_A$ die zugehörige Lie–Algebra mit dem Kommutator als Multiplikation (d.h. $\mathcal{L}_A = A$ als Vektorraum und $[a,b] := ab - ba$), so gibt es zu jedem Lie–Algebren–Homomorphismus

$$\varphi : \mathfrak{g} \longrightarrow \mathcal{L}_A$$

genau einen Homomorphismus

$$\widehat{\varphi} : \mathbf{U}(\boldsymbol{g}) \longrightarrow A$$

assoziativer Algebren, so daß das Diagramm

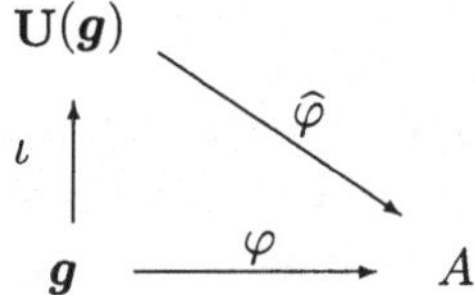

kommutativ ist.

Der Nachweis dieser universellen Eigenschaft von $\mathbf{U}(\boldsymbol{g})$ ist eine einfache Übungsaufgabe (man nutze die universelle Eigenschaft der Tensoralgebra aus). Sie impliziert insbesondere, daß es bis auf Isomorphie genau eine assoziative Algebra mit dieser Eigenschaft gibt.

Die zweite namengebende Eigenschaft für $\mathbf{U}(\boldsymbol{g})$ ist die Tatsache, daß die Abbildung

$$\iota : \boldsymbol{g} \longrightarrow \mathbf{U}(\boldsymbol{g})$$

injektiv ist. In diesem Sinne ist $\mathbf{U}(\boldsymbol{g})$ *einhüllend* für $\boldsymbol{g}$. Diese zweite Eigenschaft ist nicht unmittelbar einsichtig. Für nicht–abelsches $\boldsymbol{g}$ hat nämlich $\mathbf{U}(\boldsymbol{g})$ eine sehr komplizierte Struktur, was im wesentlichen darin begründet ist, daß in diesem Fall $\mathcal{F}(\boldsymbol{g})$ *kein graduiertes* Ideal der Tensoralgebra $\mathcal{T}(\boldsymbol{g})$ ist. (Für abelsches $\boldsymbol{g}$ ist $\mathbf{U}(\boldsymbol{g})$ einfach die symmetrische Tensoralgebra $S(\boldsymbol{g})$.) Ein fundamentaler Satz über $\mathbf{U}(\boldsymbol{g})$ ist das Theorem von Poincaré, Birkhoff und Witt, der explizit eine (algebraische) Basis für den Vektorraum $\mathbf{U}(\boldsymbol{g})$ angibt.

Theorem 7.1 *Sei $(X_1, \ldots, X_n)$ eine Basis von $\boldsymbol{g}$. Dann bilden die Monome $X_1^{k_1} \cdots X_n^{k_n}$ mit $(k_1, \ldots, k_n) \in \mathbb{Z}_+^n$ eine Basis des Vektorraums $\mathbf{U}(\boldsymbol{g})$.*

Ein analoger Satz gilt auch für Lie–Algebren, deren Dimension abzählbar unendlich ist.

Den recht aufwendigen Beweis dieses — kurz „PBW–Theorem“ genannten — Satzes findet man in [30] oder (für den Fall, daß $\boldsymbol{g}$ endlichdimensional ist) in [34].

Aus dem PBW–Theorem folgt unmittelbar, daß die Abbildung $\iota : \boldsymbol{g} \longrightarrow \mathbf{U}(\boldsymbol{g})$ injektiv ist, so daß wir $\boldsymbol{g}$ als einen Teil von $\mathbf{U}(\boldsymbol{g})$ auffassen können, genauer: als Unteralgebra der zugehörigen Lie–Algebra $\mathcal{L}_{\mathbf{U}(\boldsymbol{g})}$.
Wir weisen noch auf zwei unmittelbare Folgerungen hin:

(1) Auch wenn $\boldsymbol{g}$ endlichdimensional ist, hat $\mathbf{U}(\boldsymbol{g})$ unendliche Dimension. (Natürlich ist der Fall $\boldsymbol{g} = 0$ eine Ausnahme, denn dann ist $\mathbf{U}(\boldsymbol{g}) \simeq \mathbb{C}$. Aber dieser Fall interessiert uns nicht.)

(2) Ist V ein $\boldsymbol{g}$–Modul, so zeigt die universelle Eigenschaft von $\mathbf{U}(\boldsymbol{g})$, angewandt auf $A = \mathrm{End}(V)$, daß V auch ein $\mathbf{U}(\boldsymbol{g})$–Modul ist.

   Umgekehrt zeigt die Injektivität von ι, daß jeder $\mathbf{U}(\boldsymbol{g})$–Modul auch ein $\boldsymbol{g}$–Modul ist.

Die Darstellungstheorien von $\boldsymbol{g}$ und von $\mathbf{U}(\boldsymbol{g})$ sind also äquivalent.

Zu den wichtigsten endlichdimensionalen Lie–Algebren gehören die **halbeinfachen** Lie–Algebren. Es gibt verschiedene äquivalente Definitionen für Halbeinfachheit. Wir nennen hier nur die folgenden:

(i) $\boldsymbol{g}$ ist **halbeinfach**, wenn $\boldsymbol{g}$ endliche direkte Summe einfacher Ideale ist (wie schon vorher erwähnt, heißt eine Lie–Algebra **einfach**, wenn ihre Dimension größer als 1 ist und wenn sie außer 0 keine weiteren echten Ideale enthält).

(ii) $\boldsymbol{g}$ ist halbeinfach, wenn es außer 0 kein abelsches Ideal von $\boldsymbol{g}$ gibt (eine Lie–Algebra heißt *abelsch*, wenn ihre Multiplikation die Nullabbildung ist).

(iii) $\boldsymbol{g}$ ist halbeinfach, wenn die **Killingform**

$$\begin{array}{rcl} B : \boldsymbol{g} \times \boldsymbol{g} & \longrightarrow & \mathbb{C} \\ (X, Y) & \longmapsto & \mathrm{tr}\,(\,\mathrm{ad}\, X\ \mathrm{ad}\, Y) \end{array}$$

nicht–ausgeartet ist.

Beweise für diese Aussagen sowie für die im folgenden zitierten Resultate findet man zum Beispiel in [30].

Beispiel 7.2 Sei $s\ell(n, \mathbb{C}) := \{X \in g\ell\,(\mathbb{C}^n) \mid \mathrm{tr}\, X = 0\}$. $s\ell(n, \mathbb{C})$ heißt die **spezielle lineare Lie–Algebra**. Man kann zeigen, daß ihre Killingform

$$B(X, Y) = 2n\,\mathrm{tr}\,(XY)$$

ist. $s\ell(n, \mathbb{C})$ ist somit halbeinfach, und man kann darüber hinaus zeigen, daß $s\ell(n, \mathbb{C})$ sogar einfach ist.

Von fundamentaler Bedeutung ist die **Wurzelraumzerlegung** einer halbeinfachen Lie–Algebra, die wir im folgenden grob skizzieren wollen.

Wir betrachten in $\boldsymbol{g}$ Elemente H, für die $\operatorname{ad} H : \boldsymbol{g} \longrightarrow \boldsymbol{g}$ *halbeinfach*, d.h. in unserem Fall *diagonalisierbar* ist. Sei $\mathcal{H} \subseteq \boldsymbol{g}$ eine maximale Unteralgebra von $\boldsymbol{g}$, die nur aus solchen Elementen besteht. Nach dem *Satz von Engel* ist $\mathcal{H}$ von Null verschieden. Man kann zeigen, daß $\mathcal{H}$ *abelsch* und *selbstzentralisierend* ist, d.h. daß ein Element $X \in \boldsymbol{g}$, das mit allen $H \in \mathcal{H}$ kommutiert, schon zu $\mathcal{H}$ gehören muß. $\mathcal{H}$ heißt eine **Cartan–Unteralgebra** von $\boldsymbol{g}$.

Da die $\operatorname{ad} H$ für $H \in \mathcal{H}$ miteinander vertauschbar und alle diagonalisierbar sind, zerfällt $\boldsymbol{g}$ in simultane Eigenräume für die $\operatorname{ad} H$. Es gibt also Linearformen $\alpha_1, \ldots, \alpha_s \in \mathcal{H}^* \setminus \{0\}$, so daß

$$\boldsymbol{g} = \mathcal{H} \oplus \sum_{i=1}^{s}{}^{\oplus} \boldsymbol{g}_{\alpha_i} \tag{7.5}$$

ist, wobei $\boldsymbol{g}_{\alpha_i} \neq 0$ der Raum aller $X \in \boldsymbol{g}$ ist, für die

$$[H, X] = \alpha_i(H)X$$

für alle $H \in \mathcal{H}$ gilt. Die Eigenräume $\boldsymbol{g}_{\alpha_i}$ sind sämtlich eindimensional. Die Linearformen $\alpha_1, \ldots, \alpha_s$ heißen die **Wurzeln von $\boldsymbol{g}$ bezüglich der Cartan–Unteralgebra** $\mathcal{H}$, und (7.5) nennt man die zugehörige **Wurzelraumzerlegung von $\boldsymbol{g}$**.

Ganz allgemein setzt man für $\lambda \in \mathcal{H}^*$

$$\boldsymbol{g}_\lambda := \{X \in \boldsymbol{g} \mid [H, X] = \lambda(H)X \ \text{ für alle } \ H \in \mathcal{H}\} .$$

Genau dann ist $\boldsymbol{g}_\lambda \neq 0$, wenn λ eine Wurzel von $\boldsymbol{g}$ ist.

Man kann ferner zeigen, daß es eine Teilmenge Δ der Menge $\Phi = \{\alpha_1, \ldots, \alpha_s\}$ aller Wurzeln von $\boldsymbol{g}$ gibt, so daß Δ eine Basis von $\mathcal{H}^*$ ist, und jede Wurzel $\beta \in \Phi$ eine Darstellung

$$\beta = \sum_{\alpha \in \Delta} k_\alpha \, \alpha$$

besitzt, wobei die k_α *ganze Zahlen* sind, und entweder *alle* k_α *nicht–negativ* oder *alle* k_α *nicht–positiv* sind.

Die $\beta \in \Phi$ mit $k_\alpha \geq 0$ heißen **positive Wurzeln**, die anderen **negative Wurzeln**. Die Elemente von Δ selbst heißen **einfache Wurzeln**. Die Menge der positiven Wurzeln wird mit Φ_+, die der negativen Wurzeln mit Φ_- bezeichnet.

Dann ist $\Phi = \Phi_+ \cup \Phi_-$, und da mit $\beta \in \Phi$ auch $-\beta \in \Phi$ ist, gilt

$$\# \Phi_+ = \# \Phi_- .$$

Wie man leicht nachprüft, ist

$$[\mathfrak{g}_\alpha, \mathfrak{g}_\beta] \subseteq \mathfrak{g}_{\alpha+\beta} \, .$$

Also ist

$$\mathcal{B} := \mathcal{H} \oplus \sum_{\beta \in \Phi_+}^{\oplus} \mathfrak{g}_\beta$$

eine Unteralgebra von $\mathfrak{g}$. Sie heißt die **Standard–Borelalgebra** von $\mathfrak{g}$ bezüglich Δ.

Kehren wir nun zur Darstellungstheorie zurück. Ein fundamentaler Satz der Darstellungstheorie halbeinfacher Lie–Algebren ist der

Satz 7.3 (Satz von H. Weyl) *Sei $\mathfrak{g}$ eine halbeinfache Lie–Algebra. Dann ist jeder endlichdimensionale $\mathfrak{g}$–Modul vollständig reduzibel.*

Eine wichtige Konsequenz dieses Satzes ist das folgende

Korollar 7.4 *Sei φ eine Darstellung der halbeinfachen Lie–Algebra $\mathfrak{g}$ auf dem Vektorraum V, und sei $X \in \mathfrak{g}$ so, daß $\operatorname{ad} X \in \mathfrak{gl}(\mathfrak{g})$ diagonalisierbar ist. Dann ist auch $\varphi(X) \in \mathfrak{gl}(V)$ diagonalisierbar.*

Betrachten wir nun eine Cartan–Unteralgebra $\mathcal{H}$ der halbeinfachen Lie–Algebra $\mathfrak{g}$ und eine Darstellung φ von $\mathfrak{g}$ auf einem endlichdimensionalen komplexen Vektorraum V. $\varphi(\mathcal{H})$ ist dann eine abelsche Unteralgebra diagonalisierbarer linearer Operatoren auf V, ist also simultan diagonalisierbar. Somit zerfällt V in eine direkte Summe von simultanen Eigenräumen von $\varphi(\mathcal{H})$:

$$V = \sum_{\lambda \in \mathcal{H}^*}^{\oplus} V_\lambda \, ,$$

wobei

$$V_\lambda = \{v \in V \mid H.v = .\lambda(H)v \text{ für alle } H \in \mathcal{H}\}$$

ist. Ist $V_\lambda \neq 0$, so heißt λ ein **Gewicht** des $\boldsymbol{g}$–Moduls V. Wie man leicht nachrechnet, ist

$$\boldsymbol{g}_\alpha V_\lambda \subseteq V_{\alpha+\lambda}$$

für jede Wurzel α von $\boldsymbol{g}$ und jedes Gewicht λ von V.

Der folgende Begriff ist von grundlegender Bedeutung:

Definition 7.5 *Ein von Null verschiedener Vektor* $v_0 \in V_\lambda$ *heißt ein* **Höchstgewichtsvektor** *(oder auch* **Vakuumvektor***), wenn*

$$\boldsymbol{g}_\alpha v_0 = 0$$

ist für jede positive Wurzel α *von* $\boldsymbol{g}$. *Das Gewicht* λ *heißt dann ein* **Höchstgewicht**.

λ ist *maximal* im Sinne der folgenden Halbordnung auf $\mathcal{H}^*$: Für $\mu, \nu \in \mathcal{H}^*$ sei $\mu < \nu$, wenn $\nu - \mu$ Summe positiver Wurzeln von $\boldsymbol{g}$ ist. Wäre λ bezüglich dieser Halbordnung nicht maximal, so wäre $\boldsymbol{g}_\alpha v_0 \neq 0$ für wenigstens eine positive Wurzel α von $\boldsymbol{g}$.

Ist V ein unendlichdimensionaler $\boldsymbol{g}$–Modul, so gibt es im allgemeinen keinen Höchstgewichtsvektor in V. Ist dagegen, wie hier vorausgesetzt, V ein endlichdimensionaler $\boldsymbol{g}$–Modul, so gibt es nach dem *Satz von Lie* einen von Null verschiedenen Vektor $v_0 \in V$, der gemeinsamer Eigenvektor für die Standard–Borelalgebra $\mathcal{B} = \mathcal{H} \oplus \sum_{\alpha\in\Phi_+}{}^{\oplus}\, \boldsymbol{g}_\alpha$ ist: es gibt ein $\lambda \in \mathcal{H}^*$, so daß

$$Xv_0 = \lambda(X)v_0$$

für alle $X \in \mathcal{B}$ ist. Dann ist $v_0 \in V_\lambda$, und wegen

$$Xv_0 \in V_{\alpha+\lambda}$$

für alle $X \in \boldsymbol{g}_\alpha$, muß $\boldsymbol{g}_\alpha v_0 = 0$ sein für alle positiven Wurzeln α. v_0 ist also ein Höchstgewichtsvektor.

Höchstgewichtsvektoren sind der Schlüssel für die endlichdimensionale Darstellungstheorie halbeinfacher Lie–Algebren. An dieser Theorie ist die Darstellungstheorie der Virasoro–Algebra, die wir im folgenden behandeln werden, wesentlich orientiert.

8. Höchstgewichtsdarstellungen der Virasoro–Algebra

8.1 Überblick

Die Untersuchung unendlichdimensionaler Lie–Algebren begann in den sechziger Jahren. Die in der Physik bekanntesten Beispiele unendlichdimensionaler Lie–Algebren sind die *Strom–Algebren* und die *Virasoro–Algebra*. Die Strom–Algebren werden auch *Kac–Moody–Algebren* genannt. Sie sind eine unendlichdimensionale Verallgemeinerung der halbeinfachen komplexen Lie–Algebren [31]. Die Virasoro–Algebra ist in der Physik im Rahmen der frühen Stringtheorie entstanden. Unabhängig davon wurde sie von I.M. Gelfand und D.B. Fuchs [23] als zentrale Erweiterung der Lie–Algebra der polynomialen Vektorfelder auf dem Einheitskreis eingeführt. Neben der Stringtheorie spielen die Virasoro–Algebra und ihre Verallgemeinerung eine besondere Rolle in zweidimensionalen Quantenfeldtheorien und der statistischen Mechanik.

Die Untersuchung der Virasoro–Algebra ist vor allem die Untersuchung ihrer *Darstellungstheorie.*

Eines der wichtigsten Resultate auf diesem Gebiet ist die *Determinantenformel* von V.G. Kac, mit der man die Irreduzibilität einer vorgelegten Höchstgewichtsdarstellung der Virasoro–Algebra entscheiden kann. Der Beweis dieser Formel ist ebenso lang wie schwierig. Den ersten vollständigen Beweis findet man in der umfassenden Arbeit von B.L. Feigin und D.B. Fuchs [20]. Weitere Beweise werden u.a. in [46] und [32] gegeben.

Wir bringen hier einen Beweis, der sich auf Arbeiten von C.B. Thorn [57], A. Tsuchiya u. Y. Kanie [58], G. Felder [21] und V.S. Dotsenko u. V.A. Fateev [19] stützt. Einzelheiten wurden von W. Boenkost [4] ausgearbeitet. Im Gegensatz zu [58], wo für die Abschirmung der Vertexoperatoren homologische Methoden benutzt wurden, verwenden wir die Konturen–Methode aus [21]. Funktionalanalytische Überlegungen im Zusammenhang mit Vertexoperatoren sind den Arbeiten [4], [5] und [6] entnommen.

Wir vermuten, daß funktionalanalytische Methoden in zukünftigen Entwicklungen der konformen Quantenfeldtheorie und ihrer Anwendungen an Bedeutung gewinnen werden.

Gelfand und Fuchs folgend, führen wir die Virasoro–Algebra ein als zentrale Erweiterung der Lie–Algebra W der polynomialen Vektorfelder auf dem Einheitskreis $S^1 = \{z \in \mathbb{C} \mid |z| = 1\}$. Es sei

$$W := \sum_{n\in\mathbb{Z}}^{\oplus} \mathbb{C}L_n \ , \tag{8.1}$$

wobei

$$L_n := -z^{n+1}\,\frac{d}{dz} \qquad (n \in \mathbb{Z}) \tag{8.2}$$

ist. Es ist leicht nachzurechnen, daß die Basiselemente L_n die Vertauschungsrelationen

$$[L_n, L_m] = (n-m)L_{n+m} \tag{8.3}$$

für alle $n, m \in \mathbb{Z}$ erfüllen. Sei

$$\mathbf{Vir} := W \oplus \mathbb{C}\, C$$

die Lie–Algebra, die als zentrale Erweiterung von W durch C entsteht (man beachte, daß das Zentrum von W gleich 0 ist). Dies bedeutet, daß die Vertauschungsrelationen (8.3) ersetzt werden durch

$$\begin{aligned} [L_n, L_m] &= (n-m)L_{n+m} + a(n,m)C \ , \\ [L_n, C] &= 0 \ , \end{aligned} \tag{8.4}$$

wobei $a : \mathbb{Z}\times\mathbb{Z} \longrightarrow \mathbb{C}$ eine noch zu bestimmende Funktion ist. Die Forderung, daß die Vertauschungsrelationen (8.4) eine Lie–Algebra definieren, führt zu Relationen für die Funktion a:

Die Antisymmetrie $[L_n, L_m] = -[L_m, L_n]$ ist äquivalent zu

$$a(n,m) = -a(m,n) \ ,$$

während die Gültigkeit der Jacobi–Identität äquivalent ist zu

$$(m-n)a(k, m+n) + (n-k)a(m, k+n) + (k-m)a(n, k+m) = 0$$

für alle $k, m, n \in \mathbb{Z}$.

Durch diese Bedingungen ist a bereits im wesentlichen festgelegt: es ist

$$a(n,m) = \alpha(n^3 - n)\delta_{n,-m} \ ,$$

wobei α eine beliebige Konstante ist, die man wegen der Skalierungsfreiheit in C beliebig festlegen kann. Die übliche Wahl ist $\alpha = \frac{1}{12}$.

Die **Virasoro–Algebra Vir** ist die komplexe Lie–Algebra mit Basis L_n $(n \in \mathbb{Z})$ und C, deren Multiplikation durch die Vertauschungsrelationen

$$\begin{aligned} [L_n, C] &= 0, \\ [L_n, L_m] &= (n-m)L_{n+m} + \delta_{n,-m} \frac{n^3-n}{12} C \end{aligned} \tag{8.5}$$

$(n, m \in \mathbb{Z})$ definiert ist.

Untersucht man Darstellungen von **Vir** auf einem komplexen Vektorraum V, so kann man C als komplexes Vielfaches der identischen Abbildung von V betrachten. C bezeichnet man deshalb auch als *zentrale Ladung* der Virasoro–Algebra.

8.2 Kanonische Vertauschungsrelationen

Wir beschränken uns hier auf den sogenannten *Bosonen–Fall* und betrachten Operatoren a_n $(n \in \mathbb{Z})$, die die **kanonischen Vertauschungsrelationen**

$$[a_m, a_n] = m\delta_{m,-n} \qquad (m, n \in \mathbb{Z})$$

erfüllen. Wir betrachten als Beispiel den Fockraum

$$\mathcal{F} := \mathbb{C}[x_1, x_2, x_3, \ldots]$$

aller komplexen Polynome in abzählbar unendlichvielen Variablen $x_1, x_2, x_3, \ldots$ und definieren als lineare Operatoren auf $\mathcal{F}$:

$$\begin{aligned} a_n &:= \frac{\partial}{\partial x_n} \qquad (n \in \mathbb{N}), \\ a_{-n} &:= n\mu_{x_n} \qquad (n \in \mathbb{N}), \end{aligned}$$

wobei μ_{x_n} den Operator der Multiplikation mit x_n bezeichnet,

$$a_0 := \mathrm{id}\ .$$

Dann zeigt eine einfache Rechnung, daß die so definierten Operatoren die kanonischen Vertauschungsrelationen erfüllen.

Sei $\mathcal{A}_0$ die von den a_n $(n \in \mathbb{Z})$ erzeugte Lie–Algebra, wobei die Multiplikation durch die kanonischen Vertauschungsrelationen gegeben ist. Unter Verwendung dieser Relationen sieht man unmittelbar, daß die a_n $(n \in \mathbb{Z})$ eine Basis des Vektorraums $\mathcal{A}_0$ bilden. Wir erweitern $\mathcal{A}_0$ durch ein zentrales Element b, für das wir die Relationen $[b, a_n] = 0$ $(n \in \mathbb{Z})$ hinzunehmen (der Sinn dieser „zentralen Erweiterung" wird erst später ersichtlich). Dadurch entsteht eine Lie–Algebra $\mathcal{A}$, die $\{a_n \mid n \in \mathbb{Z}\} \cup \{b\}$ als Basis über $\mathbb{C}$ besitzt und deren Multiplikation durch

$$\begin{aligned} [a_m, a_n] &= m\delta_{m,-n} , \\ [b, a_n] &= 0 \end{aligned} \tag{8.6}$$

$(m, n \in \mathbb{Z})$ definiert ist. $\mathcal{A}$ heißt **Heisenberg–Algebra** oder auch **Oszillatoralgebra**.

In unserem Beispiel ist es naheliegend, für b ein skalares Vielfaches der identischen Abbildung von $\mathcal{F}$ zu nehmen. Damit ergibt sich eine *Darstellung* der Heisenberg–Algebra $\mathcal{A}$ auf dem Fockraum $\mathbb{C}[x_1, x_2, x_3, \ldots]$. Wir werden solche Fockraum–Darstellungen in Abschnitt 8.3 genauer studieren.

Sei $\overline{\mathcal{A}} := \mathbf{U}(\mathcal{A})$ die universelle einhüllende Algebra der Lie–Algebra $\mathcal{A}$. Auf Grund des Satzes von Poincaré–Birkhoff–Witt können wir $\overline{\mathcal{A}}$ als die von den a_n's und b erzeugte assoziative Algebra auffassen, so daß die Relationen (8.6) gültig sind. Eine Basis von $\overline{\mathcal{A}}$ bilden die Monome

$$\ldots a_n^{i_n} \ldots a_1^{i_1} \, a_0^{i_0} \, b^j \, a_{-1}^{k_1} \ldots a_{-m}^{k_m} \cdots ,$$

wobei fast alle Exponenten gleich Null sind (es kommen also in jedem dieser Monome nur endlichviele Faktoren vor).

Wir definieren auf $\overline{\mathcal{A}}$ eine $\mathbb{Z}$*–Graduierung* durch

$$\begin{aligned} \deg a_n &:= -n \qquad (n \in \mathbb{Z}) , \\ \deg b &:= 0 \end{aligned} \tag{8.7}$$

und die übliche Additivität des Grades (der Grad eines Produktes ist die Summe der Grade der Faktoren). $\overline{\mathcal{A}}$ läßt sich damit als direkte Summe homogener Unterräume $\overline{\mathcal{A}}(d)$ schreiben:

$$\overline{\mathcal{A}} = \sum_{d \in \mathbb{Z}}^{\oplus} \overline{\mathcal{A}}(d) .$$

Sei $M = (m_1, m_2, m_3, \ldots)$ eine Folge nicht–negativer ganzer Zahlen m_j, so daß

$$\|M\| := \sum_{j \in \mathbb{N}} j m_j < \infty$$

ist. Solche Summen treten auf als Grade von Produkten $\prod_{j\in\mathbb{N}} a_{-j}^{m_j} \in \overline{\mathcal{A}}$. Wir bezeichnen Elemente $\dots a_3^{m_3}\, a_2^{m_2}\, a_1^{m_1} \in \overline{\mathcal{A}}$ kurz mit $A_+(M)$, wobei $M = (m_1, m_2, \dots)$, $\|M\| < \infty$, ist.

Analog werden Elemente der Form $a_{-1}^{n_1}\, a_{-2}^{n_2} \dots \in \overline{\mathcal{A}}$ mit $A_-(N)$ bezeichnet, wobei $N = (n_1, n_2, n_3, \dots)$ und $\|N\| < \infty$ ist. Aus dem PBW–Theorem und den Vertauschungsrelationen (8.6) folgt dann unmittelbar, daß jedes homogene Element vom Grade d der Algebra $\overline{\mathcal{A}}$ in eindeutiger Weise dargestellt werden kann als endliche Summe

$$\sum_{\|N\|-\|M\|=d} c_{M,N}(a_0, b) A_+(M) A_-(N) , \tag{8.8}$$

wobei die $c_{M,N}(a_0, b)$ Polynome aus $\mathbb{C}[a_0, b]$ sind.

Im folgenden definieren wir eine Vervollständigung der Algebra $\overline{\mathcal{A}}$ bezüglich einer linearen Topologie.

Die Schwierigkeit mit $\overline{\mathcal{A}}$ besteht darin, daß die Unterräume $\overline{\mathcal{A}}(d)$ unendliche Dimensionen haben, da sich beliebig hohe positive und negative Grade in den festen Grad d kombinieren lassen.

Wir definieren zunächst eine Filtrierung von $\overline{\mathcal{A}}(d)$,

$$\overline{\mathcal{A}}(d) = \overline{\mathcal{A}}_0(d) \supset \overline{\mathcal{A}}_1(d) \supset \overline{\mathcal{A}}_2(d) \supset \cdots$$

durch die folgende Vorschrift: ein Element der Form (8.8) gehört zu $\overline{\mathcal{A}}_n(d)$ genau dann, wenn

$$c_{M,N}(a_0, b) = 0 \quad \text{ist für } \|M\| < n .$$

Die Multiplikation von homogenen Elementen verknüpft die $\mathbb{Z}$–Graduierung und die oben definierte Filtrierung in der folgenden Weise:

$$\begin{aligned} \overline{\mathcal{A}}_{n_1}(d_1) \times \overline{\mathcal{A}}_{n_2}(d_2) &\longrightarrow \overline{\mathcal{A}}_n(d_1 + d_2) \\ (h_1, h_2) &\longmapsto h_1 \cdot h_2 \end{aligned}$$

mit $n = \max(n_1 - d_1, n_2)$. Die Faktorräume $\overline{\mathcal{A}}(d) / \overline{\mathcal{A}}_n(d)$ sind nach Konstruktion endlichdimensional. Die Elemente von $\overline{\mathcal{A}}(d) / \overline{\mathcal{A}}_n(d)$ können wir als *endliche* Summen $\sum_{\|N\|-\|M\|=d} c_{M,N}\, A_+(M) A_-(N)$ auffassen, für die $c_{M,N} = 0$

ist für $\|M\| \geq n$. Wegen $\overline{\mathcal{A}}_m(d) \subseteq \overline{\mathcal{A}}_n(d)$ für $m \geq n$ erhalten wir kanonische Abbildungen

$$\overline{\mathcal{A}}(d) \Big/ \overline{\mathcal{A}}_m(d) \quad \xrightarrow{p_{n,m}} \quad \overline{\mathcal{A}}(d) \Big/ \overline{\mathcal{A}}_n(d) \,,$$

die ein *projektives Spektrum* bilden:

$$p_{n,k} = p_{n,m} \circ p_{m,k}$$

für $k \geq m \geq n$ und $p_{n,n} = \mathrm{id}$. Somit können wir den **projektiven Limes**

$$\widehat{\mathcal{A}}(d) := \varprojlim \overline{\mathcal{A}}(d) \Big/ \overline{\mathcal{A}}_n(d)$$

der Quotientenräume bilden. Der projektive Limes $\widehat{\mathcal{A}}(d)$ ist nach Definition die Menge aller Folgen $(\widetilde{h}_n)_{n\geq 0} \in \prod\limits_{n\geq 0} \overline{\mathcal{A}}(d) \Big/ \overline{\mathcal{A}}_n(d)$ mit der Eigenschaft

$$\widetilde{h}_n = p_{n,m}(\widetilde{h}_m)$$

für alle $m, n \in \mathbb{N}_0$ mit $m \geq n$. Wir können die Elemente von $\widehat{\mathcal{A}}(d)$ auch als (formale) unendliche Summen der Form (8.8) darstellen, indem wir $\widetilde{h}_n$ mit der endlichen Summe $\sum\limits_{\substack{\|N\|-\|M\|=d \\ \|M\|<n}} c_{M,N}(a_0, b)A_+(M)A_-(N)$ identifizieren. Die definierende Eigenschaft des projektiven Limes sichert dann, daß $\sum\limits_{\substack{\|N\|-\|M\|=d \\ \|M\|<m}} c_{M,N}A_+(M)A_-(N)$ für $m > n$ eine ‚Fortsetzung' von $\sum\limits_{\substack{\|N\|-\|M\|=d \\ \|M\|<n}} c_{M,N}A_+(M)A_-(N)$ ist. Die Quotienten $\overline{\mathcal{A}}(d) \Big/ \overline{\mathcal{A}}_n(d)$ tragen als endlichdimensionale komplexe Vektorräume eine eindeutige Struktur als normierte Vektorräume.

Der projektive Limes $\widehat{\mathcal{A}}(d)$ wird mit der gröbsten Topologie versehen, für die alle Projektionen

$$p_n : \widehat{\mathcal{A}}(d) \longrightarrow \overline{\mathcal{A}}(d) \Big/ \overline{\mathcal{A}}_n(d) \quad (n \geq 0)$$

stetig sind. Diese Topologie ist Hausdorffsch, weil $\bigcap\limits_{n\geq 0} \overline{\mathcal{A}}_n(d) = 0$ ist. Ferner ist $\widehat{\mathcal{A}}(d)$ ein vollständiger topologischer Vektorraum. $\overline{\mathcal{A}}(d)$ können wir als Teil von $\widehat{\mathcal{A}}(d)$ auffassen, wenn wir die Elemente von $\widehat{\mathcal{A}}(d)$ als unendliche Summen der Form (8.8) betrachten. $\overline{\mathcal{A}}(d)$ ist dann dicht in $\widehat{\mathcal{A}}(d)$, d.h. $\widehat{\mathcal{A}}(d)$

ist die Vervollständigung von $\overline{\mathcal{A}}(d)$ (vergl. [8]; p. 290). Analog zur Filtrierung von $\overline{\mathcal{A}}(d)$ erhalten wir damit eine Filtrierung von $\widehat{\mathcal{A}}(d)$:

$$\widehat{\mathcal{A}}(d) = \widehat{\mathcal{A}}_0(d) \supset \widehat{\mathcal{A}}_1(d) \supset \widehat{\mathcal{A}}_2(d) \supset \cdots .$$

Da $\overline{\mathcal{A}}(d)$ dicht in $\widehat{\mathcal{A}}(d)$ ist, besitzt die Multiplikation

$$\overline{\mathcal{A}}_{n_1}(d_1) \times \overline{\mathcal{A}}_{n_2}(d_2) \quad \longrightarrow \quad \overline{\mathcal{A}}_n(d_1 + d_2)$$

eine eindeutige Fortsetzung zu einer stetigen Abbildung

$$\widehat{\mathcal{A}}_{n_1}(d_1) \times \widehat{\mathcal{A}}_{n_2}(d_2) \quad \longrightarrow \quad \widehat{\mathcal{A}}_n(d_1 + d_2) .$$

Damit wird die direkte Summe

$$\widehat{\mathcal{A}} := \sum_{d \in \mathbb{Z}}^{\oplus} \widehat{\mathcal{A}}(d)$$

eine *graduierte topologische Algebra*, in der $\overline{\mathcal{A}}$ dicht ist.

8.3 Fockraum–Darstellungen der kanonischen Vertauschungsrelationen

Wir definieren zu jedem fest gewählten Vektor $(\alpha, \beta) \in \mathbb{C}^2$ eine Darstellung der Heisenberg–Algebra $\mathcal{A}$. Diese Definition steht in enger Analogie zur Konstruktion von Höchstgewichtsdarstellungen halbeinfacher Lie–Algebren (vergl. [30], p. 109).

Sei $\mathbf{F}(\alpha, \beta)$ der freie $\overline{\mathcal{A}}$-Linksmodul mit Basis $|\alpha, \beta\rangle$, d.h. $\mathbf{F}(\alpha, \beta)$ ist über $\mathbb{C}$ der Vektorraum mit Basiselementen $X\,|\alpha, \beta\rangle$, wobei X eine PBW–Basis von $\overline{\mathcal{A}} = \mathbf{U}(\mathcal{A})$ durchläuft.

[Wir verwenden hier und im folgenden die in der physikalischen Literatur seit Dirac gebräuchliche Schreibweise $|\alpha, \beta\rangle$ für den Vektor (α, β) und $\langle\beta, \alpha|$ für den entsprechenden „Covektor".]

Sei $\mathcal{J}(\alpha, \beta)$ der von den Elementen

$$a_n\,|\alpha, \beta\rangle \quad (n \geq 1)\ , \quad (a_0 - \alpha)\,|\alpha, \beta\rangle\ , \quad (b - \beta)\,|\alpha, \beta\rangle$$

erzeugte Untermodul von $\mathbf{F}(\alpha,\beta)$. Der Quotientenmodul

$$\mathcal{F}(\alpha,\beta) := \mathbf{F}(\alpha,\beta)\Big/\mathcal{J}(\alpha,\beta)$$

ist dann ein $\overline{\mathcal{A}}$–Linksmodul, für den die Relationen

$$\begin{aligned} a_n\,|\alpha,\beta\rangle &= 0 \qquad (n \geq 1)\,, \\ a_0\,|\alpha,\beta\rangle &= \alpha\,|\alpha,\beta\rangle\,, \\ b\,|\alpha,\beta\rangle &= \beta\,|\alpha,\beta\rangle \end{aligned} \tag{8.9}$$

erfüllt sind. Der Vektor $|\alpha,\beta\rangle$ heißt **Vakuumvektor** (er ist das Analogon zum Höchstgewichtsvektor in der Darstellungstheorie halbeinfacher Lie–Algebren) oder auch einfach **Vakuum**. Nach demselben Prinzip konstruieren wir einen $\overline{\mathcal{A}}$–Rechtsmodul $\mathcal{F}^+(\alpha,\beta)$ mit Vakuumvektor $\langle\beta,\alpha|$, in dem die Relationen

$$\begin{aligned} \langle\beta,\alpha|a_{-n} &= 0 \qquad (n \geq 1)\,, \\ \langle\beta,\alpha|a_0 &= \langle\beta,\alpha|\,\alpha\,, \\ \langle\beta,\alpha|b &= \langle\beta,\alpha|\,\beta \end{aligned} \tag{8.10}$$

gelten. Die Moduln $\mathcal{F}(\alpha,\beta)$, $\mathcal{F}^+(\alpha,\beta)$ sind also durch zwei komplexe Parameter bestimmt. Sie werden im allgemeinen **Fockraum–Darstellungen** der Heisenberg–Algebra genannt. $\mathcal{F}^+(\alpha,\beta)$ spielt dabei die Rolle des zu $\mathcal{F}(\alpha,\beta)$ dualen Moduls. Wir definieren die Dualität durch den **Vakuumerwartungswert**

$$\langle\ |\ \rangle\ :\ \mathcal{F}^+(\alpha,\beta)\times\mathcal{F}(\alpha,\beta) \longrightarrow \mathbb{C}\,.$$

$\langle\ |\ \rangle$ ist eine $\mathbb{C}$–Bilinearform, die durch die Bedingungen

$$\begin{aligned} &\text{(i)} \quad \langle\beta,\alpha\,|\,\alpha,\beta\rangle = 1\,, \\ &\text{(ii)} \quad \langle ua\,|\,v\rangle = \langle u\,|\,av\rangle \end{aligned} \tag{8.11}$$

für alle $a \in \overline{\mathcal{A}}$, $u \in \mathcal{F}^+(\alpha,\beta)$, $v \in \mathcal{F}(\alpha,\beta)$ festgelegt ist. Die Forderung (ii) sichert nämlich, daß die Basiselemente $A_-(M)\,|\,\alpha,\beta\rangle$ $(M = (m_1,m_2,\ldots))$ und $\langle\beta,\alpha\,|\,A_+(N)$ $(N = (n_1,n_2,\ldots))$ von $\mathcal{F}(\alpha,\beta)$ bzw. $\mathcal{F}^+(\alpha,\beta)$ für $M \neq N$ zueinander orthogonal sind und daß für $M = N = (m_1,m_2,m_3,\ldots)$

$$\langle\beta,\alpha\,|\,A_+(M)\,|\,A_-(M)\,|\,\alpha,\beta\rangle = M!\ \underline{n}^M\ \langle\beta,\alpha\,|\,\alpha,\beta\rangle$$

ist mit

$$\begin{aligned} M! &:= m_1!\,m_2!\ldots m_j!\ldots\,, \\ \underline{n}^M &:= 1^{m_1}\,2^{m_2}\ldots j^{m_j}\ldots\,. \end{aligned}$$

Dies folgt leicht aus den kanonischen Vertauschungsrelationen mittels vollständiger Induktion nach $\sum_{j\geq 1} m_j$.

Somit ist $\langle \mid \rangle$ durch die Forderungen der $\mathbb{C}$–Bilinearität sowie (i) und (ii) eindeutig bestimmt. Die *Existenz* einer solchen Bilinearform sichert man durch die Definition ihrer Werte auf den Basiselementen

$$\langle \beta, \alpha \mid A_+(M) \mid A_-(N) \mid \alpha, \beta \rangle := \delta_{M,N} \, \underline{n}^M \, M! \,. \tag{8.12}$$

Wir setzen nun abkürzend

$$\begin{aligned} |M, \alpha, \beta\rangle &:= A_-(M) \mid \alpha, \beta\rangle \,, \\ \langle \beta, \alpha, M| &:= \langle \beta, \alpha \mid A_+(M) \,. \end{aligned} \tag{8.13}$$

Die Form der kanonischen Basen in $\mathcal{F}(\alpha, \beta)$ bzw. $\mathcal{F}^+(\alpha, \beta)$ legt die folgende *Graduierung* auf diesen Räumen nahe

$$\begin{aligned} \deg |M, \alpha, \beta\rangle &:= \|M\| \,, \\ \deg \langle \beta, \alpha, M| &:= \|M\| \,. \end{aligned} \tag{8.14}$$

Demzufolge erhalten wir eine Zerlegung

$$\mathcal{F}(\alpha, \beta) = \sum_{d \geq 0}^{\oplus} \mathcal{F}_d(\alpha, \beta), \quad \mathcal{F}^+(\alpha, \beta) = \sum_{d \geq 0}^{\oplus} \mathcal{F}_d^+(\alpha, \beta) \tag{8.15}$$

in homogene Teile $\mathcal{F}_d(\alpha, \beta)$, $\mathcal{F}_d^+(\alpha, \beta)$ vom Grade d.

$\widehat{\mathcal{A}}$ operiert in kanonischer Weise auf $\mathcal{F}(\alpha, \beta)$ und auf $\mathcal{F}^+(\alpha, \beta)$: stellt man die Elemente von $\widehat{\mathcal{A}}(d)$ als unendliche Summen der Form (8.8) dar, so sieht man mit (8.9) bzw. (8.10) leicht, daß aus einer solchen unendlichen Summe höchstens endlichviele Summanden eine von Null verschiedene Wirkung auf ein Basiselement $|M, \alpha, \beta\rangle$ von $\mathcal{F}(\alpha, \beta)$ bzw. $\langle \beta, \alpha, M|$ von $\mathcal{F}^+(\alpha, \beta)$ haben können. Somit ist $\mathcal{F}(\alpha, \beta)$ ein $\widehat{\mathcal{A}}$–Linksmodul und $\mathcal{F}^+(\alpha, \beta)$ ein $\widehat{\mathcal{A}}$–Rechtsmodul. Ferner ist leicht zu sehen, daß die Graduierungen (8.15) mit der Graduierung von $\widehat{\mathcal{A}}$ verträglich sind. $\mathcal{F}(\alpha, \beta)$ und $\mathcal{F}^+(\alpha, \beta)$ sind somit *graduierte* $\widehat{\mathcal{A}}$*–Moduln.*

Aus der Definition der Graduierung von $\mathcal{F}(\alpha, \beta)$ und $\mathcal{F}^+(\alpha, \beta)$ ergibt sich sofort

$$\dim_{\mathbb{C}} \mathcal{F}_d(\alpha, \beta) = \dim_{\mathbb{C}} \mathcal{F}_d^+(\alpha, \beta) = p(d) \,,$$

wobei $p(d)$ die Anzahl der Partitionen von d bezeichnet. (Eine *Partition* der natürlichen Zahl d ist eine Darstellung von d als Summe $d = i_1 + \cdots + i_k$ mit $0 < i_1 \leq i_2 \leq \cdots \leq i_k$.)

Aus (8.12) folgt weiterhin, daß die Einschränkung $\langle \mid \rangle_{d_1,d_2}$ des Vakuumerwartungswerts $\langle \mid \rangle$ auf $\mathcal{F}_{d_1}^{+}(\alpha,\beta) \times \mathcal{F}_{d_2}(\alpha,\beta)$ nur dann nicht trivial ist, wenn $d_1 = d_2$ ist. In diesem Fall ist dann $\langle \mid \rangle_d := \langle \mid \rangle_{d,d}$ stets nicht–singulär. Die Matrix von $\langle \mid \rangle_d$ bezüglich der Basis $|M,\alpha,\beta\rangle$ ist eine Diagonalmatrix mit Diagonalelementen $\underline{n}^M\ M!$. Man beachte, daß die Elemente dieser Matrix nicht von den Parametern α,β abhängen. Wir bezeichnen sie deshalb einfach mit D_d.

Wir bemerken schließlich noch, daß man den Vakuumerwartungswert $\langle \mid \rangle$ auch als konjugiert–linear in der ersten Variablen definieren und dann a_{-n} als den zu a_n adjungierten Operator realisieren kann. Dies ist das in der Physik übliche Verfahren (vergleiche auch Abschnitt 9.2).

Wir wollen schließlich noch zeigen, wie die Fockraum–Darstellung $\mathcal{F}(\alpha,\beta)$ mit der zu Beginn von Abschnitt 8.2 eingeführten Darstellung der Heisenberg–Algebra $\mathcal{A}$ auf $\mathbb{C}[x_1,x_2,\ldots]$ zusammenhängt.

Sei $\Phi_1 : \overline{\mathcal{A}} \longrightarrow gl(\mathcal{F}(\alpha,\beta))$ die Fockraum–Darstellung, und sei

$$V := \mathbb{C}[x_1,x_2,\ldots]\ e^{\alpha x_0+\beta x_0'}$$

mit Unbestimmten $x_0', x_0, x_1, x_2, \ldots$. Wir definieren eine Darstellung

$$\Phi_2 : \overline{\mathcal{A}} \longrightarrow gl(V) \tag{8.16}$$

von $\overline{\mathcal{A}}$ auf V durch

$$\begin{aligned} \Phi_2(b) &:= \frac{\partial}{\partial x_0'}, \quad \Phi_2(a_n) := \frac{\partial}{\partial x_n} \qquad (n \geq 0)\ , \\ \Phi_2(a_{-n}) &:= n\mu_{x_n} \qquad (n \geq 1)\ . \end{aligned} \tag{8.17}$$

Die durch

$$\Psi(|M,\alpha,\beta\rangle) := \underline{n}^M\ x^M\ e^{\alpha x_0+\beta x_0'}$$

definierte lineare Abbildung

$$\Psi : \mathcal{F}(\alpha,\beta) \longrightarrow V$$

ist ein Isomorphismus von $\mathbb{C}$–Vektorräumen, und man kann leicht nachrechnen, daß

$$\Phi_2(a)(\Psi \mid M,\alpha,\beta\rangle) = \Psi(\Phi_1(a) \mid M,\alpha,\beta\rangle)$$

für alle $a \in \overline{\mathcal{A}}$ gilt.

Die Darstellungen Φ_1 *und* Φ_2 *von* $\overline{\mathcal{A}}$ *sind also äquivalent. Man nennt* Φ_2 *eine Realisierung der abstrakt definierten Darstellung* Φ_1.

8.4 Fockraum–Darstellungen der Virasoro–Algebra

Aus jeder Fockraum–Darstellung der Heisenberg–Algebra läßt sich eine Darstellung der Virasoro–Algebra auf diesem Fockraum konstruieren. Solche Darstellungen nennt man (*Bosonen*–) *Fockraum-Darstellungen der Virasoro–Algebra.*

Es seien für $n \geq 1$

$$\begin{aligned} L_n &:= \frac{1}{2}\sum_{k=1}^{n-1} a_k a_{n-k} + \sum_{k\geq 1} a_{-k}a_{n+k} + (a_0 + nb)a_n \ , \\ L_{-n} &:= \frac{1}{2}\sum_{k=1}^{n-1} a_{-k}a_{-n+k} + \sum_{k\geq 1} a_{-n-k}a_k + (a_0 - nb)a_{-n} \ , \\ L_0 &:= \frac{1}{2}(a_0^2 - b^2) + \sum_{k\geq 1} a_{-k}a_k \ . \end{aligned} \tag{8.18}$$

Die L_n's sind Elemente aus $\widehat{\mathcal{A}}(n)$ $(n \in \mathbb{Z})$. Sie lassen sich in einfacherer Form schreiben, wenn man die sogenannte **Normalordnung** $: a_i a_j :$ von Produkten $a_i a_j$ benutzt:

$$: a_i a_j : \ := \begin{cases} a_i a_j & \text{für } i \leq j \\ a_j a_i & \text{für } i > j \ . \end{cases} \tag{8.19}$$

Dann gilt zum Beispiel im Fall $\beta = 0$ (d.h. der Operator b ist Null und kommt somit in den Erzeugenden und Relationen für $\mathcal{A}$ nicht vor), daß man L_n für alle $n \in \mathbb{Z}$ schreiben kann als

$$L_n = \frac{1}{2}\sum_{j\in\mathbb{Z}} : a_{-j}a_{j+n} : \ .$$

Wir setzen

$$c := 1 - 12\beta^2$$

und bezeichnen den entsprechenden skalaren Operator mit $C := \mathrm{id} - 12b^2$.

Wir bemerken noch, daß bei einer *formalen* Adjungierung $a_n^* \rightsquigarrow a_{-n}$, $b^* \rightsquigarrow -b$ L_n^* formal in L_{-n} übergeht, während L_0 unverändert bleibt. Dies motiviert die Dualität von Verma–Moduln in Abschnitt 9.1.

Als nächstes wollen wir zeigen, daß die in (8.19) definierten Operatoren L_n, $n \in \mathbb{Z}$, die Vertauschungsrelationen der Virasoro–Algebra erfüllen. Die komplizierten bilinearen Ausdrücke (8.19) für die Erzeugenden der Virasoro–Algebra entstammen der Stringtheorie:

Satz 8.1 *Die in* (8.18) *definierten Operatoren erfüllen die Vertauschungsrelationen der Virasoro–Algebra:*

$$[L_m, L_n] = (m-n)L_{m+n} + \delta_{m,-n}\frac{m^3-m}{12}\,C$$

$$(m, n \in \mathbb{Z})\,, \qquad \textit{wobei} \;\; C = \mathrm{id} - 12b^2 \;\; \textit{ist}\,.$$

Wir führen den Beweis nach [32], wobei wir der Einfachheit halber nur den Fall $\beta = 0$, d.h. $c = 1$ behandeln (der Fall $\beta \neq 0$ bereitet wegen der einfachen b–Abhängigkeit der L_n's keine besonderen Schwierigkeiten).

Um die Arbeit mit den unendlichen Summen $\frac{1}{2}\sum_{j\in\mathbb{Z}} : a_{-j}a_{j+n} :$ zu vermeiden, führen wir eine "cutoff–Funktion" $\psi : \mathbb{R} \to \mathbb{R}$ ein: ψ sei die charakteristische Funktion des Intervalls $[-1, 1]$, d.h. es sei $\psi(x) = 1$ für $|x| \leq 1$ und Null sonst. Sei $\varepsilon > 0$. Für die Operatoren

$$L_n(\varepsilon) := \frac{1}{2}\sum_{j\in\mathbb{Z}} \psi(\varepsilon j) : a_{-j}a_{j+n} : \tag{8.20}$$

(die Summe ist nach Definition von ψ jetzt endlich!) gilt

$$\lim_{\varepsilon\to 0} L_n(\varepsilon) = L_n$$

im Sinne der Topologie von $\hat{\mathcal{A}}$. Ferner gilt für jeden Vektor $|u\rangle$ aus $\mathcal{F}(\alpha, \beta)$, daß für hinreichend kleines $\varepsilon > 0$

$$L_n(\varepsilon)\,|\,u\rangle = L_n\,|\,u\rangle$$

ist. Wir schicken dem Beweis von Satz 8.1 ein Lemma voraus:

Lemma 8.2 *Für alle* $k, n \in \mathbb{Z}$ *gilt (im Falle* $b = 0$*)*

$$[a_k, L_n] = k a_{k+n}\,. \tag{8.21}$$

Beweis . Wir bemerken zunächst, daß man für den Beweis des Lemmas auf die Normalordnung in der Definition von $L_n(\varepsilon)$ verzichten kann, da sich $L_n(\varepsilon)$ und $\frac{1}{2}\sum_{j\in\mathbb{Z}} \psi(\varepsilon j)a_{-j}a_{j+n}$ nur um eine endliche Summe von Skalaren unterscheiden, die aber für den Kommutator $[a_k, L_n(\varepsilon)]$ unerheblich ist. Daher gilt unter Verwendung der Identität

$$[A, BC] = [A, B]C + B[A, C] \ : \tag{8.22}$$

$$\begin{aligned}
[a_k, L_n(\varepsilon)] &= \frac{1}{2}\sum_{j\in\mathbb{Z}}[a_k, a_{-j}a_{j+n}]\psi(\varepsilon j) \\
&= \frac{1}{2}\sum_{j\in\mathbb{Z}}[a_k, a_{-j}]a_{j+n}\psi(\varepsilon j) + \frac{1}{2}\sum_{j\in\mathbb{Z}} a_{-j}[a_k, a_{j+n}]\psi(\varepsilon j) \\
&= \frac{1}{2}ka_{k+n}\psi(\varepsilon k) + \frac{1}{2}ka_{k+n}\psi(\varepsilon(k+n)) \ .
\end{aligned}$$

Der Grenzübergang $\varepsilon \to 0$ liefert (8.21). □

Beweis von Satz 8.1 . Wir berechnen den Kommutator $[L_m(\varepsilon), L_n]$ unter Berücksichtigung von (8.21) und (8.22):

$$\begin{aligned}
[L_m(\varepsilon), L_n] &= \frac{1}{2}\sum_{j\in\mathbb{Z}}[a_{-j}a_{j+m}, L_n]\psi(\varepsilon j) \\
&= -\frac{1}{2}\sum_{j\in\mathbb{Z}}[L_n, a_{-j}]a_{j+m}\psi(\varepsilon j) - \frac{1}{2}\sum_{j\in\mathbb{Z}} a_{-j}[L_n, a_{j+m}]\psi(\varepsilon j) \\
&= \frac{1}{2}\sum_{j\in\mathbb{Z}}(-j)a_{-j+n}a_{j+m}\psi(\varepsilon j) + \frac{1}{2}\sum_{j\in\mathbb{Z}}(j+m)a_{-j}a_{j+m+n}\psi(\varepsilon j) \\
&= \frac{1}{2}\sum_{j\geq(n-m)/2}(-j)a_{-j+n}a_{j+m}\psi(\varepsilon j) + \frac{1}{2}\sum_{j<(n-m)/2}(-j)a_{-j+n}a_{j+m}\psi(\varepsilon j) \\
&\quad + \frac{1}{2}\sum_{j\geq-(m+n)/2}(j+m)a_{-j}a_{j+m+n}\psi(\varepsilon j) \\
&\quad + \frac{1}{2}\sum_{j<-(m+n)/2}(j+m)a_{-j}a_{j+m+n}\psi(\varepsilon j) \ .
\end{aligned}$$

Nach Definition der Normalordnung und der Vertauschungsrelationen für die a_k's kann man für $j < (n-m)/2$ schreiben:

$$\begin{aligned}
: a_{-j+n}a_{j+m} : &= a_{j+m}a_{-j+n} \\
&= a_{-j+n}a_{j+m} + (j+m)\delta_{m,-n} \ ,
\end{aligned}$$

und für $j < -(m+n)/2$ gilt entsprechend

$$:a_{-j}a_{j+m+n}: = a_{-j}a_{j+m+n} + (j+m+n)\delta_{m,-n} \, .$$

Für $j \geq (n-m)/2$ bzw. für $j \geq -(m+n)/2$ ist

$$:a_{-j+n}a_{j+m}: = a_{-j+n}a_{j+m}$$

bzw.

$$:a_{-j}a_{j+m+n}: = a_{-j}a_{j+m+n} \, .$$

Damit erhalten wir

$$\begin{aligned} [L_m(\varepsilon), L_n] &= \frac{1}{2}\sum_{j\in\mathbb{Z}}(-j) :a_{-j+n}a_{j+m}: \psi(\varepsilon j) \\ &+ \frac{1}{2}\sum_{j\in\mathbb{Z}}(j+m) :a_{-j}a_{j+m+n}: \psi(\varepsilon j) \\ &+ \frac{1}{2}\sum_{j<(n-m)/2} \psi(\varepsilon j)j(j+m)\delta_{m,-n} \\ &+ \frac{1}{2}\sum_{j<-(n+m)/2} \psi(\varepsilon j)(j+m)(j+m+n)\delta_{m,-n} \, . \end{aligned} \tag{8.23}$$

Die skalare Summe ist gleich

$$\begin{aligned} &\left\{\frac{1}{2}\sum_{j<-m} j(j+m)\psi(\varepsilon j) - \frac{1}{2}\sum_{j<0} j(j+m)\psi(\varepsilon j)\right\}\delta_{m,-n} \\ &\quad = -\frac{1}{2}\sum_{j=-1}^{-m} j(j+m)\psi(\varepsilon j)\delta_{m,-n} \, . \end{aligned}$$

Ersetzen wir in der ersten Summe von (8.23) den Summationsindex j durch $j+n$, so erhalten wir

$$\begin{aligned} [L_m(\varepsilon), L_n] &= \frac{1}{2}\sum_{j\in\mathbb{Z}} \{(-j-n)\psi(\varepsilon(j+n)) + (j+m)\psi(\varepsilon j)\} :a_{-j}a_{j+m+n}: \\ &\quad - \frac{1}{2}\sum_{j=-1}^{-m} j(j+m)\psi(\varepsilon j)\delta_{m,-n} \, . \end{aligned}$$

Dies geht im Grenzwert $\varepsilon \to 0$ über in

$$\begin{aligned} [L_m, L_n] &= \frac{1}{2}(m-n)\sum_{j\in\mathbb{Z}} :a_{-j}a_{j+m+n}: -\frac{1}{2}\sum_{j=-1}^{-m} j(j+m)\delta_{m,-n} \\ &= (m-n)L_{m+n} + \frac{m^3-m}{12}\,\delta_{m,-n} \, . \end{aligned}$$

□

Sei $\mathbf{U}(\mathbf{Vir})$ die universelle einhüllende Algebra der Virasoro–Algebra. Satz 8.1 liefert einen Homomorphismus $\mathbf{U}(\mathbf{Vir}) \longrightarrow \widehat{\mathcal{A}}$. Die Zusammensetzung dieses Homomorphismus mit der Operation von $\widehat{\mathcal{A}}$ auf $\mathcal{F}(\alpha,\beta)$ bzw. auf $\mathcal{F}^+(\alpha,\beta)$ ergibt somit Darstellungen von **Vir** auf $\mathcal{F}(\alpha,\beta)$ bzw. $\mathcal{F}^+(\alpha,\beta)$.

Diese Darstellungen heißen **Fockraum–Darstellungen** der Virasoro–Algebra.

Sei wie oben $c := 1 - 12\beta^2 \in \mathbb{C}$ und $h(\alpha,\beta) := \frac{1}{2}(\alpha^2 - \beta^2)$. c und h sind übrigens invariant gegenüber der Transformation $b \longmapsto -b$ (also $\beta \longmapsto -\beta$). Das wird in Abschnitt 9.1 von Bedeutung sein. Eine einfache, aber etwas mühselige Rechnung zeigt nun, daß die homogenen Teile $\mathcal{F}_d(\alpha,\beta)$, $\mathcal{F}_d^+(\alpha,\beta)$ Eigenräume der abelschen Unteralgebra $\mathbb{C}L_0 + \mathbb{C}C$ von **Vir** sind:

$$\begin{aligned} \mathcal{F}_d(\alpha,\beta) &= \left\{|u\rangle \in \mathcal{F}(\alpha,\beta) \,\middle|\, L_0|u\rangle = (h(\alpha,\beta)+d)|u\rangle, C|u\rangle = c|u\rangle\right\}, \\ \mathcal{F}_d^+(\alpha,\beta) &= \left\{\langle u| \in \mathcal{F}^+(\alpha,\beta) \,\middle|\, \langle u|L_0 = \langle u|(h(\alpha,\beta)+d), \langle u|C = \langle u|c\right\}. \end{aligned} \tag{8.24}$$

Fassen wir zusammen: wir können $\mathcal{F}(\alpha,\beta)$ sowohl als Heisenberg– als auch als Virasoro–Modul betrachten. Als Heisenberg–Modul ist $\mathcal{F}(\alpha,\beta)$ für alle Wahlen von $\alpha,\beta \in \mathbb{C}$ irreduzibel (der einfache Beweis sei dem Leser als Übungsaufgabe überlassen). Eine zentrale Fragestellung ist nun, ob $\mathcal{F}(\alpha,\beta)$ für gewisse Werte von α,β als Virasoro–Modul reduzibel ist. Wir werden sehen, daß dies tatsächlich eintreten kann und wie diese (α,β) *algebraisch* beschrieben werden können.

Wir entwickeln dazu im nächsten Abschnitt die erforderlichen Hilfsmittel aus der allgemeinen Theorie der Höchstgewichtsdarstellungen der Virasoro–Algebra.

8.5 Höchstgewichts– und Vermadarstellungen der Virasoro–Algebra

Motiviert durch mathematische Modelle in der Quantenfeldtheorie und durch die Darstellungstheorie endlichdimensionaler halbeinfacher Lie–Algebren definieren wir:

Definition 8.3 *Eine Darstellung der Virasoro–Algebra* **Vir** *auf einem komplexen Vektorraum* V *heißt eine* **Höchstgewichtsdarstellung**, *wenn* *es einen von Null verschiedenen Vektor* $v \in V$ *und komplexe Zahlen* h *und* c *gibt, so daß*

$$\begin{aligned} Cv &= cv , \\ L_0 v &= hv \end{aligned} \tag{8.25}$$

ist, und V *die lineare Hülle von Vektoren der Form*

$$L_{-i_k} \cdots L_{-i_1} \, v \qquad (0 < i_1 \leq \cdots \leq i_k) \tag{8.26}$$

ist.

Das Paar (h, c) *heißt* **Höchstgewicht** *und* v *der* **Höchstgewichtsvektor** *(oder auch der* **Vakuumvektor***) der Darstellung.*

Man nennt V auch einen *Virasoro–Modul mit einem höchsten Gewicht.*

Lemma 8.4 *Sei* V *ein Virasoro–Modul mit einem höchsten Gewicht* $(h, c) \in \mathbb{C}^2$. *Dann ist*

$$V = \sum_{j \in \mathbb{Z}_+}^{\oplus} V_{h+j} , \tag{8.27}$$

wobei V_{h+j} *der Eigenraum zum Eigenwert* $h + j$ *von* L_0 *ist.*

Beweis . Wir zeigen durch vollständige Induktion nach $j \in \mathbb{Z}_+$, daß die Vektoren

$$L_{-i_k} \cdots L_{-i_1} v \ \text{ mit } \ i_1 + \cdots + i_k = j$$

Eigenvektoren zum Eigenwert $h + j$ von L_0 sind. Für $j = 0$, d.h. $k = 0$, ist dies richtig, weil nach Voraussetzung $L_0 v = hv$ ist.

Sei $j > 0$, und die Behauptung sei für alle $j' < j$ richtig. Aus den Vertauschungsrelationen für die L_k's ergibt sich

$$L_0 L_{-i_k} \cdots L_{-i_1} v = L_{-i_k} L_0 L_{-i_{k-1}} \cdots L_{-i_1} v + i_k L_{-i_k} \cdots L_{-i_1} v .$$

Die Induktionsvoraussetzung liefert dann

$$\begin{aligned} & L_0 L_{-i_k} \cdots L_{-i_1} v \\ &= L_{-i_k} (h + i_1 + \cdots + i_{k-1}) L_{-i_{k-1}} \cdots L_{-i_1} v + i_k L_{-i_k} \cdots L_{-i_1} v \\ &= (h + i_1 + \cdots + i_k) L_{-i_k} \cdots L_{-i_1} v . \end{aligned}$$

□

Korollar 8.5 *Für jede Höchstgewichtsdarstellung von* **Vir** *auf* V *mit Höchstgewichtsvektor* $v \in V$ *gilt*

$$L_i v = 0$$

für alle $i > 0$.

Beweis . Wegen $L_0 L_i v = (h-i) L_i v$ ist $h-i$ ein Eigenwert von L_0, falls $L_i v \neq 0$ ist. In diesem Fall gibt es genau ein $j \in \mathbb{Z}_+$ mit $h+j = h-i$, was aber für $i > 0$ unmöglich ist. □

Der Beweis von Lemma 8.4 zeigt, daß die Gewichtsräume V_{h+j} $(j \in \mathbb{Z}_+)$ von den Vektoren $L_{-i_k} \cdots L_{-i_1} v$ mit $0 < i_1 \leq i_2 \leq \cdots \leq i_k$ und $i_1 + \cdots + i_k = j$ aufgespannt werden. Die V_{h+j} sind also endlichdimensional, und ihre Dimension ist höchstens $p(j)$, wobei $p(j)$ die Anzahl der Partitionen von j bezeichnet. Genau dann ist $\dim V_{h+j} = p(j)$, wenn die Vektoren (8.26) eine linear unabhängige Menge bilden. Dies ist aber nicht immer der Fall.

Wir definieren deshalb

Definition 8.6 *Eine Höchstgewichtsdarstellung von* **Vir** *auf* V *mit Höchstgewichtsvektor* v *heißt eine* **Verma–Darstellung**, *wenn die Vektoren*

$$L_{-i_k} \cdots L_{-i_1} v \qquad (0 < i_1 \leq \cdots \leq i_k,\ k \in \mathbb{Z}_+)$$

eine Basis von V *bilden.*

V *heißt dann ein* **Verma–Modul** *für* **Vir**.

Die Existenz von Verma–Moduln für **Vir** folgt aus dem Satz von Poincaré–Birkhoff–Witt (PBW–Theorem) für die universelle einhüllende Algebra $\mathbf{U} = \mathbf{U}(\mathbf{Vir})$ der Virasoro–Algebra:

Sei $I(h,c)$ das durch die Elemente

$$L_n\ (n \geq 1), \quad L_0 - h1, \quad C - c1$$

erzeugte *Linksideal* von $\mathbf{U}$, wobei 1 das Einselement von $\mathbf{U}$ bezeichnet. Sei

$$V(h,c) := \mathbf{U}(\mathbf{Vir})\big/ I(h,c) \,. \tag{8.28}$$

$V(h,c)$ ist ein Vektorraum, auf dem **Vir** durch Linksmultiplikation operiert (nach dem PBW-Theorem ist **Vir** kanonisch in die universelle Einhüllende **U**(**Vir**) eingebettet). Sei $v := 1 + I(h,c)$ die Restklasse der Eins in **U** modulo $I(h,c)$. Nach Definition von $V(h,c)$ ist

$$\begin{aligned} L_n v &= 0 \quad \text{für alle } n \geq 1 \,, \\ L_0 v &= hv \,, \quad Cv = cv \,, \end{aligned}$$

und aus dem PBW-Theorem für **U** folgt unmittelbar, daß die Elemente der Form

$$L_{-i_k} \cdots L_{-i_1} v \qquad (0 < i_1 \leq \cdots \leq i_k, \ k \in \mathbb{Z}_+)$$

eine Basis von $V(h,c)$ bilden. Also ist $V(h,c)$ ein Verma-Modul für **Vir**. Eine wichtige Eigenschaft des Verma-Moduls $V(h,c)$ ist seine *Couniversalität*:

Satz 8.7 *Jeder Virasoro-Modul V mit höchstem Gewicht (h,c) ist homomorphes Bild des Verma-Moduls $V(h,c)$. Insbesondere ist V isomorph zu einem Quotienten von $V(h,c)$ nach einem Untermodul $U(h,c)$.*

***Beweis* .** Sei V ein Virasoro-Modul mit höchstem Gewicht (h,c) und Höchstgewichtsvektor w. Durch

$$L_{-i_k} \cdots L_{-i_1} v \longmapsto L_{-i_k} \cdots L_{-i_1} w$$

$(0 < i_1 \leq \cdots \leq i_k, \ k \in \mathbb{Z}_+)$ wird ein Homomorphismus

$$V(h,c) \longrightarrow V$$

definiert, der v in w überführt. Nach Definition ist dieser Homomorphismus surjektiv. Sein Kern $U(h,c)$ ist ein Untermodul, und V ist somit isomorph zu ${V(h,c)}\Big/{U(h,c)}$. □

Korollar 8.8 *Ein Verma-Modul für* **Vir** *ist durch sein Höchstgewicht (h,c) bis auf Isomorphie eindeutig bestimmt.*

In Lemma 8.4 haben wir gesehen, daß Höchstgewichtsmoduln für **Vir** in natürlicher Weise $\mathbb{Z}_+$-graduiert sind. Das nächste Lemma zeigt, daß sich diese Graduierung auf Untermoduln vererbt:

Lemma 8.9 *Sei V ein Virasoro-Modul mit höchstem Gewicht (h, c), und sei U ein Untermodul von V. Dann ist*

$$U = \sum_{j\in\mathbb{Z}_+}^{\oplus} U_{h+j} \tag{8.29}$$

mit $U_{h+j} = V_{h+j} \cap U$.

Beweis . Sei $u \in U$. Als Vektor in V kann u geschrieben werden als

$$u = \sum_{j=0}^{m} w_j \ , \qquad w_j \in V_{h+j} \ , \tag{8.30}$$

für ein geeignetes $m \in \mathbb{Z}_+$. Ist U ein echter Untermodul (was wir hier annehmen, da die Behauptung sonst trivial ist), so muß $w_0 = 0$ sein, da sonst U einen Höchstgewichtsvektor für V enthalten würde und damit gleich V wäre. Nun ist für alle $k \geq 0$ und alle j

$$L_0^k w_j = (h+j)^k w_j \ , \tag{8.31}$$

und wir erhalten damit

$$\begin{aligned} u &= w_1 + w_2 + \cdots + w_m \\ L_0 u &= (h+1)w_1 + (h+2)w_2 + \cdots + (h+m)w_m \\ &\vdots \\ L_0^{m-1} u &= (h+1)^{m-1}w_1 + (h+2)^{m-1}w_2 + \cdots + (h+m)^{m-1}w_m \ . \end{aligned} \tag{8.32}$$

Fassen wir in (8.32) die w_j als Unbestimmte auf, so ist (8.32) ein lineares Gleichungssystem, dessen Koeffizientenmatrix $\left((h+j)^k\right)_{\substack{j=1,\ldots,m \\ k=0,\ldots,m-1}}$ eine reguläre Vandermondematrix ist. Also sind die w_j's Linearkombination von $u, L_0 u, \ldots, L_0^{m-1} u$. Da U ein Untermodul ist, liegen alle $L_0^k u$ in U. Damit folgt

$$w_j \in V_{h+j} \cap U$$

für alle j. □

Wir wollen nun die Untermoduln eines Verma-Moduls näher untersuchen. Die vorangegangenen Überlegungen zeigen, daß in der Gewichtsraumzerlegung

$$V(h,c) = \sum_{j \in \mathbb{Z}_+}^{\oplus} V_{h+j}(h,c) \tag{8.33}$$

die $V_{h+j}(h,c)$ Vektorräume der Dimension $p(j)$ sind.

Wir erinnern noch an den folgenden Sprachgebrauch in der allgemeinen Darstellungstheorie: Ein Modul V heißt **unzerlegbar**, wenn es keine nichttrivialen Untermoduln $U, W \subseteq V$ gibt, so daß

$$V = U \oplus W \tag{8.34}$$

ist. Ein unzerlegbarer Modul kann durchaus *reduzibel* sein. Der Unterschied zwischen Irreduzibilität und Unzerlegbarkeit läßt sich besonders einfach für endlichdimensionale Moduln erläutern: Ein Modul V ist *reduzibel*, wenn es eine Basis in V gibt, bezüglich der die Darstellung durch Matrizen der Form

$$\begin{pmatrix} X_{11} & X_{12} \\ 0 & X_{22} \end{pmatrix}$$

(in einem festen Blockformat) gegeben ist.

V ist *zerlegbar*, wenn eine Basis so gewählt werden kann, daß die Darstellung durch Blockmatrizen $\begin{pmatrix} Y_{11} & 0 \\ 0 & Y_{22} \end{pmatrix}$ beschrieben wird.

Satz 8.10 *Jeder Verma-Modul* $V(h,c)$ *von* **Vir** *ist unzerlegbar. Ist* $V(h,c)$ *reduzibel, so besitzt* $V(h,c)$ *einen eindeutig bestimmten maximalen Untermodul* $M(h,c)$. *Der Virasoro-Modul*

$$\tilde{V}(h,c) := {}^{V(h,c)}\!/_{M(h,c)}$$

ist der bis auf Isomorphie eindeutig bestimmte irreduzible Höchstgewichtsmodul mit Höchstgewicht (h,c).

Beweis **.** Angenommen, der Verma–Modul $V(h,c)$ ist zerlegbar: $V(h,c) = U \oplus W$ mit nicht–trivialen Untermoduln U und W. Nach Lemma 8.9 erben U und W die Graduierung von $V(h,c)$, d.h. es ist

$$U = \sum_{j\geq 0}^{\oplus} (U \cap V_{h+j}(h,c))$$

und

$$W = \sum_{j\geq 0}^{\oplus} (W \cap V_{h+j}(h,c)) .$$

Wegen $\dim V_{h+j}(h,c) = p(j)$ ist $\dim V_h(h,c) = 1$, also ist $U \cap V_h(h,c) = 0$ oder $W \cap V_h(h,c) = 0$. Somit liegt der Höchstgewichtsvektor v in U oder in W. Da U und W Untermoduln sind, folgt damit $U = V(h,c)$ oder $W = V(h,c)$, Widerspruch. Also ist $V(h,c)$ unzerlegbar.

Sei $M(h,c)$ die Summe aller *echten* Untermoduln von $V(h,c)$. Keiner dieser Untermoduln enthält dann den Höchstgewichtsvektor v. Dasselbe Graduierungsargument wie oben zeigt, daß auch die Summe dieser echten Untermoduln den Höchstgewichtsvektor nicht enthält. $M(h,c)$ ist also ein echter Untermodul, der nach Konstruktion jeden echten Untermodul von $V(h,c)$ enthält. Der Rest ist klar. □

Eine unzerlegbare reduzible Darstellung wird auch als **degenerierte** Darstellung bezeichnet. Es ist bemerkenswert, daß in den physikalischen Anwendungen die degenerierten Darstellungen der Virasoro–Algebra die entscheidende Rolle spielen.

Aus Satz 8.10 ergibt sich unmittelbar, daß für gegebene komplexe Zahlen c, h bis auf Äquivalenz genau eine irreduzible Höchstgewichtsdarstellung der Virasoro–Algebra mit Höchstgewichtsvektor v existiert, so daß

$$L_i v = 0 \text{ für } i > 0,\ L_0 v = hv \text{ und } Cv = cv \tag{8.35}$$

gilt.

Die im vorangegangenen Abschnitt konstruierten Darstellungen der Virasoro–Algebra auf den Fockräumen $\mathcal{F}(\alpha,\beta)$ sind nicht für alle Werte α,β Höchstgewichtsdarstellungen. (Nach Konstruktion ist $\mathcal{F}(\alpha,\beta)$ ein (sogar irreduzibler) Heisenberg–Höchstgewichtsmodul, also auch ein $\widehat{\mathcal{A}}$–Höchstgewichtsmodul. $\mathbf{U}(\mathbf{Vir})$ ist allerdings nur ein Teil von $\widehat{\mathcal{A}}$.)

Im nächsten Abschnitt werden wir Verma– und Fockraum–Darstellungen der Virasoro–Algebra einem genaueren Vergleich unterziehen.

Wir wollen nun den in Abschnitt 8.3 für die Heisenberg–Algebra eingeführten Dirac–Formalismus auf die Darstellungen der Virasoro–Algebra übertragen.

Dazu definieren wir wie in 8.3 einen Virasoro–Linksmodul $V(h,c)$ und einen Virasoro–Rechtsmodul $V^+(h,c)$ mit Vakuumvektoren $|h,c\rangle \in V(h,c)$ bzw. $\langle c,h| \in V^+(h,c)$ durch die Relationen

$$\begin{aligned} L_n\,|\,h,c\rangle &= 0 \quad \text{für } n>0\,, \\ L_0\,|\,h,c\rangle &= h|h,c\rangle\,, \quad C|h,c\rangle = c|h,c\rangle \end{aligned} \tag{8.36}$$

bzw. durch

$$\begin{aligned} \langle c,h\,|\,L_{-n} &= 0 \quad \text{für } n>0\,, \\ \langle c,h\,|\,L_0 &= \langle c,h\,|\,h\,, \quad \langle c,h\,|\,C = \langle c,h\,|\,c\,. \end{aligned} \tag{8.37}$$

Die universelle Einhüllende $\mathbf{U}(\mathbf{Vir})$ besitzt nach dem PBW–Theorem eine Basis, die aus den Vektoren der Form

$$L_-(M)L_0^{\ell_0}C^{\ell_1}L_+(N) \tag{8.38}$$

besteht, wobei

$$\begin{aligned} L_-(M) &= \cdots L_{-3}^{m_3}L_{-2}^{m_2}L_{-1}^{m_1}\,, \\ L_+(N) &= L_1^{n_1}L_2^{n_2}L_3^{n_3}\cdots \end{aligned} \tag{8.39}$$

und $M=(m_1,m_2,\ldots)$, $N=(n_1,n_2,\ldots)$ Multiindizes sind. Die m_i,n_i $(i\in\mathbb{N})$, ℓ_0,ℓ_1 sind nicht–negative ganze Zahlen.

$\mathbf{U}(\mathbf{Vir})$ besitzt eine natürliche Graduierung

$$\mathbf{U}(\mathbf{Vir}) = \sum_{d\in\mathbb{Z}}^{\oplus} \mathbf{U}(\mathbf{Vir})(d)\,,$$

wobei $\deg L_n = -n$ für $n \in \mathbb{Z}$ und $\deg C = 0$ gesetzt wird. Jedes Element aus $\mathbf{U}(\mathbf{Vir})(d)$ kann eindeutig als Summe

$$\sum_{\|M\|-\|N\|=d} c_{M,N}(L_0, C) L_-(M) L_+(N) \tag{8.40}$$

dargestellt werden, wobei $c_{M,N}(L_0, C)$ ein Polynom in L_0 und C ist. Wie in 8.3 sind dabei

$$\|M\| = \sum_{j\geq 1} j m_j \ , \quad \|N\| = \sum_{j\geq 1} j n_j \ \text{ und } \ \|M\|, \|N\| < \infty \ .$$

Die Verma–Moduln $V(h,c)$ bzw. $V^+(h,c)$ haben Basen

$$\begin{aligned} |M,h,c\rangle &:= L_-(M)\,|\,h,c\rangle \ \text{ mit } \ \deg |M,h,c\rangle = \|M\| \ , \\ \langle c,h,N| &:= \langle c,h\,|\,L_+(N) \ \text{ mit } \ \deg \langle c,h,N| = \|N\| \ . \end{aligned} \tag{8.41}$$

Als graduierte Virasoro–Moduln lassen sie sich darstellen als

$$\begin{aligned} V(h,c) &= \sum_{d\geq 0}^{\oplus} V_d(h,c) \ , \\ V^+(h,c) &= \sum_{d\geq 0}^{\oplus} V_d^+(h,c) \end{aligned} \tag{8.42}$$

mit

$$V_d(h,c) = \sum_{\|M\|=d} \mathbb{C}|M,h,c\rangle$$

und

$$V_d^+(h,c) = \sum_{\|N\|=d} \mathbb{C}\langle c,h,N| \ .$$

Die komplexen Vektorräume $V_d(h,c)$ bzw. $V_d^+(h,c)$ sind Eigenräume von L_0 zum Eigenwert $h+d$, und es gilt

$$\dim\ V_d(h,c) = \dim\ V_d^+(h,c) = p(d) \ . \tag{8.43}$$

Wie in 8.3 definieren wir einen **Vakuumerwartungswert**

$$\langle\ |\ \rangle_{h,c} : V^+(h,c) \times V(h,c) \longrightarrow \mathbb{C} \tag{8.44}$$

durch die folgenden Bedingungen:

$$\begin{aligned} (i) \quad & \langle\ |\ \rangle_{h,c} \text{ ist } \mathbb{C}\text{-bilinear} , \\ (ii) \quad & \langle c,h \,|\, h,c\rangle_{h,c} = 1 , \\ (iii) \quad & \langle \nu' a \,|\, \nu\rangle_{h,c} = \langle \nu' \,|\, a\nu\rangle_{h,c} \end{aligned} \tag{8.45}$$

für alle $|\nu\rangle \in V(h,c)$, $\langle\nu'| \in V^+(h,c)$ und $a \in \mathbf{U}(\mathbf{Vir})$.

Die Eigenschaften dieses Virasoro-Vakuumerwartungswertes werden im folgenden näher untersucht. Wir betrachten die Einschränkungvon $\langle\ |\ \rangle_{h,c}$ auf die homogenen Teile vom Grade d:

$$\langle\ |\ \rangle^d_{h,c} : V^+_d(h,c) \times V_d(h,c) \longrightarrow \mathbb{C} . \tag{8.46}$$

Die Matrix $S_d(h,c)$ dieser Bilinearfrom bezüglich der Basen (8.41) besteht aus den Elementen

$$S_d(h,c)^M_N = \langle c,h,M \,|\, N,h,c\rangle^d_{h,c} . \tag{8.47}$$

Es ist nicht schwer (aber etwas mühselig), mittels vollständiger Induktion nach d zu zeigen, daß die Matrizen $S_d(h,c)$ symmetrisch sind.
Als nächstes wollen wir $S_d(h,c)$ als Matrix einer Bilinearform

$$(\ |\ ) : V_d(h,c) \times V_d(h,c) \longrightarrow \mathbb{C} \tag{8.48}$$

realisieren. Dazu führen wir einige Begriffe ein.

Sei σ ein *Antiautomorphismus* einer assoziativen Algebra $\mathcal{G}$, und sei $\Phi : \mathcal{F}_1 \to \mathcal{F}_2$ eine $\mathbb{C}$-lineare Abbildung eines $\mathcal{G}$-Linksmoduls $\mathcal{F}_1$ in einen $\mathcal{G}$-Rechtsmodul $\mathcal{F}_2$.

Definition 8.11 $\Phi : \mathcal{F}_1 \to \mathcal{F}_2$ *heißt* **über** $(\mathcal{G},\sigma)$ **definiert**, *wenn*

$$\Phi(\gamma f) = \Phi(f)\sigma(\gamma)$$

für alle $\gamma \in \mathcal{G}$ *und alle* $f \in \mathcal{F}_1$ *gilt.*

Für $\mathcal{G} = \mathbf{U}(\mathbf{Vir})$ definieren wir einen Antiautomorphismus σ durch

$$\sigma(L_n) := L_{-n} \ (n \in \mathbb{Z}) \ , \quad \sigma(C) := C$$

$$\text{und für } i_1 \leq \cdots \leq i_k : \tag{8.49}$$

$$\sigma(L_{i_1} \cdots L_{i_k}) \ := \ L_{-i_k} \cdots L_{-i_1} \ .$$

Das PBW–Theorem zeigt, daß damit σ wohldefiniert ist. Wir definieren ferner einen $\mathbb{C}$–linearen Isomorphismus

$$\Phi : V(h,c) \longrightarrow V^+(h,c) \tag{8.50}$$

über $(\mathbf{U}(\mathbf{Vir}), \sigma)$ durch

$$\Phi(|h,c\rangle) := \langle c,h| \ . \tag{8.51}$$

Es folgt

$$\Phi(|M,h,c\rangle) = \langle c,h,M| \tag{8.52}$$

für beliebiges M. Wir definieren nun eine Bilinearform $(\ |\ )$ auf $V(h,c) \times V(h,c)$ durch

$$(|\nu'\rangle \mid |\nu\rangle) := \langle \Phi(|\nu'\rangle)|\nu\rangle \tag{8.53}$$

für $|\nu\rangle$, $|\nu'\rangle \in V(h,c)$.

Bezeichnen wir die Einschränkung von $(\ |\ )$ auf $V_d(h,c) \times V_d(h,c)$ mit $(\ |\ )^d$, so erhalten wir

$$S_d(h,c)^M_N = \langle c,h,M \mid N,h,c\rangle^d_{h,c} = (|M,h,c\rangle \mid |N,h,c\rangle)^d \ . \tag{8.54}$$

Ist v der Höchstgewichtsvektor von $V(h,c)$, so gilt insbesondere

$$(L_{-i_1} \cdots L_{-i_s} v \mid L_{-j_1} \cdots L_{-j_t} v) = (L_{j_t} \cdots L_{j_1} L_{-i_1} \cdots L_{-i_s} v \mid v) \ . \tag{8.55}$$

Die Bilinearform $S(h,c) := (\,|\,)$ wird üblicherweise als **Shapovalov–Form** bezeichnet [53]. Die Determinante von $S_d(h,c)$ spielt eine wesentliche Rolle in der Untersuchung der Irreduzibilität von Verma–Moduln und heißt **Kac–Determinante**.

Die Bilinearform $S(h,c)$ ist genau dann nicht–ausgeartet, wenn $\det S_d(h,c) \neq 0$ ist für alle $d \geq 1$. Das folgende Lemma zeigt, daß $S(h,c)$ genau dann nicht–ausgeartet ist, wenn der Verma–Modul $V(h,c)$ irreduzibel ist:

Lemma 8.12 *Für den maximalen echten Untermodul $M(h,c)$ von $V(h,c)$ gilt*

$$M(h,c) = \sum_{d\geq 1}^{\oplus} M_d(h,c)$$

mit

$$M_d(h,c) = \left\{ u \in V_d(h,c) \,\middle|\, (u|w) = 0 \ \textit{für alle} \ w \in V_d(h,c) \right\} . \tag{8.56}$$

$M(h,c)$ ist also das Radikal *der symmetrischen Bilinearform $S(h,c)$.*

Beweis . Wir bemerken zunächst, daß

$$\text{Rad } S(h,c) := \left\{ u \in V(h,c) \,\middle|\, (u|w) = 0 \ \text{für alle} \ w \in V(h,c) \right\}$$

ein echter Untermodul von $V(h,c)$ ist. Aus der Maximalität von $M(h,c)$ folgt dann $\text{Rad } S(h,c) \subseteq M(h,c)$. Umgekehrt ist $M(h,c)$ auch in $\text{Rad } S(h,c)$ enthalten:

Ist $u \in V_d(h,c) \cap M(h,c)$, so ist

$$L_{j_1} \cdots L_{j_s} u \in V_0(h,c) \cap M(h,c)$$

für alle Tupel $(j_1, \ldots, j_s)$ mit $j_1 + \cdots + j_s = d$. $L_{j_1} \ldots L_{j_s} u$ ist damit ein skalares Vielfaches des Höchstgewichtsvektors v, und muß somit Null sein, da $M(h,c)$ ein echter Untermodul von $V(h,c)$ ist.

Für ein Monom $w = L_{-i_t} \cdots L_{-i_1} v \in V_d(h,c) \cap M(h,c)$ folgt dann mit (8.55)

$$(u|w) = (u \mid L_{-i_t} \cdots L_{-i_1} v) = (L_{i_1} \cdots L_{i_t} u \mid v) = 0 \, .$$

Daraus ergibt sich unmittelbar die Behauptung des Lemmas. □

Die Determinante von $S_d(h,c)$ ist ein Polynom in h und c. V.G. Kac hat eine explizite Formel für diese Determinante angegeben [31]. Den ersten vollständigen Beweis für diese Formel haben B.L. Feigin und D.B. Fuchs [20] geliefert.

Satz 8.13 *Für alle* $d \geq 1$ *ist*

$$\det S_d(h,c)^2 = K \prod_{\substack{r,s \in \mathbb{N} \\ rs \leq d}} \Phi_{r,s}(h,c)^{p(d-rs)}$$

mit

$$\begin{aligned} \Phi_{r,s}(h,c) &= \left\{h + \frac{1}{24}(r^2-1)(c-13) + \frac{1}{2}(rs-1)\right\} \times \\ &\quad \times \left\{h + \frac{1}{24}(s^2-1)(c-13) + \frac{1}{2}(rs-1)\right\} + \frac{1}{16}(r^2-s^2)^2 \end{aligned}$$

und einer von h *und* c *unabhängigen Konstanten* K.

Der Beweis dieses Satzes und die Entwicklung der dazu erforderlichen Hilfsmittel ist Gegenstand der folgenden Kapitel.

9. Vertexoperatoren

9.1 Irreduzible Höchstgewichtsdarstellungen und singuläre Vektoren

Im vorangegangenen Kapitel haben wir für $c(\beta) := 1 - 12\beta^2$ eine Darstellung der Virasoro–Algebra auf dem Fockraum $\mathcal{F}(\alpha,\beta)$ konstruiert, so daß die Räume $\mathcal{F}_d(\alpha,\beta)$ der kanonischen Graduierung (8.14) die Eigenräume von L_0 zum Eigenwert $h(\alpha,\beta)+d$ sind, wobei $h(\alpha,\beta) := \frac{1}{2}(\alpha^2-\beta^2)$ ist.

Im Gegensatz zu dem als Höchstgewichtsmodul konstruierten Verma–Modul

$$V(h,c) := V(h(\alpha,\beta), c(\beta))$$

ist $\mathcal{F}(\alpha,\beta)$ nicht für alle Werte (α,β) ein Virasoro–Höchstgewichtsmodul; die Inklusion

$$\mathrm{lin}_{\mathbb{C}} \left\{ L_{-k}^{n_k} \cdots L_{-1}^{n_1} v_{\alpha,\beta} \,\Big|\, \sum_{i=1}^{k} i n_i = d,\ k \in \mathbb{Z}_+ \right\} \subseteq \mathcal{F}_d(\alpha,\beta)$$

ist also im allgemeinen keine Gleichheit.

Immerhin sind $\mathcal{F}(\alpha,\beta)$ und $V(h,c)$ bezüglich Irreduzibilität als Virasoro–Moduln gleichwertig. Wir behandeln diese und einige andere elementare Beziehungen zwischen $\mathcal{F}(\alpha,\beta)$ und $V(h,c)$ in diesem Abschnitt.

Im folgenden ist zu gegebenem $(\alpha,\beta) \in \mathbb{C}^2$ stets

$$h = h(\alpha,\beta)\ , \quad c = c(\beta)\ .$$

Wir erhalten einen eindeutig bestimmten Homomorphismus

$$\pi_{\alpha,\beta} : V(h,c) \longrightarrow \mathcal{F}(\alpha,\beta) \tag{9.1}$$

von Virasoro–Linksmoduln durch die Forderung, daß $\pi_{\alpha,\beta}$ den Höchstgewichtsvektor $v = |h,c\rangle$ auf den Vakuumvektor $v_{\alpha,\beta} = |\alpha,\beta\rangle$ abbildet, sowie einen eindeutig bestimmten Homomorphismus

$$\pi_{\alpha,\beta}^{+} : V^{+}(h,c) \longrightarrow \mathcal{F}^{+}(\alpha,\beta) \tag{9.2}$$

von Virasoro–Rechtsmoduln, der wiederum den Höchstgewichtsvektor $\langle c, h|$ auf den Vakuumvektor $\langle\beta, \alpha|$ abbildet. Diese Homomorphismen sind graderhaltend, und ihre Einschränkungen auf $V_d(h,c)$ bzw. $V_d^+(h,c)$ wollen wir explizit schreiben als

$$\pi_{\alpha,\beta}(|M,h,c\rangle) = L_-(M)\,|\,\alpha,\beta\rangle = \sum_{\|N\|=d} C_d(\alpha,\beta)_N^M |N,\alpha,\beta\rangle \tag{9.3}$$

bzw.

$$\pi_{\alpha,\beta}^+(\langle c,h,M|) = \langle\beta,\alpha|L_+(M) = \sum_{\|N\|=d} C_d^+(\alpha,\beta)_M^N \langle\beta,\alpha,N|\,. \tag{9.4}$$

Dabei ist M ein Multiindex mit $\|M\| = d$, und $C_d(\alpha,\beta)_N^M$, $C_d^+(\alpha,\beta)_M^N$ sind Polynome in α und β.

Die Vakuumerwartungswerte für $V(h,c)$ und $\mathcal{F}(\alpha,\beta)$ sind verträglich im folgenden Sinne:

Lemma 9.1 *Für alle $(\alpha,\beta) \in \mathbb{C}^2$ ist das Diagramm*

$$\begin{array}{ccc} V^+(h,c) \times V(h,c) & \xrightarrow{\langle\,|\,\rangle} & \mathbb{C} \\ \Big\downarrow \pi_{\alpha,\beta}^+ \times \pi_{\alpha,\beta} & & \Big\| \\ \mathcal{F}^+(\alpha,\beta) \times \mathcal{F}(\alpha,\beta) & \xrightarrow{\langle\,|\,\rangle} & \mathbb{C} \end{array} \tag{9.5}$$

kommutativ.

Der Beweis ergibt sich unmittelbar aus der Definition der Vakuumerwartungswerte und der Definition der Abbildungen $\pi_{\alpha,\beta}$, $\pi_{\alpha,\beta}^+$. ($\pi_{\alpha,\beta}^+$ ist *nicht* die Adjungierte von $\pi_{\alpha,\beta}$!)

Wir erinnern daran, daß der Vakuumerwartungswert $\langle\ |\ \rangle$ auf $\mathcal{F}_d^+(\alpha,\beta) \times \mathcal{F}_d(\alpha,\beta)$ bezüglich der Basen $\langle\beta,\alpha,M|$, $|M,\alpha,\beta\rangle$ durch eine Diagonalmatrix D_d beschrieben wird, die nicht von (α,β) abhängt.

Betrachten wir neben dem durch

$$\sigma(a_n) := a_{-n} \; (n \in \mathbb{Z}), \qquad \sigma(b) := -b$$

definierten $\mathbb{C}$–linearen Antiautomorphismus

$$\sigma : \widehat{\mathcal{A}} \longrightarrow \widehat{\mathcal{A}}$$

den durch

$$\sigma(L_n) := L_{-n} \quad (n \in \mathbb{Z}), \qquad \sigma(C) = C$$

definierten $\mathbb{C}$–linearen Antiautomorphismus (vgl. 8.4)

$$\sigma : \mathbf{U}(\mathbf{Vir}) \longrightarrow \mathbf{U}(\mathbf{Vir}) \,.$$

Dann kommutiert das Diagramm

$$\begin{array}{ccc} \mathbf{U}(\mathbf{Vir}) & \xrightarrow{\;\sigma\;} & \mathbf{U}(\mathbf{Vir}) \\ \Big\downarrow \pi & & \Big\downarrow \pi \\ \widehat{\mathcal{A}} & \xrightarrow{\;\sigma\;} & \widehat{\mathcal{A}}\,, \end{array} \tag{9.6}$$

wobei π die in (8.18) definierte Fockraum–Darstellung von **Vir** auf $\mathcal{F}(\alpha,\beta)$ bezeichnet.

Wir definieren einen $\mathbb{C}$–linearen Isomorphismus

$$\Phi_d : \mathcal{F}_d(\alpha,-\beta) \longrightarrow \mathcal{F}_d^{+}(\alpha,\beta)$$

über $(\widehat{\mathcal{A}},\sigma)$ durch die Forderung, daß der Vakuumvektor $|\alpha,-\beta\rangle$ in den Vakuumvektor $\langle\beta,\alpha|$ überführt wird. Damit erhält man ein kommutatives

Diagramm

$$\begin{array}{ccc} V_d(h,c) & \xrightarrow{\Phi_d} & V_d^+(h,c) \\ \Big\downarrow \pi_{\alpha,-\beta} & & \Big\downarrow \pi^+_{\alpha,\beta} \\ \mathcal{F}_d(\alpha,-\beta) & \xrightarrow{\Phi_d} & \mathcal{F}_d^+(\alpha,\beta)\ . \end{array} \tag{9.7}$$

Diese Eigenschaft wird manchmal in der Physik als *Dualität* bezeichnet. In diesem Diagramm ist die ebenfalls mit Φ_d bezeichnete Abbildung $V_d(h,c) \longrightarrow V_d^+(h,c)$ die Einschränkung des in (8.51) definierten $\mathbb{C}$–linearen Isomorphismus $\Phi : V(h,c) \longrightarrow V^+(h,c)$ über $(\mathbf{U}(\mathbf{Vir}),\sigma)$ auf $V_d(h,c)$.

Seien $C_d(\alpha,\beta)$ bzw. $C_d^+(\alpha,\beta)$ die durch (9.3) bzw. (9.4) definierten Matrizen der linearen Abbildungen

$$\pi_{\alpha,\beta}\Big|_{V_d(h,c)} \quad \text{bzw.} \quad \pi^+_{\alpha,\beta}\Big|_{V_d^+(h,c)} \ .$$

Lemma 9.2 *$C_d^+(\alpha,\beta)$ ist die Transponierte von $C_d(\alpha,-\beta)$.*

Beweis . Auf Grund der Kommutativität des Diagramms (9.7) ist

$$\pi^+_{\alpha,\beta}\,\Phi_d \;=\; \Phi_d\,\pi_{\alpha,-\beta}\ .$$

Die Wirkung von $\Phi_d : V_d(h,c) \longrightarrow V_d^+(h,c)$ auf den Basiselementen $|M,h,c\rangle$ ist einfach

$$\Phi_d|M,h,c\rangle \;=\; \langle c,h,M|\ ,$$

und somit erhält man mit (9.3):

$$\begin{aligned} \pi^+_{\alpha,\beta}\langle c,h,M| &= \pi^+_{\alpha,\beta}\,\Phi_d|M,h,c\rangle \\ &= \Phi_d\,\pi_{\alpha,-\beta}|M,h,c\rangle \\ &= \Phi_d \sum_{\|N\|=d} C_d(\alpha,-\beta)^M_N|N,\alpha,-\beta\rangle \\ &= \sum_{\|N\|=d} C_d(\alpha,-\beta)^M_N\langle\beta,\alpha,N|\ . \end{aligned}$$

Andererseits ist nach (9.4)

$$\pi^+_{\alpha,\beta}\langle c,h,M| = \sum_{\|N\|=d} C_d^+(\alpha,\beta)_M^N \langle\beta,\alpha,N| \,,$$

also folgt

$$C_d^+(\alpha,\beta)_M^N = C_d(\alpha,-\beta)_N^M \,. \qquad \square$$

Für das nächste Lemma betrachten wir die folgende Situation:
Es seien V, V^+, W, W^+ endlichdimensionale komplexe Vektorräume, $\pi : V \to W$, $\pi^+ : V^+ \to W^+$ lineare Abbildungen, $F : V^+ \times V \to \mathbb{C}$, $G : W^+ \times W \to \mathbb{C}$ bilineare Abbildungen, so daß das Diagramm

$$\begin{array}{ccc} V^+ \times V & \xrightarrow{\;F\;} & \mathbb{C} \\ \Big\downarrow \pi^+ \times \pi & & \Big\| \\ W^+ \times W & \xrightarrow{\;G\;} & \mathbb{C} \end{array} \tag{9.8}$$

kommutativ ist. Ferner seien (e_i), (e_i^+), (f_j), (f_j^+) Basen von V, V^+, W bzw. W^+. Wir definieren Matrizen $C = (c_{ij})$, $C^+ = (c_{ij}^+)$ durch

$$\pi(e_i) = \sum_j c_{ji} f_j \,, \quad \pi^+(e_i^+) = \sum_j c_{ji}^+ f_j^+ \,.$$

Schließlich seien

$$F_{ij} := F(e_i^+, e_j) \,, \quad G_{ij} := G(f_i^+, f_j) \,.$$

Die dadurch definierten Matrizen bezeichnen wir wieder mit F bzw. mit G. Dann zeigt eine einfache Rechnung, daß aus der Kommutativität des Diagramms (9.8) die Beziehung

$$F \;=\; C^+ G C \tag{9.9}$$

folgt.

Lemma 9.3 *Für* $d \geq 0$ *sei* $C_d(\alpha,\beta)$ *die Matrix der linearen Abbildung* $\pi_{\alpha,\beta}\big|_{V_d(h,c)}$ *bezüglich der kanonischen Basen von* $V_d(h,c)$ *und* $\mathcal{F}_d(\alpha,\beta)$. *Dann besitzt die Matrix* $S_d(h,c)$ *der Shapovalov–Form*

$$\langle\,|\,\rangle^d : V_d^+(h,c) \times V_d(h,c) \longrightarrow \mathbb{C}$$

die Faktorisierung

$$S_d(h,c) = C_d(\alpha,-\beta)^\tau D_d C_d(\alpha,\beta) \ ,$$

wobei $C_d(\alpha,-\beta)^\tau$ *die zu* $C_d(\alpha,-\beta)$ *transponierte Matrix bezeichnet. Insbesondere ist*

$$S_d(h,c)_N^M = \sum_{\|M'\|=\|N'\|=d} C_d(\alpha,-\beta)_{N'}^N D_{d,N'}^{M'} C_d(\alpha,\beta)_{M'}^M \ .$$

Beweis . Nach Lemma (9.1) und den vorangegangenen Überlegungen ist

$$S_d(h,c) = C_d^+(\alpha,\beta) D_d C_d(\alpha,\beta) \ ,$$

und nach Lemma (9.2) ist

$$C_d^+(\alpha,\beta) = C_d(\alpha,-\beta)^\tau \ . \qquad \square$$

Die folgende Begriffsbildung spielt eine zentrale Rolle in der Darstellungstheorie der Virasoro–Algebra:

Definition 9.4 *Ein Vektor* $v \in V(h,c)$ *(bzw.* $\mathcal{F}(\alpha,\beta)$*) heißt* **singulär,** *wenn* $L_n v = 0$ *ist für alle* $n \in \mathbb{N}$.

Mit $\mathbf{S}_d(h,c)$ *(bzw.* $\mathbf{S}_d(\alpha,\beta)$*) bezeichnen wir die Menge der singulären Vektoren vom Grad* d *in* $V(h,c)$ *(bzw. in* $\mathcal{F}(\alpha,\beta)$*).*

Nach Definition sind der Höchstgewichtsvektor in $V(h,c)$ bzw. der Vakuumvektor in $\mathcal{F}(\alpha,\beta)$ singuläre Vektoren. Beide sind vom Grade Null. Ist $V(h,c)$ irreduzibel, so gibt es keine singulären Vektoren positiven Grades. Im Falle reduzibler $V(h,c)$'s ist die Struktur der Menge der singulären Vektoren positiven Grades von besonderer Bedeutung.

Satz 9.5 *Für* $(\alpha,\beta) \in \mathbb{C}^2$ *sei* $h = \frac{1}{2}(\alpha^2 - \beta^2)$, $c = 1 - 12\beta^2$. *Dann sind die folgenden Aussagen äquivalent:*

(1) $V(h,c)$ *ist irreduzibel.*

(2) *Es gibt keine von Null verschiedenen singulären Vektoren positiven Grades in* $V(h,c)$.

(3) *Es ist* $\det S_d(h,c) \neq 0$ *für alle* $d \geq 0$.

(4) $\pi_{\alpha,\beta}$ *und* $\pi^+_{\alpha,\beta}$ *sind Isomorphismen.*

(5) $\det C_d(\alpha,\beta) \neq 0$ *und* $\det C_d(\alpha,-\beta) \neq 0$ *für alle* $d \geq 0$.

(6) *Die Fockraum-Darstellung von* **Vir** *auf* $\mathcal{F}(\alpha,\beta)$ *ist irreduzibel.*

Beweis . Sei $w \in V(h,c)$ ein von Null verschiedener singulärer Vektor vom Grad $d \geq 1$. Dann ist

$$V(h,c)^w := \text{lin}\,\{L_{-i_k} \cdots L_{-i_1} w \,|\, 0 < i_1 \leq \cdots \leq i_k,\ k \geq 0\}$$

ein Untermodul von $V(h,c)$, der von Null verschieden ist (er enthält w) und den Höchstgewichtsvektor v nicht enthält:

$$V(h,c)^w \subseteq \sum_{j\geq d}^{\oplus} V_{h+j}(h,c)\,.$$

Somit folgt (2) aus (1). Ist umgekehrt $V(h,c)$ reduzibel, $M(h,c)$ der maximale echte Untermodul von $V(h,c)$, so ist

$$d := \min\,\{j \,|\, V_{h+j}(h,c) \cap M(h,c) \neq 0\}$$

größer als Null, weil sonst der Höchstgewichtsvektor v in $M(h,c)$ liegen würde. Offensichtlich ist jedes Element von $V_{h+d}(h,c) \cap M(h,c)$ ein singulärer Vektor. Damit ist gezeigt, daß (1) aus (2) folgt.

$V(h,c)$ ist genau dann irreduzibel, wenn der Vakuumerwartungswert $\langle\ |\ \rangle : V(h,c)^+ \times V(h,c) \to \mathbb{C}$ nicht–ausgeartet ist (vergl. Lemma 8.12). Trivialerweise ist dies genau dann der Fall, wenn $\det S_d(h,c) \neq 0$ ist für alle $d \geq 0$. Da D_d stets nicht–singulär ist, folgt damit die Äquivalenz von (1) bis (5) unmittelbar aus Lemma 9.3. $\mathcal{F}(\alpha,\beta) \to \mathcal{F}^+(\alpha,\beta)$, $|M,\alpha,\beta\rangle \mapsto \langle\beta,\alpha,M|$, ist ein Isomorphismus von Virasoro–Moduln. Ferner ist $\mathcal{F}^+(\alpha,\beta)$ als Virasoro–Modul isomorph zu $\mathcal{F}(\alpha,-\beta)$, da $\mathcal{F}^+(\alpha,\beta)$ über $(\widehat{\mathcal{A}},\sigma)$ isomorph zu $\mathcal{F}(\alpha,-\beta)$ ist.

Dies zeigt, daß der Virasoro–Modul $\mathcal{F}(\alpha,\beta)$ genau dann irreduzibel ist, wenn $\mathcal{F}(\alpha,-\beta)$ als Virasoro–Modul irreduzibel ist.

Ist $V(h,c)$ irreduzibel, so ist $\pi_{\alpha,\beta}$ ein Isomorphismus von Virasoro–Moduln, und damit ist auch $\mathcal{F}(\alpha,\beta)$ ein irreduzibler Virasoro–Modul.

Ist umgekehrt $\mathcal{F}(\alpha,\beta)$ ein irreduzibler Virasoro–Modul, so muß das Bild von $\pi_{\alpha,\beta}$ als von Null verschiedener Untermodul von $\mathcal{F}(\alpha,\beta)$ mit $\mathcal{F}(\alpha,\beta)$ übereinstimmen. Somit sind die Abbildungen

$$\pi_{\alpha,\beta}\Big|_{V_d(h,c)} : V_d(h,c) \longrightarrow \mathcal{F}_d(\alpha,\beta)$$

Epimorphismen endlichdimensionaler Vektorräume gleicher Dimension und damit Isomorphismen. Also ist auch $V(h,c)$ irreduzibel.

Damit ist der ganze Satz bewiesen. □

Bemerkung 9.6 *Ist* w *ein singulärer Vektor vom Grade* $d>0$, *so ist* $\det S_d(h,c)=0$. *Dies folgt ebenfalls unmittelbar aus Lemma* 8.12.

Gibt es in $\mathcal{F}(\alpha,\beta)$ einen von Null verschiedenen singulären Vektor positiven Grades, so zeigt das gleiche Argument wie bei Verma–Moduln, daß $\mathcal{F}(\alpha,\beta)$ reduzibel ist. Die Umkehrung dieser Implikation ist ebenfalls richtig, ist aber nicht so elementar zu zeigen, da die $\mathcal{F}(\alpha,\beta)$ im allgemeinen keine Höchstgewichts–Moduln für **Vir** sind. Eine Möglichkeit, nicht–triviale singuläre Vektoren in Fockräumen zu konstruieren, wollen wir zum Schluß dieses Abschnitts noch aufzeigen.

Seien (α,β), $(\alpha',\beta')\in\mathbb{C}^2$ und

$$Q:\mathcal{F}(\alpha,\beta)\longrightarrow\mathcal{F}(\alpha',\beta')$$

ein linearer Operator mit

$$L_n(\alpha',\beta')Q \;=\; QL_n(\alpha,\beta) \tag{9.10}$$

für alle $n\in\mathbb{Z}$. Q ist also ein **Verbindungsoperator** („intertwining operator") zwischen zwei Fockraum–Darstellungen der Virasoro–Algebra. Wir wollen die Relation (9.10) abkürzend

$$[L_n,Q]=0$$

schreiben. Ist $v_{\alpha,\beta}$ der Vakuumvektor in $\mathcal{F}(\alpha,\beta)$, so ist $Qv_{\alpha,\beta}$ ein singulärer Vektor in $\mathcal{F}(\alpha',\beta')$, denn für alle $n\geq 1$ gilt

$$L_n(\alpha',\beta')Qv_{\alpha,\beta}=[L_n,Q]v_{\alpha,\beta}+QL_n(\alpha,\beta)v_{\alpha,\beta}=0\ .$$

Einen solchen Verbindungsoperator Q, den man auch **Ladungsoperator** nennt, wollen wir im übernächsten Abschnitt konstruieren. Das entscheidende Hilfsmittel dafür sind **Vertexoperatoren**, die ursprünglich in der *Stringtheorie* eingeführt wurden. Diese Operatoren diskutieren wir im folgenden Abschnitt.

9.2 Vertexoperatoren

In diesem Abschnitt beginnen wir mit dem Studium der sogenannten *Vertexoperatoren.* Vertexoperatoren sind unendliche Summen von Produkten aus Elementen der Heisenberg–Algebra. Um diese wieder als Operatoren auffassen zu können, kann man z.B. zu *formalen* Vervollständigungen der Fockräume übergehen. Wir werden statt dessen funktionalanalytische Methoden verwenden.

In Abschnitt 8.3 haben wir gesehen, wie mit Hilfe des Vakuumerwartungswertes ein positiv definites hermitesches Skalarprodukt $\langle\ ,\ \rangle$ auf dem Fockraum $\mathcal{F}(\alpha,\beta)$ definiert werden kann. $\mathcal{F}(\alpha,\beta)$ ist also ein *Prähilbertraum*, den wir zu einem *Hilbertraum* $\mathcal{H}(\alpha,\beta)$ vervollständigen. $\mathcal{H}(\alpha,\beta)$ wird ebenfalls Fockraum genannt und gelegentlich wieder mit $\mathcal{F}(\alpha,\beta)$ bezeichnet.

Sei $v_{\alpha,\beta}$ der Vakuumvektor in $\mathcal{F}(\alpha,\beta)$. Aus (8.12) folgt unmittelbar, daß die Elemente

$$\Phi_\varepsilon := (\varepsilon\,!I^\varepsilon)^{-1/2} \cdots a_{-k}^{\varepsilon_k} \cdots a_{-1}^{\varepsilon_1} v_{\alpha,\beta} \tag{9.11}$$

mit

$$\varepsilon := (\varepsilon_1, \varepsilon_2, \ldots) \in \mathbb{Z}_+^{\mathbb{N}}\,, \quad \|\varepsilon\| := \sum_{i=1}^{\infty} i\varepsilon_i < \infty\,, \quad \varepsilon\,! := \prod_{i=1}^{\infty} \varepsilon_i!\,, \quad I^\varepsilon := \prod_{i=1}^{\infty} i^{\varepsilon_i}$$

eine *Orthonormalbasis* von $\mathcal{H}(\alpha,\beta)$ bilden.

Eine elementare Rechnung zeigt, daß die a_k für $k \neq 0$ auf den Basiselementen Φ_ε in folgender Weise operieren: für $k > 0$ ist

$$\begin{aligned} a_k \Phi_\varepsilon &= \sqrt{k\varepsilon_k}\; \Phi_{\varepsilon - e_k}\,, \\ a_{-k}\Phi_\varepsilon &= \sqrt{k(\varepsilon_k + 1)}\; \Phi_{\varepsilon + e_k}\,, \end{aligned} \tag{9.12}$$

wobei $e_k \in \mathbb{Z}_+^{\mathbb{N}}$ der kanonische Einheitsvektor $(0, \ldots, 0, 1, 0, \ldots)$ mit 1 an der k–ten Stelle ist. Man erkennt aus (9.12) unmittelbar, daß die Operatoren

a_k für $k \neq 0$ nicht beschränkt sind (a_0 wirkt einfach wie das α–fache der Identität). Man kann aber zeigen (vergl. [45]), daß die a_k *abgeschlossene* Operatoren mit gemeinsamem dichtem Definitionsbereich $\mathcal{F}(\alpha,\beta) \subseteq \mathcal{H}(\alpha,\beta)$ sind. Ferner ist für $k \neq 0$ der Operator a_{-k} der zu a_k adjungierte Operator:

$$a_{-k} = a_k^* \,. \tag{9.13}$$

Wir definieren für $\gamma \in \mathbb{C}$ einen Operator

$$T_\gamma : \mathcal{F}(\alpha,\beta) \longrightarrow \mathcal{F}(\alpha+\gamma,\beta)\,,$$

so daß T_γ ein Homomorphismus von Heisenberg–Moduln ist. Dazu fordern wir die Vertauschungsrelationen $[T_\gamma, b] = 0$, $[T_\gamma, a_n] = 0$ für $n \neq 0$ und $[T_\gamma, a_0] = -\gamma T_\gamma$. Setzt man dann nämlich

$$T_\gamma|\alpha,\beta\rangle := |\alpha+\gamma,\beta\rangle\,,$$

so ist

$$\begin{aligned} a_0\,|\alpha+\gamma,\beta\rangle &= a_0 T_\gamma\,|\alpha,\beta\rangle \\ &= [a_0, T_\gamma]\,|\alpha,\beta\rangle + T_\gamma a_0\,|\alpha,\beta\rangle \\ &= \gamma T_\gamma\,|\alpha,\beta\rangle + \alpha T_\gamma\,|\alpha,\beta\rangle \\ &= (\alpha+\gamma)\,|\alpha+\gamma,\beta\rangle\,. \end{aligned}$$

Analog prüft man die übrigen Relationen für den Fockraum $\mathcal{F}(\alpha+\gamma,\beta)$ nach. Wir definieren nun zunächst *formal* für $\gamma \in \mathbb{C}$ und $z \in \mathbb{C}^*$ $(= \mathbb{C}\setminus\{0\})$:

$$\begin{aligned} \widetilde{V}(\gamma,z) &= \exp\left(\gamma\sum_{n=1}^{\infty}\frac{a_{-n}}{n}z^n\right)\exp\left(-\gamma\sum_{n=1}^{\infty}\frac{a_n}{n}z^{-n}\right)T_\gamma \\ &= \prod_{n=1}^{\infty}\exp\left(\gamma\frac{a_{-n}}{n}z^n\right)\exp\left(-\gamma\frac{a_n}{n}z^{-n}\right)T_\gamma \end{aligned} \tag{9.14}$$

und

$$V(\gamma,z) := \widetilde{V}(\gamma,z)z^{\gamma a_0} \tag{9.15}$$

[$z^{\gamma a_0}$ operiert auf $\mathcal{F}(\alpha,\beta)$ wie das $z^{\gamma\alpha}$–fache der Identität. Die Funktion $z \mapsto z^{\gamma\alpha}$ ist auf $\mathbb{C}\setminus(-\infty,0]$ durch den Hauptwert des Logarithmus definiert.]
$\widetilde{V}(\gamma,z)$ und $V(\gamma,z)$ heißen **Vertexoperatoren**.

Lemma 9.7 *$\widetilde{V}(\gamma,z)$ erfüllt* formal *die Kommutatorgleichung*

$$[a_k, \widetilde{V}(\gamma,z)] = \gamma z^k \widetilde{V}(\gamma,z) \tag{9.16}$$

für alle $k \in \mathbb{Z}$.

Beweis . Wir verwenden die formale Produktdarstellung (9.14) von $\widetilde{V}(\gamma, z)$. Für $k > 0$ ist $\exp\left(\gamma z^k \frac{a_{-k}}{k}\right)$ der einzige Faktor, der eine Rolle spielt (wir verwenden dabei die naheliegende Verallgemeinerung der Kommutatorrelation $[A, BC] = [A, B]C + B[A, C]$). Für diesen Faktor gilt

$$\begin{aligned}\left[a_k, \exp\left(\gamma z^k \frac{a_{-k}}{k}\right)\right] &= \sum_{n=1}^{\infty} \frac{(\gamma z^k)^n}{n!} k^{-n} [a_k, a_{-k}^n] \\ &= \sum_{n=1}^{\infty} \frac{1}{n!} \left(\frac{\gamma z^k}{k}\right)^n nk a_{-k}^{n-1} \\ &= \gamma z^k \sum_{n=0}^{\infty} \frac{1}{n!} \left(\frac{\gamma z^k}{k}\right)^n a_{-k}^n \\ &= \gamma z^k \exp\left(\gamma \frac{a_{-k}}{k} z^k\right) .\end{aligned}$$

Für $k < 0$ hat man in der Argumentation nur k und $-k$ zu vertauschen. Der Faktor T_γ in der Definition von $\widetilde{V}(\gamma, z)$ bewirkt, daß die behauptete Kommutatorgleichung auch für $k = 0$ richtig ist. Setzen wir nämlich abkürzend $\widetilde{V} = \Pi T_\gamma$, wobei Π das formale Produkt der Exponentialfaktoren bezeichnet, so ist

$$\begin{aligned}[a_o, \widetilde{V}] &= [a_0, \Pi] T_\gamma + \Pi [a_0, T_\gamma] \\ &= \Pi \gamma T_\gamma = \gamma \widetilde{V} .\end{aligned}$$

□

Bemerkung 9.8 *Die Kommutatorgleichung* (9.16) *ist auch für* $V(\gamma, z)$ *erfüllt.*

Dies folgt unmittelbar aus dem Lemma unter Verwendung der Relation $[A, BC] = [A, B]C + B[A, C]$.

Wir wollen nun $\widetilde{V}(\gamma, z)$ als dicht definierten Operator im Hilbertraum $\mathcal{H}(\alpha, \beta)$ mit Werten in $\mathcal{H}(\alpha + \gamma, \beta)$ verstehen. Dazu beginnen wir mit Identitäten für gewisse formale Potenzreihen.

Lemma 9.9 *Für jedes* $\ell \in \mathbb{Z}_+$ *gilt als Identität für formale Potenzreihen in* X, Y, Z*:*

$$\begin{aligned}(X + Z)^\ell \exp(ZY) &= (X + Z)^\ell \sum_{m=0}^{\infty} \frac{1}{m!} Z^m Y^m \\ &= \sum_{m=0}^{\infty} \frac{Z^m}{m!} \sum_{j=0}^{\min(\ell, m)} \binom{\ell}{j} \binom{m}{j} j! X^{\ell - j} Y^{m-j} .\end{aligned} \tag{9.17}$$

Beweis . Wir beweisen das Lemma durch vollständige Induktion nach ℓ. Für $\ell = 0$ ist die Behauptung trivial. Für den Induktionsschluß von ℓ auf $\ell + 1$ formen wir folgendermaßen um:

$$\begin{aligned}\sum_{m\geq 0}\frac{Z^mY^m}{m!}(X+Z)^{\ell+1} &= (X+Z)\sum_{m\geq 0}\frac{Z^mY^m}{m!}(X+Z)^{\ell}\\ &= (X+Z)\sum_{m\geq 0}\frac{Z^m}{m!}\sum_{j=0}^{\min(\ell,m)}\binom{\ell}{j}\binom{m}{j}j!X^{\ell-j}Y^{m-j}\\ &= \sum_{m\geq 0}\frac{Z^m}{m!}\sum_{j=0}^{\min(\ell,m)}\binom{\ell}{j}\binom{m}{j}j!X^{\ell+1-j}Y^{m-j}\\ &\quad +\sum_{m\geq 0}\frac{Z^{m+1}}{m!}\sum_{j=0}^{\min(\ell,m)}\binom{\ell}{j}\binom{m}{j}j!X^{\ell-j}Y^{m-j}\\ &= X^{\ell+1}+\sum_{m\geq 1}\frac{Z^m}{m!}\left\{\sum_{j=0}^{\min(\ell,m)}\binom{\ell}{j}\binom{m}{j}j!X^{\ell+1-j}Y^{m-j}\right.\\ &\quad\left.+\sum_{j=0}^{\min(\ell,m-1)}\binom{\ell}{j}\binom{m-1}{j}j!mX^{\ell-j}Y^{m-1-j}\right\}.\end{aligned}$$

Der Ausdruck in der geschweiften Klammer ist

$$\begin{aligned}\{\cdots\} &= \sum_{j=0}^{\min(\ell,m)}\binom{\ell}{j}\binom{m}{j}j!X^{\ell+1-j}Y^{m-j}\\ &\quad+\sum_{j=1}^{\min(\ell,m-1)+1}\binom{\ell}{j-1}\binom{m-1}{j-1}(j-1)!mX^{\ell+1-j}Y^{m-j}.\end{aligned}$$

Betrachten wir zunächst den Fall $\ell < m$. Dann ist $\min(\ell, m) = \min(\ell, m-1) = \ell$, und es gilt

$$\begin{aligned}\{\cdots\} &= \sum_{j=0}^{\ell}\binom{\ell}{j}\binom{m}{j}j!X^{\ell+1-j}Y^{m-j}\\ &\quad+\sum_{j=1}^{\ell+1}\binom{\ell}{j-1}\binom{m-1}{j-1}(j-1)!mX^{\ell+1-j}Y^{m-j}\\ &= X^{\ell+1}Y^m+\binom{m-1}{\ell}\ell!mY^{m-\ell-1}\\ &\quad+\sum_{j=1}^{\ell}X^{\ell+1-j}Y^{m-j}\left[\binom{\ell}{j}\binom{m}{j}j!+\binom{\ell}{j-1}\binom{m-1}{j-1}(j-1)!m\right].\end{aligned}$$

Eine einfache Rechnung zeigt, daß

$$\binom{\ell}{j}\binom{m}{j}j! + \binom{\ell}{j-1}\binom{m-1}{j-1}(j-1)!m = \binom{\ell+1}{j}\binom{m}{j}j!$$

ist und somit

$$\{\cdots\} = \sum_{j=0}^{\ell+1}\binom{\ell+1}{j}\binom{m}{j}j!X^{\ell+1-j}Y^{m-j}$$

gilt. Im Falle $\ell \geq m$ schließt man analog, daß

$$\{\cdots\} = \sum_{j=0}^{m}\binom{\ell+1}{j}\binom{m}{j}j!X^{\ell+1-j}Y^{m-j}$$

ist. □

Lemma 9.10 *Für alle* $\ell, m \in \mathbb{Z}_+$ *gilt*

$$\begin{aligned}\sum_{n=0}^{\infty}\frac{1}{n!}\sum_{s=0}^{\min(\ell,n)}\sum_{r=0}^{\min(m,n)}\binom{\ell}{s}\binom{n}{s}s!\binom{n}{r}\binom{m}{r}r!X^{\ell-s}Y^{n-s}Z^{n-r}W^{m-r} \\ = \sum_{s=0}^{\min(\ell,m)}\binom{\ell}{s}\binom{m}{s}s!(X+Z)^{\ell-s}(Y+W)^{m-s}\sum_{n=0}^{\infty}\frac{1}{n!}(ZY)^n\end{aligned} \tag{9.18}$$

als Identität für formale Potenzreihen in X, Y, Z, W.

Beweis . Für $m = 0$ reduziert sich (9.18) auf (9.17), also die Behauptung des zuvor bewiesenen Lemmas. Lemma 9.10 kann jetzt einfach mit vollständiger Induktion nach m bewiesen werden. Wir überlassen die Einzelheiten dem Leser. □

Wir verwenden nun die Identitäten (9.17) und (9.18) um zu zeigen, daß die formal definierten Größen $\tilde{V}(\gamma, z)$, $V(\gamma, z)$ für $|z| < 1$ als dicht definierte Operatoren im (Hilbertschen) Fockraum interpretiert werden können.

Dazu sollen zunächst die „Matrixelemente" von $\tilde{V}(\gamma, z)$ bezüglich der durch (9.11) gegebenen Basen berechnet werden.

Lemma 9.11

$$\begin{aligned}&\langle\Phi_\delta, \tilde{V}(\gamma, z)\Phi_\varepsilon\rangle \\ &= (\delta!\varepsilon!)^{-1/2}\prod_{i=1}^{\infty}\left[\sum_{j=0}^{\min(\delta_i,\varepsilon_i)}\binom{\delta_i}{j}\binom{\varepsilon_i}{j}j!\left(\frac{\gamma}{\sqrt{i}}z^i\right)^{\delta_i-j}\left(\frac{-\gamma}{\sqrt{i}}z^{-i}\right)^{\varepsilon_i-j}\right].\end{aligned} \tag{9.19}$$

Beweis . Wir rechnen hier nur den Spezialfall $\Phi_\varepsilon = v_{\alpha,\beta}$, also $\varepsilon = 0$, aus.[1] Die Rechnungen für den allgemeinen Fall sind analog und seien dem Leser überlassen.

Es gilt

$$\begin{aligned} c_\delta &:= \langle \Phi_\delta, \prod_{i=1}^{\infty} \exp\left(\gamma \frac{a_{-i}}{i} z^i\right) v_{\alpha,\beta}\rangle \\ &= \langle \Phi_\delta, \exp\left(\gamma \frac{a_{-1}}{1} z\right) \prod_{i=2}^{\infty} \exp\left(\gamma \frac{a_{-i}}{i} z^i\right) v_{\alpha,\beta}\rangle \\ &= \langle \exp\left(\overline{\gamma} \frac{a_1}{1} \overline{z}\right) \Phi_\delta, \prod_{i=2}^{\infty} \exp\left(\gamma \frac{a_{-i}}{i} z^i\right) v_{\alpha,\beta}\rangle \end{aligned}$$

wegen $a_{-1}^* = a_1$. Somit ist

$$c_\delta = \langle \left(\frac{\overline{\gamma}\,\overline{z}}{1}\right)^{\delta_1} \frac{a_1^{\delta_1}}{\delta_1!} \Phi_\delta, \prod_{i=2}^{\infty} \exp\left(\gamma \frac{a_{-i}}{i} z^i\right) v_{\alpha,\beta}\rangle ,$$

weil alle anderen Terme aus der Exponentialreihe wegen der Vertauschungsrelationen für die a_i's das Skalarprodukt zum Verschwinden bringen. Damit erhalten wir nach mehrfacher Anwendung von (9.12):

$$c_\delta = \left(\frac{\gamma z}{\sqrt{1}}\right)^{\delta_1} (\delta_1!)^{-1/2} \langle \Phi_{\delta - \delta_1 e_1}, \prod_{i=2}^{\infty} \exp\left(\gamma \frac{a_{-i}}{i} z^i\right) v_{\alpha,\beta}\rangle .$$

Durch Iteration erhalten wir also

$$c_\delta = \prod_{i=1}^{\infty} (\delta_i!)^{-1/2} \left(\frac{\gamma z^i}{\sqrt{i}}\right)^{\delta_i} . \tag{9.20}$$

(Man beachte, daß dieses Produkt nur endlichviele von 1 verschiedene Faktoren hat, da $\sum_i i\delta_i < \infty$ sein muß.) □

Lemma 9.12 *Sei $\mathcal{N}$ die Menge aller Folgen $(\delta_i) \in \mathbb{Z}_+^{\mathbb{N}}$, für die $\sum_i i\delta_i < \infty$ ist. Dann gilt*

$$\sum_{\delta \in \mathcal{N}} \left(\prod_{i=1}^{\infty} \frac{1}{\delta_i!} x_i^{\delta_i}\right) = \prod_{i=1}^{\infty} \left(\sum_{k=0}^{\infty} \frac{1}{k!} x_i^k\right)$$

für jede Folge $(x_i)_{i \in \mathbb{N}}$ nicht-negativer reeller Zahlen x_i.

[1] Man beachte dabei, daß diese „Rechnungen" natürlich dazu dienen, die Matrixkoeffizienten von $\widetilde{V}(\gamma, z)$ geeignet zu *definieren*, so daß man für $\widetilde{V}(\gamma, z)$ den „richtigen" Operator erhält.

Beweis . Für $n \in \mathbb{N}$ sei

$$\mathcal{N}_n := \{\delta \in \mathcal{N} \mid \delta_i = 0 \text{ für } i > n\} .$$

Dann ist

$$\sum_{\delta \in \mathcal{N}} \left(\prod_{i=1}^{\infty} \frac{1}{\delta_i!} x_i^{\delta_i} \right) = \lim_{n \to \infty} \sum_{\delta \in \mathcal{N}_n} \left(\prod_i \frac{1}{\delta_i!} x_i^{\delta_i} \right) .$$

(Da hier nur nicht–negative Größen aufsummiert werden, ist der Grenzwert als Supremum in $\overline{\mathbb{R}}_+ = \mathbb{R}_+ \cup \{+\infty\}$ zu verstehen.)

Nach Definition von $\mathcal{N}_n$ ist

$$\sum_{\delta \in \mathcal{N}_n} \left(\prod_{i=1}^{\infty} \frac{1}{\delta_i!} x_i^{\delta_i} \right) = \sum_{\delta \in \mathcal{N}_n} \left(\prod_{i=1}^{n} \frac{1}{\delta_i!} x_i^{\delta_i} \right) .$$

Andererseits gilt

$$\begin{aligned} \prod_{i=1}^{n} \left(\sum_{k=0}^{\infty} \frac{1}{k!} x_i^k \right) &= \sum_{k_1,\dots,k_n=0}^{\infty} \frac{1}{k_1! \dots k_n!} x_1^{k_1} \cdots x_n^{k_n} \\ &= \sum_{k_1,\dots,k_n=0}^{\infty} \left(\prod_{i=1}^{n} \frac{1}{k_i!} x_i^{k_i} \right) \\ &= \sum_{\delta \in \mathcal{N}_n} \left(\prod_{i=1}^{n} \frac{1}{\delta_i!} x_i^{\delta_i} \right) . \end{aligned}$$

Für $n \to \infty$ ergibt sich daraus die Behauptung des Lemmas. □

Das Lemma gestattet es, den ersten Punkt des Programms für eine Operator–Interpretation des Vertex zu erledigen. Es gilt nämlich für $|z| < 1$

$$\begin{aligned} \sum_{\delta} |c_\delta|^2 &= \sum_{\delta} \prod_{i=1}^{\infty} \frac{1}{\delta_i!} \left(\frac{|\gamma z^i|^2}{i} \right)^{\delta_i} \\ &= \prod_{i=1}^{\infty} \left(\sum_{k=0}^{\infty} \frac{1}{k!} \left(\frac{|\gamma z^i|^2}{i} \right)^k \right) \\ &= \prod_{i=1}^{\infty} \exp \left(\frac{|\gamma|^2 |z^{2i}|}{i} \right) \\ &= \exp \left(|\gamma|^2 \sum_{i=1}^{\infty} \frac{|z^2|^i}{i} \right) . \end{aligned}$$

Damit erhalten wir für $|z| < 1$:

$$\begin{aligned}\sum_{\delta} |c_\delta|^2 &\leq \exp\left(-|\gamma|^2 \log(1-|z|^2)\right) \\ &= (1-|z|^2)^{-|\gamma|^2} < \infty .\end{aligned}$$

Somit ist $\widetilde{V}(\gamma, z)v_{\alpha,\beta} \in \mathcal{H}(\alpha+\gamma, \beta)$ für $|z| < 1$.

Unser Ziel ist es, den Vertex $\widetilde{V}(\gamma, z)$ für $|z| < 1$ als dicht definierten Operator auf $\mathcal{F}(\alpha, \beta)$ zu realisieren. Dazu erinnern wir an einige Eigenschaften von Operatoren, die durch unendliche Matrizen definiert sind. Beweise findet man z.B. in [64].

Es seien $\mathcal{H}$ und $\mathcal{H}'$ separable (unendlichdimensionale) Hilberträume über $\mathbb{C}$, $(e_n \,|\, n \in \mathbb{N})$, $(e'_n \,|\, n \in \mathbb{N})$ Orthonormalbasen von $\mathcal{H}$ bzw. $\mathcal{H}'$, und $(a_{jk})_{j,k\in\mathbb{N}}$ sei eine (unendliche) Matrix mit Einträgen $a_{jk} \in \mathbb{C}$.
Es sei $\mathcal{D}(A)$ die Menge aller $f \in \mathcal{H}$ mit folgenden Eigenschaften

$$(i) \quad \lim_{m\to\infty} \sum_{k=1}^{m} a_{jk} \langle e_k, f\rangle \text{ existiert für jedes } j \in \mathbb{N} , \tag{9.21}$$

$$(ii) \quad \sum_{j=1}^{\infty} \left| \sum_{k=1}^{\infty} a_{jk} \langle e_k, f\rangle \right|^2 < \infty . \tag{9.22}$$

Offensichtlich ist $\mathcal{D}(A)$ ein Unterraum von $\mathcal{H}$.
Auf $\mathcal{D}(A)$ definieren wir einen linearen Operator

$$A : \mathcal{D}(A) \longrightarrow \mathcal{H}'$$

durch

$$Af := \sum_{j=1}^{\infty} \left(\sum_{k=1}^{\infty} a_{jk} \langle e_k, f\rangle \right) e'_j . \tag{9.23}$$

Die vorgegebenen a_{jk} sind dann gerade die Matrixkoeffizienten des Operators A, denn offensichtlich ist

$$\langle e'_j, Ae_k\rangle = a_{jk} .$$

Es gilt nun der folgende

Satz 9.13 *Es seien* $\mathcal{H}, \mathcal{H}', (e_n \mid n \in \mathbb{N}), (e'_n \mid n \in \mathbb{N})$ *wie oben, und es sei* $(a_{jk})_{j,k\in\mathbb{N}}$ *eine Matrix mit*

$$\sum_{j=1}^{\infty} |a_{jk}|^2 < \infty \tag{9.24}$$

für alle $k \in \mathbb{N}$. *Dann gilt für den durch* (9.23) *definierten linearen Operator* $A : \mathcal{D}(A) \longrightarrow \mathcal{H}'$*:*

(i) $\mathcal{D}(A)$ *ist ein dichter Unterraum von* $\mathcal{H}$ *.*

(ii) A *ist ein* abgeschlossener Operator, *wenn neben* (9.24) *die Bedingung*

$$\sum_{k=1}^{\infty} |a_{jk}|^2 < \infty \tag{9.25}$$

für alle $j \in \mathbb{N}$ *erfüllt ist.*

[Wir erinnern daran, daß ein linearer Operator $A : \mathcal{D}(A) \longrightarrow \mathcal{H}'$ *abgeschlossen* heißt, wenn der Graph $\{(f, Af) \mid f \in \mathcal{D}(A)\}$ von A im Produktraum $\mathcal{H} \times \mathcal{H}'$, versehen mit der Graphennorm $|(f, Af)| := (|f|^2 + |Af|^2)^{1/2}$ ein Hilbertraum ist.]

Wir untersuchen nun die Matrix

$$\left(\langle \Phi_\delta, \widetilde{V}(\gamma, z)\Phi_\varepsilon\rangle\right)_{\delta,\varepsilon\in\mathcal{N}} ,$$

wobei wie oben

$$\mathcal{N} = \left\{\varepsilon \in \mathbb{Z}_+^{\mathbb{N}} \;\Big|\; \sum_i i\varepsilon_i < \infty\right\}$$

ist. Nach Lemma 9.11 ist

$$\begin{aligned}
&\sum_{\delta\in\mathcal{N}} \left|\langle \Phi_\delta, \widetilde{V}(\gamma, z)\Phi_\varepsilon\rangle\right|^2 \\
&\quad= \sum_{\delta\in\mathcal{N}} \frac{1}{\delta!\varepsilon!} \prod_{i=1}^{\infty} \left| \sum_{j=0}^{\min(\delta_i,\varepsilon_i)} \binom{\delta_i}{j}\binom{\varepsilon_i}{j} j! \left(\frac{\gamma z^i}{\sqrt{i}}\right)^{\delta_i - j} \left(\frac{-\gamma z^{-i}}{\sqrt{i}}\right)^{\varepsilon_i - j}\right|^2 \\
&\quad\le \sum_{\delta\in\mathcal{N}} \frac{1}{\delta!\varepsilon!} \prod_{i=1}^{\infty} \left[\sum_{j=0}^{\min(\delta_i,\varepsilon_i)} \binom{\delta_i}{j}\binom{\varepsilon_i}{j} j! X_i^{\delta_i - j} Y_i^{\varepsilon_i - j}\right]^2
\end{aligned}$$

mit $X_i := \left|\dfrac{\gamma z^i}{\sqrt{i}}\right|$, $Y_i := \left|\dfrac{\gamma z^{-i}}{\sqrt{i}}\right|$.

Mit derselben Überlegung wie bei der Abschätzung von $\sum_{\delta\in\mathcal{N}} |c_\delta|^2$ erhalten wir

$$\sum_{\delta\in\mathcal{N}} \left|\langle\Phi_\delta,\ \tilde{V}(\gamma,z)\Phi_\varepsilon\rangle\right|^2 \leq \frac{1}{\varepsilon!}\prod_{i=1}^{\infty}\sum_{\delta_i}\frac{1}{\delta_i!}\left[\sum_{j=0}^{\min(\delta_i,\varepsilon_i)} j!\binom{\delta_i}{j}\binom{\varepsilon_i}{j}X_i^{\delta_i-j}Y_i^{\varepsilon_i-j}\right]^2 .$$

Die rechte Seite dieser Ungleichung kann mit einer Spezialisierung von Lemma 9.10 abgeschätzt werden: Setzen wir in (9.18) $X = W, Y = Z$ und $\ell = m$, so ergibt sich

$$\begin{aligned}
&\sum_{n=0}^{\infty}\frac{1}{n!}\left[\sum_{s=0}^{\min(\ell,n)}\binom{\ell}{s}\binom{n}{s}s!X^{\ell-s}Y^{n-s}\right]^2 \\
&\quad = \sum_{s=0}^{\ell}\binom{\ell}{s}^2 s!(X+Y)^{2(\ell-s)}\sum_{n=0}^{\infty}\frac{1}{n!}Y^{2n} \\
&\quad = \sum_{s=0}^{\ell}\binom{\ell}{s}^2 s!(X+Y)^{2(\ell-s)}\exp\, Y^2 \\
&\quad = (X+Y)^{2\ell}(\exp\, Y^2)\sum_{s=0}^{\ell}\binom{\ell}{s}^2 s!(X+Y)^{-2s} .
\end{aligned}$$

Beachten wir, daß in unserem Fall X und Y nicht–negativ sind, so können wir weiter abschätzen durch

$$\begin{aligned}
&(X+Y)^{2\ell}(\exp\, Y^2)\sum_{s=0}^{\ell}\binom{\ell}{s}^2 s!(X+Y)^{-2s} \\
&\quad \leq (X+Y)^{2\ell}(\exp\, Y^2)\sum_{s=0}^{\ell}\frac{1}{s!}\ell^{2s}(X+Y)^{-2s} \\
&\quad \leq (X+Y)^{2\ell}(\exp Y^2)\exp\left(\frac{\ell}{X+Y}\right)^2 .
\end{aligned}$$

Setzen wir in dieser Abschätzung $Y = X_i$, $X = Y_i$, so erhalten wir

$$\begin{aligned}
&\sum_{\delta_i}\frac{1}{\delta_i!}\left[\sum_{j=0}^{\min(\delta_i,\varepsilon_i)} j!\binom{\delta_i}{j}\binom{\varepsilon_i}{j}X_i^{\delta_i-j}Y_i^{\varepsilon_i-j}\right]^2 \\
&\quad \leq (X_i+Y_i)^{2\min(\delta_i,\varepsilon_i)}\exp\left(\frac{\min(\varepsilon_i,\delta_i)}{X_i+Y_i}\right)^2 \exp\, X_i^2 .
\end{aligned}$$

Die Produkte $\prod_{i=1}^{\infty}(X_i+Y_i)^{2\min(\delta_i,\varepsilon_i)}$ und $\prod_{i=1}^{\infty}\exp\left(\frac{\min(\varepsilon_i,\delta_i)}{X_i+Y_i}\right)^2$ sind trivialerweise endlich, weil höchstens endlichviele ε_i von Null verschieden sind.

Ferner ist für $|z| < 1$

$$\prod_{i=1}^{\infty} \exp\ X_i^2 = \exp\left(\sum_{i=1}^{\infty} X_i^2\right) < \infty\ .$$

Damit ist gezeigt, daß für alle $\varepsilon \in \mathcal{N}$

$$\sum_{\delta \in \mathcal{N}} \left|\langle \Phi_\delta,\ \tilde{V}(\gamma, z)\Phi_\varepsilon\rangle\right|^2 < \infty$$

ist, falls $|z| < 1$ ist. Der vorangegangene Satz liefert somit

Satz 9.14 *Der Vertex $\tilde{V}(\gamma, z)$ (und damit auch $V(\gamma, z)$) kann für $|z| < 1$ als dicht definierter Operator im Fockraum realisiert werden.*

Wir bemerken noch, daß unsere Abschätzungen von $\sum_\delta |\langle \Phi_\delta, \tilde{V}(\gamma, z)\Phi_\varepsilon\rangle|^2$ nicht auf $\sum_\varepsilon |\langle \Phi_\delta, \tilde{V}(\gamma, z)\Phi_\varepsilon\rangle|^2$ übertragen werden können, weil für $|z| < 1$ die Summe $\sum_i Y_i^2$ *nicht* konvergent ist. Dies deutet bereits darauf hin, daß der Operator $\tilde{V}(\gamma, z)$ *nicht abschließbar* ist. In der Tat hat dies W. Boenkost [5] bewiesen. Wir beschränken uns hier darauf zu skizzieren, daß der Vertex $\tilde{V}(\gamma, z)$ jedenfalls ein unbeschränkter Operator ist.

Satz 9.15 *Für $|z| < 1$ ist der Vertex $\tilde{V}(\gamma, z)$ (und damit auch $V(\gamma, z)$) ein unbeschränkter Operator im Fockraum.*

Beweis . Im folgenden bezeichnen wir den Vakuumvektor mit Ω. Für $z, \zeta \in \mathbb{C}$ und $\ell \in \mathbb{N}$ definieren wir die sogenannten *kohärenten Zustände* durch

$$|z, \zeta, \ell\rangle := N_\ell \exp\left(\zeta \sum_{n=1}^{\ell} \frac{z^n}{n}\ a_{-n}|\Omega\rangle\right)$$

mit

$$N_\ell := \exp\left(-\ \frac{|\zeta|^2}{2} \sum_{n=1}^{\ell} \frac{|z|^{2n}}{n}\right)\ .$$

Dann zeigt eine einfache Rechnung, daß

$$|z, \zeta, \ell\rangle = N_\ell \sum_{\varepsilon_1, \ldots, \varepsilon_\ell = 0}^{\infty} \prod_{n=1}^{\ell} \frac{z^{n\varepsilon_n} \zeta^{\varepsilon_n}}{(\varepsilon_n! n^{\varepsilon_n})^{1/2}}\ \Phi_\varepsilon$$

gilt. Dank des Faktors N_ℓ haben die kohärenten Zustände die Norm 1, und für $|z| < 1$ existiert der Grenzwert

$$|z, \zeta\rangle := \lim_{\ell \to \infty} |z, \zeta, \ell\rangle$$

im Fockraum. Die kohärenten Zustände sind Eigenzustände der Vernichtungsoperatoren a_n $(n > 0)$:

$$a_n|z, \zeta, \ell\rangle = \begin{cases} \zeta z^n |z, \zeta, \ell\rangle & \text{für } n \leq \ell \\ 0 & \text{sonst} . \end{cases}$$

Da a_n ein abgeschlossener Operator ist, gilt

$$a_n|z, \zeta\rangle = \zeta z^n |z, \zeta\rangle.$$

Diese Eigenschaften erlauben es, die Matrixelemente $\langle \Omega | \widetilde{V}(\gamma, z) | z, \zeta, \ell\rangle$ zu berechnen. (Für diese Rechnung ist der Operator T_γ in der Definition (9.14) von $\widetilde{V}(\gamma, z)$ irrelevant; man kann ihn deshalb vernachlässigen.) Man erhält dann

$$\begin{aligned} \langle \Omega | \widetilde{V}(\gamma, z) | z, \zeta, \ell\rangle &= \exp\left(-\gamma\zeta \sum_{n=1}^{\ell} \frac{1}{n}\right) \langle \Omega | z, \zeta, \ell\rangle \\ &= N_\ell \exp\left(-\gamma\zeta \sum_{n=1}^{\ell} \frac{1}{n}\right) . \end{aligned}$$

Wählt man nun $\zeta := -\overline{\gamma}$, so ergibt sich

$$\langle \Omega | \widetilde{V}(\gamma, z) | z, -\overline{\gamma}, \ell\rangle = N_\ell \exp\left(|\gamma|^2 \sum_{n=1}^{\ell} \frac{1}{n}\right) .$$

Dies zeigt, daß die Matrixelemente von $\widetilde{V}(\gamma, z)$ für $\ell \to \infty$ divergieren und $\widetilde{V}(\gamma, z)$ somit unbeschränkt ist. □

Wir wollen als nächstes die funktionalanalytische Natur des Vertexoperators genauer beschreiben. Sei

$$N := \sum_{k=1}^{\infty} a_{-k} a_k . \tag{9.26}$$

N heißt der **Teilchenzahloperator**. Für $0 < R < \infty$ sei

$$R^N := \exp((\log R)N) = \sum_{k=0}^{\infty} \frac{(\log R)^k}{k!} N^k .$$

Dann gilt für alle $k \geq 0$ und alle $\delta \in \mathcal{N}$

$$N^k \Phi_\delta = \|\delta\|^k \Phi_\delta ,$$

wobei wieder $\|\delta\| = \sum_{k=1}^{\infty} k\delta_k$ ist, also

$$R^N \Phi_\delta = R^{\|\delta\|} \Phi_\delta .$$

Der Definitionsbereich $\mathcal{D}(R^N)$ von R^N ist somit gegeben durch

$$\mathcal{D}(R^N) = \left\{ \sum_{\delta \in \mathcal{N}} d_\delta \Phi_\delta \,\middle|\, \sum_{\delta \in \mathcal{N}} |d_\delta|^2 R^{2\|\delta\|} < \infty \right\} .$$

$\mathcal{D}(R^N)$ enthält trivialerweise $\mathcal{F}(\alpha, \beta)$; R^N ist also dicht definiert. R^N ist ein *positiver selbstadjungierter Diagonaloperator* (die Matrix von R^N bezüglich der Basis $(\Phi_\delta)_{\delta \in \mathcal{N}}$ von $\mathcal{H}(\alpha, \beta)$ ist eine Diagonalmatrix mit positiven Diagonalelementen), und für $R \leq 1$ ist R^N ein *beschränkter* Operator der Norm 1.

Wir betrachten nun auf $\mathcal{F}(\alpha, \beta)$ die folgende Norm:

$$|u|_R := |R^N u| . \tag{9.27}$$

Die Norm $|\ |_R$ wird durch das Skalarprodukt

$$\langle u, v \rangle_R := \langle R^N u, R^N, v \rangle \tag{9.28}$$

induziert. Dieses Skalarprodukt ist positiv definit, weil R^N trivialen Kern hat. Sei $\mathcal{H}_R(\alpha, \beta)$ die Vervollständigung von $\mathcal{F}(\alpha, \beta)$ bezüglich der Norm $|\ |_R$. R^N ist dann nach Konstruktion eine Isometrie von $\mathcal{H}(\alpha, \beta)$ auf $\mathcal{H}_R(\alpha, \beta)$.

Wir können den durch

$$\widetilde{V}(\gamma, z) = \exp\left(\gamma \sum_{i=1}^{\infty} \frac{a_{-i}}{i} z^i \right) \exp\left(-\gamma \sum_{i=1}^{\infty} \frac{a_i}{i} z^{-i} \right) T_\gamma$$

gegebenen Vertexoperator als linearen Operator

$$\overline{V}(\gamma, z) : \mathcal{H}_R(\alpha, \beta) \longrightarrow \mathcal{H}_{R'}(\alpha + \gamma, \beta)$$

auffassen, wobei R, R' positive reelle Zahlen sind, für die

$$0 < R < |z| < R' \tag{9.29}$$

gilt. Dies erreicht man einfach dadurch, daß für alle Basiselemente Φ_δ, $\delta \in \mathcal{N}$,

$$\overline{V}(\gamma, z)\Phi_\delta = \widetilde{V}(\gamma, z)\Phi_\delta \tag{9.30}$$

gesetzt wird. Wir betrachten nun den dicht definierten Operator

$$R'^{-N}\overline{V}(\gamma, z)R^N : \mathcal{H}(\alpha, \beta) \longrightarrow \mathcal{H}(\alpha + \gamma, \beta)$$

und zeigen, daß dieser Operator bei geeigneter Wahl von R und R' ein *Hilbert–Schmidt–Operator* ist.

Definition 9.16 *Es seien $\mathcal{H}$ und $\mathcal{H}'$ separable Hilberträume, und $(e_n)_{n\in\mathbb{N}}$, $(e'_n)_{n\in\mathbb{N}}$ seien Orthonormalbasen von $\mathcal{H}$ bzw. $\mathcal{H}'$. Ein linearer Operator $T : \mathcal{H} \longrightarrow \mathcal{H}'$ heißt ein* **Hilbert–Schmidt Operator**, *wenn*

$$\sum_{k,\ell=1}^{\infty} |\langle e'_k, Te_\ell\rangle|^2 < \infty$$

ist.

Es ist klar, daß diese Definition von der Wahl der Orthonormalbasen in $\mathcal{H}$ bzw. $\mathcal{H}'$ unabhängig ist. Ein Hilbert–Schmidt–Operator ist offensichtlich beschränkt, und es ist leicht zu sehen, daß er sogar kompakt ist.

Wir berechnen nun die Matrixelemente von $R'^{-N}\overline{V}(\gamma, z)R^N$ bezüglich der Basisvektoren Φ_μ. Für $\mu, \nu \in \mathcal{N}$ gilt

$$\begin{aligned}
&\langle \Phi_\mu, R'^{-N}\overline{V}(\gamma, z)R^N\Phi_\nu\rangle \qquad (9.31)\\
&= \langle R'^{-N}\Phi_\mu, \overline{V}(\gamma, z)R^N\Phi_\nu\rangle = R'^{-\|\mu\|}R^{\|\nu\|}\langle \Phi_\mu, \widetilde{V}(\gamma, z)\Phi_\nu\rangle \\
&= \prod_{i=1}^{\infty}\left\{R'^{-i\mu_i}R^{i\nu_i}\frac{1}{\sqrt{\mu_i!\nu_i!}}z^{i\mu_i}z^{-i\nu_i}\sum_{\ell=0}^{\min(\mu_i,\nu_i)}\binom{\mu_i}{\ell}\binom{\nu_i}{\ell}\ell!\left(\frac{\gamma}{\sqrt{i}}\right)^{\mu_i+\nu_i-2\ell}(-1)^{\nu_i-\ell}\right\} \\
&= \prod_{i=1}^{\infty}\left\{\frac{1}{\sqrt{\mu_i!\nu_i!}}\left(\frac{z}{R'}\right)^{i\mu_i}\left(\frac{R}{z}\right)^{i\nu_i}\sum_{\ell=0}^{\min(\mu_i,\nu_i)}\binom{\mu_i}{\ell}\binom{\nu_i}{\ell}\ell!\left(\frac{\gamma}{\sqrt{i}}\right)^{\mu_i+\nu_i-2\ell}(-1)^{\nu_i-\ell}\right\}.
\end{aligned}$$

Man beachte, daß nach Wahl von z, R und R'

$$\frac{|z|}{R'} < 1 \quad \text{und} \quad \frac{R}{|z|} < 1$$

ist. Unser Ziel ist der Beweis des folgenden Satzes:

Satz 9.17 [4], [6] *Für alle* $\gamma, z \in \mathbb{C}\backslash\{0\}$ *gibt es Zahlen* R, R' *mit* $0 < R < |z| < R'$, *so daß der durch die Matrixelemente*

$$\langle \Phi_\mu, R'^{-N}\overline{V}(\gamma, z)R^N\Phi_\nu\rangle$$

definierte Operator ein Hilbert–Schmidt–Operator ist.

Beweis . Es ist zu zeigen, daß für geeignete R, R'

$$\sum_{\mu,\nu\in\mathcal{N}} \left|\langle \Phi_\mu,\ R'^{-N}\overline{V}(\gamma, z)R^N\Phi_\nu\rangle\right|^2 < \infty$$

ist. Aus (9.31) ergibt sich sofort

$$\sum_{\mu,\nu\in\mathcal{N}} \left|\langle \Phi_\mu,\ R'^{-N}\overline{V}(\gamma, z)R^N\Phi_\nu\rangle\right|^2 \tag{9.32}$$
$$\leq \prod_{i=1}^{\infty}\left\{\sum_{\mu_i=0}^{\infty}\sum_{\nu_i=0}^{\infty}\frac{1}{\mu_i!\nu_i!}\left|\sum_{\ell=0}^{\min(\mu_i,\nu_i)}\binom{\mu_i}{\ell}\binom{\nu_i}{\ell}\ell!\left(\frac{\gamma}{\sqrt{i}}\right)^{\mu_i+\nu_i-2\ell}\right|^2 \times \right.$$
$$\left. \times \left(\frac{|z|}{R'}\right)^{2i\mu_i}\left(\frac{R}{|z|}\right)^{2i\nu_i}\right\}.$$

Wir setzen abkürzend

$$\gamma_i := \frac{|\gamma|}{\sqrt{i}}, \quad a := \frac{|z|}{R'}, \quad b := \frac{R}{|z|}\,. \tag{9.33}$$

Wir betrachten im Produkt der rechten Seite von (9.32) zunächst jeden Faktor einzeln und setzen in der Summe $\mu_i = m$, $\nu_i = n$. Dann ist für die μ_i–Summe:

$$\begin{aligned} S_{\nu_i} \ &:= \ \frac{1}{n!}\sum_{m=0}^{\infty}\frac{1}{m!}a^{2im}b^{2in}\sum_{k,\ell=0}^{\min(m,n)}\binom{m}{\ell}\binom{n}{\ell}\ell!\binom{m}{k}\binom{n}{k}k!\ \gamma_i^{m+n-2\ell}\gamma_i^{m+n-2k} \\ &= \ \frac{1}{n!}\sum_{m=0}^{\infty}\frac{1}{m!}(ab)^{2ni}\sum_{k,\ell=0}^{\min(m,n)}\binom{m}{\ell}\binom{n}{\ell}\ell!\binom{m}{k}\binom{n}{k}k! \times \\ &\qquad \times \left(\gamma_i a^i\right)^{m-\ell}\left(\gamma_i a^{-i}\right)^{n-\ell}\left(\gamma_i a^i\right)^{m-k}\left(\gamma_i a^{-i}\right)^{n-k}, \end{aligned}$$

wobei der Faktor $a^{2mi}b^{2ni}$ aufgeteilt wird gemäß

$$a^{2mi}b^{2ni} = (ab)^{2ni}(a^i)^{m-\ell}(a^{-i})^{n-l}(a^i)^{m-k}(a^{-i})^{n-k}\,.$$

Anwenden von Lemma 9.10 ergibt dann mit $\ell = n$:

$$\begin{aligned}
S_{\nu_i} &= \frac{(ab)^{2ni}}{n!}\sum_{\ell=0}^{\min(m,n)}\binom{n}{\ell}\binom{n}{\ell}\ell!(\gamma_i a^{-i}+\gamma_i a^i)^{n-\ell}(\gamma_i a^{-i}+\gamma_i a^i)^{n-\ell}\exp(\gamma_i^2 a^{2i}) \\
&= \frac{(ab)^{2ni}}{n!}\exp(\gamma_i^2 a^{2i})\sum_{\ell=0}^{\min(m,n)}\binom{n}{\ell}^2\ell!(\gamma_i a^{-i}+\gamma_i a^i)^{2(n-\ell)} \\
&\leq (ab)^{2ni}\exp(\gamma_i^2 a^{2i})\sum_{\ell=0}^{\min(m,n)}\binom{n}{\ell}(\gamma_i a^{-i}+\gamma_i a^i)^{2(n-\ell)} \\
&\leq (ab)^{2ni}\exp(\gamma_i^2 a^{2i})\left((\gamma_i a^{-i}+\gamma_i a^i)^2+1\right)^n \\
&= \exp(\gamma_i^2 a^{2i})\left((ab)^{2i}(\gamma_i a^{-i}+\gamma_i a^i)^2+(ab)^{2i}\right)^n \\
&= \exp(\gamma_i^2 a^{2i})X_i^n
\end{aligned}$$

mit

$$\begin{aligned}
X_i &:= (ab)^{2i}(\gamma_i a^{-i}+\gamma_i a^i)^2+(ab)^{2i} \\
&= b^{2i}\left(\frac{|\gamma|^2}{i}(a^{2i}+1)^2+a^{2i}\right).
\end{aligned}$$

Die n–Summe, d.h. die Summe über die ν_i, konvergiert also, wenn $X_i < 1$ ist. Man rechnet leicht nach, daß $X_i < 1$ ist genau dann, wenn

$$|\gamma|^2 < \frac{i(b^{-2i}-a^{2i})}{(a^{2i}+1)^2} \tag{9.34}$$

gilt. Wegen $a, b < 1$ ist

$$i_0\,\frac{(b^{-2i_0}-a^{2i_0})}{(a^{2i_0}+1)^2} < i\,\frac{(b^{-2i}-a^{2i})}{(a^{2i}+1)^2}$$

für alle $i > i_0$. Die Ungleichung (9.34) ist also für alle $i \in \mathbb{N}$ erfüllt, wenn sie für $i = 1$ gilt:

$$|\gamma|^2 < \frac{b^{-2}-a^2}{(a^2+1)^2}\,. \tag{9.35}$$

Die Ungleichung (9.35) kann man z.B. erfüllen, indem man R klein wählt und R' wenig größer als $|z|$ (damit wird b^{-2} groß und a ungefähr Eins). R und R' können also beide kleiner als Eins gewählt werden.

Sind nun R und R' so gewählt, daß (9.35) gilt, erhält man

$$\sum_{n=0}^{\infty}\exp(\gamma_i^2 a^{2i})X_i^n = \exp(\gamma_i^2 a^{2i})\,\frac{1}{1-X_i}\,.$$

Also ist

$$\begin{aligned}\sum_{\mu,\nu\in\mathcal{N}} \left|\langle\Phi_\mu, R^{l-N}\overline{V}(\gamma,z)R^N\Phi_\nu\rangle\right|^2 &\le \prod_{i=1}^{\infty}\left\{\exp(\gamma_i^2 a^{2i})\,\frac{1}{1-X_i}\right\}\\ &= \exp\left(\sum_{i=1}^{\infty}\gamma_i^2 a^{2i}\right)\prod_{i=1}^{\infty}\frac{1}{1-X_i}\,.\end{aligned}$$

Es ist $\prod\limits_{i=1}^{\infty}\frac{1}{1-X_i} < \infty$, weil das Produkt genau dann konvergiert, wenn $\sum_{i=1}^{\infty}\frac{X_i}{1-X_i}$ konvergiert. Dies ist aber offensichtlich der Fall, weil X_i für $i\to\infty$ exponentiell gegen Null strebt. Ferner ist

$$\exp\left(\sum_{i=1}^{\infty}\gamma_i^2 a^{2i}\right) = \exp\left(|\gamma|^2\sum_{i=1}^{\infty}\frac{a^{2i}}{i}\right) < \infty\,,$$

weil $a < 1$ ist.

Damit ist der ganze Satz bewiesen. □

Die Matrixkoeffizienten des Vertexoperators $\widetilde{V}(\gamma,z)$ können in folgender Weise umgeschrieben werden:

Sei $z = |z|e^{i\varphi}$ (mit $i=\sqrt{-1}$). Dann ist

$$\begin{aligned}&\langle\Phi_\mu, \widetilde{V}(\gamma,z)\Phi_\nu\rangle\\ &= \frac{1}{\sqrt{\mu!\nu!}}\prod_{j=1}^{\infty}\sum_{\ell=0}^{\min(\mu_j,\nu_j)}\binom{\mu_j}{\ell}\binom{\nu_j}{\ell}\ell!\left(\frac{\gamma|z|^j e^{ij\varphi}}{\sqrt{j}}\right)^{\mu_j-\ell}\left(\frac{-\gamma|z|^{-j}e^{-ij\varphi}}{\sqrt{j}}\right)^{\nu_j-\ell}\\ &= \frac{1}{\sqrt{\mu!\nu!}}|z|^{\|\mu\|}|z|^{-\|\nu\|}\prod_{j=1}^{\infty}\sum_{\ell=0}^{\min(\mu_j,\nu_j)}\binom{\mu_j}{\ell}\binom{\nu_j}{\ell}\ell!\left(\frac{\gamma e^{ij\varphi}}{\sqrt{j}}\right)^{\mu_j-\ell}\left(\frac{-\gamma e^{-ij\varphi}}{\sqrt{j}}\right)^{\nu_j-\ell}\\ &= \langle\Phi_\mu, |z|^N\widetilde{V}(\gamma,e^{i\varphi})|z|^{-N}\Phi_\nu\rangle\,.\end{aligned}$$

Also ist

$$\begin{aligned}\widetilde{V}(\gamma,z) &= |z|^N\widetilde{V}\left(\gamma, {z}/{|z|}\right)|z|^{-N}\\ &= \left(\frac{1}{|z|}\right)^{-N}\widetilde{V}\left(\gamma, {z}/{|z|}\right)\left(\frac{1}{|z|}\right)^{N}.\end{aligned}$$

Wegen $|z|<1$ ist $|z|^{-1}>1$. Man wähle nun $c\in]0,1[$ so klein, daß

$$\frac{c}{|z|} < 1 < \frac{1}{|z|}$$

ist. Dann ist

$$\widetilde{V}(\gamma,z) = \left(\frac{1}{|z|}\right)^{-N}\widetilde{V}\left(\gamma, {z}/{|z|}\right)\left(\frac{c}{|z|}\right)^{N}c^{-N}\,.$$

Nach dem vorangegangenen Satz ist $\left(\frac{1}{|z|}\right)^{-N} \tilde{V}\left(\gamma, {}^{z}\!/_{|z|}\right)\left(\frac{c}{|z|}\right)^{N}$ ein Hilbert–Schmidt–Operator. Wegen $0 < c < 1$ ist aber c^{-N} nicht beschränkt.

Damit erhalten wir als

Korollar 9.18 *$\tilde{V}(\gamma, z)$ ist für $|z| < 1$ Produkt eines Hilbert–Schmidt–Operators und eines unbeschränkten dicht definierten Diagonaloperators.*

Weiterführende Untersuchungen über Vertexoperatoren als Hilbertraum–Operatoren findet man in [5], [6].

Das nächste Problem, das wir zu behandeln haben, ist die Definition des Produkts von Vertexoperatoren. Aus der Definition der Vertexoperatoren über Exponentialfunktionen von unendlichen Summen aus Erzeugungs– und Vernichtungsoperatoren ist nicht einfach zu erkennen, ob der Wertebereich $R(\tilde{V}_2)$ des Vertexoperators $\tilde{V}_2 := \tilde{V}(\gamma_2, z_2)$ im Definitionsbereich $\mathcal{D}(\tilde{V}_1)$ des Vertexoperators $\tilde{V}_1 := \tilde{V}(\gamma_1, z_1)$ enthalten ist $(|z_1|, |z_2| < 1)$. Die Bedingung $R(\tilde{V}_2) \subseteq \mathcal{D}(\tilde{V}_1)$ ist aber notwendig, um $\tilde{V}_1\tilde{V}_2$ als Operatorprodukt zu definieren.

Wir werden Produkte von Vertexoperatoren als Lösung einer geeigneten Funktionalgleichung definieren. Es seien

$$\begin{aligned} E_+(z) &:= \exp\left(-\gamma\sum_{n=1}^{\infty}\frac{a_n}{n}\,z^{-n}\right) , \\ E_-(z) &:= \exp\left(\gamma\sum_{n=1}^{\infty}\frac{a_{-n}}{n}\,z^{n}\right) . \end{aligned} \tag{9.36}$$

Mit diesen Bezeichnungen ist

$$\tilde{V}(\gamma, z) = E_-(z)E_+(z)T_\gamma \, . \tag{9.37}$$

Das Vertauschungsverhalten von $E_+(z_1)$ und $E_-(z_2)$ kann man auf der formalen Ebene behandeln, indem man die folgenden (formalen) Relationen benutzt:

(i) Für $[[A, B], A] = [[A, B], B] = 0$ ist

$$e^A e^B = e^B e^A e^{[A,B]} \, . \tag{9.38}$$

Wegen $[[A,B],A] = [[A,B],B] = 0$ nimmt nämlich die CBH–*Formel* die einfache Gestalt

$$e^A e^B = e^{A+B+\frac{1}{2}[A,B]}$$

an. Daraus ergibt sich unmittelbar (9.38).

(ii) $$\sum_{m,n=1}^{\infty} \left[\frac{a_m}{m} z_1^{-m}, \frac{a_{-n}}{n} z_2^n\right] = \sum_{n=1}^{\infty} \frac{1}{n}\left(\frac{z_2}{z_1}\right)^n = -\log\left(1-\frac{z_2}{z_1}\right) \tag{9.39}$$

für $|z_2| < |z_1|$, wobei für den Logarithmus der Hauptzweig gewählt wird.

Mit Hilfe von (9.38) und (9.39) rechnet man leicht nach, daß

$$E_+(z_1)E_-(z_2) = \left(1-\frac{z_2}{z_1}\right)^{\gamma^2} E_-(z_2)E_+(z_1) \tag{9.40}$$

gilt. Damit erhalten wir

$$\begin{aligned}\tilde{V}(\gamma,z_1)\tilde{V}(\gamma,z_2) &= E_-(z_1)E_+(z_1)T_\gamma E_-(z_2)E_+(z_2)T_\gamma \\ &= E_-(z_1)E_-(z_2)E_+(z_1)E_+(z_2)T_{2\gamma}\left(1-\frac{z_2}{z_1}\right)^{\gamma^2} \\ &= \tilde{V}(\gamma;z_1,z_2)\left(1-\frac{z_2}{z_1}\right)^{\gamma^2},\end{aligned}$$

wobei eine (wiederum formale) Rechnung zeigt, daß

$$\tilde{V}(\gamma;z_1,z_2) = \exp\left(\gamma\sum_{n=1}^{\infty}\frac{a_{-n}}{n}(z_1^n+z_2^n)\right)\exp\left(-\gamma\sum_{n=1}^{\infty}\frac{a_n}{n}(z_1^{-n}+z_2^{-n})\right)T_{2\gamma} \tag{9.41}$$

ist. $\tilde{V}(\gamma;z_1,z_2)$, das hier aus dem formalen Produkt zweier Vertexoperatoren hervorgeht, kann für $|z_1|,|z_2| < 1$ als Operator auf $\mathcal{F}(\alpha,\beta) \subseteq \mathcal{H}(\alpha,\beta)$ über die Kommutatorgleichungen

$$[a_k, \tilde{V}(\gamma;z_1,z_2)] = \gamma(z_1^k+z_2^k)\tilde{V}(\gamma;z_1,z_2) \tag{9.42}$$

definiert werden. Mit dieser Methode können beliebige Produkte von Vertexoperatoren behandelt werden: Man bringt zunächst alle E_-'s nach links und alle E_+'s nach rechts und berücksichtigt dabei den Faktor $\prod_{i<j}\left(1-\frac{z_j}{z_i}\right)^{\gamma^2}$.

Allgemein definiert man dann

$$\widetilde{V}(\gamma; z_1, \ldots, z_r) := \exp\left(\gamma \sum_{n=1}^{\infty} \frac{a_{-n}}{n}(z_1^n + \ldots + z_r^n)\right) \times \tag{9.43}$$
$$\times \exp\left(-\gamma \sum_{n=1}^{\infty} \frac{a_n}{n}(z_1^{-n} + \ldots + z_r^{-n})\right) T_{r\gamma}$$

über die Vertauschungsrelationen

$$[a_k, \widetilde{V}(\gamma; z_1, \ldots, z_r)] = \gamma(z_1^k + \ldots + z_r^k)\widetilde{V}(\gamma; z_1, \ldots, z_r) \tag{9.44}$$

als Operator auf $\mathcal{F}(\alpha, \beta) \subseteq \mathcal{H}(\alpha, \beta)$ für $|z_1|, \ldots, |z_r| < 1$.

In derselben Weise — nur mit etwas mehr (Schreib–) Aufwand — beweist man die folgende Verallgemeinerung von Lemma 9.11 zu

Lemma 9.19 *Für je zwei Basiselemente* $\Phi_\varepsilon, \Phi_\delta$. $(\varepsilon, \delta \in \mathcal{N})$ *gilt*

$$\langle \Phi_\delta, \widetilde{V}(\gamma; z_1, \ldots, z_r)\Phi_\varepsilon \rangle \tag{9.45}$$
$$= \frac{1}{\sqrt{\delta!\varepsilon!}} \prod_{i=1}^{\infty} \left\{ \sum_{j=0}^{\min(\delta_j, \varepsilon_j)} \binom{\delta_i}{j}\binom{\varepsilon_i}{j} j! \left(\frac{\gamma}{\sqrt{i}}\,(z_1^i + \cdots + z_r^i)\right)^{\delta_i - j} \times \right.$$
$$\left. \times \left(\frac{-\gamma}{\sqrt{i}}\,(z_1^{-i} + \cdots + z_r^{-i})\right)^{\varepsilon_i - j} \right\}.$$

Lemma 9.11 und Lemma 9.19 geben die Matrixelemente der Operatoren $\widetilde{V}(\gamma, z_i)$ bzw. $\widetilde{V}(\gamma; z_1, \ldots, z_r)$ bezüglich der Basis $(\Phi_\delta)_{\delta \in \mathcal{N}}$ an. Diese Matrixelemente sind in folgender Weise miteinander verknüpft:

Satz 9.20 *Im Sinne der Matrixmultiplikation gilt für* $|z_1| > |z_2| > \cdots > |z_r|$:

$$\widetilde{V}(\gamma; z_1, \ldots, z_r) = \prod_{i=1}^{r} \widetilde{V}(\gamma, z_i) \prod_{j<i} \left(1 - \frac{z_i}{z_j}\right)^{-\gamma^2} . \tag{9.46}$$

Beweis . Der Übersichtlichkeit zuliebe führen wir den Beweis nur für den Fall $r = 2$. Hier ist zu zeigen, daß für alle $\delta, \sigma \in \mathcal{N}$

$$\sum_{\varepsilon \in \mathcal{N}} \langle \Phi_\delta, \widetilde{V}(\gamma, z_1)\Phi_\varepsilon \rangle \langle \Phi_\varepsilon, \widetilde{V}(\gamma, z_2)\Phi_\sigma \rangle = \langle \Phi_\delta, \widetilde{V}(\gamma; z_1, z_2)\Phi_\sigma \rangle \left(1 - \frac{z_2}{z_1}\right)^{-\gamma^2}$$

gilt. Dabei begnügen wir uns mit dem Fall, daß $\Phi_\sigma = v_{\alpha,\beta}$ der Vakuumvektor im Fockraum ist. Unter Verwendung von Lemma 9.9, Lemma 9.11 und Lemma 9.19 folgt

$$\begin{aligned}
&\sum_{\varepsilon\in\mathcal{N}} \langle \Phi_\delta, \widetilde{V}(\gamma, z_1)\Phi_\varepsilon\rangle\langle\Phi_\varepsilon, \widetilde{V}(\gamma, z_2)v_{\alpha,\beta}\rangle \\
&= \frac{1}{\sqrt{\delta!}}\prod_{i=1}^{\infty}\sum_{\varepsilon_i=0}^{\infty}\frac{1}{\varepsilon_i!}\left(\frac{\gamma(z_1^i+z_2^i)}{\sqrt{i}}\right)^{\delta_i}\left(\frac{\gamma z_2^i}{\sqrt{i}}\right)^{\varepsilon_i}\left(\frac{-\gamma z_1^{-i}}{\sqrt{i}}\right)^{\varepsilon_i} \\
&= \frac{1}{\sqrt{\delta!}}\prod_{i=1}^{\infty}\left(\frac{\gamma(z_1^i+z_2^i)}{\sqrt{i}}\right)^{\delta_i}\exp\left(\frac{-\gamma^2}{i}\left(\frac{z_2}{z_1}\right)^i\right) \\
&= \left(\frac{1}{\sqrt{\delta!}}\prod_{i=1}^{\infty}\left(\frac{\gamma(z_1^i+z_2^i)}{\sqrt{i}}\right)^{\delta_i}\right)\left(\exp\left(-\gamma^2\sum_{i=1}^{\infty}\frac{1}{i}\left(\frac{z_2}{z_1}\right)^i\right)\right) \\
&= \frac{1}{\sqrt{\delta!}}\prod_{i=1}^{\infty}\left(\frac{\gamma(z_1^i+z_2^i)}{\sqrt{i}}\right)^{\delta_i}\left(1-\frac{z_2}{z_1}\right)^{-\gamma^2} \\
&= \langle\Phi_\delta, \widetilde{V}(\gamma; z_1, z_2)v_{\alpha,\beta}\rangle\left(1-\frac{z_2}{z_1}\right)^{-\gamma^2} . \qquad \square
\end{aligned}$$

Mit etwas mehr Mühe kann man zeigen, daß (9.46) nicht nur im Sinne der Matrixmultiplikation, sondern auch für die starke Operatortopologie gilt.

Es sei nun

$$F\left(\frac{\gamma^2}{2}; z_1, \ldots, z_r\right) := \prod_{1\le i<j\le r}(z_i - z_j)^{\gamma^2}\prod_{i=1}^{r} z_i^{-(r-1)\frac{\gamma^2}{2}}\,\mathbf{m}. \tag{9.47}$$

Die Funktion $F\left(\frac{\gamma^2}{2}; z_1, \ldots, z_r\right)$ ist im funktionentheoretischen Sinne mehrdeutig. Um F eindeutig zu definieren, wählen wir als Hauptwert den Zweig dieser Funktion, der positiv ist für positive Werte von z_i mit

$$z_1 > z_2 > \cdots > z_r .$$

Mit dieser Festlegung von F sei weiterhin

$$Z(\gamma; z_1, \ldots, z_r) := \widetilde{V}(\gamma; z_1, \ldots, z_r)F\left(\frac{\gamma^2}{2}; z_1, \ldots, z_r\right) . \tag{9.48}$$

Man kann zeigen, daß im Sinne der Matrixmultiplikation

$$V(\gamma, z_1)V(\gamma, z_2)\cdots V(\gamma, z_r) = Z(\gamma; z_1, \ldots, z_r)(z_1\cdots z_r)^{\gamma a_0} \tag{9.49}$$

gilt und daß

$$\langle v_{\alpha,\beta}, V(\gamma_1, z_1)\cdots V(\gamma_r, z_r)v_{\alpha,\beta}\rangle = \prod_{i<j}(z_i - z_j)^{2\gamma_i\gamma_j} \tag{9.50}$$

ist für $\sum_{i=1}^r \gamma_i = 0$.

Für den (formalen) Beweis von (9.50) verwendet man wieder die vereinfachte CBH–Formel. Wir sparen uns hier die Einzelheiten, da wir (9.49) und (9.50) nicht weiter gebrauchen werden.

Im nächsten Abschnitt werden wir mit Hilfe von Vertexoperatoren den Ladungsoperator konstruieren. Um die Verknüpfungen des Ladungsoperators mit den Fockraum–Darstellungen der Virasoro–Algebra zu untersuchen, brauchen wir Vertauschungsrelationen der Vertexoperatoren mit den Erzeugenden der Virasoro–Algebra.

Satz 9.21 *Für alle* $\Phi \in \mathcal{F}(\alpha,\beta)$, $\Psi \in \mathcal{F}(\alpha+\gamma,\beta)$ *und alle* $n \in \mathbb{Z}$ *ist*

$$\langle \Psi, [L_n, \tilde{V}(\gamma, z)]\Phi\rangle = z^n\left(z\frac{d}{dz} + \gamma a_0 + n\left(\beta\gamma + \frac{\gamma^2}{2}\right)\right)\langle \Psi, \tilde{V}(\gamma, z)\Phi\rangle\ . \tag{9.51}$$

Wir schicken dem Beweis das folgende Lemma voraus:

Lemma 9.22 *Für* $\Phi \in \mathcal{F}(\alpha,\beta)$ *und* $\Psi \in \mathcal{F}(\alpha + r\gamma,\beta)$ *gilt für alle* $j = 1,\ldots,r$:

$$\begin{aligned} & z_j\frac{\partial}{\partial z_j}\langle \Psi, \tilde{V}(\gamma; z_1,\ldots,z_r)\Phi\rangle \qquad (9.52)\\ = {} & \gamma\sum_{i>0} z_j^i\langle \Psi, a_{-i}\tilde{V}(\gamma; z_1,\ldots,z_r)\Phi\rangle + \gamma\sum_{i>0} z_j^{-i}\langle \Psi, \tilde{V}(\gamma; z_1,\ldots,z_r)a_i\Phi\rangle\ . \end{aligned}$$

Beweis . Wir beweisen (9.52) nur für den Fall $r = 1$. Der allgemeine Fall sei dem Leser als Übungsaufgabe überlassen. Offensichtlich reicht es, (9.52) für Basiselemente $\Psi = \Phi_\delta$, $\Phi = \Phi_\varepsilon$ zu beweisen. Die Produktregel der

Differentiation liefert

$$\begin{aligned}
& z\frac{d}{dz}\langle\Phi_\delta, \widetilde{V}(\gamma,z)\Phi_\varepsilon\rangle \\
= & (\delta!\varepsilon!)^{-1/2} z\frac{d}{dz}\prod_{i=1}^{\infty}\left\{\sum_{j=0}^{\min(\delta_i,\varepsilon_i)} j!\binom{\delta_i}{j}\binom{\varepsilon_i}{j}\left(\frac{\gamma z^i}{\sqrt{i}}\right)^{\delta_i-j}\left(\frac{-\gamma z^{-i}}{\sqrt{i}}\right)^{\varepsilon_i-j}\right\} \\
= & \sum_{k=1}^{\infty}\left[\prod_{i\neq k}(\delta_i!\varepsilon_i!)^{-1/2}\sum_{j=0}^{\min(\delta_i,\varepsilon_i)} j!\binom{\delta_i}{j}\binom{\varepsilon_i}{j}\left(\frac{\gamma z^i}{\sqrt{i}}\right)^{\delta_i-j}\left(\frac{-\gamma z^{-i}}{\sqrt{i}}\right)^{\varepsilon_i-j}\right]\times \\
& \times\left[(\delta_k!\varepsilon_k!)^{-1/2} z\frac{d}{dz}\sum_{j=0}^{\min(\delta_k,\varepsilon_k)} j!\binom{\delta_k}{j}\binom{\varepsilon_k}{j}\left(\frac{\gamma z^k}{\sqrt{k}}\right)^{\delta_k-j}\left(\frac{-\gamma z^{-k}}{\sqrt{k}}\right)^{\varepsilon_k-j}\right].
\end{aligned}$$

Die Summe über k enthält wie das Produkt nur endlichviele nicht–triviale Terme, da fast alle δ_i, ε_i Null sind. Wir berechnen als nächstes den Ableitungsterm:

$$\begin{aligned}
& (\delta_k!\varepsilon_k!)^{-1/2} z\frac{d}{dz}\sum_{j=0}^{\min(\delta_k,\varepsilon_k)} j!\binom{\delta_k}{j}\binom{\varepsilon_k}{j}\left(\frac{\gamma z^k}{\sqrt{k}}\right)^{\delta_k-j}\left(\frac{-\gamma z^{-k}}{\sqrt{k}}\right)^{\varepsilon_k-j} \\
= & (\delta_k!\varepsilon_k!)^{-1/2}\sum_{j=0}^{\min(\delta_k,\varepsilon_k)} j!\binom{\delta_k}{j}\binom{\varepsilon_k}{j}\left\{\gamma\sqrt{k}\, z^k(\delta_k-j)\left(\frac{\gamma z^k}{\sqrt{k}}\right)^{\delta_k-j-1}\times\right. \\
& \left.\times\left(\frac{-\gamma z^{-k}}{\sqrt{k}}\right)^{\varepsilon_k-j} + \gamma\sqrt{k}\, z^{-k}(\varepsilon_k-j)\left(\frac{\gamma z^k}{\sqrt{k}}\right)^{\delta_k-j}\left(\frac{-\gamma z^{-k}}{\sqrt{k}}\right)^{\varepsilon_k-j-1}\right\} \\
= & ((\delta_k-1)!\varepsilon_k!)^{-1/2}\gamma z^k\sqrt{k\delta_k}\sum_{j=0}^{\min(\delta_k-1,\varepsilon_k)}\left\{j!\binom{\delta_k-1}{j}\binom{\varepsilon_k}{j}\times\right. \\
& \left.\times\left(\frac{\gamma z^k}{\sqrt{k}}\right)^{\delta_k-j-1}\left(\frac{-\gamma z^{-k}}{\sqrt{k}}\right)^{\varepsilon_k-j}\right\} \\
& +(\delta_k!(\varepsilon_k-1)!)^{-1/2}\gamma z^{-k}\sqrt{k\varepsilon_k}\sum_{j=0}^{\min(\delta_k,\varepsilon_k-1)}\left\{j!\binom{\delta_k}{j}\binom{\varepsilon_k-1}{j}\times\right. \\
& \left.\times\left(\frac{\gamma z^k}{\sqrt{k}}\right)^{\delta_k-j}\left(\frac{-\gamma z^{-k}}{\sqrt{k}}\right)^{\varepsilon_k-j-1}\right\},
\end{aligned}$$

wobei wir die Identität

$$\binom{\delta_k}{j}(\delta_k-j) = \delta_k\binom{\delta_k-1}{j}$$

verwenden. Andererseits gilt

$$\begin{aligned}
\langle\Phi_\delta, z^k a_{-k}\widetilde{V}(\gamma,z)\Phi_\varepsilon\rangle &= z^k\langle a_k\Phi_\delta, \widetilde{V}(\gamma,z)\Phi_\varepsilon\rangle \\
&= \sqrt{\delta_k k}\; z^k\langle\Phi_{\delta-e_k}, \widetilde{V}(\gamma,z)\Phi_\varepsilon\rangle
\end{aligned}$$

und

$$\langle \Phi_\delta, \tilde{V}(\gamma, z) z^{-k} a_k \Phi_\varepsilon \rangle = \sqrt{k\varepsilon_k}\; z^{-k} \langle \Phi_\delta, \tilde{V}(\gamma, z) \Phi_{\varepsilon - e_k} \rangle \,.$$

Ein Vergleich mit der obigen Rechnung zeigt sofort, daß

$$\begin{aligned} z\frac{d}{dz}\langle \Phi_\delta, \tilde{V}(\gamma, z)\Phi_\varepsilon\rangle &= \gamma \sum_{k=1}^{\infty} \langle \Phi_\delta, z^k a_{-k} \tilde{V}(\gamma, z) \Phi_\varepsilon \rangle \\ &\quad + \gamma \sum_{k=1}^{\infty} \langle \Phi_\delta, \tilde{V}(\gamma, z) z^{-k} a_k \Phi_\varepsilon \rangle \end{aligned}$$

ist. Dies ist aber gerade (9.52) für den Fall $r = 1$. □

Wir sind jetzt in der Lage, Satz 9.21 zu beweisen:

Wir betrachten dabei nur den Fall $n > 0$. Der Fall $n \leq 0$ wird analog behandelt. Für $n > 0$ wird

$$L_n = \frac{1}{2} \sum_{k \in \mathbb{Z}} a_{-k} a_{n+k} + n\beta a_n$$

im schwachen Sinne approximiert durch

$$L_{n,N} := \frac{1}{2} \sum_{|k| \leq N} a_{-k} a_{n+k} + n\beta a_n$$

für $N \to \infty$. Auf $\mathcal{F}(\alpha, \beta)$ erhält man mit den Vertauschungsrelationen (9.16)

$$\begin{aligned} \sum_{|k|\leq N} a_{-k} a_{n+k} \tilde{V}(\gamma, z) &= \sum_{|k|\leq N} a_{-k} \tilde{V}(\gamma, z)(a_{n+k} + \gamma z^{n+k}) \\ &= \sum_{|k|\leq N} \tilde{V}(\gamma, z)(a_{-k} + \gamma z^{-k})(a_{n+k} + \gamma z^{n+k}) \end{aligned}$$

und

$$a_n \tilde{V}(\gamma, z) = \tilde{V}(\gamma, z)(a_n + \gamma z^n) \,.$$

Also ist

$$
\begin{aligned}
[L_{n,N}, \widetilde{V}(\gamma,z)] &= \frac{1}{2}\sum_{|k|\le N}[a_{-k}a_{n+k}, \widetilde{V}(\gamma,z)] + n\beta[a_n, \widetilde{V}(\gamma,z)] \\
&= \frac{1}{2}\sum_{|k|\le N}\widetilde{V}(\gamma,z)\left\{\gamma z^{n+k}a_{-k} + \gamma z^{-k}a_{n+k} + \gamma^2 z^n\right\} \\
&\quad + n\beta\gamma z^n \widetilde{V}(\gamma,z) \\
&= \frac{1}{2}\sum_{|k|\le N}\gamma z^{n+k}\widetilde{V}(\gamma,z)a_{-k} + \frac{1}{2}\sum_{|k|\le N}\gamma z^{-k}\widetilde{V}(\gamma,z)a_{n+k} \\
&\quad + \left(\frac{2N+1}{2}\gamma^2 z^n + n\beta\gamma z^n\right)\widetilde{V}(\gamma,z) \\
&= \frac{1}{2}\gamma\sum_{|k|\le N} z^{n+k}\widetilde{V}(\gamma,z)a_{-k} + \frac{1}{2}\gamma z^n \sum_{k=-n-N}^{N-n} z^k \widetilde{V}(\gamma,z)a_{-k} \\
&\quad + \left(\frac{2N+1}{2}\gamma^2 z^n + n\beta\gamma z^n\right)\widetilde{V}(\gamma,z)\,.
\end{aligned}
$$

Umformung der beiden Summen mit den Vertauschungsrelationen (9.16) ergibt

$$
\begin{aligned}
[L_{n,N}, \widetilde{V}(\gamma,z)] &= z^n\gamma\sum_{k=1}^{N} z^{-k}\widetilde{V}(\gamma,z)a_k + z^n\gamma\sum_{k=1}^{N} z^k a_{-k}\widetilde{V}(\gamma,z) \\
&+ \frac{z^n}{2}\gamma\sum_{k=N+1}^{N+n} z^{-k}\widetilde{V}(\gamma,z)a_k - \frac{z^n}{2}\gamma\sum_{k=N-n+1}^{N} z^k a_{-k}\widetilde{V}(\gamma,z) \\
&+ \left(\frac{n+1}{2}z^n\gamma^2 + n\beta\gamma z^n + z^n\gamma a_0\right)\widetilde{V}(\gamma,z)\,.
\end{aligned}
$$

Der dritte und vierte Term streben für $N \to \infty$ schwach gegen Null. Lemma 9.22 liefert somit die behauptete Vertauschungsrelation (9.51). □

Im folgenden benötigen wir auch Vertauschungsrelationen zwischen den L_n's und dem Operator

$$
Z(\gamma; z_1,\ldots,z_r) = \widetilde{V}(\gamma; z_1,\ldots,z_r)F\left(\frac{\gamma^2}{2}; z_1,\ldots,z_r\right)\,.
$$

Diese werden im schwachen Sinne durch den folgenden Satz geliefert:

Satz 9.23 *Für alle* Φ *in* $\mathcal{F}(\alpha,\beta)$, $\Psi \in \mathcal{F}(\alpha + r\gamma, \beta)$ *und alle* $n \in \mathbb{Z}$ *ist*

$$\langle\Psi, [L_n, Z(\gamma; z_1, \dots, z_r)]\Phi\rangle \tag{9.53}$$
$$= \sum_{j=1}^{r} z_j^n \left(z_j \frac{\partial}{\partial z_j} + \gamma a_0 - \frac{r}{2}\gamma^2 + n\left(\beta\gamma + \frac{\gamma^2}{2}\right)\right) \langle\Psi, Z(\gamma; z_1, \dots, z_r)\Phi\rangle .$$

Beweis . Eine einfache, wenn auch mühselige Rechnung zeigt, daß

$$\sum_{k=1}^{r} z_k^n \left(z_k \frac{\partial}{\partial z_k} + \gamma^2 \frac{r+n}{2}\right) F\left(\frac{\gamma^2}{2}; z_1, \dots, z_r\right)$$
$$= \frac{\gamma^2}{2} \sum_{k=0}^{n} \left(z_1^k + \dots + z_r^k\right)\left(z_1^{n-k} + \dots + z_r^{n-k}\right) F\left(\frac{\gamma^2}{2}; z_1, \dots, z_r\right) \tag{9.54}$$

ist. Eine ähnliche Rechnung wie im Beweis von Satz 9.21 zeigt, daß

$$[L_{n,N}, Z(\gamma; z_1, \dots, z_r)] = \frac{\gamma}{2} \sum_{|k|\le N} \left(z_1^{n+k} + \dots + z_r^{n+k}\right) Z a_{-k}$$
$$+ \frac{\gamma}{2} \sum_{k=-N-n}^{N-n} \left(z_1^{n+k} + \dots + z_r^{n+k}\right) Z a_{-k}$$
$$+ \frac{\gamma^2}{2} \sum_{|k|\le N} \left(z_1^{-k} + \dots + z_r^{-k}\right)\left(z_1^{n+k} + \dots + z_r^{n+k}\right) Z$$
$$+ n\beta\gamma \left(z_1^n + \dots + z_r^n\right) Z$$

ist. (Hier setzen wir zur Abkürzung $Z = Z(\gamma; z_1, \dots, z_r)$.)

Die ersten beiden Summen werden wie im Beweis von Satz 9.21 geordnet. Dabei entstehen wieder zwei Summen, die für $N \to \infty$ schwach gegen Null konvergieren. Also gilt im schwachen Sinne für $N \to \infty$

$$[L_{n,N}, Z] = \gamma \sum_{k=1}^{N} \left(z_1^{n+k} + \dots + z_r^{n+k}\right) a_{-k} Z \tag{9.55}$$
$$+ \gamma \sum_{k=1}^{N} z_1^{n-k} + \dots + z_r^{n-k} Z a_k + \gamma \left(z_1^n + \dots + z_r^n\right)(a_0 - r\gamma) Z$$
$$+ \frac{\gamma^2}{2} \left(\sum_{k=-N}^{N} - \sum_{k=1}^{N-n} - \sum_{k=1}^{N}\right) \left(z_1^{n+k} + \dots + z_r^{n+k}\right)\left(z_1^{-k} + \dots + z_r^{-k}\right) Z$$
$$+ n\beta\gamma \left(z_1^n + \dots + z_r^n\right) Z .$$

Aus Lemma 9.22 folgt, daß die beiden ersten Summen für $N \to \infty$ schwach gegen

$$\sum_{j=1}^{r} z_j^n \left(z_j \frac{\partial}{\partial z_j} \widetilde{V}(\gamma; z_1, \ldots, z_r) \right) F\left(\frac{\gamma^2}{2}; z_1, \ldots, z_r \right)$$

konvergieren. Die drei weiteren Summen in (9.55) vereinfachen sich wegen (9.54) zu

$$\begin{aligned} & \frac{\gamma^2}{2} \sum_{k=0}^{n} \left(z_1^{n-k} + \cdots + z_r^{n-k} \right) \left(z_1^k + \cdots + z_r^k \right) Z \\ & \quad = \sum_{j=1}^{r} z_j^n \left[\left(z_j \frac{\partial}{\partial z_j} + \gamma^2 \frac{r+n}{2} \right) F\left(\frac{\gamma^2}{2}; z_1, \ldots, z_r \right) \right] Z \, . \end{aligned}$$

Somit liefert (9.55), daß im schwachen Sinne

$$[L_n, Z] = \left\{ \sum_{j=1}^{r} z_j^n \left(z_j \frac{\partial}{\partial z_j} + \gamma a_0 - \frac{r}{2}\gamma^2 + n\left(\beta\gamma + \frac{\gamma^2}{2} \right) \right) \right\} Z$$

gilt. □

9.3 Der Ladungsoperator

Wir wollen nun den für unsere weiteren Überlegungen fundamentalen *Ladungsoperator* einführen. Die Definition und Untersuchung dieses Operators geht auf Thorn [57], Feigin und Fuchs [20] und Tsuchiya u. Kanie [58] zurück. Dotsenko u. Fateev [19] und Felder [21] haben diesen Operator bei Untersuchungen in der konformen Quantenfeldtheorie erfolgreich verwendet.

Über den in den Vertexoperatoren $\widetilde{V}(\gamma; z_1, \ldots, z_r)$ und den daraus abgeleiteten Operatoren $Z(\gamma; z_1, \ldots, z_r)$ auftretenden Parameter γ wollen wir in diesem Abschnitt voraussetzen, daß der Realteil von γ^2 positiv ist:

$$\operatorname{Re} \gamma^2 > 0 \, . \tag{9.56}$$

Für $z \in \mathbb{C} \backslash \{0\}$ sei C_z der um Null laufende geschlossene Weg mit Anfangs- und Endpunkt z:

Abbildung 9.1

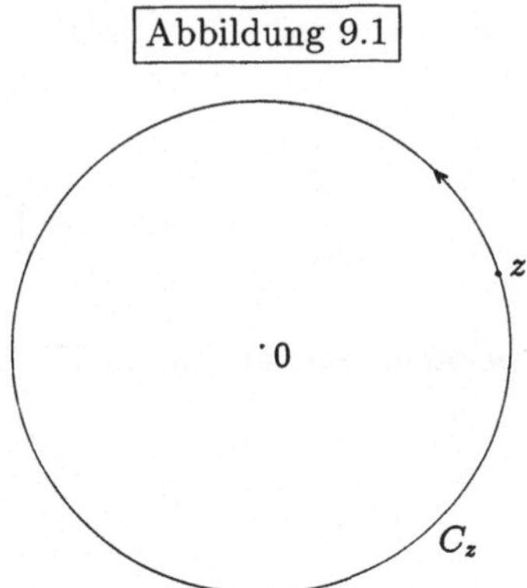

Seien $\zeta_1, \ldots, \zeta_r$ komplexe Zahlen mit

$$1 = |\zeta_1| > |\zeta_2| > \cdots > |\zeta_r| > 0 .$$

Für natürliche Zahlen $n_1, \ldots, n_r$ und Vektoren $\Psi \in \mathcal{F}(\alpha, \beta)$, $\Phi \in \mathcal{F}(\alpha+r\gamma, \beta)$ definieren wir (siehe Abb. 9.2)

Abbildung 9.2

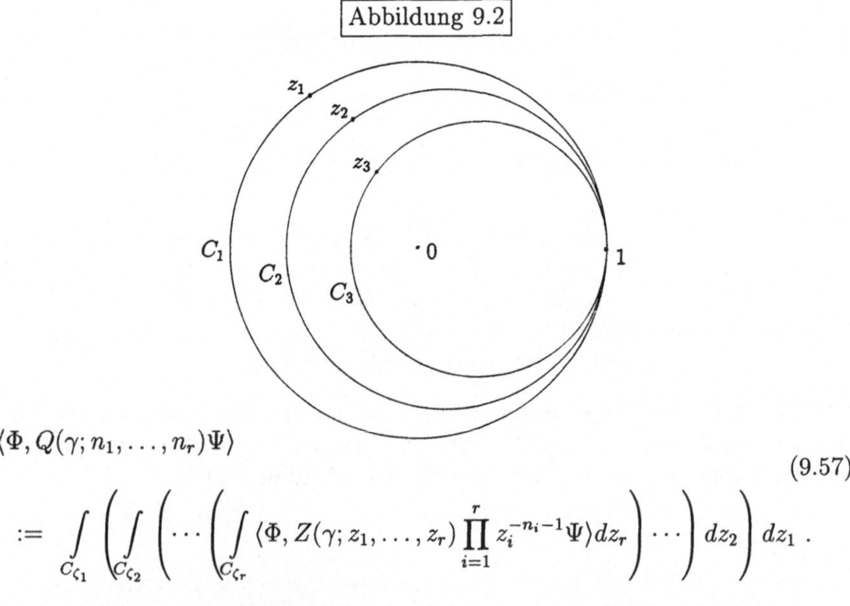

$$\langle \Phi, Q(\gamma; n_1, \ldots, n_r)\Psi \rangle \tag{9.57}$$

$$:= \int\limits_{C_{\zeta_1}} \left(\int\limits_{C_{\zeta_2}} \left(\cdots \left(\int\limits_{C_{\zeta_r}} \langle \Phi, Z(\gamma; z_1, \ldots, z_r) \prod_{i=1}^{r} z_i^{-n_i-1} \Psi \rangle dz_r \right) \cdots \right) dz_2 \right) dz_1 .$$

Zur Vereinfachung der Schreibweise werden wir im folgenden die Punkte ζ_j ebenso wie die Integrationsvariablen mit z_j bezeichnen. Durch (9.57) definieren wir die Matrixelemente eines Operators $Q(\gamma; n_1, \ldots, n_r)$, den man **Ladungsoperator** nennt. Der Nachweis, daß dadurch tatsächlich ein dicht definierter Hilbertraum–Operator entsteht, ist unter anderem Ziel dieses Abschnitts.

Das geordnete mehrfache Integral in $z_r, \ldots, z_1$ wird im folgenden kurz mit

$$\int \langle \Phi, Z(\gamma; z_1, \ldots, z_r) \prod_{i=1}^{r} z_i^{-n_i-1} \Psi \rangle \prod_{i=1}^{r} dz_i$$

bezeichnet. Der Integrand hat *Verzweigungspunkte* in $z_i = z_j \quad (i \neq j)$ und in $z_i = 0$.

Wegen $\operatorname{Re} \gamma^2 > 0$ können Unendlichkeitsstellen nur bei $z_i = 0$ auftreten.

Bevor wir den Ladungsoperator näher untersuchen, benötigen wir eine Eigenschaft der Funktion $F\left(\frac{\gamma^2}{2}; z_1, \ldots, z_r\right)$:

Lemma 9.24 *Für* $\ell_1, \ldots, \ell_r \in \mathbb{Z}$ *mit* $\ell_1 + \ldots + \ell_r \neq 0$ *gilt*

$$\int F(s; z_1, \ldots, z_r) \prod_{i=1}^{r} z_i^{-\ell_i - 1} \prod_{i=1}^{r} dz_i = 0 \,. \tag{9.58}$$

Dabei ist das Integral als geordnetes mehrfaches Integral über die oben definierten Wege zu verstehen.

Beweis . Nach Definition von F ist

$$F(s; z_1, \ldots, z_r) \prod_{i=1}^{r} z_i^{-\ell_i - 1} = \prod_{1 \leq i < j \leq r} (z_i - z_j)^{2s} \prod_{i=1}^{r} z_i^{-(r-1)s - \ell_i - 1} \,.$$

Wegen $|z_1| = 1$ können wir die folgende Variablentransformation durchführen:

$$z_i = k_i z_1 \qquad (i = 1, \ldots, r)$$

mit $k_1 = 1$. Die neuen Variablen sind jetzt $z_1, k_2, \ldots, k_r$. Dann ist

$$\int_{C_{z_1}} \left(\int_{C_{z_2}} \cdots \left(\int_{C_{z_r}} F(s; z_1, \ldots, z_r) \prod_{i=1}^{r} z_i^{-\ell_i - 1} dz_r \right) \cdots dz_2 \right) dz_1$$

$$= \int_{C_{z_1}} \int_{C_{z_1 k_2}} \cdots \int_{C_{z_1 k_r}} z_1^{-\sum_{i=1}^{r} \ell_i - r} \prod_{i<j} (k_i - k_j)^{2s} \prod_{i=2}^{r} k_i^{-(r-1)s - \ell_i - 1} d(z_1 k_r) \cdots d(z_1 k_2) dz_1 .$$

Wegen $d(z_1 k_j) = k_j dz_1 + z_1 dk_j$ gilt für die komplexe Differentialform

$$d(z_1 k_r) \wedge \cdots \wedge d(z_1 k_2) \wedge dz_1 = z_1^{r-1} dk_r \wedge \cdots \wedge dk_2 \wedge dz_1 .$$

Also ist das obige Integral gleich

$$\left(\int\limits_{C_{z_1}} z_1^{-\sum_{i=1}^r \ell_i - 1} dz_1 \right) \int\limits_{C_{k_2}} \cdots \int\limits_{C_{k_r}} \prod_{1 \le i < j \le r} (k_i - k_j)^{2s} \prod_{i=2}^r k_i^{-(r-1)s - \ell_i - 1} dk_r \cdots dk_2 .$$

Der erste Faktor in diesem Ausdruck ist Null, wenn $\sum_{i=1}^r \ell_i \neq 0$ ist. □

Wir wollen nun den Ladungsoperator genauer studieren. Die wichtigsten Eigenschaften dieses Operators werden im folgenden Satz beschrieben. Wir zeigen insbesondere, daß die durch (9.57) definierten Matrixelemente tatsächlich einen Hilbertraum–Operator definieren.

Satz 9.25 *Der Ladungsoperator $Q(\gamma; n_1, \ldots, n_r)$ hat folgende Eigenschaften:*

(i) *Für jeden gegebenen Multiindex $\delta \in \mathcal{N}$ sind die Matrixelemente*

$$\langle \Phi_\delta, Q(\gamma; n_1, \ldots, n_r) \Phi_\varepsilon \rangle$$

nur für höchstens endlichviele Multiindices $\varepsilon \in \mathcal{N}$ von Null verschieden. Genauer ist

$$\langle \Phi_\delta, Q(\gamma; n_1, \ldots, n_r) \Phi_\varepsilon \rangle = 0 \qquad (9.59)$$

falls $\|\varepsilon\| + \sum_{i=1}^r n_i \neq \|\delta\|$ ist.

(ii) *Für einen beliebigen Multiindex $\varepsilon \in \mathcal{N}$ sei*

$$Q(\gamma; n_1, \ldots, n_r) \Phi_\varepsilon := \sum_{\delta \in \mathcal{N}} \langle \Phi_\delta, Q(\gamma; n_1, \ldots, n_r) \Phi_\varepsilon \rangle \Phi_\delta .$$

Nach (i) *wird dadurch ein linearer Operator*

$$Q(\gamma; n_1, \ldots, n_r) : \mathcal{F}(\alpha - r\gamma, \beta) \longrightarrow \mathcal{F}(\alpha, \beta)$$

definiert. $Q(\gamma; n_1, \ldots, n_r)$ ist bezüglich der kanonischen Graduierung der Fockräume ein Operator vom Grad $\sum_{i=1}^r n_i$.

(iii) *Auf* $\mathcal{F}(\alpha - r\gamma, \beta)$ *gilt* im starken Sinne *für alle* $n \in \mathbb{Z}$*:*

$$[L_n, Q(\gamma; n_1, \ldots, n_r)] = \sum_{j=1}^{r} \left(n_j - n + \gamma a_0 - \frac{r}{2}\gamma^2 + n\left(\beta\gamma + \frac{\gamma^2}{2}\right)\right) \times \times Q(\gamma; n_1, \ldots, n_j - n, \ldots, n_r) \, . \tag{9.60}$$

Ist insbesondere $n_j = s$ *für alle* $j = 1, \ldots, r$, $\beta\gamma + \frac{\gamma^2}{2} = 1$ *und* $s = -\gamma\alpha + \frac{r}{2}\gamma^2$, *so ist*

$$[L_n, Q(\gamma; s, \ldots, s)] = 0 \tag{9.61}$$

für alle $n \in \mathbb{Z}$.

Beweis . Die Matrixelemente des Operators $Q(\gamma; n_1, \ldots, n_r)$ sind gegeben durch

$$\begin{aligned} &\langle \Phi_\delta, Q(\gamma; n_1, \ldots, n_r)\Phi_\varepsilon\rangle \\ &= \int \langle \Phi_\delta, Z(\gamma; z_1, \ldots, z_r)\Phi_\varepsilon\rangle \prod_{i=1}^{r} z_i^{-n_i-1} \prod_{i=1}^{r} dz_i \qquad (9.62)\\ &= (\delta!\varepsilon!)^{-1/2} \int \prod_{i=1}^{\infty} \left\{ \sum_{j=0}^{\min(\delta_i,\varepsilon_i)} \binom{\delta_i}{j}\binom{\varepsilon_i}{j} \left(\frac{\gamma}{\sqrt{i}}(z_1^i + \ldots + z_r^i)\right)^{\delta_i - j} \times \right. \\ &\quad \times \left. \left(\frac{-\gamma}{\sqrt{i}}(z_1^{-i} + \ldots + z_r^{-i})\right)^{\varepsilon_i - j} \right\} F\left(\frac{\gamma^2}{2}; z_1, \ldots, z_r\right) \prod_{i=1}^{r} z_i^{-n_i-1} \prod_{i=1}^{r} dz_i \, . \end{aligned}$$

Wir wollen den Homogenitätsgrad des Produktes in (9.62) bestimmen: Es ist

$$\deg\left(\left(z_1^i + \ldots + z_r^i\right)^{\delta_i - j} \left(z_1^{-i} + \ldots + z_r^{-i}\right)^{\varepsilon_i - j}\right) = i(\delta_i - \varepsilon_i) \, ,$$

und somit hat das Produkt in (9.62) den Grad $\sum_{i=1}^{\infty} i(\delta_i - \varepsilon_i) = \|\delta\| - \|\varepsilon\|$. Wegen Lemma 9.24 ist das Integral in (9.62) höchstens dann von Null verschieden, falls

$$\|\delta\| = \|\varepsilon\| + \sum_{i=1}^{r} n_i$$

ist. Damit ist (i) bewiesen.

Um (ii) zu beweisen, beachte man, daß wegen (i) in der Summe

$$\sum_{\delta \in \mathcal{N}} \langle \Phi_\delta, Q(\gamma; n_1, \ldots, n_r)\Phi_\varepsilon\rangle \Phi_\delta$$

höchstens endlich viele von Null verschiedene Summanden auftreten können. Also wird durch

$$Q(\gamma; n_1, \ldots, n_r)\Phi_\varepsilon := \sum_{\delta\in\mathcal{N}} \langle \Phi_\delta, Q(\gamma; n_1, \ldots, n_r)\Phi_\varepsilon\rangle \Phi_\delta$$

ein linearer Operator definiert. Die weiteren Aussagen in (ii) folgen unmittelbar aus der Definition von $Q(\gamma; n_1, \ldots, n_r)$.

(iii): Aus der in Satz 9.23 bewiesenen Kommutatorrelation (9.53) folgt

$$\begin{aligned}
&\langle \Phi_\delta, [L_n, Q(\gamma; n_1, \ldots, n_r)]\Phi_\varepsilon\rangle \qquad (9.63)\\
&= \int \langle \Phi_\delta, [L_n, Z(\gamma; z_1, \ldots, z_r)]\Phi_\varepsilon\rangle \prod_{i=1}^{r} z_i^{-n_i-1} dz_i\\
&= \int \sum_{j=1}^{r} z_j^n \left(z_j \frac{\partial}{\partial z_j} + \gamma a_0 - \frac{r}{2}\gamma^2 + n\left(\beta\gamma + \frac{\gamma^2}{2}\right)\right) \langle \Phi_\delta, Z\Phi_\varepsilon\rangle \prod_{i=1}^{r} z_i^{-n_i-1} dz_i\,.
\end{aligned}$$

Wir betrachten in (9.63) zunächst den Ableitungsterm. Da wir über geschlossene Wege integrieren, der Integrand über dem Integrationsweg eindeutig ist (vgl. (9.47), (9.48)) und $\operatorname{Re}\gamma^2 > 0$ ist, tritt bei partieller Integration kein Randterm auf. Also ist

$$\begin{aligned}
&\sum_{j=1}^{r} \int z_j^{n+1} \left(\frac{\partial}{\partial z_j} \langle \Phi_\delta, Z(\gamma; z_1, \ldots, z_r)\Phi_\varepsilon\rangle\right) \prod_{i=1}^{r} z_i^{-n_i-1} \prod_{i=1}^{r} dz_i\\
&\quad= -\sum_{j=1}^{r} \int \left(\frac{\partial}{\partial z_j} z_j^{n-n_j}\right) \langle \Phi_\delta, Z\Phi_\varepsilon\rangle \prod_{\substack{i=1\\ i\neq j}}^{r} z_i^{-n_i-1} \prod_{i=1}^{r} dz_i\\
&\quad= \sum_{j=1}^{r} (n_j - n) \int z_j^{n-n_j-1} \langle \Phi_\delta, Z\Phi_\varepsilon\rangle \prod_{i\neq j} z_i^{-n_i-1} \prod_{i=1}^{r} dz_i\\
&\quad= \sum_{j=1}^{r} (n_j - n) \langle \Phi_\delta, Q(\gamma; n_1, \ldots, n_j - n, \ldots, n_r)\Phi_\varepsilon\rangle\,.
\end{aligned}$$

Die anderen Terme liefern

$$\begin{aligned}
&\sum_{j=1}^{r} \int z_j^n \left(\gamma a_0 - \frac{r}{2}\,\gamma^2 + n\left(\beta\gamma - \frac{\gamma^2}{2}\right)\right) \langle \Phi_\delta, Z\Phi_\varepsilon\rangle \prod_{i=1}^{r} z_i^{-n_i-1} \prod_{i=1}^{r} dz_i\\
&= \sum_{j=1}^{r} \left(\gamma a_0 - \frac{r}{2}\,\gamma^2 + n\left(\beta\gamma - \frac{\gamma^2}{2}\right)\right) \langle \Phi_\delta, Q(\gamma; n_1, \ldots, n_j - n, \ldots, n_r)\Phi_\varepsilon\rangle\,.
\end{aligned}$$

Damit ist (9.60) im schwachen Sinne bewiesen. Aus (i) und (ii) folgt daraus aber unmittelbar, daß (9.60) auch im starken Sinne gilt. (9.61) ist eine offensichtliche Konsequenz von (9.60). □

Für $r, s \in \mathbb{N}$ sei

$$Q(\gamma, r; s) := Q(\gamma; \underbrace{s, \ldots, s}_{r\text{–fach}}) \tag{9.64}$$

$Q(\gamma, r; s)$ ist der gesuchte Verbindungsoperator für die Fockraum–Darstellungen der Virasoro–Algebra.

In Abschnitt 11.2 werden wir zeigen, daß für *irrationales* γ^2

$$Q(\gamma, r; s)v_{\alpha - r\gamma, \beta} \neq 0$$

ist. Es folgt also, daß unter den Bedingungen

$$\beta\gamma + \frac{\gamma^2}{2} = 1\ , \quad \frac{s}{\gamma} + \alpha = \frac{r\gamma}{2}\ , \quad \gamma^2 \text{ irrational} \tag{9.65}$$

$Q(\gamma, r; s)v_{\alpha - r\gamma, \beta}$ ein singulärer Vektor vom Grad rs in $\mathcal{F}(\alpha, \beta)$ ist. Unter Voraussetzung dieses Resultats werden wir im nächsten Kapitel die Kac'sche Determinantenformel beweisen.

10. Beweis der Kac'schen Determinantenformel

Im elften Kapitel werden wir zeigen, daß $Q(\gamma, r; s)v_{\alpha-r\gamma,\beta}$ ein singulärer Vektor vom Grad rs ist, falls γ die Bedingungen (9.65) erfüllt. Mit Hilfe dieses Resultats wollen wir jetzt die **Kac'sche Determinantenformel** in der folgenden Form beweisen:

Satz 10.1 *Für alle* $n \geq 1$ *ist*

$$\det S_n(h,c) = K \prod_{\substack{r,s \in \mathbb{N} \\ rs \leq n}} (h - h_{r,s})^{p(n-rs)} \tag{10.1}$$

mit

$$h_{r,s} = \frac{1}{4a}\left((a+1)^2 - (ar+s)^2\right) , \tag{10.2}$$

$$a = \frac{1}{12}(c-13) - \frac{1}{12}\sqrt{(c-1)(c-25)} , \tag{10.3}$$

$$c = 1 - 12\beta^2 \tag{10.4}$$

und einer von h *und* c *unabhängigen Konstanten* K.

Satz 8.13 und Satz 10.1 sind äquivalent. Eine einfache Rechnung zeigt nämlich, daß

$$\Phi_{r,s}(h,c)\Phi_{s,r}(h,c) = (h - h_{r,s})^2(h - h_{s,r})^2 \tag{10.5}$$

für $r \neq s$ und

$$\Phi_{r,r}(h,c) = (h - h_{r,r})^2 \tag{10.6}$$

ist. Wir bemerken noch, daß die explizite Form von $h_{r,s}$ als Funktion von c folgendermaßen lautet:

$$h_{r,s} = \frac{1}{48}\left[(13-c)(r^2+s^2) + \sqrt{(c-1)(c-25)}\,(r^2-s^2) - 24rs + 2c - 2\right] . \tag{10.7}$$

Zum Beweis des Satzes zeigen wir zunächst, daß beide Seiten von (10.1) denselben Grad in h und c haben. Die rechte Seite von (10.1) hat offensichtlich den h–Grad $\sum_{\substack{r,s\in\mathbb{N}\\ rs\leq n}} p(n-rs)$.

Um den h–Grad der linken Seite von (10.1) zu berechnen, bemerken wir, daß die Diagonalelemente der Matrix $S_n(h,c)$ die Terme mit dem höchsten h–Grad sind. In der Tat entsteht ein Faktor h nur dann, wenn ein $[L_k, L_{-k}]$ berechnet wird. Ein Ausdruck der Form

$$L_1^{\alpha_1}\cdots L_r^{\alpha_r}L_{-r}^{\alpha_r}\cdots L_{-1}^{\alpha_1}v_{h,c}$$

liefert dann den h–Grad $\sum_{i=1}^r \alpha_i$. Der h–Grad von $\det S_n$ ist also

$$\nu_n := \deg_h(\det S_n) = \sum_{\sum_{i=1}^r i\alpha_i=n}\left(\sum_{i=1}^r \alpha_i\right)\ . \tag{10.8}$$

Um ν_n zu berechnen, benutzen wir eine in der Kombinatorik geläufige Methode und betrachten die *erzeugende Funktion* von ν_n:

$$\nu(x) := \sum_{n=0}^{\infty} \nu_n x^n\ . \tag{10.9}$$

Nun ist

$$\nu(x) = \sum_{\lambda_1,\lambda_2,\ldots=0}^{\infty}\left(\sum_i \lambda_i\right)x^{\sum_i i\lambda_i}\ ,$$

also

$$\begin{aligned}
\nu(x) &= \left(t\frac{\partial}{\partial t}\sum_{\{\lambda\}} t^{\sum_i\lambda_i}x^{\sum_i i\lambda_i}\right)\Bigg|_{t=1}\\
&= \left(t\frac{\partial}{\partial t}\prod_{k=1}^{\infty}\frac{1}{1-tx^k}\right)\Bigg|_{t=1}\\
&= \left(t\sum_{r=1}^{\infty}\frac{x^r}{1-tx^r}\prod_{k=1}^{\infty}\frac{1}{1-tx^k}\right)\Bigg|_{t=1}\\
&= \sum_{r=1}^{\infty}\frac{x^r}{1-x^r}\prod_{k=1}^{\infty}\frac{1}{1-x^k}\\
&= \frac{1}{\varphi(x)}\sum_{r,s=1}^{\infty} x^{rs}\ ,
\end{aligned} \tag{10.10}$$

wobei

$$\varphi(x) = \prod_{k=1}^{\infty}(1-x^k) = \left(\sum_{n=0}^{\infty} p(n)x^n\right)^{-1} \tag{10.11}$$

die sogenannte *Eulersche Funktion* ist.

[In der zu (10.10) führenden Rechnung haben wir mehrfach von der Darstellung von $\frac{1}{1-tx^k}$ bzw. $\frac{1}{1-x^k}$ als geometrische Reihe Gebrauch gemacht. Konvergenz wird jeweils durch die Bedingung $|x| < 1$ gesichert.]

Somit gilt

$$\begin{aligned} \nu(x) &= \sum_{k=0}^{\infty} p(k)x^k \sum_{r,s=1}^{\infty} x^{rs} \\ &= \sum_{k=0}^{\infty} \sum_{r,s=1}^{\infty} p(k)x^{k+rs} \\ &= \sum_{n=0}^{\infty} \left(\sum_{\substack{r,s\in\mathbb{N} \\ rs\leq n}} p(n-rs) \right) x^n , \end{aligned}$$

d.h. es ist für alle $n \in \mathbb{N}$

$$\nu_n = \sum_{\substack{r,s\in\mathbb{N} \\ rs\leq n}} p(n-rs) . \tag{10.12}$$

Eine analoge Rechnung läßt sich für den c–Grad der beiden Seiten von (10.1) durchführen. Da aber in $h_{r,s}$ Wurzeln von c auftreten, ist es einfacher, die Bedingungen (10.5) und (10.6) auszunutzen und den c–Grad mit Hilfe der $\Phi_{r,s}$ an Stelle von $h_{r,s}$ zu berechnen. Nach Definition der $\Phi_{r,s}$ ist aber klar, daß

$$\deg_c \Phi_{1,s} = \deg_c \Phi_{r,1} = 1 \quad \text{für} \quad r,s \neq 1 ,$$

$$\deg_c \Phi_{1,1} = 0 \quad \text{und} \quad \deg_c \Phi_{r,s} = 2 \quad \text{für} \quad r,s \neq 1$$

ist. Damit schließt man genauso wie für h, daß beide Seiten von (10.1) denselben Grad in c haben.

Für den Beweis der Kac'schen Determinantenformel reicht es also zu zeigen, daß die linke Seite von (10.1) durch die rechte Seite teilbar ist.

Wir gehen in diesem Kapitel von der Annahme aus, daß für irrationales γ^2 und komplexe Zahlen α, β mit

$$\beta\gamma + \frac{\gamma^2}{2} = 1 \; , \quad \alpha = \frac{r}{2}\,\gamma - \frac{s}{\gamma} \tag{10.13}$$

das Element $Q(\gamma, r; s)v_{\alpha - r\gamma, \beta}$ ein singulärer Vektor vom Grad rs in $\mathcal{F}(\alpha, \beta)$ ist. Dann ist nach Satz 9.5 und der daran anschließenden Bemerkung der Virasoro–Modul $\mathcal{F}(\alpha, \beta)$ reduzibel, und somit ist auch der Verma–Modul $V(h(\alpha, \beta), c(\beta))$ reduzibel. Also ist $S_{rs}(h(\alpha, \beta), c(\beta))$ ausgeartet, d.h. es ist

$$\det S_{rs}(h(\alpha, \beta), c(\beta)) = 0 \; .$$

Als nächstes wollen wir zu gegebenem c (bzw. β) die Werte von h finden, so daß die Bedingungen (10.13) erfüllt sind. Aus $\beta\gamma + \frac{\gamma^2}{\beta} = 1$ erhalten wir

$$\gamma_\pm = -\beta \pm \sqrt{\beta^2 + 2} \; , \quad \gamma_+\gamma_- = -2 \; . \tag{10.14}$$

Weiterhin zeigt eine einfache Rechnung, daß

$$\begin{aligned} 2a_\pm := -\gamma_\mp^2 &= -\left(-\beta \mp \sqrt{\beta^2 + 2}\right)^2 \\ &= -2\left(\beta^2 + 1 \pm \sqrt{\beta^2(\beta^2 + 2)}\right) \\ &= \frac{1}{6}\left((c - 13) \mp \sqrt{(c-1)(c-25)}\right) \end{aligned}$$

ist. Ein Vergleich mit (10.3) ergibt

$$a_+ = a \; . \tag{10.15}$$

Wir wissen, daß das zu (α, β) gehörige $h(\alpha, \beta)$ durch $h(\alpha, \beta) = \frac{1}{2}(\alpha^2 - \beta^2)$ gegeben ist. Mit Hilfe von (10.13) können wir dies als Funktion von γ schreiben:

$$\begin{aligned} h_{r,s}(\gamma) &= \frac{1}{2}(\alpha^2 - \beta^2) \\ &= \frac{1}{2}\left(\left(\frac{r}{2}\,\gamma - \frac{s}{\gamma}\right)^2 - \left(\frac{1}{\gamma} - \frac{\gamma}{2}\right)^2\right) \\ &= \frac{1}{2\gamma^2}\left(\left(\frac{r}{2}\,\gamma^2 - s\right)^2 - \left(1 - \frac{\gamma^2}{2}\right)^2\right) \; . \end{aligned} \tag{10.16}$$

Aus $\gamma_+\gamma_- = -2$ ergibt sich dann sofort, daß

$$h_{r,s}(\gamma_-) = h_{s,r}(\gamma_+) \tag{10.17}$$

ist. Es reicht also, mit $h_{r,s}(\gamma_-)$ zu arbeiten, und man erhält mit (10.15)

$$h_{r,s}(\gamma_-) = \frac{1}{4a}\left((1+a)^2 - (s+ra)^2\right) . \tag{10.18}$$

Für alle $r, s \in \mathbb{N}$ mit $rs \leq n$ haben wir damit ein $h_{r,s} = h_{r,s}(\gamma_-)$ gefunden, so daß $V(h_{r,s}, c)$ reduzibel, d.h. $\det S_n(h_{r,s}, c) = 0$ ist. Dies bedeutet, daß $\det S_n(h, c)$ für alle r, s mit $rs \leq n$ durch den Linearfaktor $h - h_{r,s}$ teilbar ist.

Da $Q(\gamma, r; s)v_{\alpha - r\gamma, \beta}$ ein singulärer Vektor vom Grad rs im Fockraum $\mathcal{F}(\alpha, \beta)$ ist, gibt es einen singulären Vektor w vom Grad rs im Verma-Modul $V(h_{r,s}, c)$. Sei $W(h_{r,s}, c)$ der von w erzeugte Untermodul in $V(h_{r,s}, c)$. $W(h_{r,s}, c)$ ist im maximalen echten Untermodul $M(h_{r,s}, c)$ des Verma-Moduls $V(h_{r,s}, c)$ enthalten.

Also hat für alle $n \geq rs$ der homogene Teil $M(h_{r,s}, c)_n$ mindestens die Dimension $p(n - rs)$. Wir wissen ferner, daß $M(h_{r,s}, c)_n$ das Radikal der Shapovalov-Form $S_n(h_{r,s}, c)$ ist. Also ist die Dimension dieses Radikals mindestens $p(n - rs)$. Aus dem folgenden Lemma ergibt sich dann, daß die Determinante von $S_n(h, c)$ nicht nur von $h - h_{r,s}$, sondern sogar von der Potenz $(h - h_{r,s})^{p(n-rs)}$ geteilt wird.

Lemma 10.2 *Sei $A(h)$ ein Polynom in h mit Werten im Endomorphismenring eines m-dimensionalen Vektorraums E: $A(h) \in \mathrm{End}(E)[h]$. Ist $\dim\ker A(0) = k$, so ist das Polynom $\det A(h) \in \mathbb{C}[h]$ durch h^k teilbar.*

Beweis . Wir wählen eine Basis $e_1, \ldots, e_m$ in E, so daß $e_1, \ldots, e_k$ eine Basis von $\ker A(0)$ ist. Die ersten k Spalten der zu dieser Basis gehörigen Matrix des Endomorphismus' $A(h)$ sind dann durch h teilbar. Also ist die Determinante von $A(h)$ durch h^k teilbar. □

Damit ist gezeigt, daß die Determinante von $S_n(h, c)$ durch $(h - h_{r,s})^{p(n-rs)}$ teilbar ist.

Wir wollen weiter schließen, daß dies auch für $\prod_{\substack{r,s\in\mathbb{N}\\ rs\leq n}} (h-h_{r,s})^{p(n-rs)}$ gilt. Hier entsteht eine kleine Komplikation, weil die Werte $h_{r,s}$ für $r,s\in\mathbb{N}$, $rs\leq n$, nicht notwendig paarweise verschieden, die Faktoren $(h-h_{r,s})^{p(n-rs)}$ also nicht notwendig paarweise teilerfremd sind. Allerdings ergibt die Bedingung $h_{r,s}(c) = h_{r',s'}(c)$ für $(r,s)\neq(r',s')$ eine quadratische Gleichung für c, so daß mit $(r,s)\neq(r',s')$ auch $h_{r,s}(c)\neq h_{r',s'}(c)$ gilt für alle c aus einer offenen nicht–leeren Teilmenge von $\mathbb{C}$. Für die c's aus dieser offenen Menge, für die gleichzeitig γ^2 irrational ist, teilt $\prod_{\substack{r,s\in\mathbb{N}\\ rs\leq n}} (h-h_{r,s}(c))^{p(n-rs)}$ die Determinante von $S_n(h,c)$.

Da aber sowohl $\det S_n(h,c)$ als auch $\prod_{\substack{r,s\in\mathbb{N}\\ rs\leq n}} (h-h_{r,s}(c))^{p(n-rs)}$ Polynome in h und c sind, ist diese Teilbarkeitsaussage für alle $c\in\mathbb{C}$ richtig.

Die Kac'sche Determinantenformel ist somit unter der Voraussetzung der Nichttrivialität von $Q(\gamma,r;s)v_{\alpha-r\gamma,\beta}$ bewiesen.

11. Konstruktion singulärer Vektoren im Fockraum

Die Kac'sche Determinantenformel wurde von uns unter der Annahme bewiesen, daß die im zehnten Kapitel mit Hilfe des Ladungsoperators konstruierten singulären Vektoren von Null verschieden sind. Ziel dieses Kapitels ist es, die Nichttrivialität dieser singulären Vektoren nachzuweisen. Wir werden dazu allerdings etwas mehr tun als notwendig ist, und einige Koeffizienten der Vektoren $Q(\gamma, r; s)v_{\alpha - r\gamma, \beta}$ explizit berechnen. Dies erscheint uns nützlich, weil Rechnungen dieser Art in der konformen Quantenfeldtheorie häufig zur Anwendung kommen.

Wir brauchen dafür ein Resultat von A. Selberg über die verallgemeinerte Betafunktion. Wir folgen hier der Selbergschen Arbeit [52].

11.1 Das Selberg–Integral

Für komplexe Zahlen x, y aus der rechten Halbebene $\mathcal{R} := \{z \in \mathbb{C} \mid \operatorname{Re} z > 0\}$ definiert man die **Eulersche Betafunktion** B durch

$$B(x,y) := \int_0^1 u^{x-1}(1-u)^{y-1}du \,. \tag{11.1}$$

Es ist bekannt, daß die Betafunktion mit der Γ–Funktion

$$\Gamma(x) = \int_0^\infty t^{x-1}e^{-t}dt \qquad (x \in \mathcal{R}) \tag{11.2}$$

durch

$$B(x,y) = \frac{\Gamma(x)\Gamma(y)}{\Gamma(x+y)} \qquad (x, y \in \mathcal{R}) \tag{11.3}$$

verknüpft ist. Der Integrand in (11.1) weist Singularitäten bei $u = 0$ und $u = 1$ auf.

Verschiedene Verallgemeinerungen der Betafunktion sind untersucht und bekannt geworden. Wenn z.B. im Integranden drei statt zwei potenzierte Linearfaktoren vorkommen (also drei mögliche Singularitäten, etwa bei 0,1 und z), haben wir es mit einer *hypergeometrischen Funktion* zu tun. Hypergeometrische Funktionen wurden von Riemann eingehend untersucht und sind z.B. in der Theorie der Fuchsschen Differentialgleichungen von Bedeutung. Pochhammer hat die Riemannschen Integrale weiter verallgemeinert (n Faktoren statt drei). Schließlich hat Selberg ein verallgemeinertes Euler–Integral eingeführt, das für unsere Zwecke nützlich ist. Es gilt der folgende

Satz 11.1 *Sei p eine natürliche Zahl, und es seien x, y, z komplexe Zahlen mit*

$$\mathrm{Re}\, x, \mathrm{Re}\, y > 0, \qquad \mathrm{Re}\, z > -\min\left\{\frac{1}{p}, \frac{\mathrm{Re}\, x}{p-1}, \frac{\mathrm{Re}\, y}{p-1}\right\}.$$

Dann gilt

$$\begin{aligned}\int_0^1 \cdots \int_0^1 \left(\prod_{\nu=1}^p u_\nu\right)^{x-1} \left(\prod_{\nu=1}^p (1-u_\nu)\right)^{y-1} |\Delta(u)|^{2z}\, du_1 \dots du_p \\ = \prod_{\nu=1}^p \frac{\Gamma(1+\nu z)\Gamma(x+(\nu-1)z)\Gamma(y+(\nu-1)z)}{\Gamma(1+z)\Gamma(x+y+(p+\nu-2)z)},\end{aligned} \tag{11.4}$$

wobei

$$\Delta(u) = \Delta(u_1, \dots, u_p) := \prod_{i<j} (u_j - u_i) \tag{11.5}$$

ist.

Beachten wir, daß der Einheitswürfel $[0,1]^p$ in $p!$–viele zu

$$\{(u_1, \dots, u_p) \,|\, 0 \le u_p \le u_{p-1} \le \dots \le u_1\}$$

kongruente Simplices zerfällt (von den für die Integration unwesentlichen Randflächen können wir absehen), so erhalten wir wegen der Symmetrie des Integranden die zu (11.4) äquivalente **Selbergsche Integralformel**

$$\begin{aligned}\int_0^1 \int_0^{u_1} \cdots \int_0^{u_{p-1}} \left(\prod_{\nu=1}^p u_\nu\right)^{x-1} \left(\prod_{\nu=1}^p (1-u_\nu)\right)^{y-1} |\Delta(u_1, \dots, u_p)|^{2z}\, du_p \dots du_1 \\ = \frac{1}{p!} \prod_{\nu=1}^p \frac{\Gamma(1+\nu z)\Gamma(x+(\nu-1)z)\Gamma(y+(\nu-1)z)}{\Gamma(1+z)\Gamma(x+y+(p+\nu-2)z)}.\end{aligned} \tag{11.6}$$

Wir können dabei auch $u_1, \ldots, u_p$ als komplexe Veränderliche ansehen und für den Bereich $0 < |u_p| < \cdots < |u_1|$ den Hauptwert des Integranden positiv wählen für reelle $u_1, \ldots, u_p$. Wir kommen damit (durch analytische Fortsetzung) zu einer äquivalenten Formulierung von Satz 11.1, die wir im folgenden Abschnitt brauchen werden:

Satz 11.2 *Seien* p *eine natürliche Zahl,* x, y, z *komplexe Zahlen wie in Satz* 11.1. *Dann gilt* (11.6), *wobei im Integranden der Hauptwert genommen wird.*

Wir kommen nun zum Beweis von Satz 11.1. Dabei werden wir den Satz nicht in voller Allgemeinheit beweisen, sondern uns auf den für unsere Anwendungen hinreichenden Fall $\operatorname{Re} z \geq 0$ beschränken. Wir bringen deshalb nur die ersten beiden Teile von Selbergs (dreiteiligem) Beweis.

Im ersten Schritt nehmen wir an, daß z eine nicht–negative ganze Zahl ist. Schreibt man $|\Delta(u)|^{2z}$ als Polynom in der Form

$$|\Delta(u)|^{2z} = \sum_{\underline{\alpha}} c_{\alpha_1 \cdots \alpha_p} u_1^{\alpha_1} \cdots u_p^{\alpha_p} ,$$

so erkennt man, daß das Integral in (11.4) eine Linearkombination von Integralen der Form

$$\int_0^1 \cdots \int_0^1 u_1^{x+\alpha_1-1} \cdots u_p^{x+\alpha_p-1}(1-u_1)^{y-1} \cdots (1-u_p)^{y-1}\, du_1 \ldots du_p$$

ist. Die Identität (11.3) für die Eulersche Betafunktion liefert

$$\begin{aligned} &\int_0^1 \cdots \int_0^1 u_1^{x+\alpha_1-1} \cdots u_p^{x+\alpha_p-1}(1-u_1)^{y-1} \cdots (1-u_p)^{y-1}\, du_1 \ldots du_p \\ &\qquad = \prod_{\nu=1}^{p} \frac{\Gamma(x+\alpha_\nu)\Gamma(y)}{\Gamma(x+y+\alpha_\nu)} . \end{aligned} \tag{11.7}$$

Wegen der Symmetrieeigenschaften des Integranden können wir annehmen, daß

$$0 \leq \alpha_1 \leq \alpha_2 \leq \cdots \leq \alpha_p$$

gilt. $\Delta(u) = \Delta(u_1, \ldots, u_p)$ ist ein *homogenes* Polynom vom Grad $\frac{p(p-1)}{2}$. Folglich ist $\alpha_1 + \ldots + \alpha_p = \frac{p(p-1)}{2} \cdot 2z = p(p-1)z$. Somit ist $p\alpha_p \geq p(p-1)z$, also

$$\alpha_p \geq (p-1)z .$$

Die gleiche Überlegung mit $\Delta(u_1, \ldots, u_\nu)$ an Stelle von $\Delta(u_1, \ldots, u_p)$ zeigt, daß

$$\alpha_\nu \geq (\nu - 1)z$$

für alle $\nu = 1, \ldots, p$ gilt. Nach einer einfachen Rechnung erhält man

$$|\Delta(u)|^{2z} = (u_1 \ldots u_p)^{2(p-1)z} \left|\Delta\left(\frac{1}{u}\right)\right|^{2z},$$

wobei wir abkürzend $\Delta\left(\frac{1}{u}\right)$ für $\Delta\left(\frac{1}{u_1}, \ldots, \frac{1}{u_p}\right)$ schreiben. Entwickeln wir beide Seiten nach Potenzen von $u_1, \ldots, u_p$, so zeigt eine einfache Überlegung, daß

$$u_1^{\alpha_1} \cdots u_p^{\alpha_p} = u_1^{2(p-1)z-\alpha'_p} \cdots u_p^{2(p-1)z-\alpha'_1}$$

sein muß, wobei die Exponenten $\alpha'_1, \ldots, \alpha'_p$ wieder die Ungleichungen

$$\alpha'_\nu \geq (\nu - 1)z$$

für $\nu = 1, \ldots, p$ erfüllen. Somit ist

$$\begin{aligned} \alpha_\nu = 2(p-1)z - \alpha'_{p-\nu+1} &\leq 2(p-1)z - (p-\nu)z \\ &= (p + \nu - 2)z \,. \end{aligned}$$

Insgesamt erhalten wir also für $\nu = 1, \ldots, p$ die Ungleichungen

$$(\nu - 1)z \leq \alpha_\nu \leq (p + \nu - 2)z \,.$$

Damit können wir die Faktoren der rechten Seite von (11.7) in folgender Weise umformen:

$$\begin{aligned} \frac{\Gamma(x+\alpha_\nu)}{\Gamma(x+y+\alpha_\nu)} &= \frac{\Gamma(x+(\nu-1)z)}{\Gamma(x+y+(p+\nu-2)z)} \times \\ &\quad \times \prod_{i=0}^{\alpha_\nu-(\nu-1)z-1} (x+(\nu-1)z+i) \prod_{i=0}^{(p+\nu-2)z-\alpha_\nu-1} (x+y+\alpha_\nu+i) \\ &=: \frac{\Gamma(x+(\nu-1)z)}{\Gamma(x+y+(p+\nu-2)z)}\, q_{\alpha_\nu}(x,y) \,, \end{aligned}$$

wobei das Polynom $q_{\alpha_\nu}(x, y)$ den Grad $(p + \nu - 2)z - \alpha_\nu$ in y hat. Damit kann man (11.7) umformen in

$$\begin{aligned} &\int_0^1 \cdots \int_0^1 u_1^{x+\alpha_1-1} \cdots u_p^{x+\alpha_p-1}((1-u_1)\cdots(1-u_p))^{y-1}\, du_1 \ldots du_p \\ &= Q_{\alpha_1,\ldots,\alpha_p}(x,y) \prod_{\nu=1}^{p} \frac{\Gamma(x+(\nu-1)z)\Gamma(y)}{\Gamma(x+y+(p+\nu-2)z)} \,, \end{aligned}$$

wobei $Q_{\alpha_1,\dots,\alpha_p}(x,y)$ ein Polynom in x und y ist, dessen Grad in y durch

$$\begin{aligned}\deg_y Q_{\alpha_1,\dots,\alpha_p}(x,y) &= \sum_{\nu=1}^{p}[(p+\nu-2)z-\alpha_\nu] \\ &= \frac{3p(p-1)}{2}z - p(p-1)z \\ &= \frac{p(p-1)}{2}z\end{aligned}$$

gegeben ist.

Das gesuchte Integral in (11.4) können wir jetzt schreiben als

$$\begin{aligned}&\int_0^1 \cdots \int_0^1 (u_1\cdots u_p)^{x-1}((1-u_1)\cdots(1-u_p))^{y-1}|\Delta(u)|^{2z}\,du_1\dots du_p \\ &= Q(x,y)\prod_{\nu=1}^{p}\frac{\Gamma(x+(\nu-1)z)\Gamma(y)}{\Gamma(x+y+(p+\nu-2)z)} \qquad (11.8)\\ &= \frac{Q(x,y)}{\prod_{\nu=1}^{p}[y(y+1)\cdots(y+(\nu-1)z-1)]}\prod_{\nu=1}^{p}\frac{\Gamma(x+(\nu-1)z)\Gamma(y+(\nu-1)z)}{\Gamma(x+y+(p+\nu-2)z)}\,.\end{aligned}$$

Dabei ist $Q(x,y)$ ein Polynom in x und y mit Grad $\frac{p(p-1)}{2}z$ in y. Aus der Identität

$$|\Delta(u)| = |\Delta(1-u)|$$

folgt dann mit (11.8) sofort, daß

$$\begin{aligned}&\frac{Q(x,y)}{\prod_{\nu=1}^{p}[y(y+1)\cdots(y+(\nu-1)z-1)]} \\ &= \frac{Q(y,x)}{\prod_{\nu=1}^{p}[x(x+1)\cdots(x+(\nu-1)z-1)]}\,,\end{aligned} \qquad (11.9)$$

d.h.

$$\begin{aligned}&Q(x,y)\prod_{\nu=1}^{p}[x(x+1)\cdots(x+(\nu-1)z-1)] \\ &= Q(y,x)\prod_{\nu=1}^{p}[y(y+1)\cdots(y+(\nu-1)z-1)]\end{aligned}$$

gilt. Berechnen wir den y–Grad beider Seiten, so erhalten wir

$$\begin{aligned}\deg_y Q(x,y) &= \deg_y Q(y,x) + \deg\prod_{\nu=1}^{p}[y(y+1)\cdots(y+(\nu-1)z-1)] \\ &= \deg_x Q(x,y) + \deg_y Q(x,y)\,,\end{aligned}$$

weil

$$\begin{aligned}\deg \prod_{\nu=1}^{p} [y(y+1)\cdots(y+(\nu-1)z-1)] &= \sum_{\nu=1}^{p}(\nu-1)z \\ &= \frac{p(p-1)}{2}\,z \\ &= \deg_y Q(x,y)\end{aligned}$$

ist. Also ist $\deg_x Q(x,y) = 0$, d.h. $Q(x,y)$ hängt nicht von x ab. Wegen (11.9) ist dann aber

$$\frac{Q(x,y)}{\prod_{\nu=1}^{p}[y(y+1)\cdots(y+(\nu-1)z-1)]}$$

eine nur noch von z abhängige Konstante $c_p(z)$. Wir können deshalb schreiben:

$$Q(x,y) = c_p(z) \prod_{\nu=1}^{p} [y(y+1)\cdots(y+(\nu-1)z-1)]\,. \tag{11.10}$$

Es bleibt die Aufgabe, $c_p(z)$ zu bestimmen. Für $x = y = 1$ erhalten wir aus (11.8)

$$\int_0^1 \cdots \int_0^1 |\Delta(u)|^{2z}\, du_1 \ldots du_p = c_p(z) \prod_{\nu=1}^{p} \frac{\Gamma(1+(\nu-1)z)^2}{\Gamma(2+(p+\nu-2)z)}\,. \tag{11.11}$$

Da $|\Delta(u_1,\ldots,u_p)|$ eine in $u_1,\ldots,u_p$ symmetrische Funktion ist, gilt

$$\begin{aligned}&\int_0^1 \cdots \int_0^1 |\Delta(u)|^{2z}\, du_1 \ldots du_p \\ &= p\int_0^1 du_p \int_0^{u_p} \cdots \int_0^{u_p} |\Delta(u_1,\ldots,u_p)|^{2z} du_1 \ldots du_{p-1} \\ &= p\int_0^1 du_p \int_0^{u_p} \cdots \int_0^{u_p} ((u_p-u_1)\cdots(u_p-u_{p-1}))^{2z} |\Delta(u_1,\ldots,u_{p-1})|^{2z} \times \\ &\qquad \times du_1 \ldots du_{p-1}\,.\end{aligned}$$

Mit der durch

$$u_\nu = v_\nu u_p \quad \text{für } \nu = 1,\ldots,p-1$$

definierten Variablentransformation erhalten wir wegen

$$\Delta(v_1 u_p, \dots, v_{p-1} u_p) = u_p^{\frac{(p-1)(p-2)}{2}} \Delta(v_1, \dots, v_{p-1})$$

schließlich

$$\begin{aligned}
&\int_0^1 \cdots \int_0^1 |\Delta(u_1, \dots, u_p)|^{2z} \, du_1 \dots du_p \\
&= p \int_0^1 u_p^{p(p-1)z+p-1} du_p \int_0^1 \cdots \int_0^1 ((1-v_1)\cdots(1-v_{p-1}))^{2z} |\Delta(v_1, \dots, v_{p-1})|^{2z} \times \\
&\qquad \times dv_1 \dots dv_{p-1} \\
&= \frac{1}{(p-1)z+1} \int_0^1 \cdots \int_0^1 ((1-v_1)\cdots(1-v_{p-1}))^{2z} |\Delta(v_1, \dots, v_{p-1})|^{2z} \times \\
&\qquad \times dv_1 \dots dv_{p-1} \, .
\end{aligned}$$

Hier verwenden wir jetzt (11.8) für den Fall $p-1$ statt p und $x = 1$, $y = 2z+1$ und erhalten

$$\begin{aligned}
&\int_0^1 \cdots \int_0^1 |\Delta(u_1, \dots, u_p)|^{2z} \, du_1 \dots du_p \\
&= \frac{c_{p-1}(z)}{(p-1)z+1} \prod_{\nu=1}^{p-1} \frac{\Gamma(1+(\nu-1)z)\Gamma(1+(\nu+1)z)}{\Gamma(2+(p+\nu-1)z)} \, .
\end{aligned} \tag{11.12}$$

Der Vergleich von (11.11) und (11.12) zeigt nach einer einfachen Rechnung

$$c_p(z) = c_{p-1}(z) \, \frac{\Gamma(1+pz)}{\Gamma(1+z)} \, . \tag{11.13}$$

Ferner ergibt der Vergleich von (11.3) und (11.8), daß

$$c_1(z) = 1 \tag{11.14}$$

ist. (11.13) und (11.14) zeigen, daß

$$c_p(z) = \prod_{\nu=1}^{p} \frac{\Gamma(1+\nu z)}{\Gamma(1+z)}$$

ist. Zusammen mit (11.8) erhalten wir daraus die Formel (11.4) für den Fall $z \in \mathbb{Z}_+$.

Im zweiten Schritt des Beweises wollen wir die Behauptung für alle z mit nicht–negativem Realteil beweisen.

Für fest gewählte x, y mit $\operatorname{Re} x$, $\operatorname{Re} y > 0$ betrachten wir die beiden folgenden Funktionen der komplexen Variablen z:

$$f(z) := \int_0^1 \cdots \int_0^1 (u_1 \dots u_p)^{x-1}((1-u_1)\cdots(1-u_p))^{y-1}|\Delta(u)|^{2z}\, du_1 \dots du_p$$

und

$$\begin{aligned} g(z) &:= \prod_{\nu=1}^{p} \frac{\Gamma(1+\nu z)\Gamma(x+(\nu-1)z)\Gamma(y+(\nu-1)z)}{\Gamma(1+z)\Gamma(x+y+(p+\nu-2)z)} \\ &= \prod_{\nu=1}^{p} \frac{\Gamma(1+\nu z)\Gamma(x+(\nu-1)z)\Gamma(y+(p-\nu)z)}{\Gamma(1+z)\Gamma(x+y+(p+\nu-2)z)} \,. \end{aligned}$$

Beide Funktionen f und g sind in der durch $\operatorname{Re} z \geq 0$ definierten rechten Halbebene holomorph und beschränkt. Für f folgt die Beschränktheit unmittelbar aus der Ungleichung $|\Delta(u)| \leq 1$ und $\operatorname{Re} z \geq 0$. Für den Beweis der Beschränktheit von g benutzen wir die *Stirlingsche Formel*

$$\Gamma(w) \sim \sqrt{2\pi}\; w^{w-\frac{1}{2}}\, e^{w} \,,$$

die gleichmäßig für $|w| \to \infty$, $\operatorname{Re} w \geq 0$ gilt.

Aus einer elementaren Rechnung ergibt sich dann

$$\begin{aligned} &\frac{\Gamma(1+\nu z)\Gamma(x+(\nu-1)z)\Gamma(y+(p-\nu)z)}{\Gamma(1+z)\Gamma(x+y+(p+\nu-2)z)} \\ &\quad \sim \sqrt{\frac{2\pi}{1+z}}\; \frac{\nu^{1/2}(\nu-1)^{x-\frac{1}{2}}(p-\nu)^{y-\frac{1}{2}}}{(p+\nu-2)^{x+y-\frac{1}{2}}} \left(\frac{\nu^{\nu}(\nu-1)^{\nu-1}(p-\nu)^{p-\nu}}{(p+\nu-2)^{p+\nu-2}} \right)^{z} \end{aligned}$$

für $|z| \to \infty$ in der rechten Halbebene. Nun ist aber

$$\frac{\nu^{\nu}(\nu-1)^{\nu-1}(p-\nu)^{p-\nu}}{(p+\nu-2)^{p+\nu-2}} \leq 1$$

für $1 \leq \nu \leq p$. Daraus folgt zusammen mit der obigen Asymptotik für g die Beschränktheit von g auf der rechten Halbebene.

Wir betrachten nun die Funktion

$$h = f - g .$$

h ist eine auf der rechten Halbebene beschränkte holomorphe Funktion. Im ersten Schritt des Beweises haben wir gezeigt, daß jede natürliche Zahl eine Nullstelle von h ist. Sei a eine reelle Zahl größer als Eins, und sei u eine natürliche Zahl größer als a.

Für $r > 0$ betrachten wir den geschlossenen Weg C_r, der aus der Strecke von ir nach $-ir$ und dem Halbkreis von $-ir$ nach ir um Null mit Radius r zusammengesetzt ist. Da $h(z)/(z-1)\cdots(z-n)$ holomorph ist, ergibt sich aus der Cauchyschen Integralformel

$$h(a) = \frac{(a-1)\cdots(a-n)}{2\pi i} \int_{C_r} \frac{h(z)}{(z-a)(z-1)\cdots(z-n)}\, dz .$$

Lassen wir darin r gegen ∞ streben, so folgt aus der Beschränktheit von h die Beziehung

$$h(a) = \frac{(a-1)\cdots(a-n)}{2\pi i} \int_{-i\infty}^{i\infty} \frac{h(z)}{(a-z)(z-1)\cdots(z-n)}\, dz .$$

Sei $[a]$ die zu a nächste ganze Zahl. Dann ist

$$|(a-1)\cdots(a-n)| \leq [a]!(n-[a])! ,$$

und wir erhalten die Abschätzung

$$\begin{aligned} |h(a)| &\leq \frac{[a]!(n-[a])!}{2\pi} \int_{-\infty}^{\infty} \frac{|h(it)|}{\sqrt{(a^2+t^2)(1+t^2)\cdots(n^2+t^2)}}\, dt \\ &\leq \frac{[a]!(n-[a])!}{2\pi n!} \int_{-\infty}^{\infty} \frac{|h(it)|}{1+t^2}\, dt \\ &\leq \frac{[a]!}{2\pi(n-a)^{a-1}} \int_{-\infty}^{\infty} \frac{|h(it)|}{1+t^2}\, dt . \end{aligned}$$

Aus der Beschränktheit von h folgt durch Grenzübergang $n \to \infty$, daß $h(a) = 0$ ist. Damit ist gezeigt, daß $h(a) = 0$ ist für alle reellen Zahlen $a \geq 1$. Nach dem Identitätssatz für holomorphe Funktionen muß somit $h = 0$ sein auf der rechten Halbebene. Dies beweist den Selbergschen Satz für den Spezialfall $\operatorname{Re} z \geq 0$. □

11.2 Die Nichttrivialität der singulären Vektoren $\mathbf{Q}(\gamma, \mathbf{r}; \mathbf{s})\mathbf{v}_{\alpha-\mathbf{r}\gamma,\beta}$

In diesem Abschnitt werden wir einige Koeffizienten von $Q(\gamma, r; s)v_{\alpha-r\gamma,\beta}$ exakt berechnen .

In der Definition des Ladungsoperators $Q(\gamma; n_1, \ldots, n_r)$ (vergl. (9.57)) können alle Konturen C_{z_v} von innen gegen den Einheitskreis C_1 gedrückt werden, ohne daß sich der Wert der Integrale ändert. Auf dieses Integral kann dann der Cauchysche Integralsatz im $\mathbb{C}^n$ angewendet werden.

Sei nun $\Phi \in \mathcal{F}(\alpha, \beta)_{rs}$. In der durch die Φ_δ $(\delta \in \mathcal{N})$ gegebenen Basis ist mit geeigneten Koffizienten c_δ

$$\Phi = \sum_{\|\delta\|=rs} c_\delta \Phi_\delta \ .$$

Mit Lemma 9.19 erhalten wir dann

$$\begin{aligned}
&\langle \Phi, \widetilde{V}(\gamma; z_1, \ldots, z_r)v_{\alpha-r\gamma,\beta}\rangle \\
&\quad = \sum_{\|\delta\|=rs} c_\delta \langle \Phi_\delta, \widetilde{V}(\gamma; z_1, \ldots, z_r)v_{\alpha-r\gamma,\beta}\rangle \\
&\quad = \sum_{\|\delta\|=rs} \left[c_\delta \prod_{i=1}^{\infty} \frac{1}{\sqrt{\delta_i!}} \left(\frac{\gamma}{\sqrt{i}}(z_1^i + \ldots + z_r^i)\right)^{\delta_i} \right] \\
&\quad = \sum_{\|\delta\|=rs} c_\delta P_\delta \ ,
\end{aligned}$$

wobei die P_δ's homogene Polynome in $z_1, \ldots, z_r$ vom Grad rs sind. Da es genau $p(rs)$–viele Monome in $z_1, \ldots, z_r$ vom Grad rs gibt und $p(rs)$ die Dimension von $\mathcal{F}(\alpha, \beta)_{rs}$ ist, kann man $\Phi \in \mathcal{F}(\alpha, \beta)_{rs}$ so wählen, daß

$$\langle \Phi, \widetilde{V}(\gamma; z_1, \ldots, z_r)v_{\alpha-r\gamma,\beta}\rangle = z_1^s \cdots z_r^s$$

ist. Für dieses Φ gilt dann

$$
\begin{aligned}
&\langle \Phi, Q(\gamma, r; s) v_{\alpha-r\gamma,\beta}\rangle \\
&= \int\limits_{\underbrace{C_1\times\cdots\times C_1}_{r\text{-fach}}} \langle \Phi, Q(\gamma; z_1,\ldots,z_r) v_{\alpha-r\gamma,\beta}\rangle F\left(\frac{\gamma^2}{2}; z_1,\ldots,z_r\right)\prod_{i=1}^{r} z_i^{-s-1}dz_i \\
&= \int\limits_{C_1\times\cdots\times C_1} F\left(\frac{\gamma^2}{2}; z_1,\ldots,z_r\right)\prod_{i=1}^{r} z_i^{-1}dz_i \\
&= \int\limits_{C_1\times\cdots\times C_1} \prod_{i<j}(z_i-z_j)^{\gamma^2}\prod_{i=1}^{r} z_i^{-(r-1)\frac{\gamma^2}{2}-1}dz_i\,.
\end{aligned}
$$

Wie im Beweis von Lemma 9.24 benutzen wir die Substitution $z_j \longmapsto z_1 z_j$ $(j=2,\ldots,r)$ und führen die Integration über z_1 aus. Diese Integration ergibt $2\pi i$. Schreiben wir dann z_{i-1} an Stelle von z_i für $i=2,\ldots,r$, so bleibt das Integral

$$
2\pi i \int\limits_{\underbrace{C_1\times\cdots\times C_1}_{(r-1)\text{-fach}}} \prod_{i=1}^{r-1} z_i^{-(r-1)\frac{\gamma^2}{2}-1}\prod_{i<j}(z_i-z_j)^{\gamma^2}\prod_{i=1}^{r-1}(1-z_i)^{\gamma^2}dz_i
$$

zu berechnen. Vereinfachen wir die Notation etwas, indem wir $r-1$ durch n, $-(r-1)\,\frac{\gamma^2}{2}-1$ durch α, γ^2 in $(z_i-z_j)^{\gamma^2}$ durch 2β und γ^2 in $(1-z_i)^{\gamma^2}$ durch γ ersetzen, so haben wir ein Integral der folgenden Art zu berechnen:

$$
I(\alpha,\beta,\gamma) = 2\pi i \int\limits_{\underbrace{C_1\times\cdots\times C_1}_{n\text{-fach}}} F(\alpha,\beta,\gamma; z)\,dz_1\ldots dz_n\,,
$$

wobei

$$
F(\alpha,\beta,\gamma; z) = \prod_{i=1}^{n} z_i^{\alpha}(1-z_i)^{\gamma}\prod_{\substack{i,j=1\\ i<j}}(z_i-z_j)^{2\beta}
$$

ist. $F(\alpha,\beta,\gamma;z)$ ist so bestimmt, daß für $0<|z_n|<\cdots<|z_1|<1$ alle in der Definition von $F(\alpha,\beta,\gamma;z)$ auftretenden Logarithmen ihren Hauptwert annehmen. Wir wollen die Aufgabe, $I(\alpha,\beta,\gamma)$ zu berechnen, auf die Selbergsche Integralformel des vorangegangenen Abschnitts zurückführen. Dazu nehmen wir zunächst an, daß die Realteile von α,β und γ jeweils positiv sind:

$$
\operatorname{Re}\alpha\,,\quad \operatorname{Re}\beta\,,\quad \operatorname{Re}\gamma\ >\ 0\,.
$$

Sei

$$\mathbb{C}^n_> := \Big\{ z \in \mathbb{C}^n \;\Big|\; 1 > |z_1| > |z_2| > \cdots > |z_n| > 0 \,, \\ 0 \le \arg z_j < \pi \quad \text{für} \quad j = 1, \ldots, n \Big\} \,.$$

Die Gruppe $\mathcal{S}_n$ der Permutationen von n Elementen operiert auf $\mathbb{C}^n$ durch Vertauschung der Koordinaten:

$$\tau.(z_1, \ldots, z_n) = \big(z_{\tau(1)}, \ldots, z_{\tau(n)}\big) \,.$$

Für $\tau \in \mathcal{S}_n$ und $\varepsilon = (\varepsilon_1, \ldots, \varepsilon_n) \in \{0,1\}^n$ sei

$$\mathbb{C}^{n,\tau}_{>,\varepsilon} := \Big\{ z \in \mathbb{C}^n \;\Big|\; 1 > |z_{\tau(1)}| > \cdots > |z_{\tau(n)}| > 0 \,, \\ \pi\varepsilon_i \le \arg z_{\tau(i)} < \pi(\varepsilon_i + 1) \quad \text{für} \quad i = 1, \ldots, n \Big\} \,.$$

Damit erhalten wir eine Zerlegung des Polyzylinders

$$\{ z \in \mathbb{C}^n \mid |z_i| < 1 \quad \text{für} \quad i = 1, \ldots, n \}$$

in Gebiete $\mathbb{C}^{n,\tau}_{>,\varepsilon}$ und gewisse abgeschlossene „dünne" Mengen, die durch Gleichungen $z_i = z_j$ definiert sind. Diese dünnen Mengen spielen bei der Integration keine Rolle.

Nachdem wir die Funktion $F(\alpha, \beta, \gamma; z)$ auf $\mathbb{C}^n_>$ definiert haben, wollen wir sie zunächst auf die offenen Mengen

$$C^{n,\tau}_> := \Big\{ z \in \mathbb{C}^n \Big|\; 1 > |z_{\tau(1)}| > \cdots > |z_{\tau(n)}| > 0 \,, \\ 0 \le \arg z_i < \pi \quad \text{für} \quad i = 1, \ldots, n \Big\} \,,$$

wobei $\tau \in \mathcal{S}_n$ ist, analytisch fortsetzen.

Dazu betrachten wir die Punkte $z_1, \ldots, z_n$ auf Wegen von Null nach Eins, wobei für $i < j$ der z_i–Weg stets außerhalb des z_j–Weges liegen soll:

Abbildung 11.1

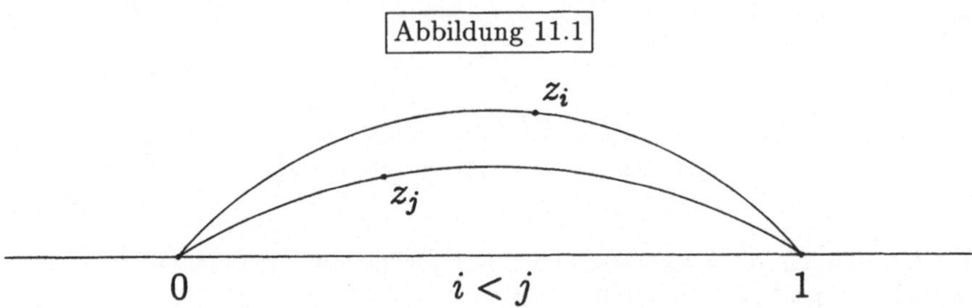

Drücken wir die z_i–Wege von Null nach Eins auf die reelle Achse und variieren die z_i entlang dieser Kurven, so erreichen wir je nach relativer Lage der Argumente Punkte in $\mathbb{C}^{n,\tau}_>$ mit positiven Koordinaten. Damit wird F auf jedem $\mathbb{C}^{n,\tau}_>$ eindeutig festgelegt. Sei F^τ die so erhaltene Fortsetzung von F. Wir bestimmen den Zusammenhang zwischen F und F^τ durch die folgende Überlegung: Wir müssen untersuchen, wie sich die analytische Fortsetzung von F bei Vertauschung zweier benachbarter Variabler z_j, z_{j+1} verhält. Bewegen wir z_j an z_{j+1} vorbei (s. Abb. 11.2)

Abbildung 11.2 ,

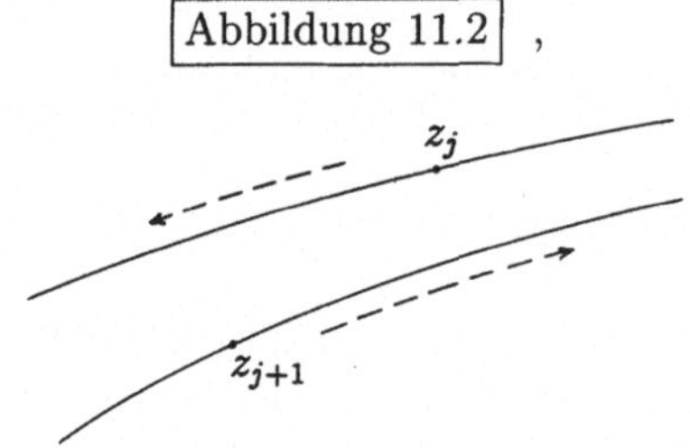

so erhalten wir im $(z_j - z_{j+1})$–Bild einen Halbkreis, so daß für den Logarithmus ein Phasenfaktor $q := \exp(\pi i \cdot 2\beta) = \exp(2\pi i\beta)$ hinzukommt. Ferner setzen wir $p := \exp(2\pi i\alpha)$.

Für $\tau \in \mathcal{S}_n$ und $z = (z_1, \ldots, z_n) \in \mathbb{C}^n$ sei

$$z^\tau := \left(z_{\tau(1)}, \ldots, z_{\tau(n)}\right) .$$

In dieser Schreibweise ist also $z \in \mathbb{C}^{n,\tau}_>$ genau dann, wenn $z^\tau \in \mathbb{C}^n_>$ ist. Wählt man nun für τ die Transposition $\tau_j = (j, j+1)$, so zeigt unsere Überlegung, daß für alle $z \in \mathbb{C}^{n,\tau_j}_>$

$$F^{\tau_j}(\alpha, \beta, \gamma; z) = \exp(2\pi i\beta) F(\alpha, \beta, \gamma; z^{\tau_j})$$

ist. Da man eine beliebige Permutation als Zusammensetzung von Transpositionen benachbarter Elemente schreiben kann, folgt

$$F^{\tau}(\alpha, \beta, \gamma; z) = \exp(2\pi i \beta |\tau|) F(\alpha, \beta, \gamma; z^{\tau}) \ ,$$

wobei $|\tau|$ die minimale Zahl von Nachbartranspositionen bezeichnet, deren Produkt die Permutation τ ergibt (*Länge der Permutation*).

Wir haben bis jetzt nur den Fall behandelt, daß das Argument von z_j zwischen 0 und π liegt. Für $\pi \leq \arg z_j < 2\pi$ sind also Kurven unterhalb der reellen Achse zu betrachten. Dabei soll wie im oben diskutierten Fall die z_i–Kurve für $i < j$ außerhalb der z_j–Kurve verlaufen:

Abbildung 11.3

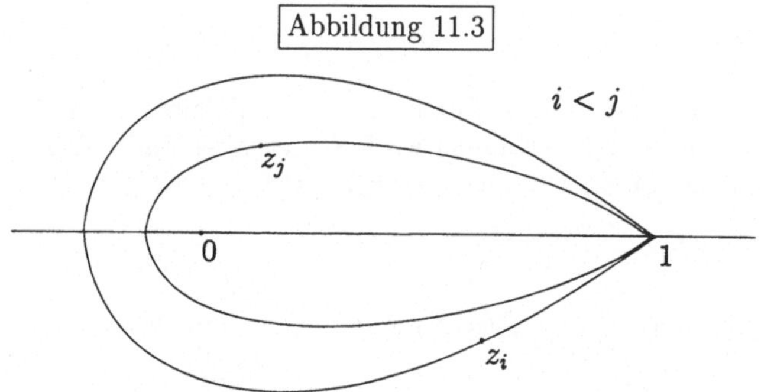

Die durch die analytische Fortsetzung von F entlang dieser Kurven definierte Funktion auf $\mathbb{C}^{n,\tau}_{>,\varepsilon}$ wird mit $F^{\tau,\varepsilon}$ bzw. mit F^{ε}, falls τ die identische Permutation ist, bezeichnet.

Der Zusammenhang zwischen F und F^{ε} ist durch den Phasenfaktor

$$\exp\left(2\pi i \sum_{k=1}^{n} \varepsilon_k(\alpha + 2(n-k)\beta)\right) = p^{\sum_{k=1}^{n} \varepsilon_k} q^{\sum_{k=1}^{n} 2\varepsilon_k(n-k)}$$

gegeben, denn für $\varepsilon_k = 1$ läuft z_k um $z_n, \dots, z_{k+1}$ und um Null herum.

Um zu beschreiben, wie Permutationen auf F^{ε} wirken, müssen wir folgendes beachten: Werden für $i < j$ die Variablen z_i und z_j vertauscht und ist $\varepsilon_i = 1$, so erhalten wir als Phase $\exp(-2\pi i \beta) = q^{-1}$, denn (vergl. Abb. 11.2) z_i geht unter z_j hindurch. Falls $\varepsilon_i = 0$ ist, erhalten wir wie vorher die Phase q. Um die allgemeine Phase für den Übergang von F^{ε} zu $F^{\tau,\varepsilon}$ zu bestimmen, wollen wir die Permutation

$$\tau : (1, 2, \dots, n) \longmapsto (\tau(1), \dots, \tau(n))$$

durch ein $(n-1)$–Tupel $(i_1, \ldots, i_{n-1})$ ganzer Zahlen i_k mit $0 \leq i_k \leq n-k$ beschreiben, das folgendermaßen definiert ist: i_1 ist die Zahl der Nachbarvertauschungen, die man braucht, um, ausgehend von $(\tau(1), \ldots, \tau(n))$, 1 an die erste Stelle zu bringen. Betrachtet man das bei diesem Prozeß entstehende n–Tupel $(1, \sigma(2), \ldots, \sigma(n))$, so sei i_2 die Zahl der Nachbarvertauschungen, die man braucht, um 2 an die zweite Stelle zu bringen. So fortfahrend, erzeugt man ein $(n-1)$–Tupel $(i_1, \ldots, i_{n-1})$ mit $0 \leq i_k \leq n-k$. Wie man sich leicht überzeugt, wird τ durch dieses $(n-1)$–Tupel eindeutig beschrieben, und es ist

$$|\tau| = \sum_{k=1}^{n-1} i_k \, .$$

Bei dieser Beschreibung von τ durch $(i_1, \ldots, i_{n-1})$ gibt i_k die Zahl an, wie oft z_k mit z_ℓ für $k < \ell$ vertauscht wird. Wir erhalten dabei als Phasenfaktor $q^{\pm i_k}$, je nachdem, ob $\varepsilon_k = 0$ oder $\varepsilon_k = 1$ ist.

Für $z \in \mathbb{C}^{n,\tau}_{>,\varepsilon}$ ist

$$z^{\tau,\varepsilon} := \left(e^{-i\pi\varepsilon_1} z_{\tau(1)}, \ldots, e^{-i\pi\varepsilon_n} z_{\tau(n)}\right)$$

ein Element von $\mathbb{C}^n_>$. Insgesamt erhalten wir also, indem wir von $\mathbb{C}^n_>$ nach $\mathbb{C}^{n,\tau}_>$ und dann nach $\mathbb{C}^{n,\tau}_{>,\varepsilon}$ fortsetzen, für alle $z \in \mathbb{C}^{n,\tau}_{>,\varepsilon}$:

$$\begin{aligned}
F^{\tau,\varepsilon}(\alpha, \beta, \gamma; z) &= q^{2\sum_{k=1}^{n-1} i_k(\frac{1}{2}-\varepsilon_k)} F^\varepsilon(\alpha, \beta, \gamma; z^\tau) \\
&= p^{\sum_{k=1}^{n} \varepsilon_k} q^{\sum_{k=1}^{n}(2\varepsilon_k(n-k)+2i_k(\frac{1}{2}-\varepsilon_k))} F(\alpha, \beta, \gamma; z^{\tau,\varepsilon}) \\
&=: \varphi(\tau, \varepsilon) F(\alpha, \beta, \gamma; z^{\tau,\varepsilon}) \, .
\end{aligned}$$

Damit ist $F(\alpha, \beta, \gamma; z)$ in eindeutiger Weise auf

$$\bigcup_{\tau \in S_n} \bigcup_{\varepsilon \in \{0,1\}^n} \mathbb{C}^{n,\tau}_{>,\varepsilon}$$

erklärt und dort auch holomorph.

Es sei nun C_i der z_i–Weg, der bei Eins beginnt, um Null herumführt und wieder nach Eins geht:

Abbildung 11.4

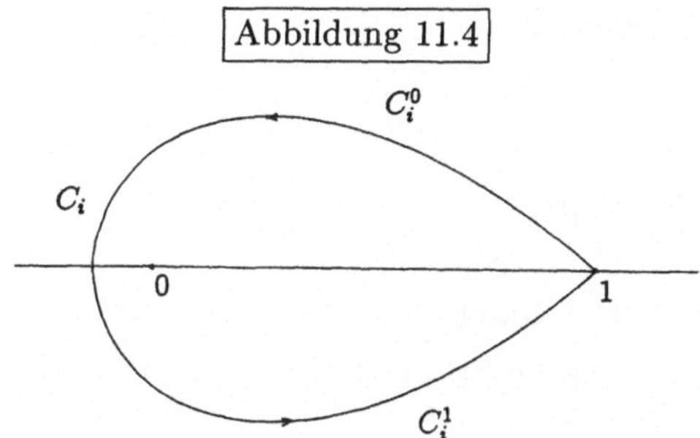

C_i^0 sei der in der oberen, C_i^1 der in der unteren Halbebene verlaufende Teil von C_i. Dann ist

$$\begin{aligned} I(\alpha,\beta,\gamma) &= 2\pi i \int\limits_{C_1\times\cdots\times C_n} F(\alpha,\beta,\gamma;z)\,dz_n\ldots dz_1 \\ &= \sum_{\varepsilon\in\{0,1\}^n} 2\pi i \int\limits_{C_1^{\varepsilon_1}\times\cdots\times C_n^{\varepsilon_n}} F^{\varepsilon}(\alpha,\beta,\gamma;z)\,dz_n\ldots dz_1 \,. \end{aligned}$$

Schreiben wir abkürzend

$$I_\varepsilon(\alpha,\beta,\gamma) := 2\pi i \int\limits_{C_1^{\varepsilon_1}\times\cdots\times C_n^{\varepsilon_n}} F^{\varepsilon}(\alpha,\beta,\gamma;z)\,dz_n\ldots dz_1 \,,$$

so ist

$$I(\alpha,\beta,\gamma) = \sum_{\varepsilon\in\{0,1\}^n} I_\varepsilon(\alpha,\beta,\gamma) \,.$$

Für die I_ε–Integrale wird F^ε in $\bigcup\limits_{\tau\in\mathcal{S}_n} \mathbb{C}^{n,\tau}_{>,\varepsilon}$ integriert:

$$\begin{aligned} I_\varepsilon(\alpha,\beta,\gamma) &= \sum_{\tau\in\mathcal{S}_n} 2\pi i \int\limits_{C_1^{\varepsilon_1}\times\cdots\times C_n^{\varepsilon_n}\bigcap\mathbb{C}^{n,\tau}_{>,\varepsilon}} F^{\tau,\varepsilon}(\alpha,\beta,\gamma;z)\,dz_n\ldots dz_1 \\ &= 2\pi i \sum_{\tau\in\mathcal{S}_n} \varphi(\tau,\varepsilon) \int\limits_{C_1^{\varepsilon_1}\times\cdots\times C_n^{\varepsilon_n}\bigcap\mathbb{C}^{n,\tau}_{>,\varepsilon}} F(\alpha,\beta,\gamma;z^{\tau,\varepsilon})\,dz_n\ldots dz_1 \\ &= 2\pi i \sum_{\tau\in\mathcal{S}_n} (-1)^{n-\sum_{i=1}^n \varepsilon_i}\,\varphi(\tau,\varepsilon) \int\limits_{C_1^0\times\cdots\times C_n^0\bigcap\mathbb{C}^{n,\tau}_{>,\varepsilon}} F(\alpha,\beta,\gamma;z^{\tau,\varepsilon})\,dz_n\ldots dz_1 \\ &= 2\pi i \left(\sum_{\tau\in\mathcal{S}_n} (-1)^{n-\sum_{i=1}^n \varepsilon_i}\,\varphi(\tau,\varepsilon)\right) \int\limits_0^1 \int\limits_0^{t_1} \cdots \int\limits_0^{t_{n-1}} F(\alpha,\beta,\gamma;t)\,dt_n\ldots dt_1 \,. \end{aligned}$$

Wir erhalten also insgesamt

$$I(\alpha,\beta,\gamma) \tag{11.15}$$
$$= 2\pi i \left(\sum_{\varepsilon\in\{0,1\}^n} \sum_{\tau\in\mathcal{S}_n} (-1)^{n-\sum_{i=1}^n \varepsilon_i} \varphi(\tau,\varepsilon) \right) \int_0^1 \int_0^{t_1} \cdots \int_0^{t_{n-1}} F(\alpha,\beta,\gamma;t) dt_n \ldots dt_1 \,.$$

Ersetzen wir in (11.15) n durch $r-1$, α durch $-(r-1)\frac{\gamma^2}{2}-1$, β durch $\frac{\gamma^2}{2}$ und γ durch γ^2, so geht das Integral über in

$$\int_0^1 \int_0^{t_1} \cdots \int_0^{t_{r-2}} \prod_{i=1}^{r-1} t_i^{-(r-1)\frac{\gamma^2}{2}-1} \prod_{i=1}^{r-1} (1-t_i)^{\gamma^2} \prod_{i<j} (t_i-t_j)^{\gamma^2} \, dt_{r-1} \ldots dt_1 \,. \tag{11.16}$$

Wegen $\mathrm{Re}\,\gamma^2 > 0$ ist $\mathrm{Re}\,\alpha < -1$. Die Selbergsche Integralformel (11.6) ist also nicht ohne weiteres anwendbar. Für $x = -(r-1)\frac{\gamma^2}{2}$, $y = \gamma^2 + 1$ und $z = \frac{\gamma^2}{2}$ tritt aber auf der rechten Seite von (11.6) kein Pol der Γ–Funktion auf, falls γ^2 irrational ist. Somit können wir das Selberg–Integral für diese Werte von x, y und z durch analytische Fortsetzung erklären. Damit ist gezeigt, daß das Integral (11.16) existiert und von Null verschieden ist. Wir müssen uns schließlich noch davon überzeugen, daß für irrationales γ^2 auch der in den neuen Variablen umgeschriebene Faktor $\sum_\varepsilon \sum_\tau (-1)^{n-\sum_i \varepsilon_i} \varphi(\tau,\varepsilon)$ von Null verschieden ist. Dies ergibt sich unmittelbar aus dem folgenden

Lemma 11.3

$$\sum_{\varepsilon\in\{0,1\}^n} \sum_{\tau\in\mathcal{S}_n} (-1)^{n-\sum_{i=1}^n \varepsilon_i} \varphi(\tau,\varepsilon)$$
$$= (-2i)^n e^{i\pi(n\alpha+n(n-1)\beta)} \prod_{j=1}^n \frac{\sin(\pi j\beta)}{\sin(\pi\beta)} \prod_{j=0}^{n-1} \sin(\pi(\alpha+j\beta)) \,.$$

Beweis . Es ist

$$\sum_{\varepsilon\in\{0,1\}}^n (-1)^{n-\sum_{i=1}^n \varepsilon_i} \varphi(\tau,\varepsilon)$$
$$= (-1)^n \sum_{\varepsilon\in\{0,1\}}^n \prod_{\ell=1}^n (-1)^{\varepsilon_\ell} p^{\varepsilon_\ell} q^{2(n-\ell)\varepsilon_\ell + 2i_\ell(\frac{1}{2}-\varepsilon_\ell)}$$
$$= (-1)^n \prod_{\ell=1}^n \sum_{\varepsilon_\ell=0}^1 (-1)^{\varepsilon_\ell} p^{\varepsilon_\ell} q^{2(n-\ell)\varepsilon_\ell + 2i_\ell(\frac{1}{2}-\varepsilon_\ell)}$$
$$= (-1)^n \prod_{\ell=1}^n \left(q^{i_\ell} - p q^{2(n-\ell)-i_\ell} \right) \,.$$

Wir können nun über alle Permutationen summieren, indem wir über alle $(n-1)$–Tupel $(i_1, \ldots, i_{n-1})$ mit $0 \leq i_\ell \leq n-\ell$ summieren. Mit Hilfe einiger elementarer Umformungen erhalten wir

$$\begin{aligned}
&\sum_{\tau_i n \mathcal{S}_n} (-1)^n \prod_{\ell=1}^{n} \left(q^{i_\ell} - pq^{2(n-\ell)-i_\ell}\right) \\
&= (-1)^n \prod_{\ell=1}^{n} \sum_{i_\ell=0}^{n-\ell} \left(q^{i_\ell} - pq^{2(n-\ell)-i_\ell}\right) \\
&= (-1)^n \prod_{\ell=1}^{n} \left(\frac{1-q^{n-\ell+1}}{1-q} - pq^{2(n-\ell)}\frac{1-q^{-(n-\ell+1)}}{1-q^{-1}}\right) \\
&= (-1)^n \prod_{\ell=1}^{n} \left(\frac{1-q^\ell}{1-q} - pq^{\ell-1}\frac{1-q^\ell}{1-q}\right) \\
&= (-1)^n \prod_{\ell=1}^{n} \frac{1-q^\ell}{1-q}\left(1-pq^{\ell-1}\right) .
\end{aligned}$$

Um dieses Ergebnis durch trigonometrische Funktionen ausdrücken zu können, schreiben wir weiter

$$\begin{aligned}
&= (-1)^n \prod_{\ell=1}^{n} \frac{q^{\ell/2}\left(q^{\ell/2}-q^{-\ell/2}\right)}{q^{1/2}\left(q^{1/2}-q^{-1/2}\right)} \prod_{\ell=0}^{n-1} p^{1/2}q^{\ell/2}\left(p^{-1/2}q^{-\ell/2}-p^{1/2}q^{\ell/2}\right) \\
&= (-1)^n p^{n/2} q^{\frac{2(n-1)}{2}} \prod_{\ell=1}^{n} \frac{q^{\ell/2}-q^{-\ell/2}}{q^{1/2}-q^{-1/2}} \prod_{\ell=0}^{n-1}\left(p^{-1/2}q^{-\ell/2}-p^{1/2}q^{\ell/2}\right) .
\end{aligned}$$

Ersetzen wir darin q durch $e^{2\pi i\beta}$ und p durch $e^{2\pi i\alpha}$, so erhalten wir das behauptete Resultat. □

Fassen wir unsere Ergebnisse zusammen, so sehen wir, daß für

$$\Phi \in \mathcal{F}(\alpha,\beta)_{rs} \quad \text{mit} \quad \langle \Phi, \tilde{V}(\gamma; z_1, \ldots, z_r) v_{\alpha-r\gamma,\beta}\rangle = z_1^s \cdots z_r^s$$

das Skalarprodukt $\langle \Phi, Q(\gamma, r; s)v_{\alpha-r\gamma,\beta}\rangle$ von Null verschieden ist. Insbesondere ist also $Q(\gamma, r; s)v_{\alpha-r\gamma,\beta} \neq 0$.

Damit ist die Kac'sche Determinantenformel vollständig bewiesen.

12. Unitäre Höchstgewichtsdarstellungen der Virasoro–Algebra

Wir wollen in diesem Kapitel einige Resultate über die Unitarität von Höchstgewichtsdarstellungen der Virasoro–Algebra behandeln, die sich aus der Kac'schen Determinantenformel ergeben.

Im Abschnitt 5 des achten Kapitels haben wir den Vakuumerwartungswert $\langle\ |\ \rangle_{h,c}$ als $\mathbb{C}$–bilineare Form auf $V^+(h,c) \times V(h,c)$ definiert (vergl. (8.45)).

Mit dem durch

$$\begin{aligned} \sigma(L_n) &= L_{-n} \qquad (n \in \mathbb{Z})\ , \\ \sigma(C) &= C\ , \\ \sigma|M,h,c\rangle &= \langle c,h,M| \end{aligned}$$

festgelegten $\mathbb{C}$–linearen Antiautomorphismus

$$\sigma : V(h,c) \longrightarrow V^+(h,c)$$

haben wir in 8.5 eine symmetrische Bilinearform

$$V(h,c) \times V(h,c) \longrightarrow \mathbb{C}$$

durch

$$(\nu'|\nu) := \langle \sigma(\nu')|\nu\rangle$$

definiert: die sogenannte *Shapovalov–Form* .

Beide Formen sind Virasoro–graduiert, und die Matrizen für die Einschränkungen auf denselben festen Grad fallen zusammen. Die Determinante dieser Matrix war die Kac–Determinante.

Für die Untersuchung *unitärer* Höchstgewichtsdarstellungen der Virasoro–Algebra wollen wir nun die obige Konstruktion der Bilinearform $(\ |\ )$ folgendermaßen abändern:

Sei $\overline{\sigma}$ der durch

$$\begin{aligned}\overline{\sigma}(L_n) &= L_{-n} \qquad (n \in \mathbb{Z})\,,\\ \overline{\sigma}(C) &= C\end{aligned}$$

festgelegte $\mathbb{C}$-*konjugiert–lineare* Antiautomorphismus der universellen Einhüllenden von **Vir**. Durch

$$\overline{\sigma}|M, h, c,\rangle = \langle c, h, M|$$

erhalten wir dann einen konjugiert–linearen Virasoro–Modul–Isomorphismus

$$\overline{\sigma} : V(h, c) \longrightarrow V^+(h, c),$$

der für *reelle* h und c über den Vakuumerwartungswert $\langle\ |\ \rangle_{h,c}$ eine hermitesche Form $(\ ,\ )_{h,c}$ auf $V(h,c)$ definiert:

$$(\nu', \nu)_{h,c} := \langle\overline{\sigma}(\nu')|\nu\rangle_{h,c}\,.$$

Satz 12.1 *Seien* $h, c \in \mathbb{R}$. *Ist die hermitesche Form* $(\ ,\ )_{h,c}$ *auf* $V(h,c)$ *positiv definit, so sind* h *und* c *nicht–negativ.*

Beweis . Sei v der Höchstgewichtsvektor in $V(h,c)$. Für alle $n \in \mathbb{N}$ ist dann

$$\begin{aligned}(L_{-n}v,\ L_{-n}v)_{h,c} &= (v, L_nL_{-n}v)_{h,c}\\ &= \left(v, \left(2nL_0 + \frac{n^3-n}{12}C\right)v\right)_{h,c}\\ &= (v,v)_{h,c}\left(2nh + \frac{n^3-n}{12}\,c\right)\\ &= 2nh + \frac{n^3-n}{12}\,c\,.\end{aligned}$$

Die positive Definitheit des Skalarprodukts impliziert somit

$$2nh + \frac{n^3-n}{12}\,c \geq 0$$

für alle $n \in \mathbb{N}$. Daraus ergibt sich unmittelbar, daß $h \geq 0$, $c \geq 0$ gelten muß. □

Die Umkehrung dieser Aussage ist im allgemeinen nicht richtig. Aus der Kac'schen Determinantenformel ergibt sich jedoch der folgende

Satz 12.2 *Für $h > 0$, $c > 1$ ist die hermitesche Form $(\ ,\ )_{h,c}$ auf $V(h, c)$ positiv definit.*

Beweis . Eine Matrix ist bekanntlich genau dann positiv definit, wenn alle ihre Hauptminoren positiv sind. Also ist $(\ ,\ )_{h,c}$ positiv definit, wenn alle Kac–Determinanten für das Paar (h, c) positiv sind. Setzen wir

$$\begin{aligned} \varphi_{r,r} &:= h - h_{r,r}\,, \\ \varphi_{r,s} &:= (h - h_{r,s})(h - h_{s,r}) \quad \text{für } r \neq s \end{aligned}$$

($h_{r,s}$ ist in Satz 10.1 definiert), so zeigt eine einfache Rechnung, daß

$$\varphi_{r,r} = h + \frac{1}{24}(r^2 - 1)(c - 1)$$

und

$$\begin{aligned} \varphi_{r,s} &= \left(h - \frac{(r-s)^2}{4}\right)^2 + \frac{h}{24}(r^2 + s^2 - 2)(c - 1) \\ &\quad + \frac{1}{576}(r^2 - 1)(s^2 - 1)(c - 1)^2 + \frac{1}{48}(c - 1)(r - s)^2(rs + 1) \end{aligned}$$

für $r \neq s$ gilt. Für $h > 0$, $c > 1$ ist dann $\varphi_{r,s} > 0$ für alle r, s, also ist

$$\det S_n(h, c) = \prod_{\substack{r,s \in \mathbb{N} \\ s \leq r \\ 1 \leq rs \leq n}} \varphi_{r,s}^{p(n-rs)} > 0. \qquad \square$$

Für den Bereich $0 \leq c \leq 1$, $h > 0$ gilt der folgende bemerkenswerte Satz von Friedan, Qiu und Shenker [22], [58]:

Satz 12.3 *Sei $0 \leq c < 1$ und $h > 0$. Ist die hermitesche Form $(\ ,\ )_{h,c}$ auf $V(h, c)$ positiv definit, so existieren $m \in \mathbb{N}_+$ und $1 \leq s \leq r \leq m + 1$, so daß*

$$c = 1 - \frac{6}{(m+2)(m+3)} \quad \text{und} \quad h = \frac{[(m+3)r - (m+2)s]^2 - 1}{4(m+2)(m+3)} \tag{12.1}$$

ist.

Für den elementaren, aber sehr langen Beweis verweisen wir auf die Literatur. Für $m=1$ ist $c=\frac{1}{2}$ und $h \in \left\{0, \frac{1}{2}, \frac{1}{16}\right\}$.

In der zweidimensionalen konformen Quantenfeldtheorie entspricht $c=\frac{1}{2}$ dem *Ising-Modell.*

Eine andere Parametrisierung von c und h aus der Kac'schen Determinantenformel wurde von Dotsenko und Fateev [19] im Rahmen des Coulomb-Gas-Formalismus' eingeführt. Wir verweisen den interessierten Leser auf [21].

Wir wollen zum Schluß zeigen, wie man Höchstgewichtsdarstellungen der Virasoro-Algebra mit positiv definiter hermitescher Form als *unitäre* Darstellungen interpretieren kann.

Sei V ein Vektorraum mit positiv definitem hermiteschen Skalarprodukt $(\ ,\ )$. Eine Darstellung einer Gruppe G auf V heißt *unitär*, wenn G auf V durch unitäre Operatoren operiert, d.h. wenn für alle $g \in G$ und alle $u, v \in V$

$$(gu,\ gv) \ = \ (u, v)$$

gilt. Differenziert man diese Beziehung nach g, so erhält man eine Darstellung der Lie-Algebra $\boldsymbol{g}$ von G auf V mit der Eigenschaft, daß für alle $X \in \boldsymbol{g}$ und alle $u, v \in V$

$$(Xu,\ v) \ = \ -(u,\ Xv) \tag{12.2}$$

gilt.

Komplexifiziert man die Lie-Algebra, d.h. geht man von $\boldsymbol{g}$ zu $\boldsymbol{g}^{\mathbb{C}} = \boldsymbol{g} \otimes_{\mathbb{R}} \mathbb{C}$ über, so bedeutet (12.2) für die Generatoren $Y = iX$

$$(Yu,\ v) \ = \ (u,\ \omega(Y)v)$$

mit $\omega(Y) = Y^+$, wobei Y^+ der zu Y hermitesch-konjugierte Operator ist.

Wir sagen dann, daß die Darstellung der komplexen Lie-Algebra unitär ist.

Im Falle der komplexen Virasoro-Algebra ist $\omega = \overline{\sigma}$. Satz 12.3 besagt, daß h und c für unitäre Darstellungen der Virasoro-Algebra im Bereich $0 \leq c < 1$, $h > 0$ die durch (12.1) angegebenen Werte annehmen müssen. Die Umkehrung dieser Aussage wurde von Goddard, Kent und Olive [24] bewiesen. Wir können also zusammenfassen:

Satz 12.4 *Die einzigen unitären Höchstgewichtsdarstellungen der Virasoro-Algebra im Bereich* $0 \leq c < 1$, $h > 0$ *sind durch* (12.1) *gegeben.*

Eine offensichtlich notwendige Bedingung für die Unitarität einer Höchstgewichtsdarstellung von **Vir** ist $\det S_n(h,c) \geq 0$ für alle n. Nun ist aber

$$\begin{aligned}
\det S_0(h,c) &= 1 \,, \\
\det S_1(h,c) &= (L_{-1}v,\ L_{-1}v) = 2h \,, \\
\det S_2(h,c) &= \begin{vmatrix} (L_{-2}v,\ L_{-2}v) & (L_{-2}v,\ L_{-1}^2 v) \\ (L_{-1}^2 v,\ L_{-2}v) & (L_{-1}^2 v,\ L_{-1}^2 v) \end{vmatrix} \\
&= \begin{vmatrix} 4h + \frac{c}{2} & 6h \\ 6h & 8h^2 + 4h \end{vmatrix} \\
&= 2h(16h^2 + 2hc - 10h + c) \,.
\end{aligned}$$

Den zweiten Faktor kann man umschreiben in

$$16h^2 + 2hc - 10h + c = (4h-1)^2 + (2h+1)(c-1) \,,$$

und man erkennt daraus, daß ein Bereich der Nicht–Unitarität in der (reellen) $c-h$–Ebene durch

$$0 \leq c < 1 - (4h-1)^2 \big/ (2h+1) \,, \ h \geq 0$$

gegeben ist.

Literaturverzeichnis

[1] M.F. ATIYAH: *K–Theorie.* Benjamin, New York 1967.

[2] M. BATCHELOR: The structure of super–manifolds. *Transactions of the Am. Math. Soc.* **253** (1980), 329–338.

[3] F. A. BEREZIN , M. S. MARINOV: Particle spin dynamics as the Grassmann variant of classical mechanics. *Ann. of Phys.* **104** (1977), 336–362.

[4] W. BOENKOST: Manuskript. Universität Frankfurt a.M. 1990.

[5] W. BOENKOST: Dissertation, Univ. Frankfurt a.M. 1994.

[6] W. BOENKOST, F. CONSTANTINESCU: Vertex operators in Hilbert space. *Journal Math. Phys.* **34** (1993), 3607–3615.

[7] F.F. BONSALL, J.DUNCAN: *Complete normed algebras.* Springer, Berlin, Heidelberg, New York , 1973.

[8] N. BOURBAKI: General Topology I. Hermann, Paris 1966.

[9] BUDINICH u. TRAUTMANN: The Spinorial Chessboard. Springer, Berlin, Heidelberg, New York, 1988.

[10] A. CONNES, A.: Non–commutative differential geometry I, II. *Publ. Math.* **62** (1986), 44–144.

[11] —: *Géométrie non commutative.* InterEditions, Paris, 1990.

[12] —: Non commutative geometry and physics. Preprint. IHES/M/93/32 (1993).

[13] F. CONSTANTINESCU: *Distributionen und ihre Anwendungen in der Physik.* Teubner–Verlag, Stuttgart 1974.

[14] F. CONSTANTINESCU, H.F. DE GROOTE: Integral theorems for supersymmetric invariants. *Journal Math. Phys.* **30** (1989), 981–992.

[15] M. DUBOIS–VIOLETTE, R. KERNER u. J. MADORE: Non commutative differential geometry of matrix algebras. Journal Math. Phys. **31** (1990), 316–322.

[16] M. DUBOIS–VIOLETTE, R. KERNER u. J. MADORE: Non commutative differential geometry and new models of gauge theory. Journal Math. Phys. **31** (1990), 323–330.

[17] K.B. EFETOV: Supersymmetry and theory of disordered metals. Adv. Phys. **32** (1983), 53–127.

[18] G.G. EMCH: Mathematical and conceptual foundations of 20th–century physics. North–Holland, Amsterdam, 1986.

[19] V.S. DOTSENKO, V.A FATEEV: Conformal algebra and multipoint correlation functions in 2D–statistical mechanics. Nucl. Phys. B **240** (1984), 312–348.

[20] B.L. FEIGIN, D.B. FUCHS: Representations of the Virasoro algebra. Moscow Preprint 1983.

[21] G. FELDER: BRST approach to minimal models. Nucl. Phys. B **317** (1989), 215–236.

[22] D. FRIEDAN, Z. QIU u. S. SHENKER: Details of the non–unitarity proof for highest weight representations of the Virasoro algebra. Comm. Math. Phys. **107** (1986), 535–542.

[23] I.M. GELFAND, D.B. FUCHS: Cohomology of the Lie algebra of vector fields on a circle. Funct. Anal. Appl. **2** (1968), 342–343.

[24] P. GODDARD, A. KENT u. D. OLIVE: Unitary representations of the Virasoro and super–Virasoro algebras. Comm. Math. Phys. **103** (1986), 105–119.

[25] R. GODEMENT: Théorie des faisceaux. Herman, Paris 1964.

[26] P. GRIFFITHS u. J. HARRIS: Principles of algebraic geometry. Wiley–Interscience, New York 1978.

[27] S. HELGASON: Differential geometry, Lie groups, and symmetric spaces. Academic Press, New York 1978.

[28] R. HERMANN: Geometry, physics, and systems. M. Dekker, New York 1973.

[29] M.W. HIRSCH: *Differential Topology.* Springer–Verlag, Berlin 1976.

[30] J.E. HUMPHREYS: Introduction to Lie algebras and representation theory. Springer–Verlag, Berlin 1980.

[31] V.G. KAC: Contravariant form for infinite dimensional Lie algebras and superalgebras.
Lecture Notes in Phys. **94**, 441–445, Springer–Verlag, Berlin 1979.

[32] V.G. KAC u. A.K. RAINA: Bombay lectures on highest weight representations of infite dimensional Lie algebras.
Advanced series in mathematical physics 2,
World Scientific, Singapore 1987.

[33] M. KASHIWARA u. P. SCHAPIRA: Sheaves on manifolds.
Springer–Verlag, Berlin 1990.

[34] A.W. KNAPP: Lie groups, Lie algebras, and cohomology.
Princeton University Press, Princeton 1988.

[35] S. KOBAYASHI u. K. Nomizu: Foundations of differential geometry, Vol I.
Wiley–Interscience, New York 1963.

[36] B. KOSTANT: Graded manifolds, graded Lie theory, and prequantization.
Lecture Notes in Math. **570** (1977), 177–306,
Springer–Verlag, Berlin 1977.

[37] R. KULTZE: Garbentheorie. B.G. Teubner, Stuttgart 1970.

[38] H.B. LAWSON, JR. u. M.–L. MICHELSOHN: Spin Geometry.
Princeton University Press, Princeton 1989.

[39] D.A. LEITES: Introduction to the theory of supermanifolds.
Russian Math. Surveys **35** (1980), 1–64.

[40] J. MADORE: Matrix geometry and physics. Preprint.
LPTHE Orsay 93/000, 1993.

[41] YU. I. MANIN: Gauge field theory and complex geometry.
Springer–Verlag, Berlin 1988.

[42] M. NAKAHARA: Geometry, topology, and physics.
Adam Hilger, Bristol 1990.

[43] G. PARISI u. G. SOURLAS: Random magnets, fields, supersymmetry and negative dimension.
Phys. Rev. Lett. **43** (1979), 744–745.

[44] A. PRESSLEY u. G. SEGAL: Loop groups.
Clarendon Press, Oxford 1988.

[45] C.R. PUTNAM: Commutation properties of Hilbert space operators. Springer–Verlag, Berlin 1967.

[46] A. ROCHA–CARIDI: On highest weight and Fock space representations of the Virasoro algebra.
Proc. of Symposia in Pure Mathematics **49** (1984), Part I, 259–271.

[47] A. ROGERS: A global theory of super–manifolds.
Journal Math. Phys. **21** (1980), 1352–1365.

[48] M.J. ROTHSTEIN: The axioms of supermanifolds and a new structure arising from them.
Trans. Amer. Math. Soc. **297** (1986), 159–180.

[49] —: Integration on non–compact supermanifolds.
Trans. Amer. Math. Soc. **299** (1987), 387–396.

[50] TH. SCHMITT: Superdifferential geometry.
Report 05/84 des IMath der Akad. der Wiss. der DDR, 1984.

[51] —: Infinite dimensional supermanifolds.
Report 08/88 des IMath der Akad. der Wiss. der DDR, 1988.

[52] A. SELBERG, A.: Bemerkninger om et multipelt integral.
Norsk Matematisk Tidsskrift **26** (1944), 71–78.

[53] N.N. SHAPOVALOV: On a bilinear form on the universal enveloping algebra of a semisimple Lie algebra.
Funct. Anal. Appl. **6** (1972), 307–312.

[54] M.F. SOHNIUS: Introducing Supersymmetry.
Physics Reports **128** (1985), 39–204.

[55] S. STERNBERG: Lectures on differential geometry.
Prentice–Hall, Englewood Cliffs 1964.

[56] R.G. SWAN: Vector bundles and projective modules.
Trans. Amer. Math. Soc. **105** (1962), 264–277.

[57] C.B. THORN: Computing the Kac determinant using dual model techniques and more about the no–ghost theorem.
Nucl. Phys. B **248** (1984), 551–569.

[58] A. TSUCHIYA u. Y. KANIE: Fock space representations of the Virasoro algebra, intertwining operators.
Publ. RIMS, Kyoto Univ. **22** (1986), 259–327.

[59] F. TREVES: Topological vector spaces, distributions and kernels. Academic Press, New York 1967.

[60] J.J. VERBAARSHOT, H.A. WEIDENMÜLLER u. M.R. ZIRNBAUER: Grassmann integration in stochastic quantum physics: the case of compoundnucleus scattering. Phys. Rep. **129** (1985), 365–438.

[61] R.S. WARD u. R.O. WELLS, JR.: Twistor geometry. Cambridge University Press, Cambridge 1990.

[62] F.W. WARNER: Foundations of differentiable manifolds and Lie groups. Spinger–Verlag, Berlin 1987.

[63] F. WEGNER: Algebraic derivation of symmetry relations for disordered electronic systems. Z. Phys. B **49** (1983). 297–302.

[64] J. WEIDMANN: Lineare Operatoren in Hilberträumen. B.G. Teubner, Stuttgart 1976.

[65] R.O. WELLS, JR.: Differential analysis on complex manifolds. Springer–Verlag, Berlin 1980.

[66] J. WESS u. B. ZUMINO: Supergauge transformations in four dimensions. Nucl. Phys. B **70** (1974), 39–50.

Index